地 下 铁 道

主编 彭立敏 施成华
主审 杨秀竹

中南大学出版社
www.csupress.com.cn

普通高校土木工程专业系列精品规划教材

编审委员会

总　序

　　土木工程是促进我国国民经济发展的重要支柱产业。近30年来，我国公路、铁路、城市轨道交通等基础设施以及城市建筑进入了高速发展阶段，以高速、重载和超高层为特征的建设工程的安全性、经济性和耐久性等高标准要求向传统的土木工程设计、施工技术提出了严峻挑战。面对新挑战，国内外土木工程行业的设计、施工、养护技术人员和科研工作者在工程实践和科学研究工作中，不断提出创新理念，积极开展基础理论和技术创新，研发了大量的新技术、新材料和新设备，形成了成套设计、施工和养护的新规范和技术手册，并在工程实践中大范围应用。

　　土木工程行业日新月异的发展，对现代土木工程专业技术人才培养提出了迫切要求。教材建设和教学内容是人才培养的重要环节。为向普通高校本科生全面、系统和深入阐述公路、铁路、城市轨道交通以及建筑结构等土木工程领域的基础理论和工程技术成果，由中南大学出版社、中南大学土木工程学院组织国内土木工程领域一批专家、学者组成"普通高校土木工程专业系列精品规划教材"编审委员会，共同编写这套系列教材。通过多次研讨，确定了这套土木工程专业系列教材的编写原则：

1. 系统性

　　本系列教材以《土木工程指导性专业规范》为指导，教材内容满足城乡建筑、公路、铁路以及城市轨道交通等领域的建筑工程、桥梁工程、道路工程、铁道工程、隧道与地下工程和土木工程管理等方向的需求。

2. 先进性

　　本系列教材与21世纪土木工程专业人才培养模式的研究成果密切结合，既突出土木工程专业理论知识的传承，又尽可能全面反映土木工程领域的新理论、新技术和新方法，注重各门内容的充实与更新。

3. 实用性

　　本系列教材针对90后学生的知识与素质特点，以应用性人才培养为目标，注重理论知识与案例分析相结合，传统教学方式与基于现代信息技术的教学手段相结合，重点培养学生的工程实践能力，提高学生的创新素质。这套教材不仅是面向普通高校土木工程专业本科生的课程教材，还可作为其他层次学历教育和短期培训的教材和广大土木工程技术人员的专业参考书。

4. 严谨性

本系列教材的编写出版要求严格按国家相关规范和标准执行，认真把好编写人员遴选关、教材大纲评审关、教材内容主审关和教材编辑出版关，尽最大努力提高教材编写质量，力求出精品教材。

根据本套系列教材的编写原则，我们邀请了一批长期从事土木工程专业教学的一线教师负责本系列教材的编写工作。但是，由于我们的水平和经验所限，这套教材的编写肯定有不尽人意的地方，敬请读者朋友们不吝赐教。编委会将根据读者意见、土木工程发展趋势和教学手段的提升，对教材进行认真修订，以期保持这套教材的时代性和实用性。

最后，衷心感谢全套教材的参编同仁，由于他们的辛勤劳动，编撰工作才能顺利完成。真诚感谢中南大学校领导、中南大学出版社领导和编辑们，他们的大力支持和辛勤工作，本套教材才能够如期与读者见面。

2015 年 7 月

前　言

随着我国国民经济的发展和城市化步伐的加快，城市人口的大量增加导致市区的客运交通流量猛增。而建设大容量快速轨道交通包括地铁和轻轨运输是缓解交通紧张状况的有效途径。尤其是在市内，建设地下铁道，向地下发展是今后城市发展的一种必然趋势。

自 1970 年第一条地下铁道——北京地下铁道正式通车以来，我国的地铁建设经过 20 世纪 80 年代末至 90 年代初的初步发展阶段，1990—1999 年间的政府调控阶段后，从 21 世纪初开始，随着国家的政策逐步鼓励大中城市发展城市轨道交通，进入建设高潮阶段，其建设速度大大超过之前的 30 年。截至 2014 年年末，全国已有 23 个城市建成地铁 100 余条，1800 座地铁车站，地铁运营里程达 3000 km。目前，我国修建地铁无论是城市数量，还是规划的地铁总里程，已经跃居世界前列。

地下铁道建设所涉及的技术领域广泛，本书以新修订的《地铁设计规范》（GB 50157—2013）和《地下铁道工程施工及验收规范（GB 50299—1999）》（2003 版）等为主要依据而编写，就国内外地下铁道发展概况、路网规划、结构设计、车站建筑、运行设备、各类施工技术（包括明挖法、盖挖法、暗挖法、盾构法、沉管法和顶管法）、运营管理与防灾等方面，作了比较系统的介绍。

全书由彭立敏和施成华两位教师编写，其中第 1 章、第 2 章、第 4 章、第 6 章和第 9 章由彭立敏执笔；第 3 章、第 5 章、第 7 章、第 8 章和第 10 章由施成华执笔。本书由彭立敏负责定稿，杨秀竹负责主审。

本书主要是作为普通高等学校土木工程专业选修隧道与地下工程方向的教科书。它还可用作从事隧道与地下工程的设计、施工和科学研究的专业技术人员、大专院校师生、短训班学员的参考书。

本书在 2006 年版的基础上，对整个内容作了较大调整和修改，尤其是对近些年在地下铁道建设方面的一些新技术和新发展作了重点介绍。但由于编者业务水平有限，书中不足之处，敬请读者批评指正。

编　者

2015 年 12 月

目　录

第1章
绪　论

　　地下铁道(metro、subway)是指在大城市的地下修筑隧道、铺设轨道,以电动快速列车运送大量乘客的公共交通体系,简称地铁。一般专指在地面下运行为主的城市铁路客运系统。在城市郊区,地铁线路常可延伸至地面或高架桥上。地铁运输几乎不占街道面积,不干扰地面交通,有些国家称它为"街外运输",或称为"有轨公共交通线"(mass transit railway)。它是解决城市交通拥挤问题,并能大量、快速、安全运送旅客的一种现代化交通工具。

1.1　地下铁道的基本功能及特点

1.1.1　基本功能

　　随着我国国民经济的发展和城市化步伐的加快,城市人口已大量增加。目前我国百万人口以上的城市已达40多座,50万~100万人口之间的城市也超过40多座。城市人口平均密度为4万/km²,局部地区有16万/km²,北京市内的4个区平均2.8万人/km²。按照国际标准,城市人口密度大于2万人/km²,属于拥挤情况。这就势必导致市区的客运交通流量猛增。我国许多大城市交通主干道的高峰每小时客流量均超过3万人次,有的高达8万~9万人次,低运输量的公共交通运输工具很难适应客流增长的需要。

　　城市人口的迅速增长和人民生活水平的提高,又必然会导致机动车数量迅速增长。如北京市的机动车数量从新中国成立初期的2300辆发展到1997年2月的100万辆,用了48年的时间;而从100万辆发展到2003年8月的200万辆,只用了6年半。至2013年末的10年间汽车总量已达到537.1万辆,其中私人汽车407.5万辆。而随着市区的客运交通流量猛增和城市规模的不断扩大,使得城市中空气污染、噪音、交通拥挤等影响城市居民生活的因素逐渐突出,于是居民区就需向城市郊区扩展。在上、下班时和节假日,城市交通更显得拥挤混乱。原有城市道路面积和城市面积的比例(道路率)是受城市发展历史制约的,一般不易改变,想通过拆迁改造城市交通状况是极其困难的,甚至是不可能实现的。如上海市人均道路面积仅为2.2 m²,要增加道路面积非常困难。因此,许多干道的交通堵塞状况日益严重。目前很多城市道路交通的平均车速已下降至10 km/h以下,很多路口交通负荷度已经饱和。根据国内外的经验,建设大容量快速轨道交通包括地铁和轻轨运输是缓解交通紧张状况的有效途径。尤其是在市内,建设地下铁道,向地下发展是今后城市发展的一种趋势。

　　因此,地下铁道在城市客运交通中的主要功能是满足庞大客运量的需求。一条地下铁道单方向每小时的运送能力可达 4 万 ~ 6 万人次，为公共汽车的 8 倍至 10 倍，为轻轨交通的 2 倍多。完善的地下铁道系统会成为城市公共交通的骨干，可担负起一半左右的城市客运量（实例见表 1 - 1）。

表 1 - 1   地下铁道与公共电、汽车客运量实例比较表

城市 \ 客运量	地下铁道 （亿人次/年）	公共电、汽车 （亿人次/年）
东　京	25.0	20.5
纽　约	12.0	13.5
巴　黎	13.0	7.9
莫斯科	26.8	23.6

总之，一个现代化的大都市，尤其是国际化特大城市，如果没有良好的城市运输是不可想象的，地下铁道作为直达运输对运送旅客作用最大，也应成为最普及的城市交通方式。

1.1.2　主要特点

1. 优点

①地铁列车以平均每小时 40 ~ 50 km 的速度运行，且一般不存在堵车问题，所以省时、快速、方便，减少了乘客的出行时间和体力消耗。乘坐地铁通常要比利用地面交通工具节省 1/2 ~ 2/3 的时间。

②能缓和街道交通的拥挤和降低交通事故。地铁以车组方式运行，载客量大，正点率高，安全舒适。此外在多条地下铁道立体交叉情况下，通过在交叉点设立楼梯式电梯或垂直电梯，换乘极为方便，在城市中心区等热闹地带，可将地铁的出入口建在最繁华的街区，或建在大型百货商店以及其他公共场所的建筑物内，极大地方便了乘客。可将大量的客流引入地下，减少地面交通车辆，使私人小汽车或自行车出行者转变为地铁乘客。

③节省能源。一般的汽车或公交车使用石油或液化气作为能源，而地铁使用电能，在全球变暖趋势下，地铁是最佳大众交通运输工具，能节省许多因开车所消耗的能源。

④能改善地面环境，降低噪声、减少城市公共交通产生的尾气排放污染，为把城市中心区域地面变成优美的步行街区创造条件。

⑤地铁线路大部分建于地下，可节省地面空间，保存城市中心"寸土寸金"的地皮。

⑥地铁有一定的抵抗战争和抵抗地震破坏的能力。

⑦地铁网将城市中心区和市郊区（或被河流等分割的市区城市）联成一个整体，既能畅通交通，又能促进经济繁荣。例如：广州、香港、旧金山等。

2. 主要缺点

①由于要钻挖地底，地下建造成本比建于地面高。

②建设地铁的前期时间较长，由于需要规划和政府审批，甚至还需要试验。从开始酝酿到付诸行动开始建设需要非常长的时间，短则几年，长则十几年。

1.2　世界地下铁道的发展概况

1.2.1　早期发展

1. 世界上的第一条地铁

1843 年英国人 C. 皮尔逊提出了在伦敦修建地铁的建议，1860 年开始动工修建，采用明挖法施工。隧道断面高 5.18 m(17 英尺)，宽 8.38 m(27.5 英尺)，为单拱形砖砌结构。1863 年 1 月 10 日建成通车，当时用蒸汽机车牵引，是世界上第一条客运地下铁道，线路长约 6.4 km，1874 年在伦敦采用气压盾构修建地铁，1890 年建成，并在地铁开始采用电力机车牵引，线路长约 5.2 km，为世界上第一条电气化地铁。

世界第一条地下铁道的诞生，为人口密集的大都市如何发展公共交通提供了宝贵的经验，特别是在 1879 年电力驱动机车的研究成功，使地下客运环境和服务条件得到了空前的改善，地铁建设显示出强大的生命力。从此以后，世界上一些著名的大都市相继建造了地下铁道。

2. 1890—1999 年期间世界地铁发展概况

19 世纪的最后 10 年，世界上又有纽约(1868)、伊斯坦布尔(1875)、芝加哥(1892)、布达佩斯(1896)、格拉斯哥(1896)、维也纳(1896)、波士顿(1897)、巴黎(1900)8 座城市修建地铁并投入运营。其中芝加哥修建的全部是高架线，直到 1943 年才建成第一条地下线，格拉斯哥的地铁列车原来在轨道上用缆索牵引，到 1936 年才改用电力牵引。

20 世纪上半叶，柏林、费城、汉堡、布宜诺斯艾利斯、马德里、巴塞罗那、雅典、东京、京都、大阪、莫斯科等 11 座城市也相继修建了地铁。第二次世界大战期间，有些城市的地铁还发挥了防空掩蔽的作用，避免遭受飞机的轰炸，保护了许多人的生命。第二次世界大战以后，发展地铁已受到各国的广泛重视，纷纷效法伦敦，兴建地铁的城市如雨后春笋般地飞速发展起来。50 年间，又有 97 座城市建成了地铁。

截至 20 世纪末期，全世界共有 43 个国家的 117 座城市建有地铁，总运营里程接近 6000 km。其中欧洲有 21 个国家 58 座城市，美洲 9 个国家 31 座城市，亚洲 12 个国家 27 座城市，非洲只有 1 个国家 1 座城市(埃及的开罗)建有地铁。世界著名的城市如伦敦、纽约、柏林、巴黎、莫斯科、东京、新加坡、香港等都先后建成并形成地铁网络，有的地铁已成为现代化城市的著名景观(如莫斯科地铁)。由此可见，是否具有地铁已成为现代化大城市的标志。

1.2.2　21 世纪以来世界地铁发展概况

1. 主要概况

迄今为止，除中国外，地铁最发达的是美国，其有 14 座城市建有地铁，其次是德国，有 11 座城市，日本有 9 座城市，俄罗斯、意大利、巴西各有 6 座城市，法国和西班牙各有 5 座城市，比利时有 4 座城市，英国、加拿大、墨西哥和乌克兰各有 3 座城市，荷兰、奥地利、印度和韩国各有 2 座城市，其余有地铁的国家均为 1 座城市，且这些城市基本上属于该国家的首都。

地铁线路长度超过 200 km 的城市有 13 座(见表 1 - 2,不包括中国),其中纽约和伦敦均超过 400 km,巴黎、东京和首尔超过 300 km。

表 1 - 2　全世界 100 km 以上地铁线路的城市概况

国家	城市	开通车年代	线路条数	线路长度/km	车站数目	轨距/mm	牵引供电		运营速度/(km·h⁻¹)	年客运量/(亿人次)
							方式	电压/V		
英国	伦敦	1863	12	410	275	1435	第三轨	630	33	8.5
美国	纽约	1867	31	443	504	1435	第三轨	650	32～48	12.0
法国	巴黎	1900	16	330	380	1440	第三轨	750	32	13.0
西班牙	马德里	1919	12	282	281	1435	架空线	600	24～42	4.0
日本	东京	1927	13	313	230	1067 1372	第三轨 架空线	600 1500	29～34	26.4
俄罗斯	莫斯科	1935	12	278	171	1524	第三轨	825	41	25.0
墨西哥	墨西哥城	1969	21	201	175	1435	第三轨	750		16.5
韩国	首尔	1974	9	327	576	1435	架空线	1500		14.6

2. 具有一定特色的地铁简介

地铁线路和车站最多的是纽约,共 30 条线路,504 个车站。

客运量最高的是东京地铁,平均每天运送超过 800 万人次,年客运量达 26.4 亿人次;其次是莫斯科地铁,年客运量为 25 亿人次;墨西哥地铁居第 3 位,全年运送 16.5 亿多人次。美国旧金山的地铁四通八达,伸展到湾区每一个角落。它还是世界上时速最高的地铁,每小时 128 km,从奥克兰唐人街坐地铁到旧金山市中心不用 10 min,开快车都赶不上它。

最具特色的是蒙特利尔的地铁,主要采用橡胶轮胎走行系统,列车在表面光滑的混凝土轨道上行驶。法国巴黎地铁是世界上层次最多的地铁,其中有一条全自动无人驾驶地铁。

莫斯科地铁采用一系列高新技术,营运时间长,发车频繁,地铁列车最短发车间隔只有 80 s,行车迅速,票价也是全世界最低廉的,换车方便,堪称世界最方便舒适的地铁。

新加坡地铁均不采用木质、天然纤维等易燃材料,还有一整套灭火救灾的自动监测系统,是世界上最清洁、最安全的地铁之一。

世界上最深的是朝鲜平壤地铁,它埋深达 100 m 左右。墨西哥城地铁修建在海拔 2300 m 处的高原上。它是拉美第一个修建地铁的城市,作为全世界海拔最高的地铁系统,经过 40 年的发展,墨西哥城的地铁网络如今已经是拉美规模最大、最现代化的地铁网络。

瑞典斯德哥尔摩地铁堪称世界上最长的地下艺术长廊,这个每年颁发诺贝尔奖的城市,地铁是它的标志。斯德哥尔摩的地铁建于 60 多年前,当时他们聘请了 100 多位艺术家,分别按照自己的艺术风格来设计和构思一个站台的装修。众多艺术家的灵感集合在一起,不仅没有造成艺术风格的混乱,反而让人惊喜地成为了世界上最长又最优美的艺术长廊,人们可在里面享受一场视觉的盛宴,数不尽的壁画、雕塑、绘画创作让人目不暇接。

1.3 我国地下铁道的建设与发展

1.3.1 发展概况

我国地铁建设事业起步较晚，其发展经历了一个相当曲折的过程，大致经过以下几个阶段。

1. 起步阶段

20 世纪 50 年代，我国开始筹备北京地铁网络建设，1965 年开始兴建具有交通和人防双重功能的中国第一条地铁线路，并于 1969 年 1 月投入运营，从而开创了我国地铁建设的先河。随后建设了天津地铁(7.1 km)等工程。该阶段地铁建设以人防功能为指导思想。

2. 初步发展阶段

20 世纪 80 年代末至 90 年代初，改革开放以后，我国国民经济保持持续快速增长，城市化进程明显加快，对城市运输的需求日益增加。上海、广州地铁相继开工，全国 10 多座城市计划修建地铁或轻轨，掀起了轨道交通建设的小高潮。但资金不足、建设标准混乱，造成地铁造价急剧上涨，被国家暂停审批地铁的立项。至 21 世纪初，内地仅有北京、天津、上海和广州 4 座城市共 7 条地铁线路，总里程 146 km。该阶段地铁建设开始真正以城市交通为目的。

3. 政府调控阶段

进入 20 世纪 90 年代，一批省会城市开始筹划建设轨道交通项目，纷纷进行地铁建设的前期工作。由于要求建设的项目较多且工程造价高，1995 年 12 月国务院发布国办 60 号文，暂停了地铁项目的审批。同时，国家计委开始研究制定城市轨道交通设备国产化政策。该阶段为政府通过研究制定相应政策来指导地铁的规划建设阶段。

4. 建设高潮阶段

1999 年以后，国家的政策逐步鼓励大中城市发展城市轨道交通，该阶段地铁建设速度大大超过之前的 30 年。截至 2014 年年末，全国已有 23 个城市建成地铁 100 余条，1800 座地铁车站，地铁运营里程达 3000 km(见表 1-2)。目前，我国修建地铁无论是城市数量，还是规划的地铁总里程，已经跃居到了世界前列。其中，地铁线路最多的是北京，有 17 条；地铁里程最长的是上海，达到 548 km，已居世界第一位；修建地铁的城市最多的省份是江苏省，包括南京、苏州、无锡、常州、徐州和南通共 6 个；其次是广东省，有广州、深圳、佛山和东莞共 4 个。

表 1-2 中国已有地铁运营城市概况(至 2014 年底)

序号	城市	首条地铁运营时间	运营状况			远期规划目标	
			线路/条	里程/km	车站/座	线路/条	里程/km
1	上海	1995	14	548	337	23	970
2	北京	1969	17	465	276	26	1050
3	广州	1997	9	261	164	20	750

序号	城市	首条地铁运营时间	运营状况			远期规划目标	
			线路/条	里程/km	车站/座	线路/条	里程/km
4	香港	1979	10	215	150		
5	南京	2005	2	180	57	24	775
6	深圳	2004	5	177	131	16	720
7	重庆	2004	5	169	96	18	820
8	天津	1984	4	136	82	29	1040
9	台北	1996	11	113	103		
10	武汉	2012	3	96	62	32	540
11	昆明	2012	3	60	33	31	600
12	成都	2010	2	63	43	13	400
13	无锡	2014	2	56	46	7	210
14	沈阳	2010	2	55	44	7	210
15	苏州	2012	2	52	45	9	380
16	西安	2011	2	52	36	15	550
17	杭州	2012	1	48	31	13	380
18	高雄	2008	2	43	37		
19	郑州	2013	1	26	20	17	280
20	长沙	2014	1	22	19	12	460
21	宁波	2014	1	21	20	14	700
22	佛山	2010	1	21	14	8	260
23	哈尔滨	2013	1	18	18	10	340

1.3.2　我国地铁运营长度超过 200 km 的城市简介

1. 北京市地铁

我国于 1965 年 7 月在北京开始修建第一条地铁。工程分为两期。第一期地铁线路自苹果园至北京火车站,全长 24 km,共 17 个车站,于 1965 年 7 月开始动工兴建,采用明挖填埋法施工,1969 年 10 月 1 日建成并开始试运营。1981 年 9 月 11 日,在试运营 10 余年之后,正式对外运营。这也是中国的第一条地铁。

1984 年 9 月 20 日,北京地铁二期工程开通运营。这条马蹄形的线路于 1971 年 3 月开工。自复兴门至建国门,长 16.1 km,有 12 座车站。二期工程和一期工程的一部分可以组合成一个环,但直到 1987 年 12 月 28 日,两条已有线路才被重新组合成两条新线,自苹果园至复兴门的 1 号线(全长 16.9 km,共 12 座车站)和一条沿北京内城城墙行驶的环线,即 2 号线

（全长 23.03 km，共 18 座车站）。

1992 年 6 月 24 日，1 号线沿长安街东延"复八线"（由复兴门延长至八王坟地区）开工。西单站在 1992 年 12 月 12 日开始运营，其余线路则在 1999 年 9 月 28 日通车。2000 年 6 月 28 日，1 号线全线贯通运营。

2001 年 7 月 13 日，北京获得第 29 届夏季奥林匹克运动会主办权，极大地推动了北京地铁事业的发展。2002 年至 2008 年间，先后建成了：连接城市北部的半环线 13 号线、1 号线向通州区的延长线八通线，4 号线、5 号线、10 号线一期、8 号线一期（奥运支线）；机场线也同时开通试运营以迎接奥运会。2008 年 8 月 22 日，北京地铁日客流量创下新高，达到 492.2 万人次。北京地铁当年的客流量增长了 75%，达到 12 亿人次。

在此期间，北京地铁在新线不断开通的同时，老线也在进行更新改造工程。北京地铁对 1 号线和 2 号线各站站厅进行了改造，增设了乘客服务中心，车站导向标志和卫生间也进行了改造。同时，1 号线和 2 号线在不中断运营的情况下，完成了车辆、信号、通信、供电、机电、线路等系统的改造，购买了新列车，缩短了发车间隔。2 号线还实现了有人看护下的自动驾驶。2008 年 6 月 9 日，作为改造的成果之一，北京地铁启用自动售票系统，人工售出的纸质车票停用，取而代之的是非接触式 IC 卡车票。乘客只需在地铁出入口的自动检票机上刷一下车票或是"一卡通"即可完成进出站。

2010 年以来北京又先后建成了：6 号线、7 号线、8 号线、9 号线、10 号线、14 号线和 15 号，另有 8 条地铁线路在建中。

截至 2014 年年底，北京地铁共有 18 条运营线路（包括 17 条地铁线路和 1 条机场轨道），组成覆盖北京市 11 个市辖区、拥有 268 座运营车站、总长 527 km 运营线路的轨道交通系统。工作日日均客运量达到 1008.76 万人次。年乘客量达到 34.1 亿人次。

根据《北京市城市轨道交通建设规划方案（2011—2020 年）》（图 1 - 1），至 2020 年北京市的轨道交通线路网将包括 30 条线路，总长约 1050 km，车站近 450 个。届时，北京四环路内轨道交通网密度将达每平方千米 1.29 km 左右，达到或超过东京、纽约等国际城市的轨道交通线网密度水平。

2. 上海市地铁

早在 20 世纪 60 年代，上海就开始了建设地铁的可行性研究。1963 年，于浦东塘桥，进行了最早的地铁建设摸索和试验。采用钢筋混凝土管片衬砌试挖了直径 4.2 m，长度为 100 多米的盾构隧道，用于验证粉砂性土质和淤泥质黏土质中建设隧道的可行性。1964 年，在衡山公园附近，进行了地铁隧道和地铁站试验。该车站大小仅 80 m×20 m×20 m，规模是按照 3 m 深、宽卡列车编组的停靠来建造的，施工工艺为深井法施工。连接到衡山路时，再挖了两条 600 m 长的隧道，整个项目名称为上海地下铁道扩大试验工程。由于该座车站和地下隧道规模较小，而且又太深，最终没有融入 1 号线的建设中，但对于之后地铁建设奠定了基础。截至 2014 年，衡山公园地下仍保留着该设施。20 世纪 70 年代末，在漕溪公园的地底下，尝试了第二条试验隧道的掘进，上下行总长 1290 m。这段线路采用结构法修筑地下连续水泥墙的方形隧道，与此后采用盾构机掘进的圆形隧道有明显不同。这段线路作为上海轨道交通 1 号线的正式路线使用。

但由于历史的原因，这项解决上海人民"行路难"的工程，久久未能实施。十一届三中全会后，修建地铁又重新提到议事日程上来，经过大量的前期准备工作，1 号地铁线于 1990 年

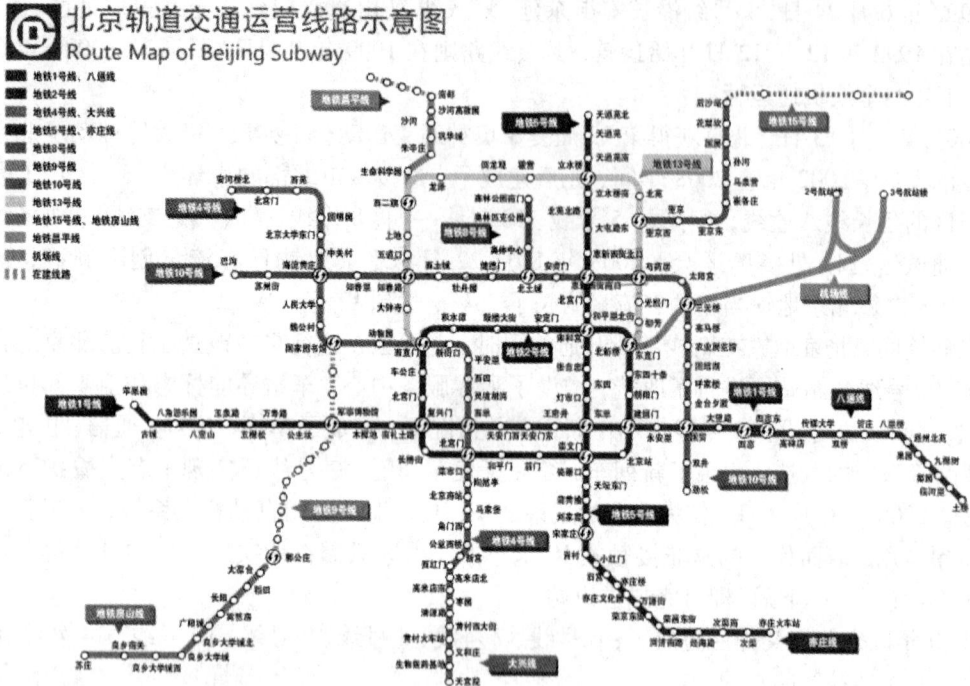

图 1-1　北京地铁路网规划图

1 月 19 日破土动工。

　　1 号地铁线全长 16.1 km，起自西南市郊锦江乐园，经市中心淮南路、人民广场、南京路到达上海新火车客站，沿线设 13 个车站。其中南段线路自锦江乐园经新龙华、漕宝路、上海体育馆站至徐家汇站，共 4 个区间，5 个站，长 6.6 km。已于 1993 年建成并进行试运营。中段和北段线路，由徐家汇站经市中心人民广场到达上海火车客站，长 9.5 km，共 8 个站，于1994 年底建成，并于 1995 年 4 月 10 日举行了全线通车典礼。

　　跨入 21 世纪后，上海进入地铁建设的高潮期，平均每年有一条地铁线路通车运营。截至2014 年 12 月底，上海地铁有 14 条线路运营（1 号线～13 号线、16 号线），运营线路总长 548km，车站 337 座，为全球第一（图 1-2）。根据路网规划，到 2020 年，计划实现总里程 970 多km 的地铁。

3. 广州市地铁

　　广州地铁一号线于 1993 年 12 月 28 日开始动工兴建。该线是东西向的，全长 18.48 km，共 16 个车站。其中，广钢、坑口两站为地面车站，其余 14 站均为地下车站，其首段线路西起西朗东至黄沙，长 5.4 km，于 1997 年 6 月 28 日建成通车，成为中国第 6 个拥有地铁的城市。其余线路于 1998 年建成并投入运营。

　　根据"高起点设计，高标准建设，高效能运转"的原则，广州地铁在开通之初就采用自动售票、自动检票系统，并为残疾人设置专用设施。在车站和车厢内配备大功率制冷系统。列车由 6 节车厢组成，车厢宽 3 m，每列车可载客 1860 人。采用交流电传动系统，比直流电传

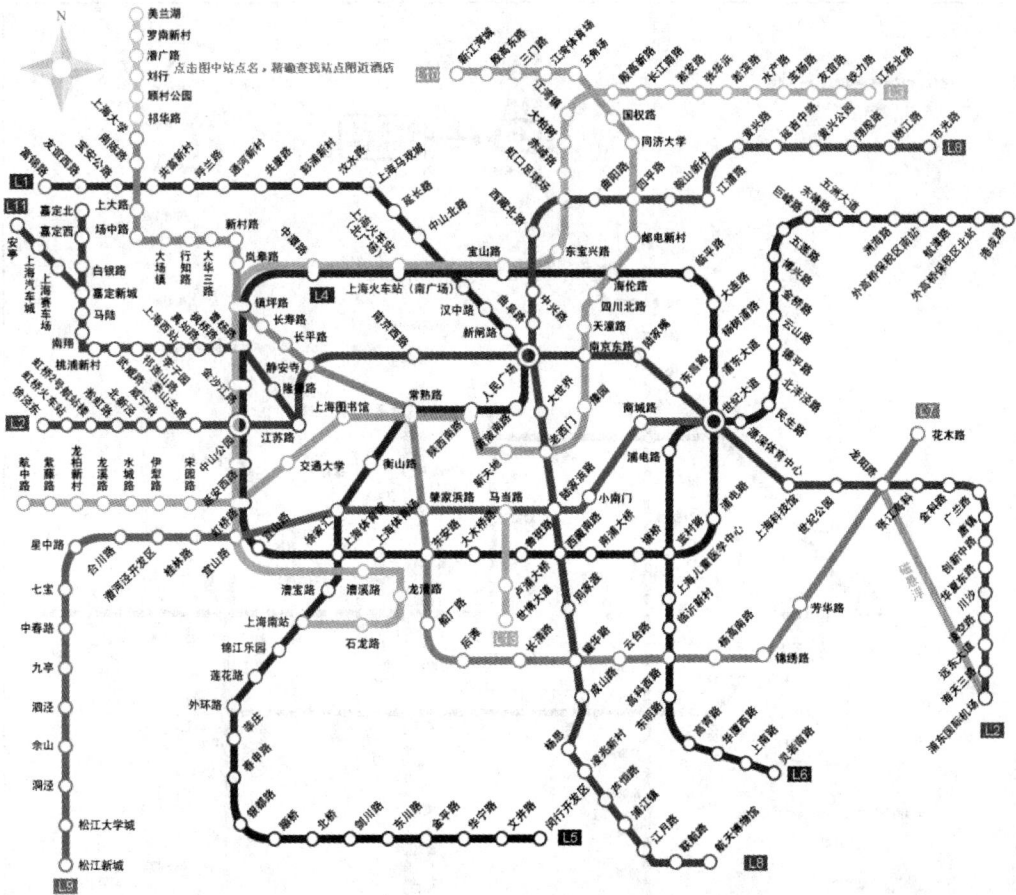

图 1-2　上海地铁路网图

动系统技术上提高了一个档次。车上还设有微机控制的故障自诊系统。

至 2014 年底，广州地铁共有 9 条营运路线（1 号线~6 号线、8 号线、广佛线及 APM 线，图 1-3），总长为 261 km，共 164 座车站。

广州地铁目前已经成为广州市民最主要的交通工具之一，截至 2014 年 12 月 31 日，广州地铁客流达 861 万人次，为更好地解决地面交通堵塞的问题，广州地铁仍在进行大规模的扩建工程。经过数次修订，广州地铁的远期规划为 20 条线路，总长度将达到 750 km。

4. 香港地铁

香港 1975 年 11 月开始动工兴建观塘地铁线，自观塘至九龙半岛，穿越维多利亚港河底至港岛中环，线路长 15.6 km，于 1980 年 2 月建成通车。第 2 条地铁线为荃湾线，从九龙的太子站向西北方向延伸至新界荃湾，长 10.5 km，于 1978 年开始动工，1982 年 5 月建成投入运营。第 3 条是港岛地铁线，自柴湾至上环，长 12.5 km，其中，中环延港岛北部走廊向东延伸至柴湾段，于 1981 年 10 月破土动工，1985 年 5 月建成通车；中环向西延伸至上环段，1985 年 6 月竣工并全线贯通。1989 年 8 月建成东区海底隧道并延伸到港岛的鲗鱼涌站。至此，观塘地铁线全线贯通并正式投入运营。地铁在九龙湾、柴湾、荃湾等 3 处，分别设有车

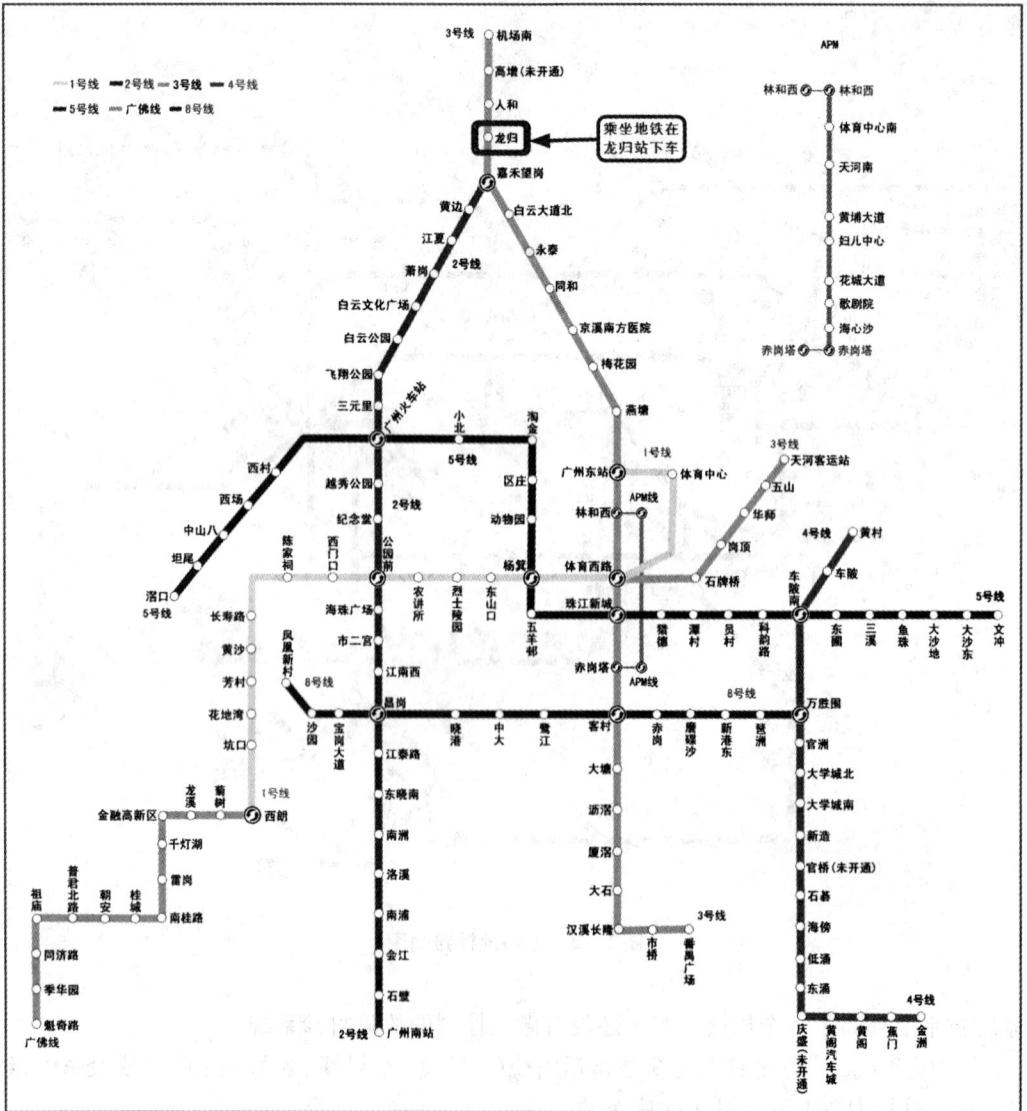

图 1-3 广州地铁路网图

辆段和维修车间。整个地铁系统的中央控制室设在九龙湾车辆段内。

这 3 条地铁线轨距均采用 1435 mm，最小曲线半径为 300 m，最大限制坡度为 30‰。车站均设有自动扶梯，有空调设备，每个站出入口很多。如：弥敦道的旺角站就有 13 个出入口。有的出入口通到购物中心或办公大楼；有的深入到居民楼群。在九龙塘站的地铁出入口通道与地面九广铁路的入口相连，可直接换乘九广火车，观塘站设在高架桥上，便于换乘地面公路交通工具。

地铁售票、检票均实现了自动化。列车自动控制、自动运行，最高行车速度 80 km/h，列车间隔时间高峰时 2 min，平均 2 min 30 s，夜间 4 min。列车由 8 节车厢组成，可在各车厢中间走廊穿行，总长度为 182.3 m。

香港地铁除运营收入外，还开办商场，租赁车站小商店，房地产及广告等经营利润可观，是世界上极少数不需政府补贴的地铁运输系统之一。

截至 2014 年，整个香港地铁与轨道交通系统全长 214.6 km（图 1-4），由观塘线、荃湾线、港岛线、东涌线、将军澳线、东铁线、西铁线、马鞍山线、迪士尼线、机场快线及轻铁各线共 150 个车站组成。

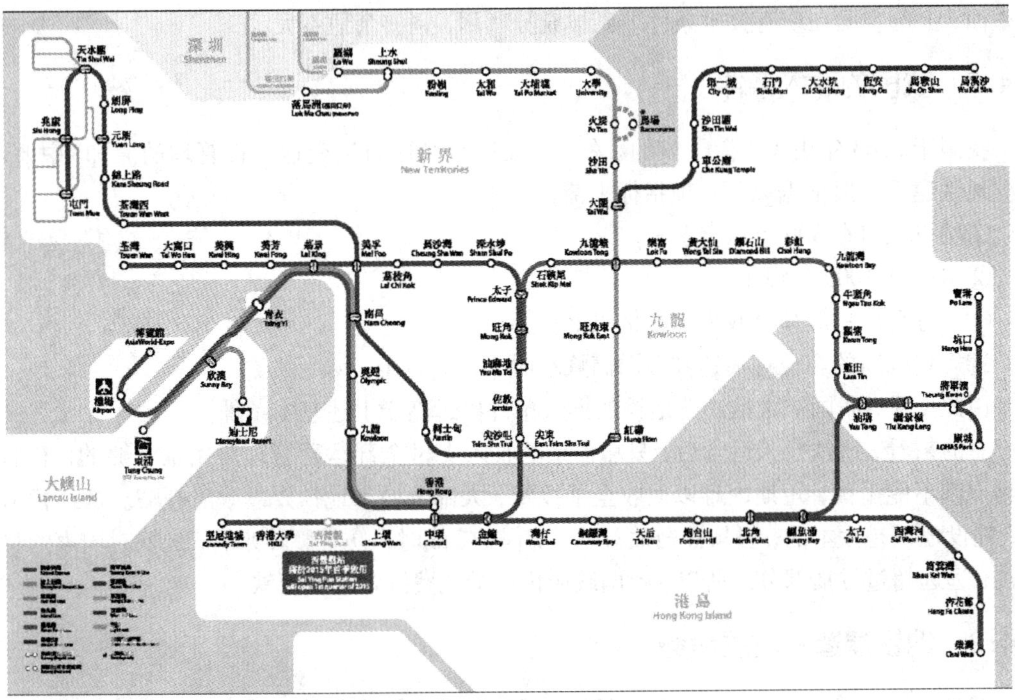

图 1-4　香港地铁线路网

1.4　地下铁道建设的前提条件和发展趋势

1.4.1　基本前提条件

地铁建设周期长，投资巨大。比如，上海地铁从准备到 1993 年开始运营，历经近 30 年。广州地铁一期工程实际投入 140 多亿人民币，另加 5 亿多美元贷款，地铁每千米投资达 2 亿元人民币以上；近年来地铁建设成本已上升到每千米 3 亿~4 亿元。因此，一个城市是否修建地铁，必须根据国民经济状况等综合因素，经可行性论证才可确定。有关专家认为，城市地下铁道建设的必要前提可概括为以下三个方面。

1. 城市人口状况

从世界上已有地铁运营的城市看，超过 100 万人的城市最多，约占 80%，其余人口不到100 万的城市中，大多数也接近 100 万。因此，城市人口超过 100 万，应作为建造地下铁道的宏观前提。

2. 城市交通流量情况

按城市人口多少评估该城市是否需要修建地铁只能是一种宏观前提。主要应考虑城市交通干道上单向客流量的大小，即现状和可以预测出的未来单向客流量是否超过 2 万人次，且在采取增加车辆，拓宽道路等措施，已无法满足客流量的增长时，才有必要考虑建设地铁。

3. 城市地面、上部空间进行地铁建设的可能性

城市中心区域的土地被超强度开发，建筑容量、商业容量、业务容量均达到饱和状态，其地面、上部空间在现有技术条件下已被充分利用，调整余地不大。

1.4.2　我国的准入条件

我国于 2003 年由国务院下发的《关于加强城市快速轨道交通建设管理的通知》中要求，批准地铁建设一般依据以下 4 项指标来衡量：

①城市人口在 300 万以上；

②GDP 在 1000 亿以上；

③地方财政一般预算收入 100 亿以上；

④规划线路的客流规模达到单向高峰小时 3 万人以上。

由此可见，我国被批准建造地铁的准入条件要远高于上述基本条件。

总的来看，地铁投入运营后，只靠售票的收入支付全部运营管理费用是不够的，有的连年收支都不能平衡，短期内难以回收全部投资，大部分城市地铁要靠政府补贴。从经营情况看，建设地铁是亏本的，但从社会效益、环境保护、战时人防等整体来看，地铁对国家的整体利益，远远超过亏损部分。所以，各国政府仍不惜花费巨资建设地铁。

1.4.3　地铁建造的发展趋势

城市地下铁道经过一个多世纪的发展，早已突破了原来的纯粹建在地下的概念，许多大城市的地铁网络多由市中心的地下线路和郊区的地面或高架线路组成，这种包括地下、地面和高架线路的地铁网络，一般称为快速有轨交通系统(urban rapid rail transit system)。有的城市地铁目前全部建在地下，如波恩、里斯本、平壤、北京等城市。也有一些城市地铁全部为高架线路，如印度的马德拉斯等城市。还有很少城市地铁全部为地面线路，如巴西阿雷格里港和贝洛奥里藏特两城市的轻型地铁，是利用原有市郊铁路改建而成的。但大多数城市地铁少部分线路建在地下，大部分为地面和高架线路，如伦敦地铁全长 420 km，地下隧道不过 160 km；芝加哥地铁全长 168 km，地下线路只有 16.5 km；其他如维也纳、赫尔辛基、法兰克福、旧金山、汉堡、鹿特丹、巴尔的摩等城市地铁，地上线路的长度均超过地下部分。它们是把市郊铁路与地铁统一规划，连在一起，因地制宜，能上则上，可下则下，形成一个统一的快速有轨交通系统。我国目前已建成运营和正在修建地铁的城市在路网规划中的也均是将地下铁道与地面轻轨线路统一规划和建造。

21 世纪的地铁，以高速、正点、低能耗、少污染、安全舒适等功能吸引大中城市客运的80% 以上。美国、日本、德国、法国等经济发达国家不断加大地铁的科技投入，许多新材料、新技术、新工艺运用在地铁工程中。

150 多年来，地铁作为城市的主要交通工具，无论是平时，还是战争年代，都发挥了巨大作用,随着地铁现代化的高度发展,今后还会发挥越来越大的优势。自 20 世纪 80 年代以来,一些城市兴建了轻轨,甚至有的城市早年已建成地铁,后来又修建了轻轨,形成地铁和轻轨在同一个城市并驾齐驱的局面,显示了两者均有着广阔的发展前景。如今,世界上尚有 20 多个国家的近 50 座城市正在建设或计划兴建地铁或轻轨。

思考与练习

1. 地下铁道主要有哪些功能?
2. 简述地下铁道与轻轨的区别。
3. 修建地下铁道的前提条件是什么?

第 2 章
地下铁道线路规划与设计

2.1 城市公共交通的基本概念

一个现代化城市，为了保证居民有效地进行生产、文化和社会活动，必须解决好城市旅客运输问题，这就要求研究：城市居民流动的特征、客流量和客运量的估计、城市各类客运交通的特征，城市规划与交通线路网的布局等。同理，在一个城市修建地下铁道时，显然必须事先做好路网规划，才能取得较好的效果。而规划大规模的城市客运网时，就必须掌握和搜集好这些与城市公共交通密切相关的主要数据。即应对城市的近期与远景规划、市内居民流动的性质与密度，以及居民点的一些其他特征进行调查研究，并以此为依据。

2.1.1 表征城市居民流动特征的专用术语与基本数据

居民流动强度：表示一个居民出门流动的次数（次/人·年）。

居民乘车流动强度（$P_乘$）：表示每个居民一年内出行流动时，使用公共交通的次数（乘次/人·年）。它由城市大小及居民密度、居民生活条件及工作条件、城市运输情况而定。

居民出行花费的时间：是指从出发地到目的地所花费的时间。

表征一个城市在客运方面的几个基本数据是：客流、客运量、居民流动度及运程。

客流：居民每天出门活动，在城市道路上产生人流，其中部分是要求乘车来往，这就产生了客流。客流分析是在进行人口和交通调查的基础上产生的，并预计到人口和城市规划的变化，通过数理统计分析决定。

客流量：在一定的时间内，通过客运线路网中一定区段上（如两车站之间）的乘客数，即是指定线段上的断面流量。客流量是有方向性的数量，是城市客运工作的一个重要指标。图 2-1 是某市七路公共汽车早高峰小时（7—8 点）的客流量分布图。

运程：即每一旅客一次乘行的平均距离（$L_乘$）。取决于市区的大小及形式、城市运网的总延长千米及发达程度，以及现有的各种运输形式。大城市 4~5 km，中小城市约 3 km。

客运量 A：是指城市各个区段上单位时间内单程或往返运送或需要运送的旅客数目。对于运输枢纽、车站、停车站来说，客运量便是所容纳的旅客数目，即上车、下车或换车的旅客总数。对于一条公交线路而言，其客运量是所有车站上车或下车的总人数。例如某城市年客运量就是全年公共交通的总人次，即全市人口总数 $P_总$（包括常住人口与流动人口之和）与居民乘车流动度 $P_乘$ 的乘积，即

北→南

```
      500      600      650    750    800
     2500     3000     3500   5000   5500    4000    3000   2300
  ╔═══════╤════════╤════════╤═════╤═══════╗
  ╟───────┴────────┴────────┴─────┴───────╢
     3000     2800     3000   3000   2 500   3000   2500   2000
                                                    北←南
```

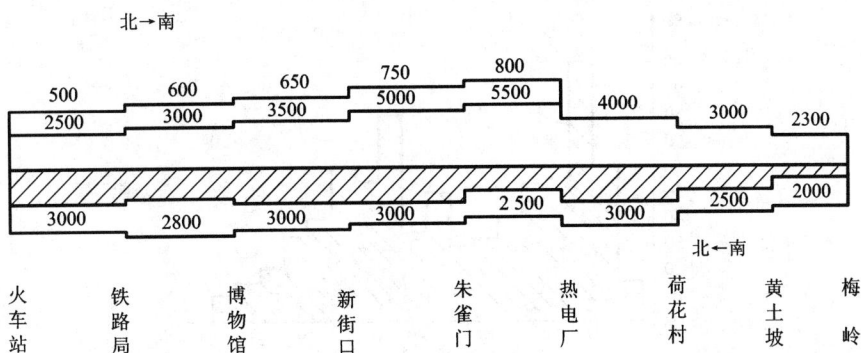

图 2 - 1　某市 7 路公共汽车早高峰小时客流分布图

$$A = P_{总} \cdot P_{乘}（人次/年）\tag{2-1}$$

客运工作量：指在一定时间内城市公共交通的乘客数乘上他们的平均距离。全部一年的客运工作量（又称客运周转量）可以用下式表示：

$$M_{年} = A \cdot L_{乘} = P_{总} \cdot P_{乘} \cdot L_{乘}\tag{2-2}$$

客运工作量是表示城市客运企业规模和性质的一个主要指标，根据它可以确定客运方式、路网长度、车辆数、运输设备的规模等。应该注意客运企业是非物质生产性企业。企业规模越大，则占用和消耗的费用也越多。因此在城市规划上，在公交路网布置上，应考虑减少全市客运工作量，这样既可以节约国家投资和经常费用，又可以节省居民的时间和精力。

2.1.2　客流不均匀性

客流不均匀，客运量、客运工作量也就不均匀。这就影响客运规划和行车组织。因此必须研究其变化规律，以求合理地安排客运规划。

1. 时间不均匀系数（$K_{时}$）

客流在全天 24 小时中的变化是有一定规律的。一般早晚上下班时刻的客流最为集中。形成客运工作的高峰。一天中高峰小时客运量占全日客运量的百分比称为高峰小时系数 $K_{时}$，它为 6% ～15%。上海市早高峰小时系数为 12%，通往工业区的个别路线为 13.5%。北京市公交高峰小时系数为 12.5%，北京一期地铁经营的经验，平日早高峰小时系数占 10.5%。图 2 - 2 为北京地铁 1 号线全日客流量变化图，其 $K_{时} = 12.3\%$。

2. 季节不均匀性和日不均匀性（$K_{月}$ 或 $K_{日}$）

季节不均匀性主要是旅游城市受气候影响所致。如杭州春季客流量要激增。北京一般在 5、8、10 三个月客运量比较大。1985—1995 年间的统计数据显示，北京月波动系数 $K_{月}$ 在 1.12 ～1.27 之间。日不均匀性则是指在一个月内，逐日运量的不均衡，如节假日、周末与平时的客流量会有很大差异。北京市一年中最高日运量集中在五一、十一等重大节日。在一周内，星期一早高峰小时的客流大。北京一期地铁在 20 世纪 80 年代后期的高峰月是 8 月份，月波动系数约为 1.15。而高峰日波动系数为 1.22。

3. 方向不均匀性（$K_{方向}$）

为最大的单向客流量与平均的单向客流量之比。一般不宜大于 1.2。

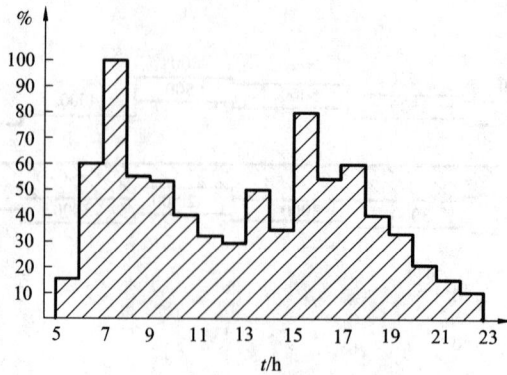

图 2 - 2　北京市地铁复兴门至八王坟全日客流分布模拟图

4. 路线不均匀性($K_{路线}$)

高峰路段的客流与平均路段的客流之比。平时不大于 1.4，如大于 1.4，则开辟区间车来改善客运组织。

2.1.3　客运量的调查与预测方法

上述基本数据的来源主要根据对客流的调查与预测。客流调查的资料包括公交网上各段客流的分布、各站上下车的人数、各时间(季节、周日、小时间)的客流变化，以及居民流动量等项目。

1. 客流调查的基本方法

调查的方法大致分为三类：

(1)表格调查法

主要用在调查城市中基本客流的情况。可分区或分路线调查企业、工厂、机关、学校等单位的上下班时间、休假日期、基本乘客人数与一年的乘客次数、乘坐的路线、转车情况(表 2 - 1 和表 2 - 2)，掌握路线高低峰时间及各日客流量变化规律。

表 2 - 1　单位职工人数及上下班时间调查表

单位名称：			地址：			所属公司：		
联系部门：			联系人：　　电话：			休息日		
职工总人数			生产班次时间及人数	班别	上下班时间		人数	
购买月票人数				日班	时—时		人	
骑自行车人数				早班	时—时		人	
自有客车数				晚班	时—时		人	
载客人数				夜班	时—时		人	
职工居住分布	区　人	区　人	区　人	区　人		区　人		区　人
要求和意见								

表 2 - 2　单位职工调查汇总表

地区或路段：　　　　　　　　　　　　　　　　　　　调查日期：

单位名称	地址	所属系统	电话	职工人数	其中		自备车人数	休息日	上班时间人数				下班时间人数			
					月票人数	骑自行车人数			日班	早班	晚班	夜班	日班	早班	晚班	夜班

（2）实际运量观测法

在各线路上或个别路线段上进行全日或高峰小时内客流量的观测，由观测地点和方法不同，又可分为：

①站点观测法，了解上下车的乘客数；

②高断面观测法，了解全日制客流量变化，研究高低峰时间内线路配车问题；

③车内观测法。

表 2 - 3 是广州地铁 1 号线部分区段实际运量观测法的实例。

表 2 - 3　广州地铁 1 号线部分区段全日客流量表（2000 年）

下行人数/人			车站	上行人数/人		
出站	区间	进站		进站	区间	出站
0		16808	花地湾	0		16714
	16808				16174	
0		27702	芳　村	0		26345
	44510				42519	
1283		32295	黄　沙	1392		26520
	75522				67647	
192		50788	长寿路	80		52237
	126118				119804	
11379		11490	中山七路	10628		12693
	126229				121869	
6257		54424	西门口	5386		59594
	194396				176077	
23321		52293	公园前	20671		50625
	224547				227178	
24039		55492	农讲所	31692		44926
	256000				240412	
27612		28665	烈士陵园	28451		19206
	257053				231167	

（3）OD 调查法

近年来北京、上海、广州在作地铁路网或线路设计时，采用美国 OD（origin and Destination）调查法来调查地下铁道的客运量。该法主要是调查居民出行起点和终点。它是将所规划研究的地区，划分为若干小区（zones）或街区（block）。了解小区特点（工业区、商业区、住宅区、文化娱乐场所、交通枢纽）及住户、人口、收入；调查使用的公交客运系统（通过的街道、地铁、公共汽车等路线）；并收集出行情况等作为原始资料。相继做出行产生的分析、出行分布的分析、使用交通工具的分析、出行分配的分析，从而得出现有客运交通系统的流量，或预计未来的流量，同时也可用作确定某条公交客运线、地下铁道线的乘客数。

2. 客流预测模型及方法

（1）预测模型

地铁客流预测，随着发展时期的不同，而有不同的模式。近些年许多城市地铁路网规划时采用的客流预测模型是："现状 OD" ⇒ "出行需求预测" ⇒ "远期地铁"。以居民出行 OD 为调查基础，进行各规划年份全方位出行预测，然后通过方式划分，得出各期地铁客流分布。此模式遵循交通需求预测的四阶段法：交通出行产生、交通的分布、交通方式的划分和交通在路网上的分配，该法预测精度较高，但对基础数据要求相对较高且方法复杂。

居民出行预测要建立在对规划线路一定范围内城市建设和土地变化、人口分布及就业情况了解的基础上进行。采用单位系数法按不同的出行目的预测各交通小区出行的生成量和吸引量，先要对地铁交通路网规范围内进行交通小区的划分。在市区以主要道路为小区中轴，以交叉路口为小区中心，在市中心区以 1.4 km 左右为边长划分小区。小区近似方形，面积约为 2 km²。随着向郊区延伸，面积逐渐加大。小区的用地性质尽可能单一。在郊区以主要道路为轴，以出行的主要集散点为中心，在人口稠密区当跨度不太大时，不要分割成两个小区，应使其位于小区附近，尽量以自然障碍物为边界，如以铁路、河流、湖泊、农田等划分，面积约为 6 km²。在交通小区的基础上，将 2~5 个交通小区组合成交通中区，并在保持行政区的形状基本不变的前提下，将若干个中区组成交通大区。

①出行生成预测模型。

$$p_i = \sum_{i=1}^{n} c_{pi} x_{pi} \qquad (2-3)$$

式中：p_i 为第 i 个交通小区出行生成量（人次／日）；x_{pi} 为第 i 个交通小区的总人口数、成人数、学生数或就业岗位数；c_{pi} 为相应的出行生成系数。

② 出行吸引量预测模型。

$$A_j = \sum_{j=1}^{n} c_{aj} x_{aj} \qquad (2-4)$$

式中：A_j 为第 j 个交通小区出行吸引量（人次／日）；x_{aj} 为第 j 个交通小区的总人口数、就业岗位及用地面积；c_{aj} 为相应的出行吸引系数。

③ 出行分布预测模型。

居民出行分布形式和小区的生成量、吸引量、小区的阻抗及城市布局等因素有关，一般采用综合重力模型进行居民出行分布量预测。

综合重力模型为：

$$T_{ij} = \frac{p_i A_j F(l_{ij}) K_{ij}}{\sum_{j=1, i=1}^{n} A_j F(l_{ij}) K_{ij}} \qquad (2-5)$$

式中：T_{ij} 为 i 交通小区至 j 交通小区居民出行量；$F(l_{ij})$ 为两交通小区 i 至 j 之间有出行阻抗函数，一般为总出行距离的函数；K_{ij} 为两交通小区 i 至 j 之间有布局调整系数，其他符号同前。

以下式迭代消除 j 交通小区出行吸引总量的误差：

$$A_j^{(k)} = \frac{A_j^{k-1} A_j}{\sum_k T_{ij}^{(k-1)}} \tag{2-6}$$

式中：k 为出行方式划分参数。

④ 出行方式划分参数。

居民出行可以选用各种不同的交通方式，如步行、自行车、公共汽车、轨道交通及其他交通方式，交通方式的选择确定就称为交通方式划分。其模型形式为：

$$p_{ij}^k = \frac{\exp(-u_k)}{\sum_k \exp(-u_k)} \tag{2-7}$$

式中：p_{ij}^k 为 i 交通小区至 j 交通小区第 k 种出行方式的分配率，%；u_k 为 i 交通小区至 j 交通小区第 k 种出行方式广义运输费用。

$$u_k = \beta t_k + c_k L + d_k \tag{2-8}$$

式中：t_k 为 i 交通小区至 j 交通小区第 k 种出行方式的出行时间，min；L 为 i 交通小区至 j 交通小区第 k 种出行距离，km；β、C_k、d_k 均为参数。

⑤ 路网客流分配模型。

居民出行总希望选择行程最短，时间最少，且方便舒适的路线，其行程分配在交通路网上的程序为客流分配。其模型形式为：

$$p_k = \frac{\exp(-\beta t_{ij}^k)}{\sum_k \exp(-\beta t_{ij}^k)} \tag{2-9}$$

式中：p_k 为居民出行选择路线 k 的概率；t_{ij}^k 为线路 k 的出行广义费用，一般采用出行时间；β 为系数。

（2）客流预测结果

设计年限一般分为近期与远期两个阶段，时间均从工程建成通车当年起算。目前，国内修建地铁与轻轨的城市，在工程可行性研究设计阶段，都从客流角度评估现时修建地铁和轻轨的必要性并进行了投资估算，预测了工程建成通车年，即初期的客流量，并据此配备运营车辆和相应的车辆检修设备。根据国外的经验，设计年限一般近期定为 10～15 年，远期 20～30 年。我国《地下铁道设计规范》（GB 50157—2013）规定，地铁工程的设计年限应分为初期、近期和远期。初期可按建成通车后第 3 年确定，近期应按建成通车后第 10 年确定，远期应按建成通车后第 25 年确定。路网规划年限一般应与城市发展总体规划规定的年限相一致，但不应少于 30 年。

路网中各条线路经过详细的客流预测后，应提供下列主要的成果资料：

①交通小区的划分图；

②规划年居民全方式出行期望线路图；

③规划年全市客流分布图；

④规划年各网线全日乘降量及断面客流量表；

⑤规划年各网线早高峰小时乘降量及断面客流量表；

⑥规划年各网线晚高峰小时乘降量及断面客流量表；

⑦规划年换乘车站各方向客流量乘量；

⑧路网中各线路吸引客流量占总客运量的百分比。

例：广州地铁 1 号线：最终设计运送能力为单向 5.5 万人次/h。按客流预测增长量分为初、近、远 3 期。其中，初期：1998 年单向最大运送能力为 1.8 万人次/h；近期：2008 年单向最大运送能力为 3.7 万人次/h；远期：2023 年单向最大运送能力为 5.5 万人次/h。

2.1.4　城市客运交通的类型

城市客运交通工具按行驶路线可分为街道上和街道外的两大类。街道上的客运交通工具主要是公共汽车、无轨电车和有轨电车。它们在街道上按固定的路线行驶，形成公共交通网。此外，还有出租汽车。街道外客运交通工具有轻型轨道交通、地下铁道。街道上与街道外的交通彼此之间虽有各自的体系，但在布置上应统筹安排，互相联系，既充分发挥各自的作用，又成为一个完善的城市公共交通体系。

1. 公共汽车

公共汽车是我国城市目前的主要交通工具，它的设备简单，基建投资少，只有车辆和车场，以及沿线设置的停靠站、始末站。车辆载客量分为：小型(60～80 人)；中型(90～130人)；大型铰接车(130～180 人)。单个车辆行驶时要求街道容许纵坡为 6%～7%，采用拖挂车时常不宜超过 4%。公共汽车的运行速度与城市街道汽车交通量有关。公共汽车的站间距一般为 0.5～1.0 km。

2. 无轨电车

无轨电车的设备除与公共汽车相同外，还要有架空接触线网和整流站，基建投资较大，行驶时受供电的影响，灵活性也不如公共汽车，但能偏移接触线两侧 4.5 m 左右，故可停靠在人行道边上，也可超越其他车辆。无轨电车的特点是噪音小，不排废气，启动加速度快，变速方便，对道路起伏变化多、纵坡陡的山城亦可适用，但在路线分岔多，半径小的弯道上行驶时常感不方便。

3. 有轨电车

它与无轨电车相比，还要增加轨道及专用停靠站，因为轨道常设置于街道中央，必须设置高出路面的站台，才能保证乘客上下车行候车安全。它的运载能力大，客运成本低，如大连市现有两条有轨电车长 14.8 km，占全市公交线的 8.4%，而日运量达 40 万人次，为全市总运量的 22.3%。但有轨电车基建投资大，行驶时噪音大，而且容易损坏路面，影响城市道路的使用质量。目前我国除东北少数几个城市保留有有轨电车外，其他城市都已拆除。

4. 轻型轨道交通

轻型轨道交通它是现代化的技术，使过去的有轨电车得到新的发展，它吸收了地下铁道车辆制造和信号控制等方面的技术，而其线路工程又以地面为主，或采用架空线，仅在市中心区或交叉路口处可能需要置于隧道中。它的基建投资约为地铁的 20%～80%；而且，由于减少了大量的照明、通风、排水等设施，其运营费要比地下铁道低得多。但它的客运能力可达到 8000～35000 人/h(公共汽车为 3000～6000 人/h；地铁为 30000～60000 人/h)。轻轨电车车辆的各部件之间结合得很紧密，轮子和轴之间、底盘和车厢之间加上橡胶垫层，线路力求平整，基础稳固，轨道接头采用焊接，以降低噪音，同时在轨道两侧设置吸音挡板。据国外测定车内噪音在 67～70 dB；车速 50 km/h，从车外 7.5 m 距离外测得噪音为 76～80 dB，小于公共汽车的 89 dB。一辆车长在 15～30 m 之间，宽度为 2.6 m，同时车节间贯通，既利于车内乘客分布均匀，又加大了载客量。运行时可单辆行驶，或两辆、三辆联挂，但时间不宜太长。车辆加减速度大，可在短距离内达到最高速度，既适用于短站间距，又有利于提高平均运行速度。一般为 20～30 km/h，有时可达 70 km。鉴于其有很多优点，目前世界很多大城市都在使用和发展有轨交通，或者作为向地下铁道的过渡措施。

2.2　地下铁道路网规划

地铁路网是由若干地铁线路所组成的，它是一个技术独立的城市公交客运网，也是整个城市公交系统的一部分。为了充分发挥它的作用，除了要有先进的技术外，首先要有合理的路网规划。否则，会因无计划盲目的修建地铁而造成各条线路客流不均匀，换乘不便，效能发挥差，并带来许多技术不合理等不良现象。如英国伦敦地铁最先是处于无规划的情况下发展的，线路重复段多，路网布局不合理，运营效益低。而莫斯科地铁重视按路网规划进行修建。结果伦敦地铁虽然以市区面积或人口计的路网密度都比莫斯科高，但线路客运负荷强度却比莫斯科低得多。这说明莫斯科地铁运营效益高，而路网规划合理是主要原因之一。所以，一个城市的路网规划不是可有可无的。

地铁路网规划的内容包括：路网形式及路线走向的确定；地铁的类型；车站的位置、规模及出入口的布局；折返渡线与车辆的规划；线路的平、纵断面设计。这些工作牵涉到原有城市的状态及交通运输近期状况和远期发展方向、规模和城市的战备防护要求。由于地下铁道是地下工程，所以其改建、扩建极为困难，因此，线路网规划是一个比较细致而复杂的工作。

2.2.1　路网规划的基本原则

城市路网规划必须从城市的发展远景和城市公交系统的总布局出发，合理地布置地铁线路，充分发挥地铁客运有利因素，使其成为城市公交客运的骨干。在进行路网规划的具体工作中应考虑下列问题：

①线路走向应基本符合主客流方向，即地下铁路的路线能吸引大量客流，因此路网应贯通城市中心和城市人口集中区域及大股客流集散地，如主要街道交叉口，商业中心，工厂区，体育文娱中心及火车站等处。

②路网布局应均匀，密度适当，换乘方便，能缩短乘客出行时间。路网密度均匀合理，能提高线路的客流负荷强度，提高运输效率，一般认为，市区地铁吸引客流的半径以 700 m 为宜，即理想的路网线间距，市区是 1400 m 左右。除特殊情况外，最好不要小于 800 m，且不大于 1600 m。路网布局要尽量减少换乘次数，使乘客能直达目的地，其出行时间就少。一般要求从市郊到市中心最好以 30 min 为宜，最长不超过 50 min。

③选定线路走向时，要考虑城市地形、工程地质、水文地质条件。避免对地面建筑物、地下管道以及其他地下工程造成影响，并注意保护重点文物。这些因素影响路网中各线路的平面与路面的关系、施工方法与基建投资。

④路网规划必须考虑到城市远景发展及市郊工业发展情况和城市的近期改造，如新工业区的开辟，新居民点的增建，现有地面铁路的增建和改造计划。同时要考虑地下铁道与其他

地面公共交通和市郊铁道的分工配合与衔接问题。要使新建的地下铁道路网不论在近期、远期，均能尽可能大地发挥作用。

⑤确定路网中线段修建顺序时，要与城市规划相结合，同时要注意保证地铁建设的计划性和连续性，修建时要建一段用一段，使建设周期相对缩短，及早地发挥已建地铁的作用。同时在线路交叉位置，要充分考虑两线的换乘关系，包括两线的上、下位置，换乘形式及其他有关技术问题。

⑥地铁车辆段要位置适当，充分利用空间，节约用地。

⑦要考虑战备要求，便于疏散与隐蔽。

由此可见，路网规划参数的取得必须对所规划路网的城市作充分细致的调查，其中包括人口和人口密度调查（即居民分布情况，居民总数及增长趋势），交通调查，客流调查及远期客流估计，各种交通工具分工情况，工业区、居民区分布情况，地面建筑及地下管道，地形、地质、水文地质等一系列调查。

2.2.2　路网形式

路网中各条线路组成的几何图形一般称路网结构形式。城市现有街道的基本形状及地理条件对地下铁道的路网形式有着重大影响，对浅埋地铁的影响则尤为显著，几乎具有决定性的作用。虽然世界各国城市快速轨道交通路网结构形式比较繁杂，但从几何图形上分析，大致可归纳为：放射形、环线形、混合形路网等，各种几何结构图形如图 2 - 3 所示。

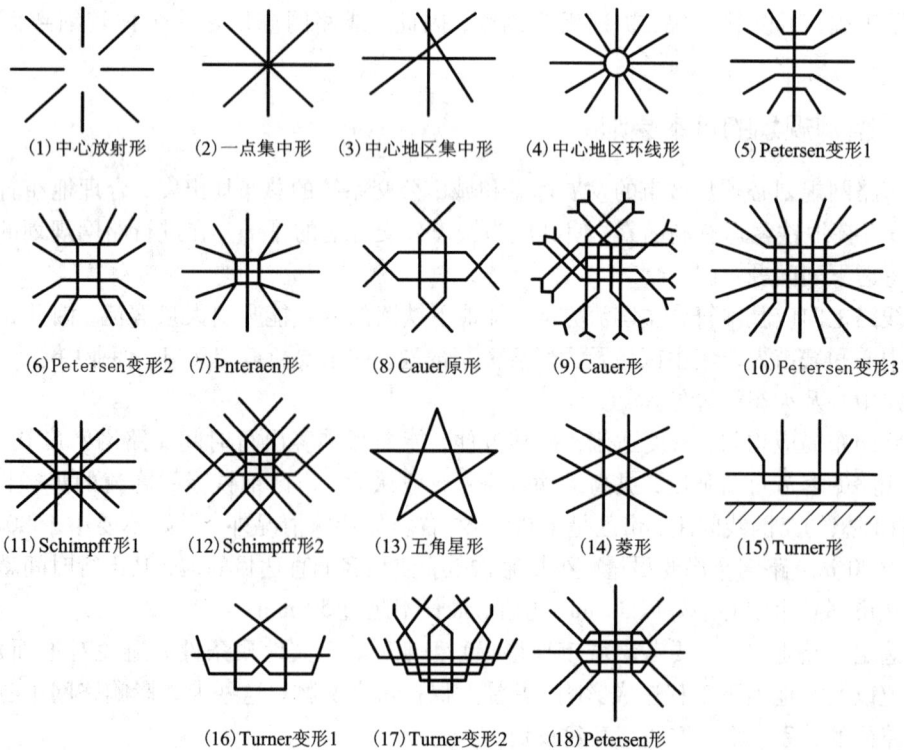

| (1)中心放射形 | (2)一点集中形 | (3)中心地区集中形 | (4)中心地区环线形 | (5)Petersen变形1 |

| (6)Petersen变形2 | (7)Pnteraen形 | (8)Cauer原形 | (9)Cauer形 | (10)Petersen变形3 |

| (11)Schimpff形1 | (12)Schimpff形2 | (13)五角星形 | (14)菱形 | (15)Turner形 |

| (16)Turner变形1 | (17)Turner变形2 | (18)Petersen形 |

图 2 - 3　路网几何结构图形

1. 放射形路网

又称辐射线式，直径线式路网（图 2-4）。随着城市的发展，地铁路网由交通最繁忙的城市中心向城市四周呈放射状扩展，如图 2-3 的（1）、（2）种形式。这种形式对于乘客非常方便，郊区乘客可直达市中心，还便于市区客流向各个方向分散，并且由一条线到任何一条线只要 1 次换乘就可到达目的地，是换乘次数最少的一种形式。但从一个市区到另一个市区，乘客均须经过市中心区的线路交叉点，增长了绕行距离和乘车时间，容易形成客流过分集中在交叉点的现象，并增加施工难度和工程造价。

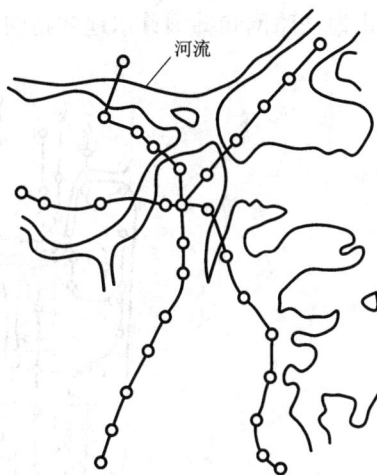

图 2-4　放射形地铁线路网

2. 环形路网

环形路网基本上是与城市结构和地面上的道路系统相配合，沿城市繁华地区客流量集中的道路呈环状布置地铁路网，实现地铁车站与地面各交通站点的换乘。且因线路闭合，可避免和减少折返设备。其不能满足横穿市区交通的需要，且运量受到限制，但随着城市远景发展，可为增建直径线联络市区与郊区提供有利条件。单纯的环状路网是少见的。如英国的

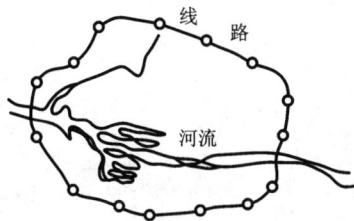

图 2-5　环形线式地下地铁路网

格拉斯哥在市区修建的 10.4 km 的地铁，就是典型的环形线（图 2-5），还有北京的第二期工程。

3. 混合型路网

由放射状和环线路组成的综合型路网。世界上相当多的城市地铁采用这种形式。混合型路网结构形式是结合城市的具体情况，将 2 种或多种几何图形有机地结合在一起，成为完整的路网结构形式。它能充分适应城市的特点，并尽力吸收各种几何图形的优点，因地制宜的布置成为与城市特征相协调的路网形式，比较机动灵活，并能达到较好的效果，如图 2-3 中的（5）~（18）所示。我国北京地铁和西班牙首都马德里地铁路网就采用这种模式。

通常情况下，线路宜布置为放射加

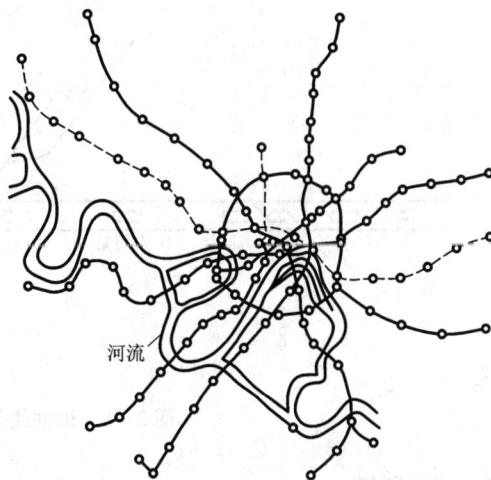

图 2-6　蛛网式地下铁道线路网

环。通过环线将各条放射线有机联系在一起，形成如图 2-6 和图 2-7 所示的蛛网式或棋盘式，它既具备放射形路网的优点，又克服了其不足之处，方便了环线上的直达乘客和相邻区间需要换乘的乘客，并能起到疏解市中心客流的作用。这种形式较典型的路网如俄罗斯的莫

斯科市地铁路网和韩国首尔地铁路网。

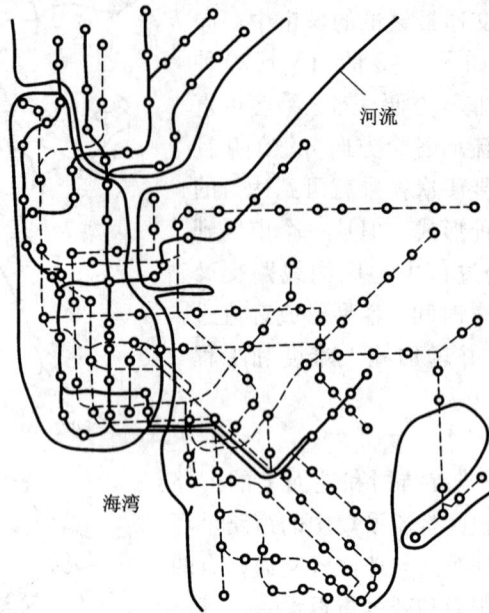

图 2-7　棋盘式地下铁道线路网

2.2.3　路网的组成

地铁路网中的每一条线路必须按照运营要求布置各项组成部分，以发挥其运营功能。路网通常由区间隧道、车站、折返设备、车辆段(车库及修理厂)以及各种联络支线(渡线)所组成。如图 2-8 所示。

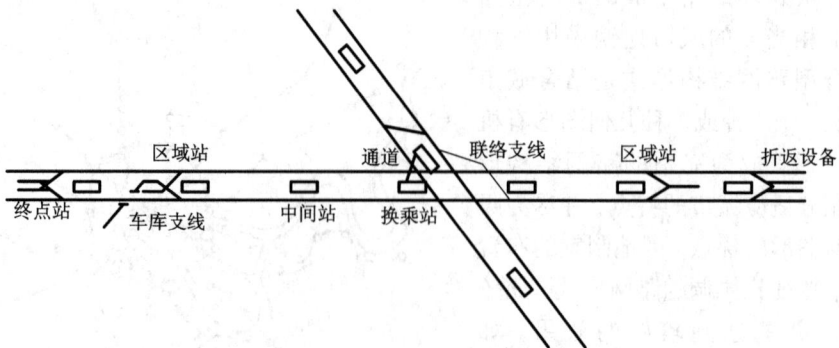

图 2-8　地铁线路网组成示意图

1. 区间隧道

供列车通过，内铺轨道，并设有排水沟、安装牵引供电装置(接触轨——第三轨，或架空接触线)、各种管线及信集闭设备。

2. 车站

车站是旅客上、下车及换乘地点，也是列车始发和折返的场所。按运营功能分为：中间站、换乘站、区域站、终点站。

（1）中间站

仅供旅客乘降之用，是路网中数量最多，最通用的车站。中间站的通过能力，决定了线路的最大通过能力。如若平均的停车时间为 30 s，则线路的通过能力为每小时 34 对列车（列车间隔 105 s），如果将停车时间减为 25 s，则通过能力可增加到每小时 40 对（列车间隔为 90 s）。路网中所有中间站作为一个整体，采用同样的布置较为有利。

在路网修建的初期，多数车站属于这一类型。但是随着线路数目的增多，在交叉点处的中间站，就要起换乘作用，因而应根据路网的远景规划，留有余地，以备扩建，以保证在不停车的条件下修建换乘通道及设备。

在分段修建和分期通车情况，有些中间站初期将作为临时终点站。

（2）换乘站

位于地铁不同线路交叉点的车站。除供旅客乘降外，还可供旅客由此站经楼梯、地道等通道去其他站层，换乘另一条线的列车。

地下铁道路线之间或地下铁道与其他城市交通工具间，有必要构成一个整体运输网，在线路交叉点处，一条线设有车站时，另一条线也必然在此范围内设站，这样在平面位置上大多情况成为交叉。一般为换乘方便，换乘设备集中设在车站的中央部分，这样会造成工程量比较大。联络两线的换乘设备（换乘节点）同时施工比较好，即使分段施工分期运营的规划中的换乘站，换乘节点也以先期施工为好。这样可避免今后一边运营、一边改建，延长工期，影响安全。

线路交叉位置和两站乘降站台的平面位置一般有：交叉呈"十字形"、"L 形"、"T 形"三种组合方式。上下车站站台间以阶梯连接，如图 2-9 所示。其中十字形交叉方式施工比较简单，但在两站的端部进行换乘时，增加了旅客不必要的步行，同时在站台上形成了拥挤的步行人流，对运输不利。

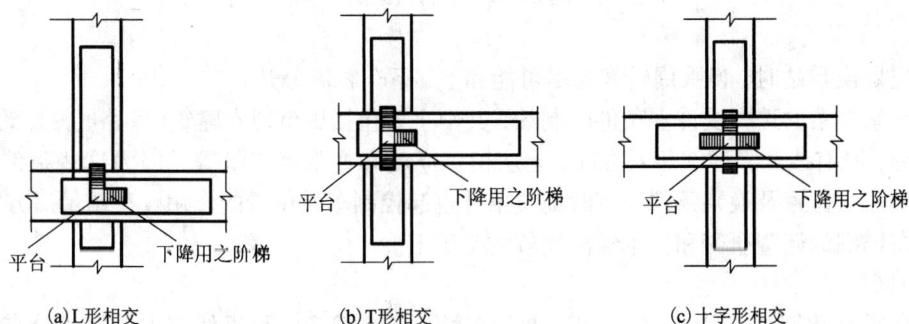

（a）L 形相交　　　（b）T 形相交　　　（c）十字形相交

图 2-9　地铁换乘站的三种类型（垂直换乘方法）

在客流较大时，换乘的理想方案是采用平行型的换乘站，在这种车站站台上，旅客只需走到站台的另一边或通过天桥地道即可换乘。可是在车站前后的线路，必须进行复杂的展线，并立体交叉，因此要加长线路、加大坡度、增多曲线，当线路交角愈大，愈加复杂。平行型换乘站内均可设两个站台，两站台间以地道或天桥连接，如图 2-10 所示。

当车站位置较深时，可利用联合式的地面站厅或地下站厅来换乘，联合式地面或地下站厅用自动扶梯与两个车站联结，而在地面上只设一个共用出入口。如图 2-11 所示，此种换

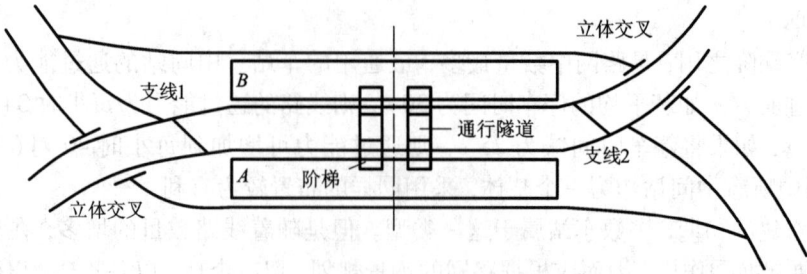

图 2 - 10　平行型换乘站站台联结图

乘方式在深埋地下铁道中选用较多。

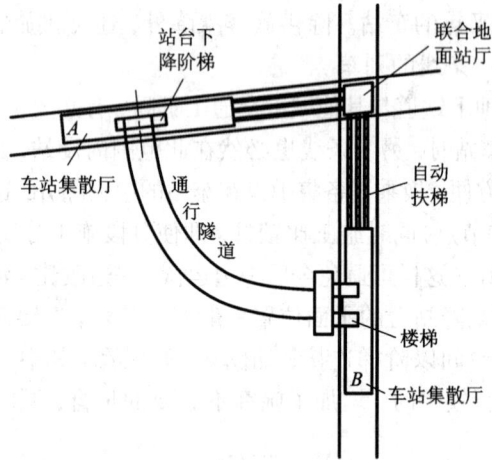

图 2 - 11　联合换乘站

在规划换乘站时，换乘周转客流尽可能和上、下车客流分开。

换乘站方案的选择受许多条件的制约，其中主要包括城市现有建筑（管路、古建筑等）及街道布局，既有线和新建线相对方向，土层覆盖厚度和换乘客流量等。因为这些条件，决定了车站出入口位置及换乘条件。有时地质条件也起控制车站位置的作用。车站最后方案选择要建立在详细的调查研究和技术经济比较的基础上。

（3）区域站

是有折返设备的中间站，列车可在此类车站折返或停车。根据线路上的客流分布，可从此类车站始发区间列车，进行区域旅客列车运转。

（4）终点站

线路的起始点，除供旅客上下车外，还用以列车的停留和折返、临时检修。为发挥这些作用，需要有四股尽端线。当线路延长时，终点站便成为中间站，同时可当作一个有两股尽端线的区域站来使用。

（5）车站的位置与站间距

路网中车站位置、站间距、车站规模及形式的选定应与城市交通近期和远期发展规划，使用要求相结合来综合考虑，决定原则一般如下：

①客流比较集中的地点，如火车站、主要街道的十字路口、商场中心、集会广场、公园、文化娱乐中心等处应设站。

②根据城市规划，在将开辟的新工业区，居民点等处应考虑设站。

③地铁线路交叉处，应考虑设站。

④站间距对地下铁道的基建投资及运营有较大影响。从旅客方便而论，站间距以短为宜，但站间距短，设站要多，将会提高造价(一座车站的土建投资约等于 1 km 多区间隧道的造价)，电能消耗大，运营速度降低，因此，必须二者兼顾，既要方便旅客，又要考虑投资。一般市区站间距为 1 km 左右，郊区可更大一些，但不宜大于 2 km。

⑤经调查统计分析，确定客流的大小及特点，从而决定车站规模及形式，但客流量的估计受许多因素影响，很难准确。因此车站规模及形式，为便于设计、施工及管理应尽量定型化。

3. 折返设备

有环形线、单线尽端线、双线尽端线。前两者只能供列车折返，后者可停放列车。在此可进行临时检修(应设检修坑)。

在线路的终点站，列车折返迅速程度，决定了线路的最大通过能力，因而折返设备是线路薄弱的一环。在国外(如伦敦、巴黎)广泛采用环形线的折返设备，如图 2 - 12 左侧所示，来保证最大通过能力，节约设备费用及运营成本。可是环形线折返设备使得列车在小半径曲线上运行，单侧磨耗钢轨，不能停放及检修列车，难于延长线路，若用明挖施工修建时，则存在增大了开挖影响范围等缺点。因而常采用尽端折返设备，如图 2 - 12 右侧所示。用尽端折返线时列车可停留、折返、临时检修、也不妨碍线路的延长。

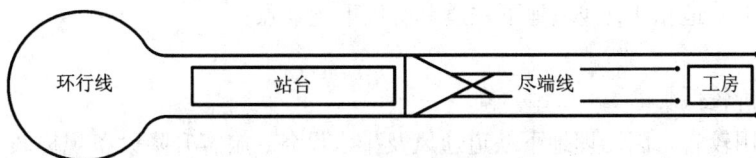

图 2 - 12　地铁折返线示意图

尽端折返线的有效长度为从道岔外基本轨第一个绝缘接头到车挡中心的距离，应较列车计算长度多出一定长度(约 29 m)。每一折返线下设宽度为 1.2 ~ 1.3 m、深为 1.2 m 左右的检查坑，以便检查车辆的走行部分。

在车挡后应设一线路工房，还应包括卫生技术设备、修配间、储存间等。

4. 车辆段(车库)

其规模按该地铁所拥有的车辆数(运行车辆、预备车辆、检修车辆的总和)来决定。与车辆段一般位于靠近线路端点的郊区，早上车辆向市中心发车，夜间收班向郊外入库。车辆的调配损失不大。车辆段设有待避线、停留线、检车区、修理厂、调度指挥所和信号所等。

5. 联络线

路网中地下铁道的地下线路与地面车库应有专用线联系，此种专线一般不宜和折返线合用。此外，在路网的交叉线附近，为便于两线间车辆互相调配，可设联络线。为便于车辆折返，在适当位置设有渡线。

大城市四周的郊区范围内，沿半径方向可达数十千米，极大部分的郊区居民与城市有工作上、文化上、生活上的联系，因而需要组织良好、迅速的市内外交通运输。为使地下铁道能服务于近郊区的客流，各方向来的市郊铁道，常设地下联络线，并在市内设站，作为市内交通的一部分。联络线和地下铁道交叉处设换乘站，以供旅客换乘。

2.2.4 地下铁道埋置深度

地下铁道线路走向确定后，埋设深度便是线路设计中首先要确定的问题。根据其到地表的距离，地下铁道可分为深埋与浅埋两种类型。一般认为埋深大于 20 m 时为深埋，埋深小于 20 m 为浅埋(通常指轨顶面到地面的距离，如图 2 - 13 所示)。

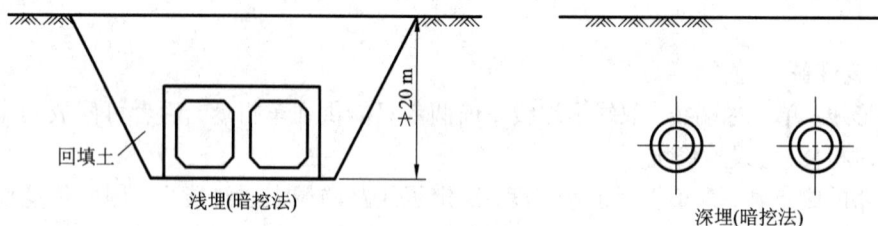

图 2 - 13 地下铁道埋深示意图

决定地铁埋置深度方案时，要考虑基建投资、地质条件、地下管线的埋深、防护要求等因素。深埋地铁一般采用暗挖法施工(矿山法和盾构法)，浅埋则常用明挖法，在特殊情况下，个别区段亦可采用暗挖法。

与深埋地下铁道相比，浅埋地下铁道具有以下优缺点：

1. 优点

①建筑造价较低。

②运营费用较省。因浅埋地下铁道通风及排水设备，旅客升降设备规模较小，所以投资及运营时费用均较少。

③防水性能好，因施工工作面宽敞，便于采用现浇混凝土及外贴式防水层，从而结构整体性好，防水也易于保证。

④工程施工组织较简单，施工条件较好，可采用工效高的挖掘机械，工作面能全面展开，可以缩短工期。

⑤旅客进出站时间短，换乘设备简单。

⑥正线与车库的联络线缩短，可以减少投资。

⑦可以根据防护等级设计结构，满足防护要求。

2. 缺点

①用明挖法施工要挖开路面，使城市正常生活受到干扰，破坏城市正常交通运输，尤其在街道狭窄，建筑物稠密地区更明显。

②因结构埋深较浅，对城市地下管路必须进行悬吊，拆迁处理，地面建筑物也必须拆迁或基础托底加固，这些工作会带来一定困难，影响工程进度。

③浅位置的地层，一般都比较松软，且地下水丰富，对修建浅埋地下铁道不利。

④为了减少土方开挖数量，迫使车站置于线路的低点，如图 2 – 14 所示。这种情况给列车运行带来不利，因车站位于线路低点，使得列车进站前必须减速制动，出站必须闯坡，不如深埋情况，如图 2 – 15 所示。深埋车站在高点，列车进站可自然减速，出站可自然加速。

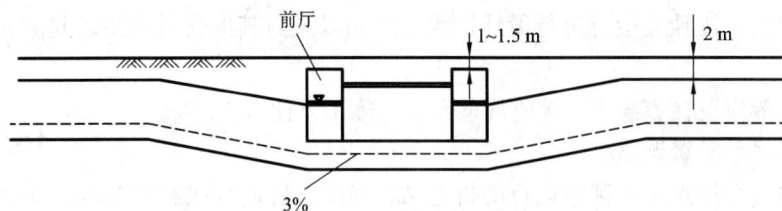

图 2 – 14　浅埋地下铁道纵断面图

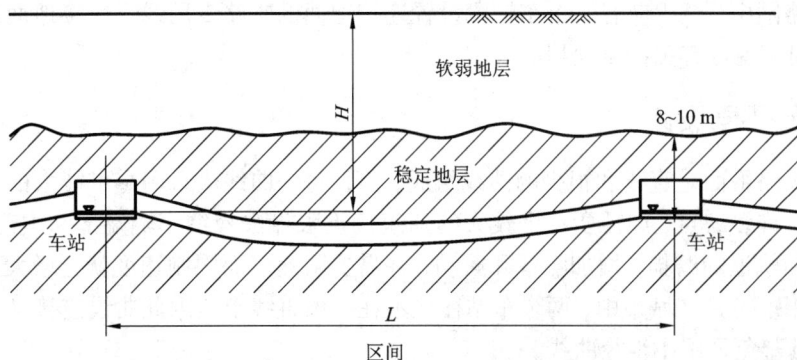

图 2 – 15　深埋地下铁道纵断面图

⑤同样结构条件下，防护能力较低。

在具体规划设计时，埋深方案的选择受许多条件控制。一般在建筑稠密、交通繁忙的市中心，采用深埋，在交通量小和街道宽敞的郊区采用浅埋。另外，在城市边缘地区，近郊区或特殊地形的地区采用高架线路或地面线路，在交叉路口采用立交，可大大降低工程造价、缩短工期。目前国内外地下铁道以采用浅埋为主。

2.3　地下铁道线路设计

线路是地铁的基本组成部分，线路设计标准直接与运行安全、行车速度、养护维修以及工程造价等密切相关。在考虑线路的具体位置时，应配合城市规划和现有地面及地下建筑物位置，尽量减少拆迁，减少施工对既有交通的干扰。在线路经过高大建筑物，名胜古迹等地点时，应作横断面定线，以尽量减少对这些建筑物的影响。

地铁线路设计须经调查研究、勘测、方案比较来进行。勘测设计必须以经过批准的设计任务书为依据，设计任务书内容包括：建路意义、线路起终点、线路主要走向、主要技术标准、交付运营期限等。勘测设计大体要经过方案依据、初测、初步设计、定测、施工设计、施工监测、修改设计等过程来完成。

2.3.1　地下铁道线路设计原则

①正线皆为右侧行车的双线，并采用与地面线路相同的标准轨距 1435 mm。

②线路远期的最大通过能力，每小时不应小于 30 对列车。

③每条线路应按独立运行进行设计。线路之间以及与其他交通线路之间的相交处，应采用立体交叉。

④车站一般应设在直线上，保证行车安全与施工方便。

⑤线路应尽量平缓顺直。

⑥线路的每个终点站和区段运行的折返站，应设置折返线或渡线，其折返能力应与该区段的通过能力相匹配。当两折返站过长时，宜在沿线每隔 3 至 5 个车站端加设渡线和车辆停放线。

⑦在线路网中，至少应有一个车辆段设置连接地面的铁路专用线。连接地面的铁路专用线，应符合国家现行有关铁路规划的规定。

2.3.2　线路平面设计

理想的线路平面是直线和很少的曲线组成，而且每一曲线应采用尽可能大的半径。因为小半径曲线有许多缺点，如需要一个较大的建筑接近限界去容纳车辆端部和中部的偏移距，增加了轮缘和轨道的磨损，增加噪音和震动，并需要限速。而限制速度就会增大运营费用和基本维修费用。可是在城市中，两个车站往往不在一条直线上。因此曲线连接又是不可避免的，但应尽量避免采用小半径曲线。

1. 最小圆曲线半径

最小曲线半径与地铁线路的性质、车辆性能、行车速度和地形地物等条件有关。它对行车安全与稳定以及基建投资等均有很大影响，因此曲线半径是修建地下铁道的一个主要技术指标。最小曲线半径的计算公式为：

$$R_{\min} = \frac{11.8V^2}{h_{\max} + h_{gy}}　　　　　　　　　(2-10)$$

式中：$R_{\min}$ 为满足欠超高的最小曲线半径，m；V 为设计速度，km/h；$h_{\max}$ 为最大超高，120 mm；h_{gy} 为允许欠超高。

根据目前我国地铁车辆运行情况，现行《地下铁道设计规范》（以下简称《规范》）规定的最小曲线半径如表 2-4 所示。

表 2-4　圆曲线最小曲线半径/（m）

车型 线别	A 型车		B 型车	
	一般情况	困难情况	一般情况	困难情况
正线	350	300	300	250
辅助线	250	150	200	150
车场线	150	—	150	—

车站站台段线路通常应设在直线上，但个别情况下，由于城市建筑物和地形的限制，车站可能不得不设在曲线上，其站台有效长度范围内的曲线最小半径应满足表 2 - 5 的规定。

表 2 - 5　车站最小曲线半径/(m)

车型		A 型车	B 型车
曲线半径	无站台门	800	600
	设站台门	1500	1000

2. 缓和曲线

(1)缓和曲线长度计算

设置缓和曲线的目的在于满足曲率过渡、轨距加宽和超高过渡的需要，以保证乘客舒适安全。缓和曲线的半径是变化的，它与直线联结一端的半径为无穷大，然后逐渐变化到等于所要联结的圆曲线半径，为便于测设，养护维修和缩短曲线长度，地铁设计规范采用与地面铁路相同的三次抛物线形。其方程式为：

$$Y = \frac{X^3}{6C} \tag{2-11}$$

式中：C 为缓和曲线的半径变化率，$C = \frac{GV\alpha^2}{gi} = \rho l = Rl_0$；$R$ 为曲线半径，m；G 为两股钢轨轨顶中线间距，1500 mm；g 为重力加速度，9.81 m/s²；i 为超高顺坡，‰；ρ 为相应于缓和曲线长度为 L 处的曲率半径，m；l 为缓和曲线上某一点至始点的长度，m；l_0 为缓和曲线全长，m；α 为圆曲线上未被平衡的离心加速度，取 $\alpha = 0.4$ m/s²。

缓和曲线长度的确定可以从下述三个方面确定：

①从超高顺坡的要求计算

一般超高顺坡率不宜大于 2‰，困难地段不应大于 3‰，按此要求，缓和曲线的最小长度为：

$$l_{01} \geq \frac{h}{2} \sim \frac{h}{3} \tag{2-12}$$

式中：l_{01} 为缓和曲线长度，m；h 为圆曲线实设超高，m。

②从限制超高时变率，保证乘客舒适度分析。

$$l_{02} \geq \frac{hV}{3.6f} \tag{2-13-a}$$

式中：l_{02} 为缓和曲线长度，m；f 为允许的超高时变率，$f = 40$ mm/s。

$$l_{02} \geq \frac{hV}{3.6f} = 0.007Vh \tag{2-13-b}$$

以最大超高 $h_{max} = 120$ mm 代入：

$$l_{02} \geq 0.84V$$

③从限制未被平衡离心加速度时变率，保证乘客舒适度分析。

$$l_{03} \geq \frac{\alpha V}{3.6\beta} \tag{2-14-a}$$

式中：l_{03} 为缓和曲线长度，m；β 为离心加速度时变率，取 $\beta = 0.3$ m/s²。

将 α、β 值代入上式有

$$l_{03} \geqslant \frac{0.4V}{3.6 \times 0.3} = 0.37V \qquad (2-14-b)$$

比较以上三式可见，对缓和曲线长度起控制作用的是(2-12)和(2-13)两式，即缓和曲线的长度主要是应满足超高顺坡和超高时变率的要求。综合以上分析，可将缓和曲线长度的计算办法归纳如下：

当 $V \leqslant 50$ km/h 时，缓和曲线 $l_0 = \dfrac{h}{3} \geqslant 20$ m；

当 50 km/h $< V \leqslant 70$ km/h 时，缓和曲线 $l_0 = \dfrac{h}{2} \geqslant 20$ m；

当 70 km/h $< V \leqslant 3.2\sqrt{R}$ 时，缓和曲线 $l_0 = 0.007Vh \geqslant 20$ m。

由此求出的缓和曲线长度 l_0 值按 2 舍 3 进，取 5 m 的倍数处理。缓和曲线最小长度 $l_{0\,min}$ 取 20 m 主要是从不短于一节车厢的全轴距而确定的。全轴距系指一节车厢第一位轴距至最后位轴距之间的距离。

（2）缓和曲线长度表

按照以上计算方法，《规范》规定，在正线上当曲线半径等于或小于 2000 m 时，圆曲线和直线间应根据曲线半径及行车速度设置缓和曲线（详细设置标准参见《规范》）。

（3）不设缓和曲线时的圆曲线半径

缓和曲线是为了满足乘客舒适度要求而设置的，是否设置则视圆曲线半径（R）、时变率（β）是否能符合不大于 0.3 m/s² 的规定而定。当设计速度确定后，按允许的 β 值，由下式可确定不设缓和曲线的圆曲线半径 R：

$$R \geqslant \frac{11.8V^3 g}{1500 \times 3.6L\beta + LiVg/2} \qquad (2-15)$$

式中：L 为车辆长度，m；β 为未被平衡的离心加速度时变率，0.3 m/s²；g 为重力加速度，9.81 m/s²；i 为超高顺坡，2‰ ~ 3‰；V 为设计速度，km/h。

3. 圆曲线与夹直线最小长度

正线及辅助线的圆曲线的最小长度，A 型车不宜小于 25 m，B 型车不宜小于 20 m；在困难条件下不得小于一个车辆的全轴距。

正线及辅助线上两相邻曲线的夹直线长度，在有缓和曲线时，不应小于 20 m；车场线的夹直线长度不得小于 3 m，即不应短于车辆转向架的轴距。

为避免增加勘测设计、施工和养护维修困难，地铁线路不宜采用复曲线，在困难地段，有充分技术依据时可采用复曲线。但当两圆曲线的曲率差大于 1/2000（即：$\dfrac{1}{R_1} - \dfrac{1}{R_2} > \dfrac{1}{2000}$）时应设置中间缓和曲线，其长度通过计算确定，但不小于 20 m。

3. 线路平面位置选择

地铁线路平面位置，特别是车站位置应尽可能与地面交通相对应。地铁线路平面位置总体上可分为位于城市道路规划范围内和规划范围外两种情况。

（1）位于城市道路规划范围内

地铁位于城市规划道路范围内是常用的线路平面位置。其对道路范围以外的城市建筑物

干扰较小。图 2 - 16 是地铁线路的 3 种典型位置。

A 位：地铁线路居道路中心，对两侧建筑物影响较小，地下管网拆迁较少，有利于减少曲线数量，并能适应较窄的道路红线宽度。缺点是当采用明挖法施工时，破坏了现有道路路面，对城市交通干扰较大。

B 位：地铁线路位于慢车道和人行道下方，能减少对城市交通的干扰和对机动车路面的破坏。但对地下管网的改移难度较大。

C 位：地铁线路位于待拆的已有建筑物下方，对现有道路及交通基本上无破坏和干扰，且地下管网也较少。但房屋拆迁及安置量大，只有与城市道路改造同步进行时才十分有利。

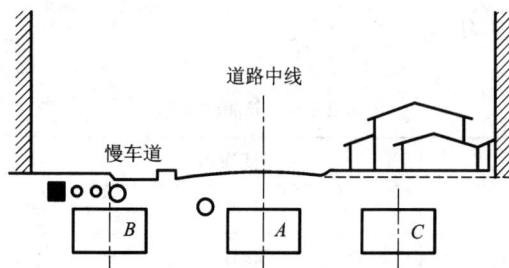

图 2 - 16　地铁线路的 3 种位置示意

（2）位于城市道路规划范围以外

在有利的条件下，地下铁道线路置于道路范围之外，可以达到缩短线路长度，减少拆迁，降低工程造价的目的。这些条件是：

①地质条件好，基岩埋深很浅，隧道可以用矿山法在建筑物下方施工；

②城市非建成区或广场、公园绿地（耕地）；

③老的街坊改造区，可以同步规划设计，并能按合理施工顺序施工。

2.3.3　线路纵断面设计

线路纵断面设计受城市地形和地质条件支配，其中车站的埋深是线路的标高控制点。而埋深是受技术条件、投资和地质防护要求等因素制约的。浅埋地铁区间隧道衬砌顶部至地面不小于 2 m，车站前厅顶部要有 1 ~ 1.5 m 的回填土。深埋地铁衬砌顶部宜在基岩面 8 ~ 10 m以下（图 2 - 14 和图 2 - 15）。因此，在进行线路纵断面设计时，可在一定的土层覆盖厚度要求条件下，首先拟定站台标高，此标高就成为站间标高的控制点。站间线路纵剖面，可根据规定的最大坡度、最小坡段长及站间地形等条件进行站间线路纵剖面设计。必要时，调整车站埋深，以求较为合理的纵断面。

1. 纵坡标准

线路坡度应尽可能平缓，其最大允许坡度值，主要以列车的运行安全，运行速度与乘客的舒适度三方面来衡量。地铁设计规范规定，正线的最大坡度宜采用 30‰，困难地段可采用35‰，辅助线的最大坡度可采用 40‰，但均不包括各种坡度折减值。

最小坡度考虑排水要求，一般采用 3‰，困难条件下可采用 2‰，仅在特殊条件下，采用短平坡道（坡度 0 ~ 3‰以下），但此时应确保排水的畅通。

车站站台范围内的线路应设在一个坡度上，坡度宜采用2‰，当具有有效排水措施或与相邻建筑物合建时，可采用平坡。为了减少行车电力消耗，限制隧道内的散热量，并有利于行车安全，车站间的纵坡应尽可能设置成使列车出站后下坡，进站前上坡减速，但这项措施只有在暗挖深埋时可以实现。明挖浅埋时，将会增加开挖深度，增加造价。

隧道内的折返线和存车线，应布置在面向车挡的下坡道上，其坡度宜为2‰。车场线可设在不大于1.5‰的坡道上。

道岔应铺设在不大于5‰的坡道上，困难情况可铺在不大于10‰的坡道上。

2. 坡段长度及连接

纵断面宜设计较长的坡度，最短不小于远期列车计算长度，如为6节车厢编成列车运行的线路，其坡段长度应为120 m。

表2-6 竖曲线半径

线别		一般情况/m	困难情况/m
正线	区间	5000	2500
	车站端部	3000	2000
辅助线、车场线		2000	

坡道与坡道的交点处，发生坡变，列车通过变坡点时会产生附加加速度，车钩应力将发生变化，为保证行车平顺与安全，当区间两相邻坡段的代数差等于或大于2‰时，在换坡点处应设置竖曲线连接。竖曲线半径应符合表2-6的规定。

连接车站和区间的竖曲线不能侵入车站站台和道岔范围内，其起迄点距道岔前或后端应不小于5 m。两相邻竖曲线之间的夹直线长度在一般情况下应不小于50 m。缓和曲线的超高顺坡率大于1.5‰时，竖曲线不能和缓和曲线重合。

3. 影响线路纵断面设计的主要因素

(1)覆土厚度

在浅埋地铁线路中，往往需要隧道结构尽量贴近地面，但受各种因素限制，需要确定最小覆土厚度。地铁隧道结构顶板顶部(防水保护层外)至地面间的最小厚度，除应考虑通过地下的管道及构筑物的要求外，还应根据下列因素来确定：

①线路位于道路下方时，应考虑道路路面铺装的最小厚度，可与城市规划及市政部门协商，一般为0.2~0.7 m。

②线路位于城市公园绿地内的下方时，应考虑植被的最小厚度要求，一般草坪0.2~0.5 m，灌木0.5~1.0 m，乔木1.5~2.5 m。

③在寒冷地带应考虑保温层最小厚度要求，可与通风采暖专业人员协商。

④线路位于经常水面下方时，可与隧道专业人员协商隔水层厚度要求，其厚度一般为1 m左右。

⑤在地下铁道作为战时人防工程时，应考虑防空工程的最小覆土要求。

(2)地下管线及建筑物

一般以改移地下管线为适宜。工作中多与市政有关部门协商。下水管线与地下纵断面设计之间的矛盾最突出，也是纵断面设计的重点。

当地铁隧道结构以明挖法通过地下管线或地下构筑物时，隧道与管道（构筑物）之间是否留土层，应根据地铁隧道结构受力要求确定，若无要求，可以不留土层，甚至二者共用结构。但下水管线应有严格防水措施，严防污水渗入地铁隧道结构内。对于大型管线或地下构筑物，应考虑隧道结构施工及管道悬吊施工操作的需要。

当地铁隧道以暗挖法通过地下构筑物、楼房基础（包括基础桩）时，两结构物之间应保持必要的土层厚度，其最小厚度视地层条件确定，如上海地铁即按 2 m 考虑。

（3）地质条件

当遇不良地质条件时，如淤泥质黏土及流砂地层时，应尽量考虑躲避或环绕的方式。若躲避有困难时，应采取可靠的工程措施，如采用冻结法施工等。

（4）施工方法

当线路采用明挖法施工时，为减少土方开挖量，车站与区间线路埋深越浅，越节省工程造价。线路纵断面主要坡形是车站位于低位，区间位于高位，即凹形坡。但采用暗挖法施工时，一般选择在地质条件良好的深地层，线路纵断面主要是凸形坡，车站位于纵断面高处，而区间位于纵断面低处。

（5）排水站位置

地铁排水站主要是排除隧道结构渗漏水和冲洗水，应设于线路纵断面的最低处。在困难条件下，允许偏离不超过 10 m。排水站位置受很多因素制约，区间排水站要选择出水口的位置，为了检修，往往要求与区间通风道结合在一起。车站端部排水站受车站平面布置制约，至车站中心距离往往是定数，因此纵断面设计要考虑排水站的位置设置。

（6）防洪水位

在有洪水威胁的城市中修建地铁时，纵断面设计要满足防洪要求。线路的各种地面出口应按百年一遇的防洪标准进行设计。

2.4　地下铁道的轨道

地下铁道线路轨道由道床、轨枕、钢轨、联结零件、防爬设备及道岔组成。地铁的特点是行车密度大，维修养护时间少，而且完全是客车性质，这就需要使用既能保证行车舒适度，又能尽量减少维修工作量的线路上部建筑。

2.4.1　钢轨

地铁选定钢轨类型的主要因素是年通过总质量、行车速度、轴重、延长大修周期、维修工作量和减振降噪。根据地铁线路近、远期客流量推算出近、远期年通过的总质量，国家铁路线路设计规范规定，年通过总质量等于或接近 25 Mt 的轨道结构，应铺设 60 kg/m 的钢轨。

随着地铁车辆轴重加大和年通过总质量的增长及列车速度的提高，目前各国地铁都有选用重型钢轨的发展趋势。从技术性能上分析，我国生产的 60 kg/m 钢轨较 50 kg/m 钢轨质量只增加 17.5%，而允许通过的总质量可增加 50%。同样条件下，60 kg/m 钢轨较 50 kg/m 的轨道维修工作量减少 40%。有关资料还表明：与 50 kg/m 钢轨相比，60 kg/m 钢轨的使用寿命延长 0.5～2.0 倍，钢轨抗弯强度增加 34%，由疲劳破坏造成的更换率下降了 5/6，受列车冲击造成的振动减少了约10%。

综上所述，在经济条件允许的情况下，地铁宜尽量采用60 kg/m钢轨。车场线因是空车运行，速度又低，可以采用43 kg/m钢轨，但目前国内钢轨生产厂家已不再正常生产43 kg/m钢轨，故采用50 kg/m的钢轨。

在地下铁道内由于不受阳光照射，温度变化小，宜铺设无缝线路。

2.4.2　扣件

地下铁道的钢轨扣件有刚性及弹性两种，国内外用得多的为弹性扣件。整体道床上宜采用全弹性分开式扣件，这类扣件在垂直和横向均具有良好的弹性，比较适合整体式道床。我国地铁线路使用的扣件为DT系列，其中主要有DTⅠ、DTⅡ、DTⅢ、DTⅣ、DTⅤ、DTⅥ和DTⅦ等型号。图2-17所示的DTⅢ型用于上海地铁一号线，运营后使用情况良好。图2-18所示的DTⅥ型为青岛、沈阳和上海地铁二号线而新研究设计。二者均为全弹性分开式扣件。

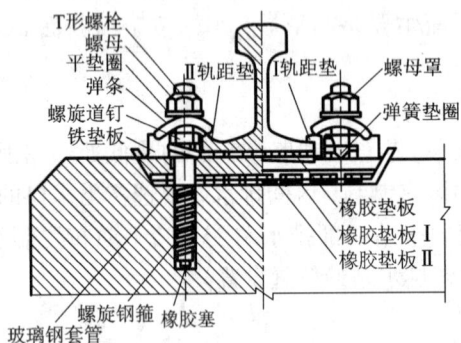

图2-17　DTⅢ型扣件图　　　　　　　　图2-18　DTⅥ型扣件图

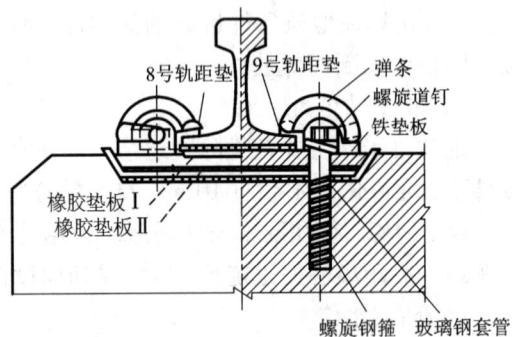

2.4.3　道床

一般有碎石道床和整体道床两种，碎石道床的优点是结构简单，容易施工，减振、减噪性能较好，造价低，但其轨道建筑高度较高，增大隧道净空，增加结构投资，同时轨道维修量大，隧道内捣固粉尘影响作业人员健康，所以地铁隧道内不宜采用碎石道床。整体道床的优点是道床整体性好，坚固稳定、耐久；轨道建筑高度小，有利于减少隧道净空，节省投资；轨道维修量小，维修时间短。所以在地铁隧道内宜采用整体道床，地铁衬砌一般为封闭的混凝土结构，给整体道床提供了坚实的基础，这是十分有利的。

但是整体道床的刚性大，弹性差，故钢轨的扣件应具有足够的弹性及持久性，以减轻轨道的振动、降低噪声和减少钢轨的磨损。

整体道床的混凝土强度等级宜为C30。整体道床的类型较多，随着轨枕方式的不同（长轨枕、短轨枕、轨枕板等），有着不同形式的整体道床，在地铁隧道中常用的形式有：

1. 短轨枕式整体道床

如图2-19所示，又称为支承块式整体道床，即钢轨置于支承块（短轨枕）上，支承块为钢筋混凝土预制，嵌入混凝土道床中，道床为现浇素混凝土，采用中心水沟。这种道床稳定、耐久，结构比较简单、造价较低，施工容易，进度较快。北京地铁一、二期工程均铺设了这种道床，使用状态良好。天津地铁亦铺设这种道床。

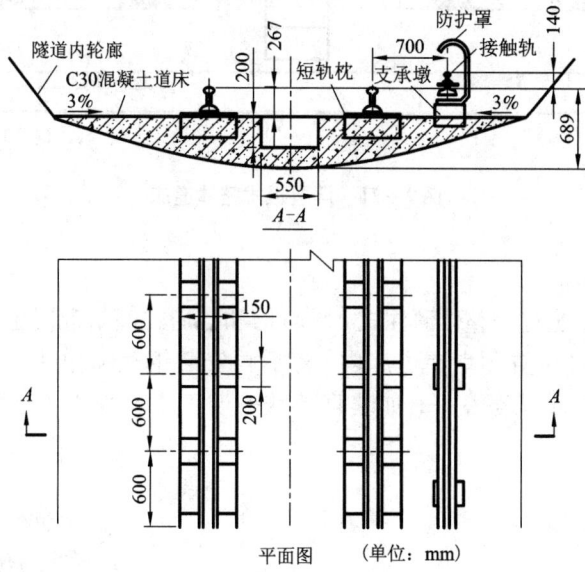

图 2-19　短轨枕式整体道床

2. 长枕式整体道床

如图 2-20 所示，设侧向水沟，长轨枕一般要预留圆孔，让道床纵向筋穿过，加强了与道床的联结，使道床更坚固、稳定和整洁美观。这种道床适用于软土地基隧道，可采用轨排法施工，进度快，施工精度亦容易得到保证。上海和新加坡地铁铺设这种道床使用状况良好。

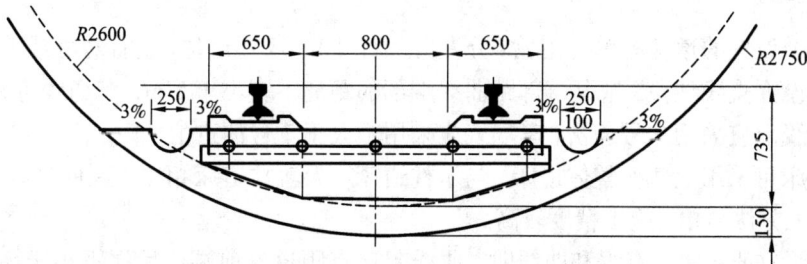

图 2-20　长枕式整体道床图（单位：mm）

3. 纵向浮置板式整体道床

这种道床是在浮置板下面及两侧设有橡胶垫，减振效果明显，如图 2-21 所示。浮置板较重，需要较大的吊装机具，施工进度难以保证，更换底部橡胶垫困难，大修时要中断地铁正常运营，造价也高。

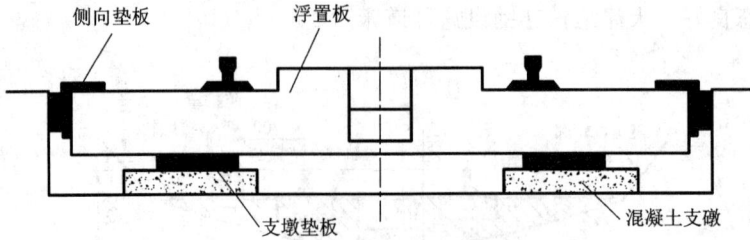

图 2-21　浮置板式整体道床

4. 无枕式整体道床

如图 2-22 所示，也称为整体灌注式，承轨槽和挡肩在灌筑混凝土时一次成型，联结扣件的玻璃钢套管按设计位置预埋在道床内，然后再安装钢轨和扣件。施工方法烦琐，进度慢，但实际使用中的技术状态良好，如北京地铁一期工程就采用了这种道床，至今仍正常使用。

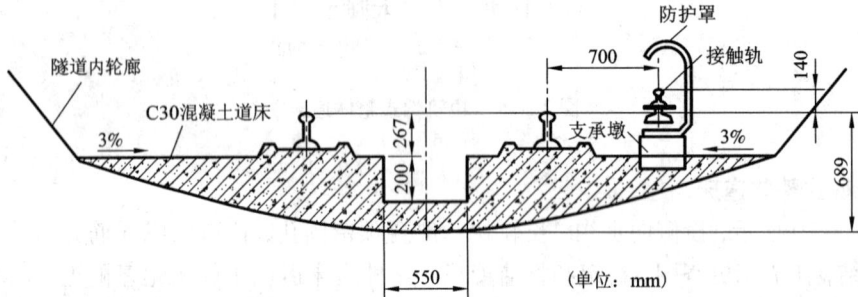

图 2-22　无轨枕式整体道床

2.4.4　道岔

在地铁中设置的道岔有单开道岔（分左开、右开）、双开道岔（左右对称或非对称）等形式。道岔应设在直线地段，道岔端部距曲线端部的距离不宜小于 5 m，车场线可减少到 3 m。正线和辅助线上应采用 9 号道岔，车场线应采用不大于 7 号的道岔。

道岔道床可采用短轨枕整体道床，与木枕道床、无轨枕道床相比，这种道床结构形式比较合理，施工方法简单，施工精度较高。

道岔应设在直线上，有缓和曲线时，曲线起迄点距道岔前端或后端不小于 5 m，无缓和曲线时，曲线起迄点距道岔前或后端不小于 5 m 加上超高顺坡的距离。

2.4.5　线路超高

车辆通过线路曲线部分时，由于离心力的作用，有向曲线外侧抛出的趋势，为防止这种趋势发生，需使线路外侧钢轨比内侧钢轨高，这就是超高。在道岔地点，因设超高有困难，所以一般不设。

曲线外轨超高的数值，是根据离心力的大小确定的。曲线半径愈小，速度愈高，离心力愈大，此时需要平衡离心力的超高值也就愈大。其计算公式如下：

根据离心力的大小

$$J = m \cdot \frac{V_c^2}{R} = \frac{QV_c^2}{gR} \qquad (2-16)$$

式中：J 为离心力，kg；Q 为车辆重量，kg；m 为车辆质量，Q/g；V_c 为车辆行驶速度，km/h；R 为曲线半径，m；g 为重力加速度，9.81 m/s^2。

如图 2-23 所示，θ 为轨顶面与水平线的倾斜角；J 为离心力；h 为外轨超高；G 为轨距。根据静力平衡原理：

$$h = J \cdot \frac{G}{Q} = \frac{G}{Q} \cdot \frac{QV_c^2}{gR} = \frac{GV_c^2}{gR} \qquad (2-17-a)$$

把速度 V_c 单位由 km/h 换算为 m/s，则有

$$h = G \cdot \left(\frac{1}{3.6}\right)^2 \cdot \frac{V_c^2}{9.81R} = \frac{GV_c^2}{127R} \qquad (2-17-b)$$

以轨距 $G = 1500$ mm 代入上式中得，

$$h = \frac{1500V_c^2}{127R} = 11.8 \frac{V_c^2}{R} \text{（mm）} \qquad (2-17-c)$$

超高数值应取 5 mm 的整数倍，一般 $h < 120$ mm。计算数值小于 10 mm 时可不设超高。

为减少隧道净空高度增加和车辆重心抬高，在地下铁道线路上是采用半超高的设置方法，即把外轨抬高 $h/2$，内轨下降 $h/2$ 来实现全部超高的设置。超高数值按直线方式递减，设有缓和曲线时，在缓和曲线全长范围内递减；无缓和曲线时，应在曲线以外相当的距离内递减。

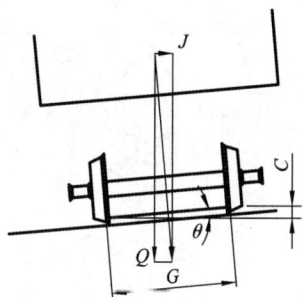

图 2-23 超高计算图

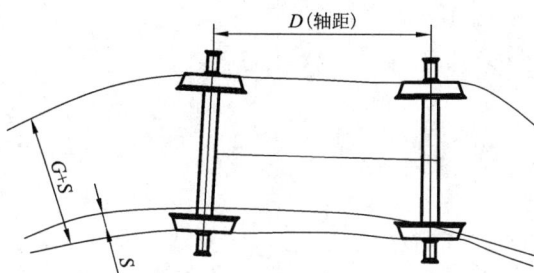

图 2-24 地下铁道轨距加宽图

2.4.6 轨距加宽

具有固定轴距车辆，为平顺圆滑通过线路曲线部分，轨距应有一定扩大，这种扩大称轨距加宽，如图 2-24 所示。一般轨距加宽办法是内轨向曲线内侧扩大。其值视车辆固定轴距、曲线半径、轮与轮缘间的间隙，轮缘高度，轮距计算决定。

轨距加宽，一般都在曲线半径小于 250 m 的辅助线和车场线内才进行，加宽值需符合表 2-7 的规定。轨距加宽值一般在 15 mm 以下。轨距加宽在缓和曲线全长内递减，无缓和曲线或长度不足时，应在直线地段递减，递减率不宜大于 2‰。

表 2-7　曲线地段规矩加宽值

曲线半径 R/m	加宽值/mm	
	A 型车	B 型车
$250 > R \geqslant 200$	5	—
$200 > R \geqslant 150$	10	5
$150 > R \geqslant 100$	15	10

思考与练习

1. 地下铁道路网规划要遵循哪些原则？
2. 简述地铁线路的组成。
3. 地铁换乘站有几种换乘方式？
4. 地铁正线的最小圆曲线半径是多少？
5. 缓和曲线长度计算所考虑的因素是什么？最小缓和曲线长度如何计算？
6. 圆曲线与夹直线的最小长度是多少？
7. 地铁区间正线最大纵坡和最小纵坡各是多少？
8. 简述正线一般采用的钢轨类与道床的类型。
9. 简述道岔的类型。

第 3 章

地下铁道区间隧道

　　地铁区间隧道是连接车站的重要建筑物，它的结构长度是地铁线路上最长的，其设计是否合理，对地下铁道的造价起着至关重要的影响。隧道结构内部应有足够的空间，以便车辆通行及布置线路上部结构、通信信号设备和各种管线。从防灾和人防的角度考虑，在地铁区间隧道中还专门设置有区间设备段。

3.1　地下铁道区间隧道限界与净空

　　限界是指限定车辆运行或轨道周边建筑物超越的轮廓线，也是列车沿固定的轨道安全运行时所需要的空间尺寸。区间隧道结构内部应有足够的空间，除了提供列车运行的空间外，还应能合理布置线路上部建筑、通信信号设备和各种必要的管线设施。隧道的净空横断面尺寸需根据限界来确定。限界越大越安全，但随着限界的增大，工程量和工程投资也随之增加。评价地下铁道的限界是否合理，一般以有效面积比来衡量。该比值定义为限界断面的面积除以车辆断面面积。一般的合理限界值为 2 ~ 3。

　　地下铁道的限界应根据车辆的轮廓尺寸和性能、线路特性、设备安装和施工方法，并考虑列车的运动状态等因素，经技术经济比较综合分析确定。具体来说，地下铁道区间隧道的限界分为车辆限界、设备限界和隧道建筑限界。

3.1.1　车辆限界

　　车辆限界是指车辆在平直轨道上按规定速度运行，计及车辆和轨道的公差、磨耗、弹性变形及振动等正常运行状态下可以达到的最大运动包迹线，它是根据车辆主要尺寸等有关参数，并考虑在静态和动态情况下所达到的横向和竖向偏移量及偏转角度，按可能产生的最不利情况进行组合计算确定的。

　　车辆限界是车辆任何部位都不会越出这个限界，它是根据车辆内轮廓线确定的，是地铁结构设计的最基本依据。不同类型车辆其内轮廓线不同，相应的车辆限界也有所差异，在设计之前必须先确定采用何种车辆。

　　国产标准车辆分为 A 型与 B 型两种，A 型车为接触网供电，即采用受电弓受电(图 3 - 1)；B 型车分为 B1 型与 B2 型两种，B1 型为接触轨供电(图 3 - 2)，而 B2 型为接触网供电。我国城市地铁常用的 A、B 型车主要技术参数如表 3 - 1 所示。标准 A 型车最大载客量为310 人/每节车厢，B 型车最大载客量为 240 人/每节车厢。A 型车造价高，所需断面尺寸大，土建建设成本也相应增加，目前我国拥有地铁的城市大多数采用 B 型车。

　　受电弓或受流器限界是车辆限界的组成部分。受电弓限界决定于车辆受电弓升起高度允许值，及可能的偏移、倾斜、允许磨耗量以及接触网安装需要的高度。接触轨限界属于设备限界的辅助限界。

图 3-1　地铁 A 型车辆

图 3-2　地铁 B1 型车辆

表 3-1　城市地铁车辆基本参数

参数 \ 车型		A 型	B 型		
			B1 型		B2 型
			上部受流	下部受流	
计算车体长度		22100	19000		
计算车体宽度		3000	2800		
计算车辆高度		3800	3800		
计算车辆定距		15700	12600		
计算转向架固定轴距		2500	2200/2300		
地板面距走行轨面高度		1130	1100		
受流器工作点至转向架中心线水平距离	750 V	—	1418	1401	
	1500 V	—	—	1470	
受流器工作面距走行轨面高度	750 V	—	140	160	
	1500 V	—	—	200	
接触轨防护罩内侧至接触轨中心线距离	750 V	—	≤74	≤86	
	1500 V	—	—	≤86	

3.1.2　设备限界

　　设备限界是指地下铁道中的任何固定设备及土木结构(接触轨与站台边缘除外)均不得侵入的限界，是车辆在故障运行状态下所形成的动态包络线。换言之，设备限界是用以控制设备安装的控制线，区间隧道内按照安装的设备和管线(含支架)与设备限界应保持不小于50 mm 的安全间隙(架空接触网和接触轨除外)。对于采用接触轨受电方式的地铁隧道，需要保证设置接触轨的空间。接触轨限界设在设备限界范围以内，用以控制接触轨的固定结构和防护罩的安装，同时还要保证容纳受流器在安全工作状态下所需要的净空。

　　设备限界以车辆限界为基础，位于车辆限界之外，主要考虑因素有车辆限界、信集闭设施的外形尺寸、接触轨或接触网限界，并考虑车辆在故障状态下运行时引起车辆的附加偏移和倾斜量，以及在设计、施工、运营中尚未预计因素在内的安全预留量等，其水平基准面是轨顶面。设置安全预留量是考虑到在轨距变化和轨道高低不平时出现最大容许误差时引起的车辆附加偏移量。区间隧道内 B1 型车及 B2 型车车辆内轮廓线、车辆限界及建筑限界的相互关系如图 3-3 和图 3-4 所示。图 3-5 所示的为隧道基本设施的配置情况及它们与车辆限界、设备限界的关系。

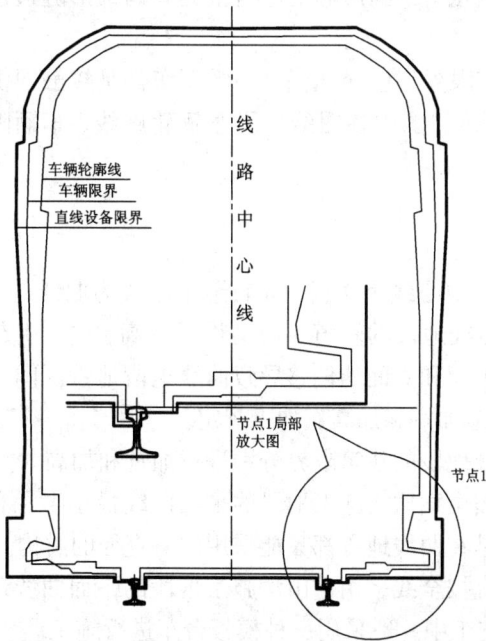

图 3-3　B1 型车不同限界对比图

图 3-4　B2 型车不同限界对比图

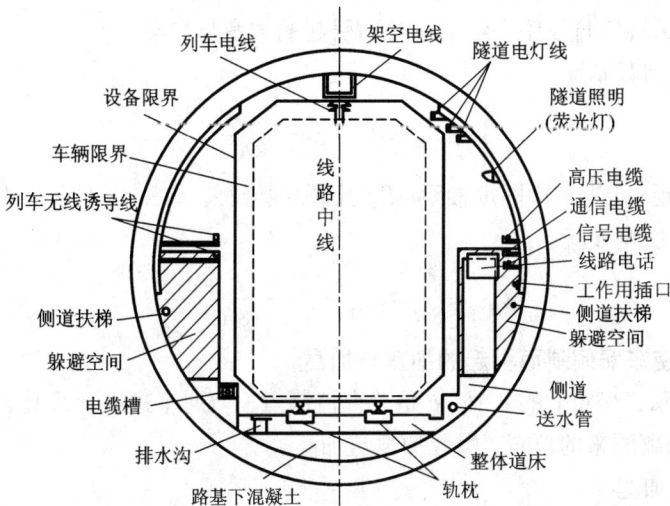

图 3-5　隧道设施配置图

3.1.3 隧道建筑限界

隧道建筑限界是在设备限界的基础上，满足设备和管线安装尺寸后的最小有效断面。隧道建筑限界是决定衬砌内轮廓尺寸的依据，任何固定的结构都不得侵入建筑限界。它位于设备限界之外。具体来说，在隧道建筑限界和设备限界之间的空间，应能安装各种电缆线、消防水管及消防栓、信号箱和信号灯等信集闭设施、通风照明设施、架空接触网及其固定设备或接触轨及其固定设备等，同时还要考虑允许的设备安装误差及安全间隙。根据施工工法的不同，地铁区间隧道建筑限界又分为矩形隧道建筑限界、圆形隧道建筑限界和马蹄形隧道建筑限界。

图 3-6 分别给出 B1 型与 B2 型车的隧道建筑限界（注：A 型车与 B2 型车都是接触网供电，只是车型大小有区别，为节省篇幅，不再列出）。图中各图给出了车辆轮廓线、车辆限界、设备限界及隧道建筑限界的相互关系。

3.1.4 曲线隧道加宽与加高

地铁车辆在曲线轨道上行驶时，由于车辆纵向中心线为直线，而轨道中心线为曲线，二者不能吻合，因此车辆会产生平面偏移。此外，曲线地段的轨道一般会设置超高，这也引起车辆的竖向中心线偏移轨道的竖向中心线，这种平面和立面的偏移导致曲线地段地铁区间隧道要进行加宽和加高。《地铁设计规范》对曲线隧道加宽和加高有如下规定：

①曲线地段的矩形隧道的建筑限界，应按直线地段的建筑限界分别进行加宽和加高。

②曲线地段的单线圆形隧道的建筑限界，应按全线盾构施工地段的平面曲线最小半径和最大轨道超高确定，这是因为不论在直线地段还是在曲线地段都只能采用同一直径的盾构。

③曲线地段的单线马蹄形隧道的建筑限界，宜按全线采用矿山法施工地段的平面曲线最小半径确定，这是考虑为了简化设计，同时考虑施工中一般采用一种模板台车进行施工。

地铁区间隧道曲线段加宽和加高的计算与铁路隧道基本相同，考虑到地铁车辆的长度比普通铁路车辆要短，故还不能忽略转向架引起的偏移影响，如图 3-7 所示。

1. 由于车厢纵轴线与线路中线的偏移而引起的加宽与加高

（1）曲线内侧加宽 $d_{曲内}$

$$d_{曲内} = d_内 + \delta = \frac{l^2 + a^2}{8R} \tag{3-1}$$

式中：l 为车辆定距；a 为车辆固定轴距；R 为圆曲线半径。

（2）曲线外侧加宽 $d_{曲外}$

$$d_{曲外} = \frac{L^2}{8R} - d_{曲内} = \frac{L^2 - (l^2 + a^2)}{8R} \tag{3-2}$$

2. 由于超高使车厢倾斜而引起的加宽与加高

如图 3-8 所示，车厢上的 a、b、c 是三个控制点，当列车进入超高地段时，车厢发生偏转，这三个点将偏离原来的位置，引起加宽与加高。

（1）曲线内侧加宽 d_c

$$d_c = \frac{L_0}{2} \cdot \cos\theta + H_c \cdot \sin\theta - \frac{L_0}{2} = H_c \cdot \sin\theta - \frac{L_0}{2}(1 - \cos\theta) \tag{3-3}$$

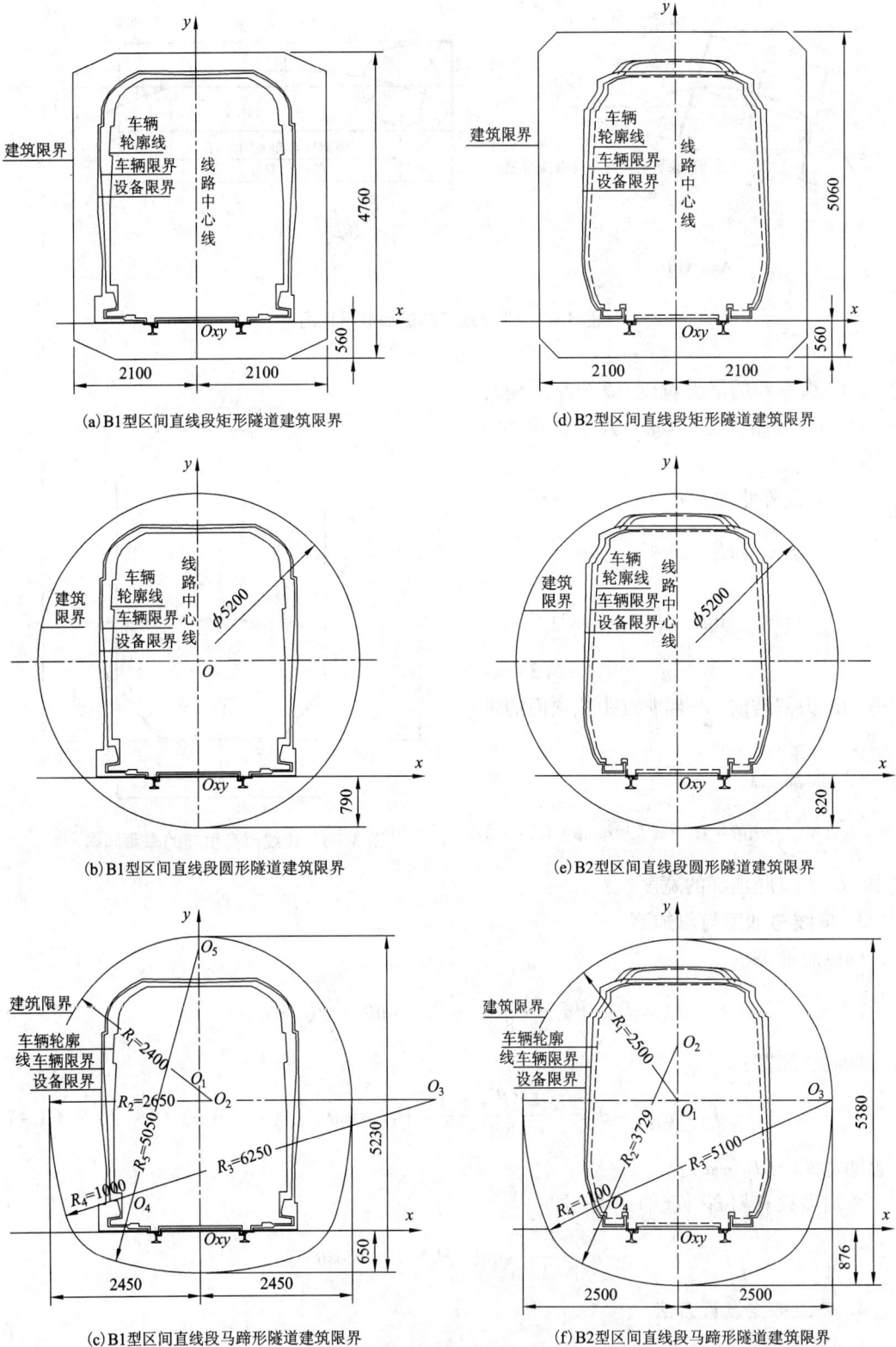

(a) B1型区间直线段矩形隧道建筑限界

(d) B2型区间直线段矩形隧道建筑限界

(b) B1型区间直线段圆形隧道建筑限界

(e) B2型区间直线段圆形隧道建筑限界

(c) B1型区间直线段马蹄形隧道建筑限界

(f) B2型区间直线段马蹄形隧道建筑限界

图 3-6　地铁直线地段区间隧道限界图(单位：mm)

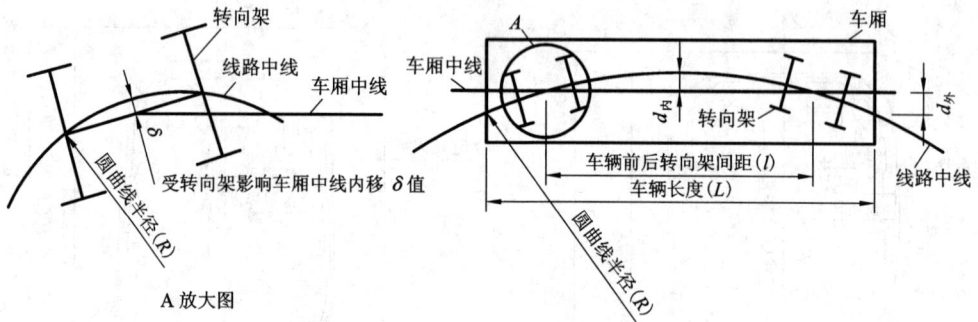

图 3 - 7　曲线地段隧道加宽示意图

式中：L_0 为车厢的最大宽度；θ 为车厢偏转的角度；H_c 为偏转前，车厢 c 点距轨顶面的垂直高度。

（2）曲线外侧加宽 d_b

$$d_b = \frac{L_0}{2} + H_b \cdot \sin\theta - \frac{L_0}{2}\cos\theta$$

$$= H_b \cdot \sin\theta + \frac{L_0}{2}(1 - \cos\theta)$$

$$(3 - 4)$$

式中：H_b 为偏转前，车厢 b 点距轨顶面的垂直高度。

（3）顶部加高 h_a

$$h_a = \frac{L_1}{2}\sin\theta - H_0 \cdot (1 - \cos\theta) \quad (3 - 5)$$

式中：L_1 为车厢顶部的宽度。

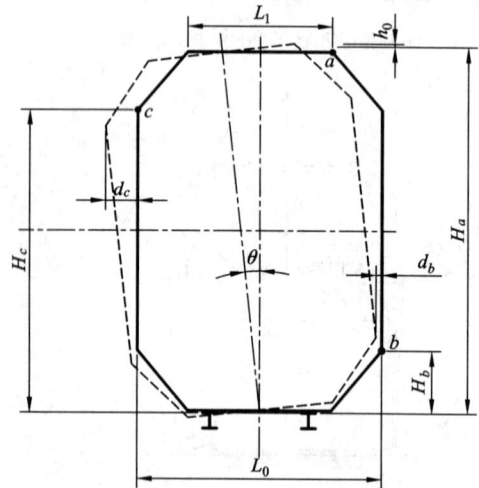

图 3 - 8　曲线超高引起的车厢倾斜

3. 曲线总加宽与总加高

内侧总加宽：

$$d_内 = d_{曲内} + d_c = \frac{l^2 + a^2}{8R} + H_c \cdot \sin\theta - \frac{L_0}{2}(1 - \cos\theta) \quad (3 - 6)$$

外侧总加宽：

$$d_外 = d_{曲外} - d_b = \frac{L^2 - (l^2 + a^2)}{8R} - H_b \cdot \sin\theta - \frac{L_0}{2}(1 - \cos\theta) \quad (3 - 7)$$

则总加宽 $d_总 = d_外 + d_内$。

总加高只有超高引起的一项，即：

$$h_a = \frac{L_1}{2} \cdot \sin\theta - H_0 \cdot (1 - \cos\theta) \quad (3 - 8)$$

4. 曲线加宽设置方法

（1）圆曲线地段

区间隧道圆曲线部分按上面计算的加宽值 $d_总$ 加宽，即以线路中线为准，曲线内侧加宽

$d_内$，曲线外侧加宽 $d_外$。

（2）有缓和曲线地段

将缓和曲线部分分为两段，分别给予不同的加宽值：①自圆曲线终点至缓和曲线中点，并向直线方向延伸 Δ_1，采用圆曲线的加宽断面，即加宽 $d_总$；②缓和曲线的其余部分，并自缓和曲线终点向直线方向延伸 Δ_2，采用圆曲线加宽值的一半，即 $\frac{1}{2}d_总$。

这样规定的理由是：当列车由直线进入曲线，车辆前转向架进到缓和曲线的起点时，由于曲线外轨已经开始有了超高，车辆随之开始倾斜，车辆后端亦开始偏离线路中线，所以，车辆前转向架到车辆后端点的范围内（Δ_2），就该予以加宽，但加宽值只需取为总加宽值的一半（$\frac{1}{2}d_总$）即可满足加宽要求；当车辆的一半经过缓和曲线中点时，前面转向架已接近圆曲线，故车辆后半段的范围内（Δ_1），应按圆曲线的加宽值 $d_总$ 予以加宽。加宽示意如图 3 – 9 所示。

不同车型的 Δ_1、Δ_2 是不同的。以 A 型车为例，车辆长度 22.1 m，车辆定距（前后转向架中心距）15.7 m，固定轴距 2.5 m，可知 Δ_1 为 11.05 m，Δ_2 为 18.9 m。

不同加宽断面衔接处，可以用错台的方式变换，也可以在约 1 m 的范围内抹顺过渡。

（3）无缓和曲线地段

当曲线半径大于 3000 m 时，可以不设缓和曲线，但直线地段与圆曲线地段之间仍需要有过渡性衔接。当车辆前转向架进入圆曲线时，车辆开始倾斜，从直圆点（ZY）至车辆后端的范围内（Δ_2）采用圆曲线加宽断面，如图 3 – 10 所示。

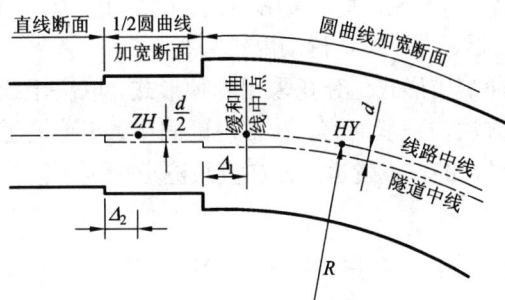

图 3 – 9　有缓和曲线时曲线加宽示意图
Δ_1 为车辆长度之半；Δ_2 为前转向架中心至车辆后端的长度；
d—圆曲线地段隧道中线偏移值；R—圆曲线中心

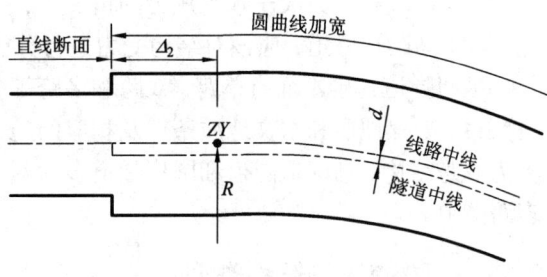

图 3 – 10　无缓和曲线时的曲线加宽示意图
d—圆曲线地段隧道中线偏移值；R—圆曲线中心

3.2　区间隧道断面形式与衬砌结构

3.2.1　区间隧道断面形式

由前述已知，区间隧道净空断面有矩形、圆形和马蹄形三种基本形式。究竟采用哪种形式取决于地质条件和施工方法。一般而言，明挖法隧道采用矩形断面结构（又称"箱形断面结构"），矿山法隧道采用马蹄形断面结构，盾构法隧道采用圆形断面结构，沉埋法隧道采用双圆形或矩形断面结构，顶管法采用仿矩形断面结构。当采用明挖法施工时，基坑开挖深度几乎与造价成正比，为了减少挖方量，降低造价，应该尽可能使隧道净空断面高度小，而在这三种断面形式中，矩形结构的高度是最小的；当采用矿山法施工时，稳定围岩是主要矛盾，矩形结构显然不合理，而在满足相同建筑限界要求时，马蹄形隧道的开挖断面积要小于圆形隧道，因而从降低造价的角度出发，应该采用马蹄形断面；当采用盾构法施工时，一般都用圆形盾壳，以利于承压和推进，因而采用圆形断面；沉管隧道位于水底，侧面无岩土约束，应采用与基底接触面大的双跨矩形或双跨圆形隧道以使结构稳定；顶管隧道采用仿矩形断面则可在尽量缩小隧道断面大小的基础上，减小顶管与周边土体的摩擦力。

净空断面形式确定之后，接着应确定断面的大小，换言之，应设计合理的衬砌内轮廓线，它主要由隧道建筑限界决定，同时考虑结构受力合理与经济节省的原则。

（1）矩形隧道衬砌内轮廓线

对于矩形结构来说，其衬砌内轮廓线与隧道建筑限界重合时，开挖断面最小。从结构受力的角度来看，矩形断面愈小，受力就愈有利。这就决定了最合理的方式是使得矩形衬砌内轮廓线与隧道建筑限界重合。

（2）圆形隧道衬砌内轮廓线

同样的道理，圆形结构的衬砌内轮廓线也应与隧道建筑限界一致。

（3）马蹄形隧道衬砌内轮廓线

从减小开挖断面积，降低造价的角度出发，马蹄形结构当然也应当使衬砌内轮廓线与隧道建筑限界一致。但是，由于马蹄形拱轴线的特点，这时的受力状态可能并不是最佳的。一般而言，在垂直压力大于水平压力的情况下，抬高拱顶（即加大矢跨比）有利于结构受力。因此，对于马蹄形隧道，应该对结构受力进行分析之后，再行决定衬砌内轮廓线。

区间隧道衬砌断面有单跨、双跨和多跨等多种结构形式。究竟采用哪种形式，取决于线路数目、工程地质和水文地质条件及相应的施工方法。一般而言，在常规区间中，矩形隧道多为双跨结构，马蹄形隧道和圆形隧道多为两条平行的单线隧道。而在渡线隧道中则可能为多跨隧道。

3.2.2　隧道衬砌结构类型

地铁区间隧道采用的衬砌结构类型主要有整体式衬砌、装配式衬砌、复合式衬砌以及挤压混凝土衬砌。

1. 整体式衬砌

整体式衬砌指现浇模注混凝土衬砌，有素混凝土和钢筋混凝土两种。整体式钢筋混凝土衬砌具有结构整体性好、易于成型、施工方便等特点，是地铁中最为广泛使用的衬砌，适用于所有形式的隧道结构。其不足之处是由于地下施工空间有限而使得绑扎钢筋不方便，而且还需要有一定的养护时间，不能立即承载，对围岩不能做到及时支护，施工进度也比较慢。在地铁中，素混凝土衬砌因其强度有限，特别是抗拉强度较低，除非是比较好的地质条件，一般不单独使用，而是与其他形式的衬砌组合使用。

2. 装配式衬砌

装配式衬砌具有施作后能立即承载、施工易于机械化等特点，且由于在工厂预制，能保证较高的质量要求。装配式衬砌有管片式和砌块式两种,但在地铁中一般都采用管片式,故只介绍管片式。装配式衬砌又有整环段预制和构件预制(顶板、边墙、底板)两种类型,整环段预制衬砌因只有环段对接缝,无构件拼接缝,故结构的整体性好,有利于防水,且施工进度快,但需要有大型的吊装设备,而且由于施工的原因,只能用于明挖施工的隧道。预制构件方式吊运施工方便,但结构整体性较差,且需要加强对拼装缝的防水措施,明挖和暗挖隧道均可采用。

3. 复合式衬砌

复合式衬砌适应于矿山法隧道,衬砌分为内外两层,外层(与围岩接触)可以为锚喷支护、挤压混凝土衬砌、装配式衬砌,内层为整体式素混凝土或钢筋混凝土衬砌。两层之间可设防水层。复合式衬砌具有支护及时、能有效抑制围岩变形、充分发挥围岩自承能力、能适应隧道建成后衬砌受力状态变化等显著优点,在地铁工程中已广为采用。

4. 挤压混凝土衬砌

挤压混凝土衬砌是在盾构推进的同时,通过高压挤压尚未凝固的混凝土而得到的一种早强、密实的现浇混凝土衬砌,并可往混凝土中掺入钢纤维进一步提高其强度。它能有效地充填盾构的建筑空隙,从而减小地表下沉量。同时,混凝土经挤压后强度提高,抗渗性增强,结构承载力加大。它的施工工艺简单、自动化程度高、施工进度较快。

5. 衬砌结构混凝土的最低设计强度

地铁隧道衬砌结构的混凝土强度原则上不得低于 C20。随着结构类型的不同,所要求的最低设计强度也有所不同。表 3-2 列出了各种施工方法及相应的结构类型、混凝土最低设计强度等级。

表 3-2 混凝土最低设计强度等级

明挖法	整体式钢筋混凝土结构	C35
	装配式钢筋混凝土结构	C35
	作为永久结构的地下连续墙和灌注桩	C35
盾构法	装配式钢筋混凝土管片	C50
	整体式钢筋混凝土衬砌	C35
矿山法	喷射混凝土衬砌	C25
	现浇混凝土或钢筋混凝土衬砌	C35
沉管法	钢筋混凝土结构	C35
	预应力混凝土结构	C40
顶进法	钢筋混凝土结构	C35

3.2.3 地铁隧道衬砌结构的构造

1. 明挖法隧道衬砌结构

明挖法施工的隧道通常采用矩形结构,应用最多的是双跨双线结构,也有单线单跨结构。特殊情况下还可采用双线单跨结构，但因其跨度大，因而对结构顶板的要求很高，甚至于使用金属顶板，国内尚无实例，故主要介绍单线单跨结构和双跨双线结构。

（1）单线单跨矩形隧道结构

如图 3 - 11 所示，衬砌结构可采用就地灌注全封闭式钢筋混凝土框架，这需要在现场连续浇灌混凝土，中间不停顿，有一定的施工难度，但结构整体性好。也可采用将顶板、边墙、底板分步灌注的方法，以减小施工难度，但应严格注意灌注交接面的处理。还可采用预制构件组成的装配式衬砌。而整环段预制衬砌，因吊运很不方便，一般不采用。

（2）双线双跨隧道结构

矩形隧道采用的是明挖法施工，两座分开的单跨单线结构的工程量大于一座双线双跨结构，因此除非受既有条件限制，如存在大型地下管道或特殊的地质条件等，一般都采用双线双跨隧道结构，如图 3 - 12 所示。

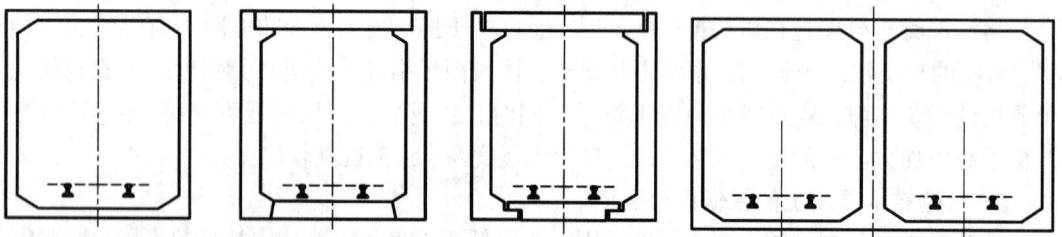

(a) 全封闭式钢筋混凝土框架　　(b) 分步灌注整体式框架　　(c) 装配式框架

图 3 - 11　单跨单线区间结构

图 3 - 12　双线双跨隧道结构图

2. 矿山法隧道衬砌结构

地下铁道区间隧道采用矿山法施工时，一般采用马蹄形（拱形）结构，其基本断面形式有单拱、双连拱和多跨连拱。从保证隧道围岩稳定性的角度考虑，矿山法区间隧道多采用单拱结构，但在地下停车线、折返线或喇叭口岔线等处，可采用双跨或多跨结构。

矿山法隧道可采用整体式钢筋混凝土衬砌或复合式衬砌，由于后者在防水和稳定围岩方面比前者有优势，故现场主要采用的是复合式衬砌（图 3 - 13）。隧道衬砌以封闭式为最佳，一般应设置仰拱，以增加结构的整体稳定性和抵抗变形的能力。在围岩条件十分稳定的情况下也可不设仰拱，但需用混凝土铺底，其厚度不得小于 20 cm。

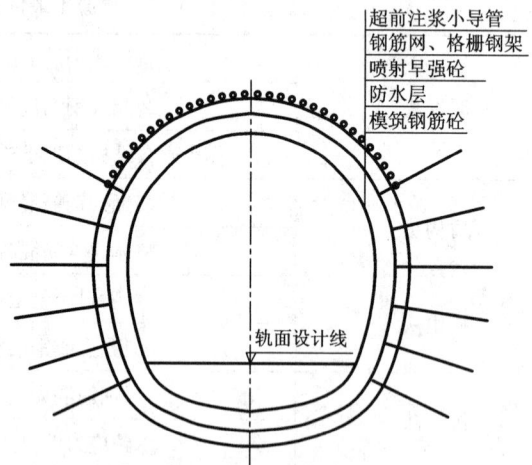

超前注浆小导管
钢筋网、格栅钢架
喷射早强砼
防水层
模筑钢筋砼

轨面设计线

图 3 - 13　复合式衬砌结构图

3. 盾构法隧道衬砌结构

盾构法施工的隧道，断面形式有矩形、圆形和异形等多种。由于圆形结构受力合理，推进阻力小，故被广为采用。采用的结构形式有单层衬砌和双层衬砌两种。单层衬砌可采用装配式钢筋混凝土衬砌或挤压混凝土衬砌；双层衬砌的外层为装配式衬砌或挤压混凝土衬砌，内层为现浇混凝土或钢筋混凝土衬砌。双层衬砌的外层是承重结构的主体，内层是对外层衬砌的补强，也有利于防水、防腐蚀和增加结构刚度，同时还能修正施工误差和保证衬砌内壁光滑，并减少列车运行时的振动噪音，但其施工周期长、造价高，因此在满足结构受力和防水要求的前提下，应优先使用装配式钢筋混凝土单层衬砌。

4. 沉埋法隧道衬砌

沉埋法又称沉管法，是专门用于水底隧道的一种施工方法，其横断面有圆形、矩形、八角形等形状，其介绍详见第 8 章。

5. 顶管法隧道衬砌

顶管法是浅埋地下铁道下穿地面铁路、地下管网群、交通繁忙的城市干道等区段时所采用的一种施工方法。顶管法一般多采用和明挖法类似的矩形框架结构，其介绍详见第 9 章。

3.2.4　渡线隧道衬砌结构

地下铁道路网在运作时，需要设置必要的辅助配线，以供列车进行折返、检修、调度等作业。这就需要设置渡线，渡线设置在两条正线之间，也可由正线引出并逐渐与正线分开。专为渡线设置的隧道称为渡线隧道。基本渡线形式如图 3 – 14 所示，正线间的渡线形式如图 3 – 14

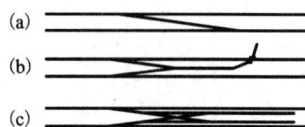

图 3 – 14　渡线的基本形式

（a）所示，作为列车中途折返用，设于区域站的后方。岔线渡线如图 3 – 14（b）所示，作为去地面车库的支线。双线尽端折返渡线如图 3 – 14（c）所示，作为列车停留、检修、尽端折返用，设于终点站后方。

由于正线与岔线的间距逐渐变化，渡线隧道断面也必须相应变化，但为施工方便，可以采用分段变化，如图 3 – 15 所示。在渡线地段一般布置为二股道，如图 3 – 15（a）中的分叉口处隧道段。但如技术条件能保证，也可以设计为大跨度多线式渡线隧道，如三股道、四股道。

3.2.5　区间联络通道和中间泵站

区间联络通道是地铁灾害情况下的重要逃生通道，《地铁设计规范》（GB 50157—2013）规定“单线区间隧道之间，当隧道连贯长度大于 600 m 时，应设联络通道，并在通道两端设双向开启的甲级防火门”，国外相关的规范中均有类似的规定。

联络通道一般位于各段区间隧道的中部，其位置应选在地面交通量和地下管线较少处，以减少施工时的困难。地下铁道的线路纵断面通常采用高站位、低区间的布置方式，因此地铁盾构隧道工程中常将其与地下泵站的建设结合起来，设在线路的最低点，接近区间隧道的中点。联络通道断面一般可以做成矩形，从受力有利的角度，也可做成圆形和直墙拱形。图 3 – 16 是常见的联络通道示意图。

一般情况下，联络通道和中间泵站都采用矿山法施工，为了加强其防水性能，多采用封闭式的复合式衬砌。联络通道衬砌的各项设计参数可按计算确定，也可按工程类比法确定。

中间泵站一般设在联络通道中部底板下，其集水池有效容积宜按不小于 10 min 的渗水量与消防废水量之和确定，并不小于 30 m³。

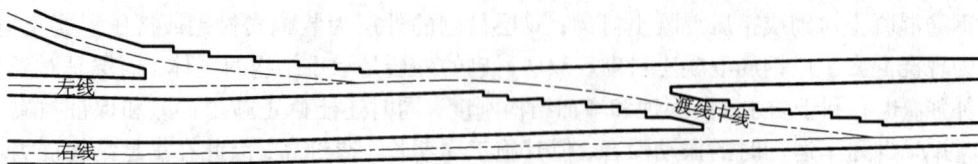

(a)渡线隧道断面变化平面示意图

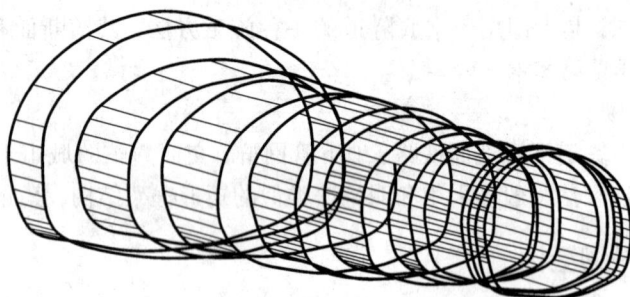

(b)渡线隧道断面变化立体示意图

图 3 – 15　渡线隧道断面的扩大方式

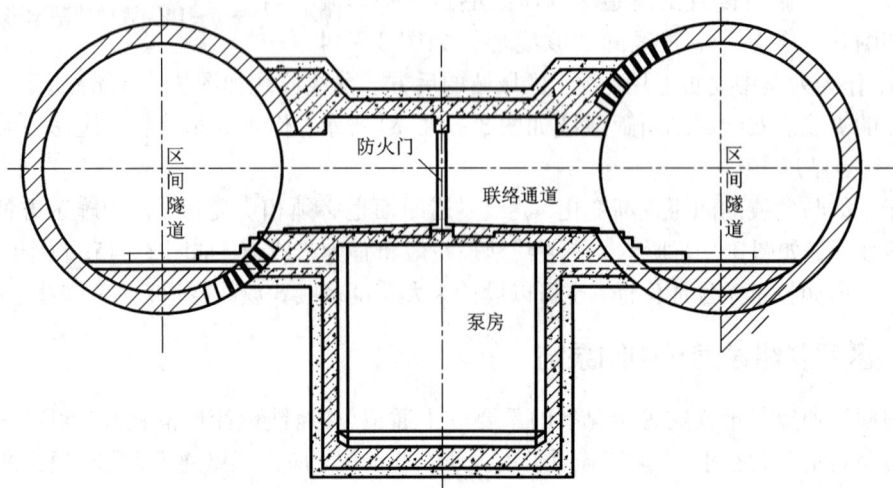

图 3 – 16　区间联络通道示意图

　　当采用盾构法进行区间隧道施工时，在设置联络通道的地段，两个区间隧道的内侧均需留出一个旁洞，宽 250 ~ 400 cm。为了承受洞门顶和拱圈传来的荷载，旁洞上下均需设置过梁以及支撑过梁的壁柱，从而在旁洞四周形成一个坚固的封闭框架。由于框架受力复杂，加工精度要求高，故通常采用钢管片或铸铁管片拼装而成。

　　当采用矿山法修建区间隧道时，其联络通道和中间泵站均采用类似的衬砌结构，只不过两侧区间隧道的旁洞框架采用钢筋混凝土结构，相对来说较盾构法简单。

3.2.6　区间喇叭口隧道衬砌结构

1. 喇叭口隧道结构形式

由于结构上的不同，使得区间隧道的正线间距与车站的站线间距不一致。暗挖隧道一般为两条平行分开的隧道，区间正线可以单独与车站线衔接而不需设喇叭口隧道，而明挖法施工的箱形框架结构则需通过喇叭口隧道使区间正线的线间距逐渐扩大以与站线衔接。随着区间线路与车站线的相对位置不同，喇叭口隧道大致有三种形式，如图 3 – 17 所示。

2. 喇叭口隧道的长度

确定喇叭口隧道的长度涉及几方面的因素，既要考虑工程造价，又要考虑曲线设置的相关规定，经综合调整后，才能合理确定。图 3 – 18 是喇叭口隧道的计算简图。喇叭口隧道长度 $L_{\text{叭}}$ 的计算如下式：

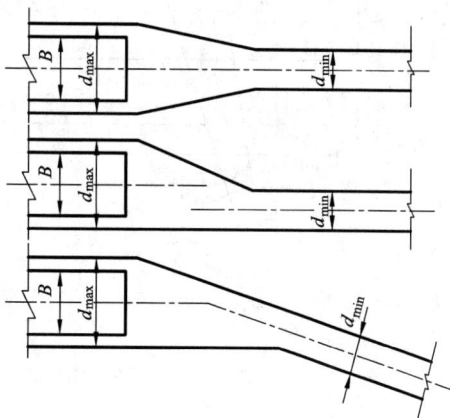

图 3 – 17　喇叭口的几种形式
B—站台宽度；d—最大线间距；d—最小线间距

$$L_{\text{叭}} = 2T + 2l_{\text{缓}} + L \cdot \cos\alpha = 2R \cdot \tan\frac{\alpha}{2} + 2l_{\text{缓}} + \Delta B\frac{\cos\alpha}{\sin\alpha}$$

$$= 2R \cdot \tan(\frac{L_{\text{圆}} \cdot 90}{R \cdot \pi}) + 2l_{\text{缓}} + \Delta B \cdot c\tan(\frac{L_{\text{圆}} \cdot 180}{R \cdot \pi}) \tag{3 – 9}$$

其中 $\alpha = \dfrac{L_{\text{圆}}}{R} \cdot \dfrac{180}{\pi}$，$L = \dfrac{\Delta B}{\sin\alpha}$，$T = R \cdot \tan\dfrac{\alpha}{2}$。

式中：R 为圆曲线半径；a 为圆心角，(°)；$L_{\text{圆}}$ 为圆曲线长度；$B_{\text{站}}$ 为车站线间距宽度；$B_{\text{区}}$ 为区间线间距宽度；$l_{\text{缓}}$ 为缓和曲线长度；ΔB 为车站与区间宽度之差的一半，即$(B_{\text{站}} - B_{\text{区}})/2$。

由公式(3 – 9)可知喇叭口隧道长度 $L_{\text{叭}}$ 是三个参数 $L_{\text{圆}}$、R 与 $l_{\text{缓}}$ 的函数，这三个参数各有其取值范围，如何确定，可参考以下因素：

(1)地铁规范要求

①正线上圆曲线半径 R，A 型车不得小于 350 m，B 型车不得小于 300 m；

②正线上圆曲线长度 $L_{\text{圆}}$，A 型车不宜小于 25 m，B 型车不宜小于 20 m；

③正线上夹直线长度 $L_{\text{夹}}$，A 型车不宜小于 25 m，B 型车不宜小于 20 m；

④缓和曲线长度 $l_{\text{缓}}$ 的取值与圆曲线半径 R 及列车最大进出站速度 V 有关。例如，按 $R = 300$ m，$V = 50$ km/h 考虑，则 $l_{\text{缓}} = 35$ m。

(2)工程造价原因

喇叭口隧道的造价是随其长度增加而增加的，为降低造价，宽大的喇叭口明挖段应尽量短，故可将最小半径 $R = 300$ m，最短圆弧长度 $L_{\text{圆}} = 20$ m 及选定的 $l_{\text{缓}}$ 代入式(3 – 9)，并判断是否满足下式的条件(以 A 型车为例)：

$$L_{\text{夹}} = L - 2T - 2 \cdot l_{\text{缓}} \geqslant 25 \text{ m} \tag{3 – 10}$$

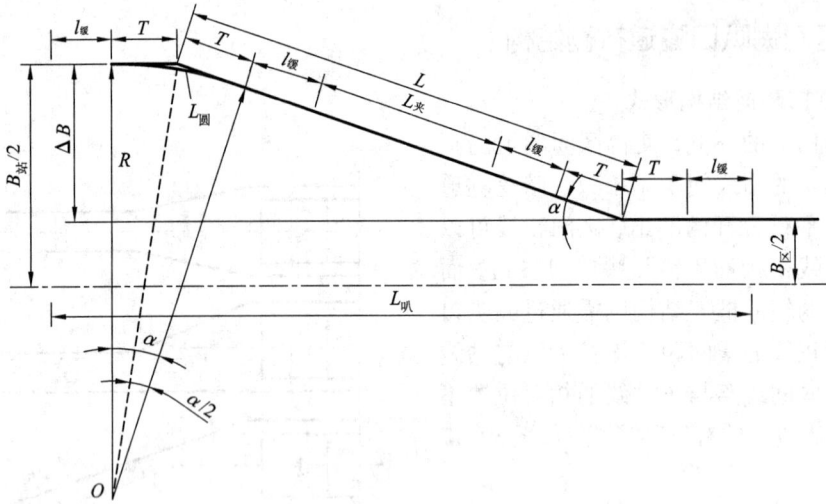

图 3 – 18 　喇叭口隧道长度计算图式

如不能满足,则调整 $L_圆$、R 重新计算,直至满足。

要说明的是,在式(3 – 10)中,$l_缓$ 应该取为在切线 L 上的投影长度 $l_投$,即应该是 $L_夹 = L - 2T - 2l_投$。由测量学知,这一长度可近似取为

$$l_投 = l_缓 - \frac{l_缓^4}{40 \cdot R} \tag{3 – 11}$$

(3)其他原因

因为喇叭口隧道为明挖段,其长度还将受到各种地面建筑物、交通设施、地下管网等工程条件的影响,设计时要分析这些条件,综合决定喇叭口长度。

3.2.7 　防灾设备段

从战备和防灾的角度考虑,在地铁隧道中应设置防灾设备段。这是设在两个车站之间的区间建筑物(图 3 – 19),靠区间隧道的一侧设置,其布置方式按地铁总体规划进行,主要作用为:

①设置风机室,供平时和非常时期通风用,并相应设有消音和空气过滤设备。

②设置深井泵房,当地面水源被毁或被污染而无法使用时,可提供紧急水源。每隔 4 km 左右设一深井。

③设置防护门(隔断门),当发生火灾或爆炸冲击波时,可用防护门迅速隔断灾害区。一般情况下,每隔 4 km 设一防护门。通过河流时,两岸必须设防淹门,当过河段受到破坏河水涌入时,用以阻断水流。

④设置扩散室,用于战时扩散高压爆破冲击波。

⑤设置洗消设备,用于非常时期受到化学污染后进行清洗、消毒。

⑥设置卫生设施,用于非常时期地铁躲避人员的需要。

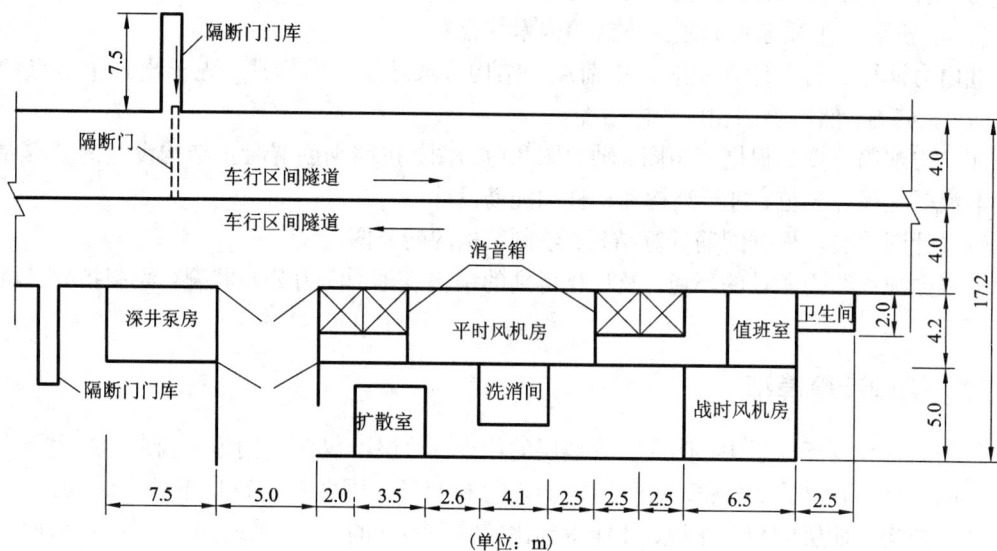

图 3-19 区间设备段基本布置示意图

3.3 地下铁道结构设计与计算

地下铁道的建筑结构设计是整个地铁工程设计的重要组成部分，它必须和工程地质勘测、建筑工艺、设备、施工组织设计紧密配合进行。在进行地铁结构设计时，首要的问题是确定结构承受荷载的能力和安全性，《地铁设计规范》规定：地下结构应按施工阶段和使用阶段分别进行结构强度、刚度和稳定性计算，对于钢筋混凝土结构，尚应对使用阶段进行裂缝宽度检算；偶然荷载参与组合时，不验算裂缝的宽度。

结构设计的主要任务是：进行技术经济比较，选择合理的结构方案和确定结构类型；确定结构的几何尺寸；估算主要工程材料数量及投资概算。设计需经过一定的审查程序才可进行施工。同时设计应满足施工要求，为保证施工质量，加快施工进度提供便利条件。

线路设置于地下的地下铁道根据其在地下线路中的不同功能，其形状也有所不同，但是它们几乎都是钢筋混凝土结构。因此地铁结构的设计与钢筋混凝土结构物的设计在原理上是一致的。

3.3.1 地铁结构设计计算流程

进行地下铁道建筑结构设计时，首先要研究设计任务书，了解有关设计标准，技术规范，研究工程地质，水文地质及测量资料，调查施工技术条件和建筑材料供应情况。并对上述诸方面的情况进行分析，以作为设计的基本依据。地铁结构设计计算主要流程如下。

①选定设计断面。首先根据结构用途、建筑限界、线路平面、纵断面、道床尺寸等决定结构内部空间尺寸，再根据结构高度和宽度的关系、荷载状况，参照类似的已有结构，假定衬砌截面厚度，选定供计算用的结构形状和尺寸，并确定合理的计算模型。

②荷载计算。当设计地铁结构时，计算需考虑的荷载较多，其中主要的是垂直和水平地

层压力、地下水压力、结构自重、结构内部荷载以及考虑人防和地震的特殊荷载等，计算时应结合构造形式、地质条件和施工方法等因素综合考虑。

③内力计算。内力计算一般采用荷载—结构法或地层—结构法，先求出各个节点的弯矩、轴力、剪力，然后绘制相应的内力图。

④结构配筋计算。根据弯矩图、轴力图和剪力图，按照钢筋混凝土结构设计的基本原理和钢筋混凝土设计规范，进行结构和构件的配筋设计。

⑤设计图绘制。根据配筋计算结果，绘制结构的配筋图。

⑥根据地铁结构所处的环境，及计算得到的结构变形、内力分布状况，绘制指导性的施工方案图。

3.3.2　结构计算模型

地铁结构埋设于地层中，四周受到地层的约束，地层不仅对结构施加荷载，产生围岩压力，同时又帮助结构承受荷载，减小结构的内力和变形。因此在进行地下铁道结构计算时，必须考虑结构与地层的相互作用，才能得到比较符合实际的结果。《地铁设计规范》对此也做了明确规定，同时提出，当采用双层衬砌时，应根据两层衬砌之间的构造形式和结合情况，选用与其传力特征相符的计算模型。

目前地下工程的计算分析方法有多种，如：解析法、工程类比法、有限元法、荷载—结构法、收敛—约束法等。分析的对象和目的不同时，所采用的方法也会不相同。本节仅介绍进行一般地铁结构内力计算的常规方法，即荷载—结构法（或简称结构力学法）。它是以结构力学的基本原理和矩阵分析方法为基础，运用计算机作为计算工具的一种现代分析方法，这种方法的特点是能借助矩阵代数的分析方法和有利于编制电算程序来完成繁杂的过程。

应用荷载—结构法进行地铁结构内力计算时，通常做以下处理：

（1）假定荷载和结构特性沿结构长度方向是不变的，即处于平面应变状态，计算时，可如图 3 – 20 所示，沿隧道纵向取 1 m 作为计算单元。

（2）视结构为若干个等厚度的梁单元的组合体

①单元为能承受弯矩、轴力、剪力的直梁；

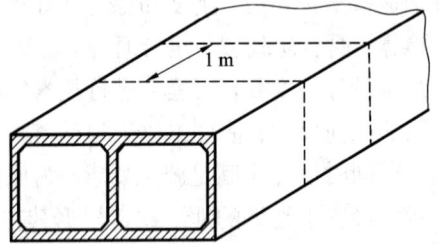

图 3 – 20　浅埋地铁区间隧道结构

②单元之间彼此在端点用刚性点相互连接，并传递内力；

③假定每个单元都是等厚度的，其值一般取单元中点的厚度或两端厚度的平均值。

（3）将结构承受的各种荷载转化为节点力

对于结构所承受的各种荷载，无论是分布荷载还是集中荷载，都需转换成作用在单元节点上的荷载。转换办法按静力等效的原理进行。但因荷载本身的准确性较差，故可按简单近似的方法，即简支梁分配原则进行置换，而不计作用力迁移位置时所引起的力矩的影响。对于竖向或水平的分布荷载，其等效节点力分别近似地取节点相邻单元水平或垂直投影长度的一半乘衬砌计算宽度这一面积范围内的分布荷载的总和。

（4）地层弹性抗力的模拟

地下结构在各种荷载作用下，一些部位会产生向周围地层的变形而引起地层的约束抵抗力，一般情况下，这种约束抵抗力可视为弹性的，故称为弹性抗力。目前常用"温克勒尔（Winkler）假定"为基础的局部变形理论来确定。它认为地层的弹性抗力是与地层在该点的变形成正比，用公式表示为：

$$\sigma_i = k_i \delta_i \qquad\qquad (3-12)$$

式中：δ_i 为地层任意一点 i 的压缩变形，m；σ_i 为地层在同一点所产生的弹性抗力，MPa；k_i 为地层的弹性抗力系数，MPa/m。

温氏假定相当于把地层简化为一系列彼此独立的弹性链杆，某一链杆受到压缩时所产生的反作用力只与该链杆有关，而与其他链杆不相干（图 3-21），且这种链杆应只能承受压力和剪切力。这个假定虽然与实际情况不符，但简单明了，而且也满足了一般工程设计的需要精度，因此应用较多。

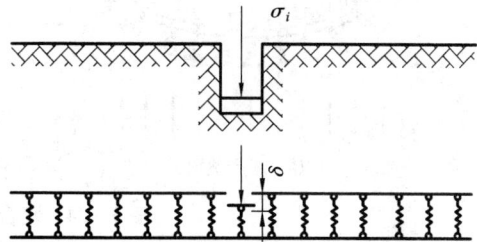

图 3-21　温氏假定计算示意图

链杆的设置方向视结构与地层的接触状态而定，一般沿结构轴线的法线方向布置。

对于明挖矩形框架结构以及盾构管片结构，一般采用单层衬砌，其采用荷载—结构法时的计算模型如图 3-22 和图 3-23 所示。

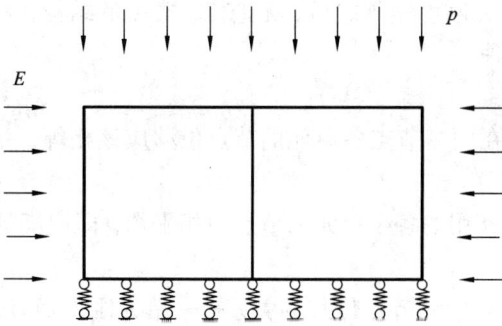

图 3-22　框架结构计算图式

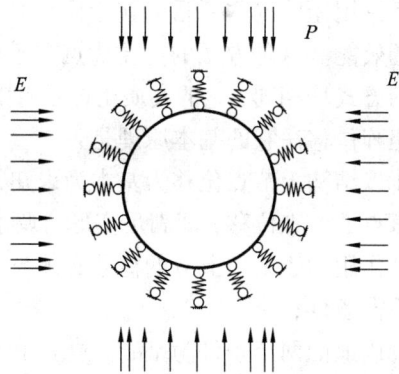

图 3-23　圆形结构计算图式

对于矿山法施工的复合式衬砌结构，设计规范规定，一般情况下复合式衬砌的初期支护应按主要承载结构设计，对于第四纪土层中的浅埋结构及通过流变性或膨胀性围岩中的结构，由初期支护和二次衬砌共同承担外部荷载。因此进行复合式衬砌内力分析时可采用图 3-24（a）所示的计算图示，外圈单元为初期支护，内圈单元为二次衬砌，内外圈之间采用二力杆单元，只承受压应力，不承受拉应力和剪应力，以模拟防水层的作用。也可采用单层衬砌结构计算模式［图 3-24（b）］，根据初期支护和二次衬砌的荷载分担比例，对它们分别进行计算。

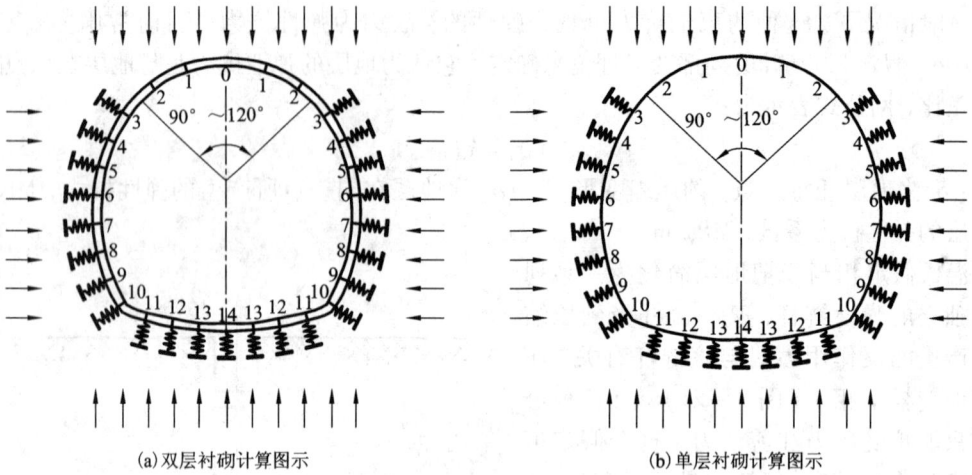

(a)双层衬砌计算图示　　　　　　　　　　　(b)单层衬砌计算图示

图 3－24　复合式衬砌计算图示

3.3.3　计算方法

由于荷载—结构法需应用结构矩阵分析原理，通过计算机程序来完成结构的内力计算，故在具体应用中又可分为矩阵力法和矩阵位移法两种。目前在实际工程中，应用较多的是矩阵位移法，其特点是分析方法和数学表达简洁。矩阵位移法(一般又叫直接刚度法，简称直刚法)是把根据节点力平衡条件建立的位移法典型方程，写成矩阵形式进行分析运算的一种方法。采用矩阵的主要目的在于使计算过程更加规格化，以便充分发挥计算机的自动化、高速度的效能。这种方法的主要优点在于确定了单元刚度矩阵之后，无论什么类型的结构，其求解的方式均相同，它的实质是杆系有限元的一种。

矩阵位移法它的基本原理是：

①以结构上节点位移为基本为未知数，联结在同一节点各单元的节点位移应该相等，并等于该点的节点位移，即满足变形协调条件；

②作用力于某一节点的荷载必须与该节点上作用的各个单元的节点力相平衡，即应满足静力平衡条件；

③以上面两个条件为基础，建立单元节点力与单元节点位移的关系——单元刚度矩阵。然后进行整体分析，建立以节点静力平衡为条件的结构刚度方程。引入边界条件，由结构刚度方程中解出未知的结构节点位移，也就是联结于该节点的各单元的节点位移，由此便可求出单元节点力，即结构内力。

3.3.4　用矩阵位移法求解地铁结构主要步骤

(1)建立计算图式

①将结构离散为有限个等直梁单元；

②同时将地层的弹性抗力用链杆(即弹性支承)模拟，并作用在单元的节点上；

③将各种荷载转换为等效节点力。

(2)建立关系式

建立各单元的节点力和单元节点位移间的关系式——即求单元刚度矩阵$[\overline{K}]^e$以及求出结构的整体刚度矩阵$[K]$

（3）利用静力平衡条件建立结构刚度方程式，且：

①引入必要的边界条件，修改总刚，求出各节点的节点位移；

②判断解的合理性。在计算隧道结构时，由于链杆的布置范围是预先假定的，因此，求解得出的第一次节点位移值，还需进行判断，当某根链杆出现拉力时，即某链杆的水平位移量（或经向位移量）$u_i<0$，表明该处结构是脱离地层的变形，应把该节点处的支承链杆单元i从计算图式中去掉，并修改结构刚度矩阵中的有关元素，重新求解节点位移。如此反复计算，直到各支承链杆处的位移都符合压向围岩的条件为止。

（4）根据变形连续条件求出汇交于节点各单元的单元节点位移，然后求得单元的内力

在以上过程中，仅第 1 点的第（1）步需要人工做最基本的原始数据准备，其余各步骤均由计算机程序完成。图 3 – 25 为采用直接刚度法计算地铁衬砌结构内力的基本步骤框图。采用直接刚度法所编写的源程序较短；并能直观

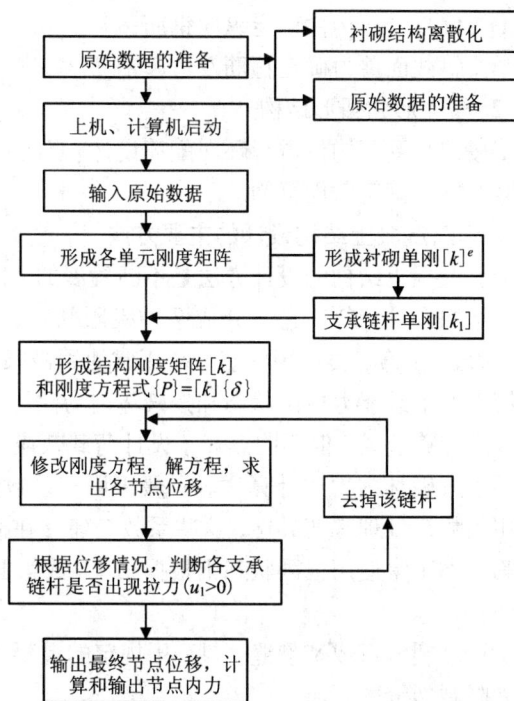

图 3 – 25　直接刚度法程序流程图

地给出所需的节点位移值；其所需求的未知数较少，但由于结构刚度矩阵是个高阶稀疏矩阵，形成和求解结构刚度方程所需编写的原程序往往较为复杂。

3.3.5　地铁结构构件的类型与设计方法

经内力计算求得地铁结构各控制截面上的弯矩、轴力和剪力值后，即可进行截面配筋设计。目前，地铁钢筋混凝土结构的设计是以《钢筋混凝土结构设计规范》为主要依据进行。为了提高构件的抗冲击性能，地铁结构通常采用双筋截面。

由于作用到构件断面上的内力，除弯矩外，同时还有轴力，所以大多数构件属于压弯构件，各截面的配筋计算，主要是按偏心受压构件进行。具体来讲，构件设计类型有以下几种：

1. 结构构件设计类型

（1）框架结构

①偏心受压构件：框架顶板、底板、侧墙；

②中心受压构件：中墙或车站的立柱；

③受弯构件：车站纵梁。

（2）马蹄形和圆形结构

均为偏心受压。

2．设计程序

（1）框架结构

①按偏心受压构件确定纵向钢筋；

②按斜截面剪力确定箍筋及弯起钢筋。

（2）马蹄形和圆形结构

①按偏心受压构件进行环向配筋设计（双向）；

②按抗剪确定截面箍筋。

3．钢筋混凝土结构设计的主要方法

钢筋混凝土结构的设计方法是不断发展的，目前《钢筋混凝土结构设计规范》按极限状态法进行结构设计计算，它又分成两种极限状态，即第一类极限状态——承载能力极限状态（第Ⅲ阶段）和第二类极限状态——正常使用极限状态。

第一类承载能力极限状态和按破坏内力法计算一样，均为根据钢筋混凝土第Ⅲ工作阶段建立强度计算公式，但不同点在于设计荷载效应、材料强度取值，以及安全度的表达式方面，均不同于按破坏内力法计算法。一般采用多系数的办法，每一种影响结构可靠度的因素，用一专用系数来处理其变异性，这些系数是建立在概率与数理统计的理论基础之上的。

第二类正常使用极限状态则根据第Ⅰa或第Ⅱ阶段建立计算公式，主要验算下列两方面地问题：

①计算裂缝形成和裂缝开展：用规定的混凝土拉应力来控制裂缝的形成，用规定的裂缝宽度来限制裂缝的开展。

②计算变形（挠度、反拱度和变位等），根据不同的要求，规定各种限值、计算的变形值不得超过限值。

极限状态法实质上提出了结构按"可靠度"进行设计的新概念，即不仅考虑了结构的安全问题，还广泛地考虑了结构的适用性和耐久性问题。结构的配筋设计主要按第一类极限状态情况进行，而按第二类极限状态进行结构验算。

有关钢筋混凝土结构设计的基本原理、基本方法和详细计算过程，可参阅《混凝土结构设计原理》等教材。

3.4 地铁结构荷载计算

3.4.1 荷载类型

采用荷载结构模型进行地下铁道结构静、动力计算时，首先要确定作用在结构上荷载的量值及分布规律。设计规范中按荷载作用情况将其分为永久荷载、可变荷载和偶然荷载三大类。

永久荷载即长期作用的恒载，在其作用期虽有变化但也是微小的，如地层压力、结构自重、隧道上部或破坏棱体内的设施及建设物基底附加应力，静水压力（含浮力）、混凝土收缩和徐变影响力、预加应力以及设备重量等。

可变荷载又可分为基本可变荷载和其他可变荷载两类。基本可变荷载,即长期的经常作用的变化荷载,如地面车辆荷载(包括冲击力)和它所引起的侧向土压力、地下铁道车辆荷载(包括冲击力、摇摆力、离心力)以及人群荷载等。其他可变荷载,即非经常作用的变化荷载,如温度变化、施工荷载(施工机具、盾构千斤顶推力、注浆压力)等。

偶然荷载即偶然的、非经常作用的荷载,如地震力、爆炸力等。爆炸力又称特载,它是常规武器(炮、炸弹)作用或核武器爆炸形成的荷载。关于特载的大小是按照不同的防护等级采用的,它在人防工程的有关规范中有明确的规定。

结构的计算荷载应根据上述三类荷载同时存在的可能性进行最不利组合,一般来说,对于浅埋地下铁道结构物以基本组合(仅考虑永久荷载和可变荷载)最有意义,只有在特殊情况下,如 7 度以上地震区,或有战备要求等才有必要按偶然组合(三类荷载都考虑)来验算。荷载组合系数按《建筑结构荷载规范》先取。

3.4.2　框架结构荷载计算

1. 地面车辆荷载

作用在结构上的垂直荷载当中,首先考虑的是地表面的荷载,浅埋地下铁道大多设置于城市道路的正下方,所以应考虑路面活荷载。一般情况下,地面车辆荷载可按下述方法简化为均布荷载:

单个轮压传递的竖向压力如图 3 - 26(a) 所示。

$$q_{az} = \frac{\mu_0 q_0}{(a + 1.4Z)(b + 1.4Z)} \tag{3-13}$$

两个以上轮压传递的竖向压力如图 3 - 26(b) 所示。

$$q_{az} = \frac{n\mu_0 q_0}{(a + 1.4Z)(nb + \sum_{i=1}^{n-1} d_i + 1.4Z)} \tag{3-14}$$

式中: q_{az} 为地面车辆轮压传递到计算深度 Z 处的竖向压力; q_0 为车辆单个轮压,按通行的汽车等级采用; a、b 为地面单个轮压的分布长度和宽度; d_i 为地面相邻两个轮压的净距; n 为轮压的数量; μ_0 为车辆荷载的动力系数,可参照表 3 - 3 选用。

表 3 - 3　地面车辆荷载的动力系数

覆盖层厚度/m	≤0.25	0.30	0.40	0.50	0.60	≥0.7
动力系数	1.30	1.25	1.20	1.15	1.05	1.00

当覆盖层厚度较小时,即两个轮压的扩散线不相交时,可按局部均布压力计算。

在道路下方的浅埋暗挖隧道,地面车辆荷载可按 10 kPa 的均布荷载取值,并不计冲击力的影响。当无覆盖层时,地面车辆荷载则应按集中力考虑,并用影响线加载的方法求出最不利荷载位置。

2. 垂直荷载

(1)垂直土压力

(a) 车辆荷载单轮压力计算图式

(b) 车辆荷载多轮压力计算图式

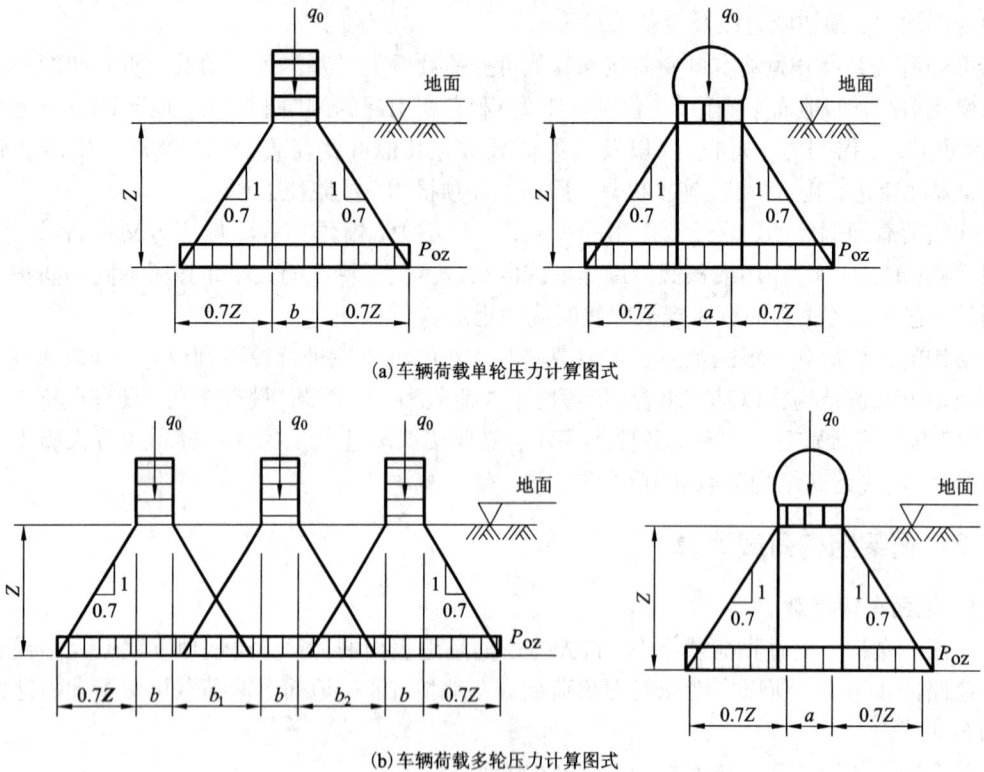

图 3 – 26　车辆荷载压力计算图示

作用在明挖法或盖挖法修建的地铁结构顶部的垂直土压应考虑结构正上方部分的全部重量，然后除以顶板的承压面积。这个重量包括以下三个部分：道路铺砌的重量，地下水位以上土的重量，地下水位以下土的重量。

$$q_\pm = \sum_i \gamma_i h_i \qquad (3 - 15)$$

式中：γ_i 为第 i 层土壤（或路面材料）的容重；h_i 为第 i 层土壤（或路面材料）的厚度。

（2）水压力

静水压力对不同类型的地下结构将产生不同的荷载效应，对圆形或接近圆形的结构而言，静水压力使结构的轴力加大，对抗弯性能差的混凝土结构来说，相当于改善了它的受力状态，因此，计算静水压力时，可按可能的最低水位考虑。反之，若计算作用在矩形结构上的静水压力或验算结构的抗浮能力时，则须按可能出现的最高水位考虑。

计算静水压力时，一般有两种方法可供选择。一种是和土压力分开计算，另一种则将其视为土压力的一部分和土压力一起计算。对于砂性土可采用第一种方法；对黏性土则宜用第二种方法，因为在黏性土中的水大多是非重力水（结合水），不对土粒起静水压力作用。

在第一种计算方法中，地下水位以上的土采用天然容重 γ_i，水位以下的土采用有效容重 γ'_i 计算土压力，另外再计算静水压力的作用。在第二种计算方法中，地下水位以上的土与前者相同，水位以下的土采用饱和容重 γ_{is} 计算土压力，而不另计静水压力。其中土的有效容重 γ'_i 为：

$$\gamma'_i = \gamma_{is} - \gamma_w \qquad (3 - 16)$$

计算水压力可用下式

$$q_{水} = \gamma_w h_w \tag{3-17}$$

其中：γ_w 为水的容重，一般 $\gamma_w = 10\ \text{kN/m}^3$；$h_w$ 为地下水面至顶板表面的距离。

两种计算静水压力方法的差异如图 3 - 27 所示，其中 γ_s 为土的饱和容重。

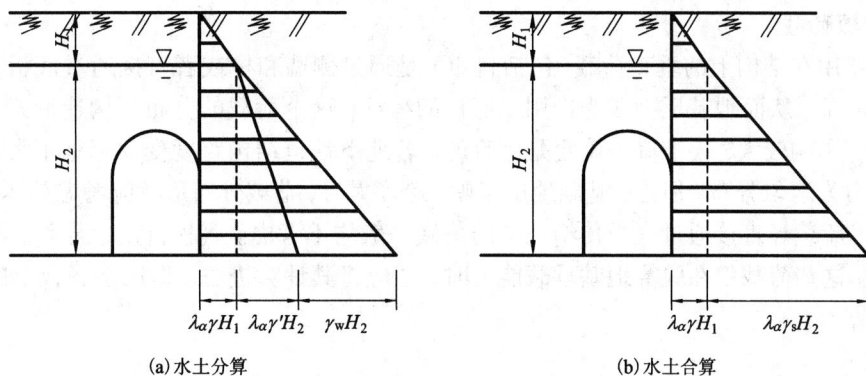

(a) 水土分算　　　　　　　　　　　　　　　(b) 水土合算

图 3 - 27　两种计算静水压力方法

（3）顶板所受的特载为 $q_{顶}^t$

将上面的结果总和起来即得到顶板上所受的垂直外荷载

$$q_{顶} = q_{az} + q_{土} + q_{水} + q_{顶}^t = q_{az} + \sum_i \gamma_i h_i + \gamma_\omega h_\omega + q_{顶}^t \tag{3-18}$$

3. 水平荷载

加在结构侧墙上的侧向土压力的计算多数情况使用兰金或库仑公式。采用这些公式计算时，对于黏性土，计算值会偏大，应适当折减。侧墙上所受的荷载有土层的侧向压力、水压力及特载。

（1）地面车辆荷载传递到地下结构上的侧压力，可按下式计算

$$e_{az} = \tan^2\left(45° - \frac{\varphi}{2}\right)q_{az} = \lambda_a q_{az} \tag{3-19}$$

式中：λ_a 为侧压力系数。

（2）侧向土压力

$$e_{土} = \lambda_a \left(\sum_i \gamma_i h_i\right) \tag{3-20}$$

式中：φ 为结构埋置处土层内摩擦角。

（3）侧向水压力

$$e_\omega = \psi \gamma_\omega h_w \tag{3-21}$$

式中：ψ 为折减系数，其值依土壤的透水性来确定：对于砂土 $\psi = 1$，对于黏土 $\psi = 0.7$。

所以，作用于侧墙上的荷载为

$$q_{侧} = e_{az} + e_{土} + e_\omega + q_{侧}^t \tag{3-22}$$

式中：$q_{侧}^t$ 为作用于侧墙上的特载。

4. 结构自重

为沿结构横断面轴线均匀分布的荷载。

5. 作用在结构内部的荷载

结构内部主要荷载是：轨道自重、电车荷载、站内人群荷载、变电所或电气室等机械荷载。轨道自重和电车荷载，普通情况下是不考虑的，可是对不直接加于地基上而作用在楼板上的电车荷载，则应计算在内。在车站结构内的中间二层乘降站台等的人群荷载，普通按 $5 \sim 6 \ kN/m^2$ 左右计算。关于机械荷载，应尽可能采取实际重量作为荷载。

6. 底板荷载

所有作用在结构上的垂直荷载（包括自重）是通过侧墙和柱或者直接通过底板，传给结构底面的地基。从而地基反力成为作用于底板的荷载，这个荷载的分布受构造形式、基础地层的土质等影响较大，要准确去确定是困难的。若地下铁道结构跨度变动范围不大，一般假定地基反力为均匀分布。但是，基础地层坚硬，跨度大时，荷载分布形状应考虑具体情况。对轨道、电车荷载等直接通过底板传给地基的荷载一般均不考虑。底板自重，通常也不作底板荷载考虑。这些荷载仅在验算地基承载能力时，才应将其计算进去。作用于底板上的荷载可按下式计算

$$q_{底} = q_{顶} + \frac{\sum Q}{L} + q_{底}^t \qquad (3-23)$$

式中：$\sum Q$ 为结构顶板以下，底板以上的两边墙及中间柱等重量；L 为结构横断面的宽度；$q_{底}^t$ 为底板上所受的特载。

7. 特殊荷载

根据地下铁道防护要求，不同的埋深和结构形式，规定出结构不同位置的荷载数值，具体办法由结构防护等级决定。可参照有关资料和规定。

8. 其他荷载

在设计时，除上述的荷载外，还须考虑地震的影响、温度的变化和混凝土收缩等的影响。

对于全部埋置于地下的结构，地震的影响不会像地面结构那样强烈，一般可以承受，因此可省略地震的计算。但是，若结构的一部分露出地面或结构上土的覆盖较浅的时候，则应充分考虑地震的影响。具体的计算方法可参见地铁设计规范与相关书籍。

地下铁道一般分段施工（每段长 30 m 左右），各段间设有施工缝（伸缩、沉降缝），所以混凝土干燥收缩影响可不考虑。

上述各种荷载的计算，在设计时应根据规范规定，考虑采用设计荷载组合，作为结构计算荷载图。当结构按"极限状态法"设计时，应该按荷载规范规定，将标准荷载乘以相应的超载系数，作为设计时的计算荷载。

3.4.3　马蹄形结构的荷载计算

采用暗挖法施工的马蹄形隧道结构，地层压力是其主要承受的荷载。由于影响地层压力分布、大小和性质的因素众多，要准确确定十分困难。地铁设计规范规定，对于岩质隧道，其围岩压力可根据围岩分级，按现行行业标准《铁路隧道设计规范》的有关规定确定。对于土质隧道，宜根据所处工程地质、水文地质条件和覆土厚度，并结合土体卸载拱作用的影响进行计算。对于一般土层隧道可按计算截面以上全部土柱质量考虑。

3.4.4　圆形结构的荷载计算

作用在圆形结构上的荷载可按使用阶段荷载、施工期受力两种情况考虑，其中施工期受力主要包括管片拼装阶段的受力和盾构千斤顶顶推时的推力，其计算方法可参见第 7 章。而使用阶段的荷载计算内容基本上与框架结构是相同的，其中：路面荷载、作用在结构内部的荷载和特殊荷载与框架结构的计算方法也基本相同，结构自重在断面尺寸确定以后，亦很容易计算。不同之处在于，由于圆形结构的特点，在计算竖向和侧向土压力和水压力方面有一些区别。圆形结构的荷载计算图示如图 3 – 28 和图 3 – 29 所示。

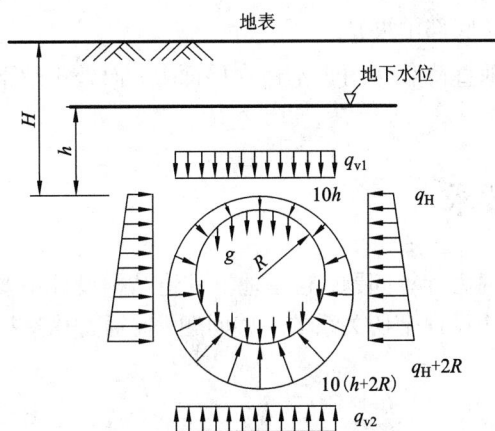

图 3 – 28　浅埋荷载计算图示

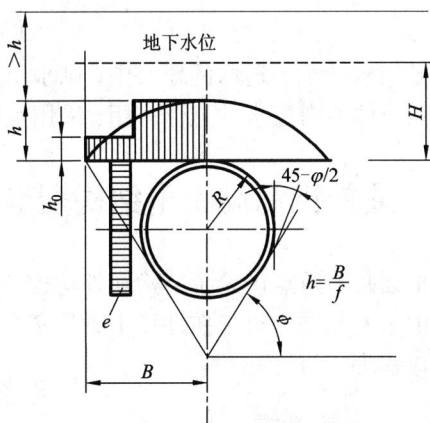

图 3 – 29　深埋荷载计算图示

1. 顶部竖向地层压力

竖向地层压力的大小及分布性质与隧道埋深有密切关系，需分为浅埋和深埋两种情况计算。浅埋时需考虑路面荷载和特载，深埋时则可不考虑。

（1）浅埋

浅埋时，由于隧道上方不能形成承载拱（天然拱），故竖向地层压力的计算与框架结构的计算方法［式（3 – 18）］相同。

（2）深埋

由于隧道上方能形成承载拱来承受上部软弱地层压力及地面建筑所施加的各种荷载，此时的竖向地层压力 q_v 可按普氏法计算（图 3 – 29，也可按泰沙基法计算），即

$$q_v = \gamma \cdot h = \frac{\gamma B}{f} = \gamma \frac{B}{\tan\varphi} \tag{3 – 24}$$

$$B = R \cdot [1 + \sqrt{1 + c\tan^2(90° - \varphi)}] \cdot \tan(90° - \varphi)$$

式中：B 为承载拱的半宽；f 为普氏系数；φ 为地层的摩擦角；R 为结构的内半径与结构厚度之和；h 为承载拱的高度。

应用式（3 – 24）的条件是，承载拱顶至地面或至软弱地层接触面的距离不小于承载拱高，且拱顶断面的最大应力不得超过地层强度最小极限值的 1/8。若条件不满足时，仍需按浅埋情况计算。

2. 侧向压力

地层侧压力，可按散粒体理论(库仑公式、兰金公式)求得。侧压力系数的取值大小对隧道衬砌结构内力计算有着十分密切的关系，必须谨慎对待。一般隧道衬砌设计的侧压力系数的取值在 $0.3 \sim 0.8$ 之间。地层组成、施工方法、衬砌结构刚度等对主动侧压力影响较大，上海地区使用闭胸盾构施工时，侧压力系数略大于 1.0。

3. 水压力

如图 $3-28$ 所示，作用在圆形结构上的水压力通常按径向分布情况计算。设地下水位距隧道顶部的高度为 h_w，则竖向

$$q_v = \begin{cases} \gamma_w h_w \text{(顶冠)} \\ \gamma_w (h_w + 2R) \text{(底部中央)} \end{cases} \tag{3-25}$$

若结构处于不透水的地层中，则水压力作为垂直荷载作用于不透水层面上，而处于地下水中的土体应考虑水的悬浮作用，采用水中容重。

3.5   地铁钢筋混凝土结构配筋构造要求

前面几节重点讨论了结构在外荷载作用下的内力计算问题，这是地下铁道结构设计中要解决的主要问题。对于在计算中不易考虑而与结构设计密切关系的一些问题，需通过构造措施加以解决。

3.5.1   一般要求

1. 钢筋保护层

鉴于地下施工条件差和结构被包围在水土之中的具体条件，要求地下铁道结构必须具有足够的保护层厚度，以防止钢筋直接受水土等的腐蚀，影响结构的正常使用。墙板的受力钢筋净保护层厚度为 $40 \sim 50$ mm。构造钢筋保护层净厚度应不小于 20 mm。

2. 钢筋直径

钢筋和预制钢筋骨架的形状尺寸，应考虑到加工，运输和基坑内施工的安全和方便，选用的受力钢筋直径一般不宜大于 32 mm，受弯构件中亦不宜小于 14 mm，受压构件中，不宜小于 16 mm，一般构造钢筋不小于 12 mm，箍筋直径不小于 8 mm。

一般直径在 14 mm 以下的钢筋因易于弯曲，在工地也容易变形，所以避免使用于主筋，32 mm 以上的钢筋在工地调直困难，一般较少采用。

3. 钢筋间距

框架墙、板构件中，受力钢筋间距不大于 250 mm。梁上部钢筋水平方向的净间距不应小于 30 mm 和 $1.5d$；梁下部钢筋水平方向的净间距不应小于 25 mm 和 d。当下部钢筋多于 2 层时，2 层以上钢筋水平方向的中距应比下面 2 层的中距增大一倍；各层钢筋之间的净间距不应小于 25 mm 和 d，d 为钢筋的最大直径。

框架结构的梁和板中的横向钢筋间距应满足下列要求：

①受弯及大偏心受压构件的厚度大于 60 cm 时，$Q \leqslant bh_0 f_c$ 的区段内，间距不大于 50 cm；厚度小于 60 cm 时，间距不大于 85 cm。

②当横向钢筋是根据计算决定时，间距不应超过 s_{max} 或 30cm。$s_{max} = 0.1 f_{cm} bh_0 / Q$（m）。

③配有计算的受压钢筋的梁和板，其间距在帮扎骨架中，应不大于 $15d$，在点焊片架中，应不大于 $20d$（d 为受压钢筋最小直径）。

④在搭接而不加焊的接头长度内，受拉钢筋全部利用时，横向钢筋间距不应大于 $5d$。框架各构件的跨末，横向钢筋需要适当加强，一般方法将箍筋间距缩小为 20 cm。

⑤当柱中受压钢筋含筋率大于 3% 时，箍筋间距不大于 $10d$ 或 20 cm。

3.5.2 纵筋的布置

对于矩形框架结构，为了保证构件斜截面的强度，除按计算配筋外，还须在构造上满足一定的要求，包括纵筋的弯起，截断和锚固以及箍筋的直径和间距等方面，以便考虑在计算中所未能顾及的问题。

1. 纵筋的弯起

纵筋的弯起要考虑以下几个因素：

①保证正截面的抗弯强度。纵筋弯起后，留下来的纵筋数量减少，正截面抗弯强度就要降低，但只要使抵抗弯矩图包在设计弯矩图外面，则正截面的抗弯强度能够得到保证。

②保证斜截面的抗剪强度。纵筋需要弯起的数量除通过斜截面抗剪强度计算确定外，其弯起的位置还要满足前一排斜筋的下弯点到次一排斜筋的上弯点的距离，都不得大于箍筋的最大间距 s_{max}（图 3-30），换言之，斜筋与斜筋要靠近，不能相隔太远，这是为了防止因产生斜裂缝而发生破坏。这些斜裂缝并不与斜筋相交，比较危险。

③保证斜截面的抗弯强度。为达此目的，主要措施是控制纵向钢筋的弯起位置。在梁截面受拉区中，弯起点应设在根据正截面强度计算该钢筋的强度被充分利用的截面处（该处称为该钢筋的充分利用点）以外，延伸的距离应 $S_1 \geqslant h_0/2$（图 3-31）。同时，弯起钢筋与梁纵轴线（即中心线）的交点应位于根据正截面强度计算不需要该钢筋的截面（该处称为该钢筋的不需要点），此外，充分利用点和不需要点的位置可根据主筋的根数和直径而绘出的水平直线与计算弯矩包络图的交点来确定。

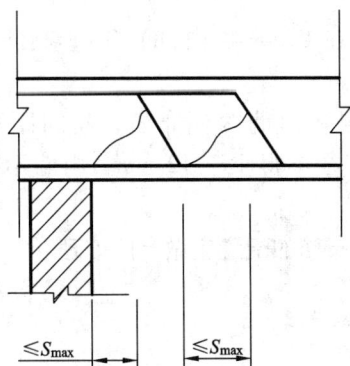

图 3-30 纵筋的弯起位置

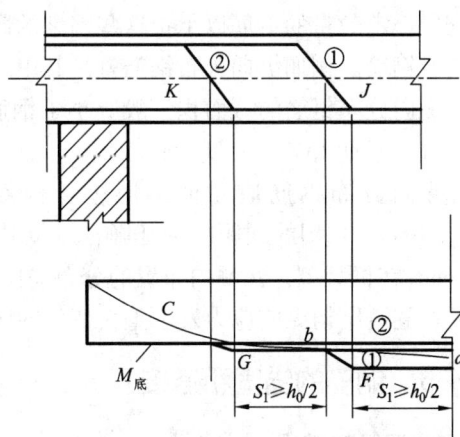

图 3-31 弯起点的延伸距离

如果在一弯起面上的弯起筋无法同时满足斜截面上的抗弯和抗剪强度要求时，可为了抗剪而单独另设斜筋(鸭筋),纵筋的弯起仍应先满足斜截面抗弯强度的要求。

2. 弯起构造要求

一般弯起钢筋与结构轴线的倾角采用45°(深梁中弯筋的倾角采用60°)。当设置弯起钢筋时,弯起钢筋的弯终点外应留有锚固长度,其长度在受拉区不应小于20d,在受压区不应小于10d。

连续深梁的边跨的边支座端及单跨深梁的支座端、跨中受拉钢筋均不得弯起,并应有可靠的锚固(图3-32)。

3. 钢筋的截断

对于框架结构中间立柱上附近,为了节约钢材,可以将受拉的纵筋截断。截断的根数和位置可以从抵抗弯矩图确定,使抵抗弯矩图包在设计弯矩图外面,形成踏步形。先定出各根纵筋的不需要点,再延长一段锚固长度l_m,就是断点的位置,l_m的长度见相应规范。

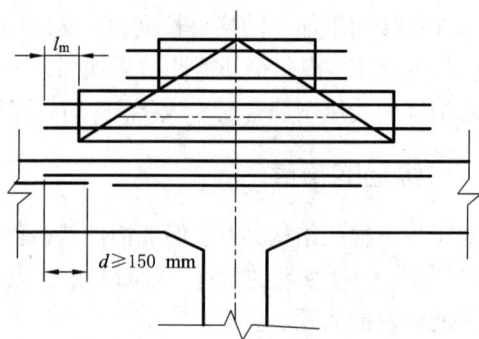

图3-32 弯起构造要求

3.5.3 箍筋

箍筋的形式有封闭和开口两种(图3-33),一般梁采用封闭式。如梁中配有计算的受压钢筋时,应做成封闭式。箍筋的肢数有单肢、双肢和四肢等,箍筋的直径、间距参见相关规范;配置数量则应满足最小配箍率要求。

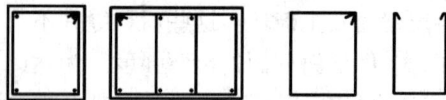

图3-33 箍筋的肢数和形式

3.5.4 构造钢筋

在钢筋混凝土设计中,往往有很多影响强度的因素考虑不到,也无法具体计算,因此必须配置一定数量的钢筋以承担这些因素的影响,这种不能由计算决定而又必须配备的钢筋称为构造钢筋。例如纵向分布钢筋就是其中之一。

纵向分布钢筋的截面积一般应小于钢筋总截面积(在1 m长度内)的10%,其配置率通常不宜小于0.15%。

纵向分布钢筋应在框架周边各构件之内、外侧和内墙两侧布置,其间距可采用10~30 cm。选用的间距应便于施工,周边分布钢筋直径不得小于12 mm。内墙不得小于10 mm,在框架节点区域内布置的分布筋应适当加密。

在隧道结构纵向应力发生重大变化的区段,纵向分布筋的配置应做专门处理。

3.5.5 钢筋的锚固和搭接

1. 钢筋的锚固

受力钢筋必须具有足够的锚固长度,框架结构中墙、板的主筋至少有总数量的1/3或不小于每米3根伸入支座,其伸入支座内的锚固长度不应小于30d。承受负弯矩的受拉钢筋若在跨中截断时,则必须伸出理论截断点外大于30d处;受压钢筋若在跨中截断,则必须伸出

理论截断点以外 $15d$ 处。

2. 钢筋的搭接

受拉钢筋的接头应该尽量避免，不得已设置接头时，接头的相互位置不要集中在一个截面处，并在应力大的地方不应设置接头。

在绑扎骨架中，钢筋接头的搭接最小长度在受拉区为 $35d$；在受压区为 $25d$，在点焊片架中为 $30d$（16Mn 钢筋时）。钢筋直径大于 25 mm 时，不允许搭接。

受拉钢筋的接头应相互错开，每处接头面积不得大于全部受拉筋面积的 1/2。

3.5.6　角隅部分构造

根据实验结果，钢筋混凝土的角隅部分会产生如图 3-34 所示的裂缝，在角隅范围内产生斜裂缝，在根部产生弯曲裂缝。因此必须在角隅部分的有效位置和方向上配置足够数量的加强钢筋，如布置梗肋钢筋；分布钢筋加密，配置角部钢筋等。具体要求如下（图 3-35）：

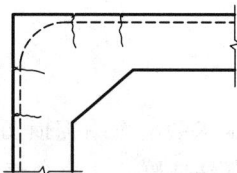

图 3-34　角隅部分的裂缝　　　　图 3-35　角隅部分钢筋配置

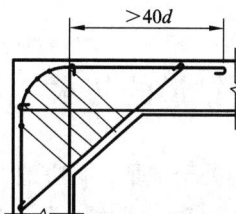

①沿框架结构杆件结合部分的内侧，水平杆件的受拉钢筋不能弯曲，沿梗肋应配置特别的直钢筋。

②沿着框架角隅部分外侧的钢筋，其弯曲半径必须为所用钢筋直径的 10 倍以上。

③框架角隅部分的箍筋，在角隅部分的内侧的受拉时，内侧钢筋与外侧的钢筋若无联系时，钢筋变形会使表面侧的混凝土剥落，所以有必要配置足够数量的箍筋。

④在框架水平杆件和垂直杆件结合部分施工上，不可将水平杆件的钢筋向垂直部分延伸，而应将垂直杆件的钢筋伸到水平杆件内。

⑤水平杆件的受压钢筋，在支点断面处不少于全部的 1/3，同时应裁过反弯点延长的长度为受压钢筋直径 12 倍以上，跨中杆件有效高度 1/16 以上。若不越过反弯点延伸的受压钢筋，应该超过没有必要承受弯曲应力的点，而锚固于混凝土受压区。

⑥水平杆件的跨中受拉钢筋应至少有 1/3，锚固于侧壁混凝土中。

⑦在框架角隅部分的纵向分布钢筋应予加强，应配 4~7 根，其直径比同一断面一般纵向分布钢筋大 2 mm。

3.5.7　隧道各节段间的连接

在两个不同截面的隧道框架接头处，其接口处应进行特殊处理。要求底板上表面在接头处对齐，其做法如图 3-36 所示。

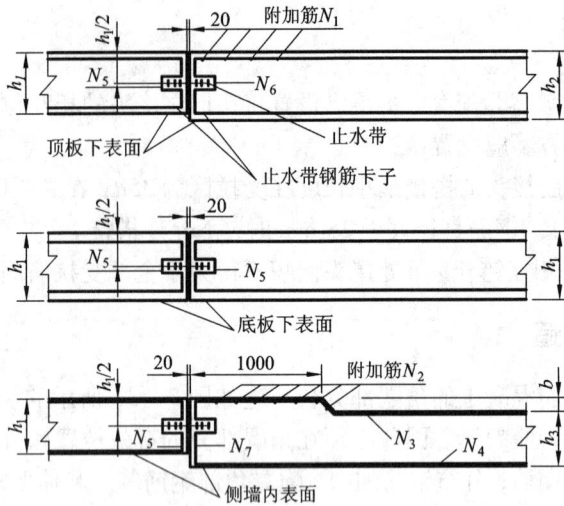

图 3 – 36　隧道节段连接示意图

3.6　地下铁道的防水

地铁结构处于地下，周边地下水丰富，地表水、地下承压水会沿着结构损伤裂缝和其他薄弱环节向车站和隧道内渗漏。地下水或地表水进入地铁车站或隧道内，会使装修材料霉变，电气线路、通信、信号元件受潮浸水损坏失灵，造成工程事故；地下水也会降低地铁结构本身的耐久性；地下水积存也会使地铁内部湿度增加，使进入车站的乘客胸闷，不舒适。因此地下铁道的防水也是其关键环节之一。

3.6.1　地下铁道的防水原则与技术要求

地下铁道的防水原则是"以防为主、刚柔结合、多道设防、因地制宜，综合治理"：

"防"：指工程结构本身或附加防水层等防水措施，使结构具有防止地下水渗入的能力。

"刚柔结合"：指刚性防水材料与柔性防水材料结合使用。刚性防水材料指水泥基类能凝固的堵漏材料，它们固化以后能达到较高的抗渗强度，而防水混凝土本身就是一种刚性防水材料。柔性防水材料则是指防水卷材之类的材料。

"多道设防"：指通过多种防水材料的结合使用，在各道设防中发挥各自的作用，达到优势互补的最佳防水效果。

"因地制宜，综合治理"：地下铁道的防水是综合性很强的治理技术，应根据工程地质、水文地质、地震烈度、衬砌结构特点、施工方法、工程防水等级、材料来源、价格等多种因素，因地制宜选择相适应的防水措施。在勘察、设计、施工和维修每个环节都要考虑防水要求。

需要说明的是，本原则中没有提及"排"，这是考虑到在城市地下铁道的施工中，如果大量排水可能会引起地表不均匀沉降，造成不良的后果。具体说来，如果隧道位于贫水稳定的地层中，围岩渗透系数小，则可允许有限度的排水；而如果围岩渗透系数大，使用机械排水需要耗用大量的能源和费用，大量排水可能会引起地表沉陷，导致地面建筑物开裂，甚至破坏时，则不允许排水。

　　我国地下铁道防水的有关规定：

　　①地下车站、行人通道及机电设备集中区段的防水等级为一级，不得渗水，结构表面不得有湿渍。

　　②区间隧道及连接通道等附属隧道结构防水等级为二级，顶部不得滴漏，其他部位不允许漏水，结构表面允许少量的湿渍，但总湿渍面积不应大于总防水面积的 2/1000，任意 100 m^2 防水面积上的湿渍不能超过 3 处，单个湿渍的最大面积不能大于 0.2 m^2。

　　③区间隧道工程中漏水的平均渗漏率不应大于 0.05 L/(m^2·d)，任意 100 m^2 防水面积渗漏量不应大于 0.15 L/(m^2·d)。

3.6.2　防水方式与防水材料

1. 结构自身防水方式

　　结构自身防水指通过提高衬砌结构自身的防水能力来达到防水的目的，即采用防水混凝土结构，抗渗标号要求达到 S8（抗渗强度为 0.8 MPa）。按其组成的不同，防水混凝土有三大类：

　　（1）普通防水混凝土

　　我国于 20 世纪 50 年代即开始推广普通防水混凝土，这是一种不需任何外加剂，而仅以合理的骨料级配就能实现防水效果的混凝土。在一般情况下，地下铁道结构物宜采用这种防水混凝土，因它仅通过材料和施工两方面来抑制和减少混凝土内部孔隙的生成，改变孔隙的形态和大小，堵塞渗水通路，就能达到密实防水的效果。其最高抗渗标号可达 S30（抗渗强度达 3 MPa）。

　　（2）外加剂防水混凝土

　　外加剂防水混凝土推广于 20 世纪 70 年代。这是一种以添加外加剂来改变抗渗性的混凝土。外加剂主要是引气剂、减水剂、密实剂等。这类混凝土的抗渗标号一般可达 S12。

　　①引气剂防水混凝土。

　　常用的引气剂有松香酸钠、松香热聚物等。松香酸钠引气剂在混凝土中产生的气泡数量多、均匀而细小、间距小、质量好。其抗渗标号达 S12，抗冻性比普通混凝土提高 3 倍，抗侵蚀性和抗碳化能力也有提高。但是，掺有引气剂的防水混凝土强度及弹性模量均有所下降，因此，使用时应先做试验。

　　②减水剂防水混凝土。

　　减水剂已在混凝土工程中广泛应用。减水剂的主要成分是木质素磺酸盐、碳水化合物等。使用减水剂可增加混凝土的密实性，提高抗渗能力和抗压强度。减水剂有引气型和非引气型两种类型，前者混凝土的抗渗性较好；后者混凝土的强度较高。添加减水剂除了能使混凝土的强度提高、抗渗性增强、流动度加大外，还可影响其凝结时间，即可使之早凝，也可使之缓凝。

　　③密实剂防水混凝土。

　　在混凝土中加入氯化铁或三乙醇胺等添加剂而制成，具有高密实度、高抗渗性（S12 以上）；抗压强度可比普通混凝土增加 13% ~ 40%，并有早强作用；可耐碱性腐蚀，但不耐酸。

　　（3）膨胀水泥防水混凝土

　　客观上说，这也属于外加剂防水混凝土，因为也是往混凝土中添外加剂，但其防水的原理不一样。上述两类混凝土主要是在提高混凝土的抗渗性上做文章，但仅有抗渗能力还不能完全保证混凝土的防水功能，因为混凝土的收缩裂缝将形成渗水通道，从而破坏混凝土的整体防水效果，因此，混凝土除了抗渗外还应该抗裂。从 20 世纪 80 年代开始，中国建筑材料科学研究院与其他单位共同研究开发了用于混凝土的复合膨胀剂。将这种外加剂掺入普通混凝土中，拌水后生成大量膨胀性结晶水化物，使混凝土适度膨胀，除了能充填混凝土的毛细孔缝隙外，还能减少收缩裂缝，增加了抗裂功能，抗渗能力也得到了大幅度的提高，其抗渗标号可以达到 S30。

采用防水混凝土，可以将结构的防水和承载合为一体，节约材料，降低工程造价，因而当与其他防水措施效果相当时，应优先采用防水混凝土。但也应该看到，在实践中由于地下施工条件差，施工管理不到位等原因，不易实现理论上的防水混凝土级配，而外加剂防水混凝土也与预期的效果存在着一定的差距。

2. 防水层方式

防水层方式有外贴式、内贴式和夹层式三种，随衬砌结构类型的不同而采用不同的方式

（1）外贴式防水层

①沥青防水层。

沥青防水卷材具有良好的耐水性和耐腐蚀性，但它们的热流冷脆性是致命的弱点，故在地下铁道这样的重要工程中一般不用。

②改性沥青防水层。

可以在地铁中使用的是改性沥青防水层。根据不同的改性剂，改性沥青防水卷材可分为塑性体的（以聚丙烯 APP 为代表）、弹性体的（以 SBS 为代表）、自黏结的、聚乙烯沥青的、橡胶粉改性的等。国际上常用的为 APP 和 SBS 改性剂。

③高分子卷材防水层。

高分子卷材，按其母材性质可分为：橡胶类的，如三元乙丙橡胶、氯丁橡胶、丁基橡胶、再生橡胶防水卷材等；塑料类的，如聚氯乙烯（PVC）、氯化聚乙烯、低密度聚乙烯（LDPE）、线性低密度聚乙烯（LLDPE）防水卷材等；多种合成树脂的，如用乙烯醋酸乙烯共聚物（EVA），乙烯共聚物沥青（ECB）等制成的防水卷材；橡胶类与塑料类共混制品，如氯化聚乙烯—橡胶共混防水卷材等。在地铁中大量采用的有土工复合防水卷材、聚氯乙烯（PVC）防水卷材、聚乙烯（PE）土工膜、EVA、ECB 防水卷材等。

卷材防水层在铺设时宜为 1～2 层。高聚物改性沥青防水卷材单层使用时，厚度不宜小于 4 mm，双层使用时，总厚度不应小于 4 mm；高聚物改性沥青自黏卷材和合成高分子防水卷材单层使用时，厚度不宜小于 1.5 mm，双层使用时，总厚度不宜小于 2.4 mm；塑料树脂类防水卷材厚度宜为 1.2～2 mm。

（2）内贴式防水层

内贴式防水层适用于防止衬砌内表面渗漏或施工缝处的渗漏。若施工处理得当，可获得较好的防渗漏效果。

①喷水泥砂浆防水层。

喷浆防水层是在压缩空气的高压作用下，使水泥和砂的混合料在高速喷射下通过水泥枪喷嘴处与水混合，喷射在经凿毛、清洗处理后的衬砌内表面上，形成坚固且粘贴性较强的砂浆层。由于喷浆是压力成型，故密实性较好，因而有较好的抗渗性，抗压强度与抗拉强度亦

较高。喷层厚度一般为 12 ~ 40 mm，应分层喷涂。

②涂防水砂浆层。

防水涂料种类很多，其中以高效渗透型水泥密封剂效果较好，因为这种涂料在一定时间内可渗入混凝土表面下 50 mm，并在混凝土的孔隙中产生一种不溶解的结晶，堵塞毛细水的渗漏通道。

③涂膜防水层。

这是一种采用高分子化学材料(如聚氨酯类)制成的涂膜防水物质，以往是采用煤焦油聚氨酯，虽然造价较低，但因焦油挥发对环境有影响，后来又出现了彩色聚氨酯涂膜橡胶，属于合成橡胶类，其耐磨性是天然橡胶的 8 倍，分为甲液和乙液，施工时将两种液体按一定比例配合，加入稀释剂，涂刷于混凝土表面，形成黏结良好的橡胶状弹性体，厚约 2 mm，再根据需要决定是否抹水泥保护层。因现在这类材料可以有色彩，因而亦可直接形成地下铁道车站内部的装饰面，而且暴露式涂膜也便于修补。涂膜防水层的特点是黏结强度高、延伸性好，富有弹性，防水，耐老化、防腐蚀、耐热及抗寒性能好，施工快而方便，既可用作外贴式也可用作内贴式防水层，但在地下铁道中主要用作内贴式防水层，是一种很有发展前途的防水方式。

(3)防水隔离层

即在复合式衬砌中间设置的防水夹层，一般都采用高分子卷材，常用的是 EVA、ECB、PVC 和 PE，卷材厚度见上述外贴式防水层。

3. 接缝防水方式

地下结构工程的接缝指施工缝和变形缝，施工缝是结构环段与环段之间的缝隙，这种缝隙无法避免。变形缝包括沉降缝和伸缩缝，在地质变化较大的地段，为防止衬砌不均匀下沉应设置沉降缝，为防止温度变化剧烈造成混凝土的较大收缩而引起衬砌开裂，应设置伸缩缝。地下铁道由于温度变化不大，所以一般不设伸缩缝，所以变形缝主要是指沉降缝。

普遍采用止水带方式进行接缝防水。止水带有塑料止水带、橡胶止水带、钢边止水带以及遇水膨胀止水带等类型。

塑料止水带用聚氯乙烯制成，其弹性较差，止水性能不如橡胶止水带；钢边橡胶止水带是在橡胶止水带的两侧各夹一扁钢片，以提高止水效果；遇水膨胀止水带是将弹性材料与氯丁等类橡胶基材混合而成，具有理想的止水效果，这种止水带既具有普通橡胶的物理力学性能，又具有遇水膨胀(遇水后其体积可膨胀

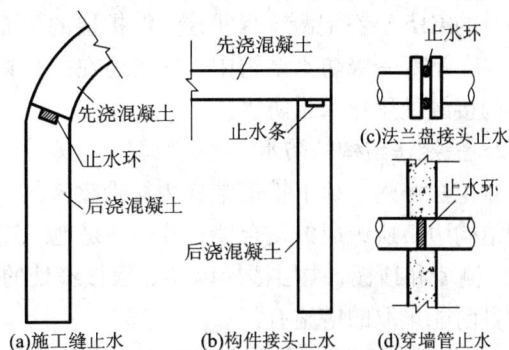

图 3 - 37　止水带的使用

2 ~ 2.5 倍)、以水止水的功能。传统的止水带用于施工缝时是采用桥形止水带，即在浇灌混凝土之前，需先将止水带插入并固定于结构中，操作比较麻烦，而遇水膨胀止水带只需使用简单的粘贴方式就可以了，大为简化了操作程序，不仅可以预设于装配式衬砌的止水槽，也可方便地制成胶带在施工现场就地用于各种施工缝，已在我国地铁工程中广泛采用。止水带的使用如图 3 - 37 所示。

3.6.3 地铁结构的防水

地铁结构有明挖与暗挖之分，明挖结构的防水采用外贴式防水层，暗挖结构以夹层式防水层为主，辅以内贴式防水层。因此防水方式应根据结构类型而定。

1. 明挖法结构的防水

明挖结构一般采用外贴式防水层，主要为改性沥青防水卷材或高分子防水卷材，图 3 - 38 为箱形框架结构的防水示意图，其构成为：

（1）底部防水层

在结构基底的混凝土垫层上，抹 10 cm 厚的砂浆找平层，待干燥后在它的上面施作改性沥青卷材防水层，然后再在防水层上敷底部约 5 cm 厚的砂浆防护层，用以防止结构底部钢筋损坏防水层。注意不能在底面与侧面接茬处形成对接，而应留出防水层富余量以与侧面防水层搭接，搭接长度应大于 10 cm。

（2）侧面防水层

在结构侧面施作防水层，并在防水层外侧砌砖墙，或设置预制混凝土板予以保护。

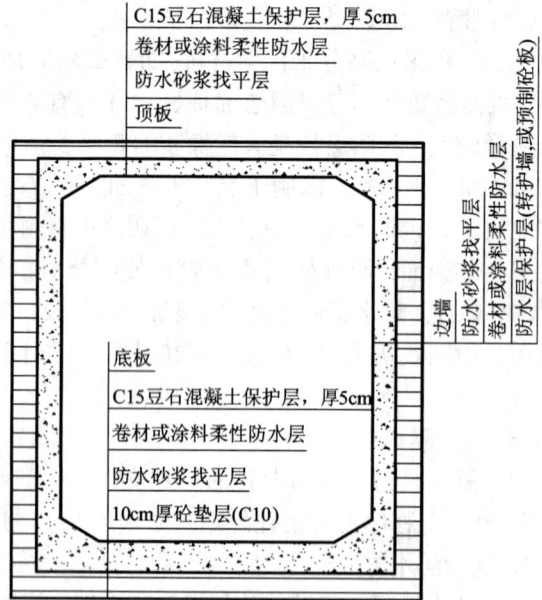

C15豆石混凝土保护层，厚5cm
卷材或涂料柔性防水层
防水砂浆找平层
顶板

边墙
砂浆找平层
卷材或涂料柔性防水层
防水层保护层（砖护墙或预制砼板）

底板
C15豆石混凝土保护层，厚5cm
卷材或涂料柔性防水层
防水砂浆找平层
10cm厚砼垫层(C10)

图 3 - 38 明挖结构外贴式防水层

（3）顶部防水层

钢筋混凝土结构完成后，在其顶板外表面上施作三毡四油防水层，再在防水层上浇注 5 cm 厚的 C15 豆石混凝土保护层，保护层的顶面做成 1.5% ~2.0% 的排水坡。

在车站等一级防水结构中，往往还在结构内部铺以内贴式防水层，主要使用涂膜防水，在结构接缝处用止水带防水。

2. 盖挖法结构的防水

盖挖法修建的地下铁道结构为箱形框架结构，其侧墙有两种形式：一种是地下连续墙与隧道结构边墙所组成的复合墙；另一种是地下连续墙就是隧道结构的边墙。无论是哪种构造形式，侧墙和顶板、中层楼板以及底板接缝处的防水都应加以格外的注意，都具有较大的难度。目前能采取的措施有：

（1）采用衬砌结构混凝土自防水，抗渗标号 S8

（2）顶板与底板防水层

在结构的顶、底板迎水面铺设外贴式防水层，防水层的卷材层数和厚度按水文地质状况与工程防水要求而定。改性沥青卷材厚度不小于 6 mm；橡胶、塑料类卷材厚度不小于 1.5 mm。

（3）边墙防水层

按边墙与地下连续墙的不同结构形式采用的两种方法：

①设置防水夹层。即在复合墙的地下连续墙与内衬之间设置防水隔离层。实践证明，这种防水结构不仅防水效果好，而且可消除连续墙对现浇混凝土内衬收缩的约束作用，减少内衬的收缩裂缝。但防水夹层削弱了复合墙的整体受力性能，导致要求内衬较厚。因此，在水位较低，防水要求不十分严格的情况下，复合墙中亦有不设防水层的。用作防水隔离层的材料品种较多，经技术经济性能综合比较和施工实践证明，宜优先选用 EVA、ECB 卷材，厚度不小于 1.5 mm。

②采用内贴式防水层。即在单一墙的内表面，涂抹一层防水砂浆或其他防水涂料。

3. 矿山法复合式衬砌结构的防水

使用防水夹层，防水卷材的种类及厚度要求见上述外贴式防水层。其铺设如图 3 – 39 和图 3 – 40 所示。在隧道施工缝处还应采用止水带防水。

盾构法隧道与沉管法隧道结构的防水见相关章节。

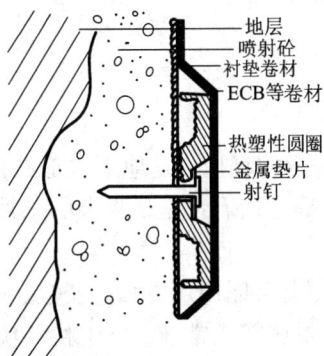

图 3 – 39　防水层的固定

图 3 – 40　地铁隧道复合式衬砌铺设防水层

──────────── 思考与练习 ────────────

1. 简述地下铁道区间隧道的主要限界类型及其特点。
2. 简述地铁区间隧道加宽的原因及其具体计算方法。
3. 简述地铁区间隧道衬砌结构的主要类型及各自的特点。
4. 简述地下铁道结构计算的矩阵位移法的基本原理及其具体计算过程。
5. 地下铁道结构设计计算中包括哪些荷载？
6. 简述地下铁道的防水原则及其具体技术要求。

第 4 章

地下铁道车站

4.1　地铁车站概述

4.1.1　总体要求

车站是旅客上、下车的集散地点，也是列车始发和折返的场所，是地下铁道路网中的重要建筑物。从规划设计、设备配置、结构形式、施工方法等方面看都是最复杂的一种建筑物，因而在地铁基建投资中，所占比重最大。

在使用方面，车站供旅客乘降，是客流集中场所，故应保证使用方便、安全、迅速进出站。为此要求车站有良好的通风、照明、卫生设备，以提供旅客正常清洁的卫生环境。此外，还应设置无障碍设施。

地下铁道车站又是一种宏伟的建筑物，它是城市建筑艺术整体的一个有机部分，一条线路中各站在结构或建筑艺术上都应有独自的特点。

地下铁道的运输效率高低，在很大程度上也决定于车站的合理设计。

车站设计时，首先确定车站在现有城市路网中的确切位置。这涉及城市规划和现有地面建筑状况，地下铁道车站不比地面建筑，既经修建欲改移位置则比较困难，因此确定车站位置时，必须详细调查研究，作经济技术比较。车站位置确定后，进行选型，然后根据客流及其特点确定车站规模、平面位置、横断面结构形式等。同时，还应充分利用地下、地上空间，实行综合开发；还必须考虑到车站的防灾、抗灾等方面的要求。

在车站设计中，附属建筑物的合理设计，决定了车站能否合理发挥作用，因此必须给予充分的注意。

4.1.2　车站的规模

决定车站规模有各种因素，而最重要的因素是客流量。各客流量一般是根据全线通车后 10 年或 15 年后，各车站全日乘降人数推算决定的。

一般当地下铁道乘客的主要对象为上、下班，上学的人流时，车站在 1 小时内，集中了全日乘降人数的 25% ~ 30%，这一客流量是考虑车站设施的依据。但是由于车站所在地区的不同(居民区、商业区、有文娱设施的地区，体育场或附近有参观人员集中的地区等)，有时要对乘降人数的集中程度进行修正，以考虑适当的规模。又因为新线的开通，乘客人数急速增加,在乘降人员多的站,考虑到列车发生事故时乘客能迅速的疏散,做计划时应有必要的伸缩性。随着站内环境的改善、设备等逐年增加的状况,车站规模在规划时也应注意留有充分的余地。

进行车站规划时,从设计的效率、合理等观点出发,应进行标准化的设计,即所谓标准型的车站。在这些同一类型车站的内部统一规划,使用同一材料。在车站内部建筑装修色彩上可进行变化,以标志各不相同的车站。

车站规模一般分为如表 4 - 1 所示的 3 个等级。

表 4 - 1　车站规模等级分类

规模等级	适用范围
1 级站	适用于客流量大,地处市中心区的大型商贸中心、大型交通枢纽中心、大型集会广场、大型工业区及位置重要的政治中心地区
2 级站	适用于客流量较大,地处较繁华的商业区、大中型文体、大型公园及游乐场、较大的居住区及工业区
3 级站	适用于客流量小,地处郊区各站

4.1.3　车站的组成

车站平面布置应力求紧凑、适用、合理,能设于地面部分的设备房间尽量建于地面,而不设于地下,以降低地铁站造价。车站的平面位置、规模及结构形式必须充分考虑城市客流特点和经济合理,并考虑远期的发展。

1. 地铁车站的平面组成

地铁车站的平面基本由地面站厅或出入口、中间站厅、站台、辅助用房四部分组成。如图 4 - 1 所示。图 4 - 2 为典型地铁车站平面建筑与透视的实例。

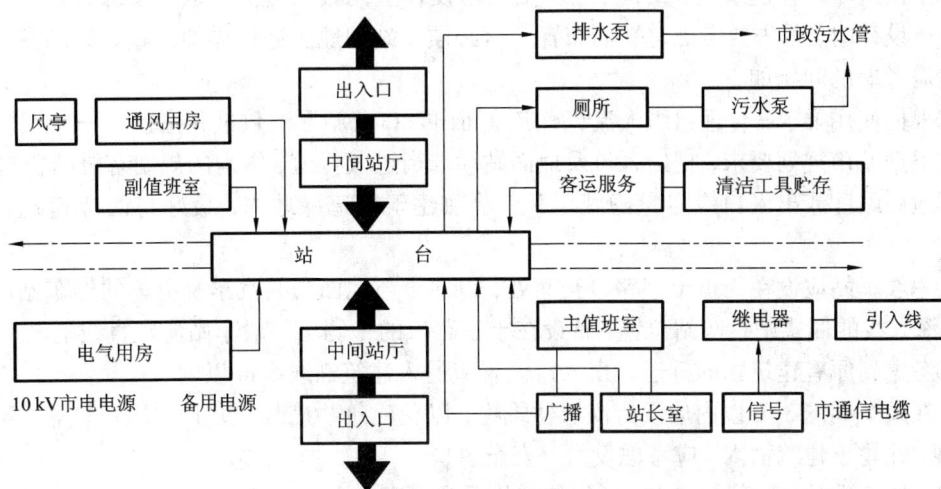

图 4 - 1　地铁车站主要组成图

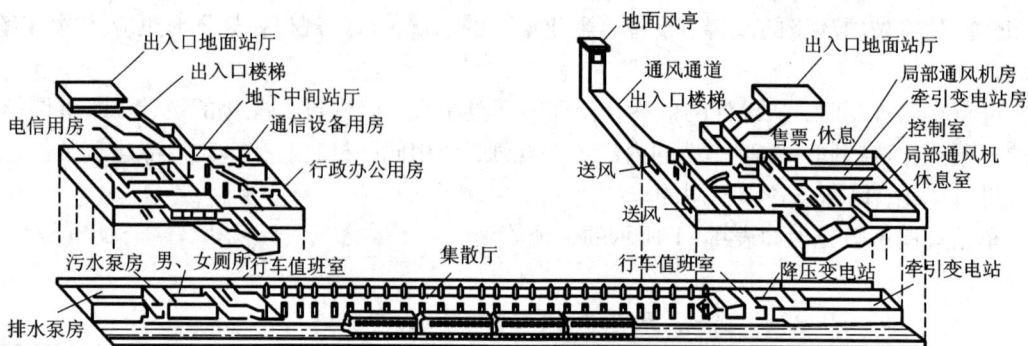

图 4 - 2 地铁车站建筑平面与透视图

（1）地面站厅或出入口

为地下铁道与地面的联络口，供旅客进入车站使用。

（2）中间站厅

立面位于站台与地面之间，一般在中二层部分，供售票、候车、小卖部等用。侧式站台埋深较浅时，无法设中间站厅，可设地面站厅（或出入口）代替中间站厅的作用。中间站厅地板下表面至站台面距离为 2.85 ~ 2.90 m，高出车顶 20 cm 左右，净空在 3 m 左右。

（3）站台

供乘客乘降，分散上下车人流。

（4）辅助用房

保证地下铁道正常使用，除以上供旅客乘降用的站台以外，还应配有高压配电，低压配电，变压器室，牵引变电室，风机室，广播室，主副值班室，继电器室，信号工区及驻站通信室，仓库、厕所、污水泵房，服务人员休息等辅助用房。

2. 平面设计的基本要求

地下铁道车站在建筑上、结构上、施工技术设备上均较为复杂，是一项综合性工程。所以在进行设计时，首先要考虑总平面布置。对必须设站的地区进行详细调查。车站总平面设计中所需考虑的问题如下：

①根据使用要求，合理组织人流，确定地面出入口及站厅的数量和位置。

②根据城市规划要求，把出入口及地面站厅与街道人行道、绿地的规划有机结合起来。

③地面站厅或出入口应尽量隐蔽，不宜单独建于街道绿地内，最好与两旁建筑物结合考虑。

④一般车站应设在街道十字路口交叉处，以便于与地面公共汽车及电车的停车站联系起来，埋深太浅的侧式站台车站位置，常设在十字路口的一侧。一般车站应在直线上。

⑤考虑到原有建筑物的拆迁。出入口位置应退入建筑红线 5 m 以内。

⑥在风亭周围 3 m 以内应没有高层建筑物，以免建筑物破坏倒塌时，风口被堵，影响通风。如其并建于建筑物内，应考虑设另一安全风口。

⑦立交换乘站，尽可能正交，以便使结构受力合理，施工方便。

4.2　站台设计

4.2.1　站台形式

1. 岛式站台

站台设在上下行线路中间(图 4 - 3),此种站台供两条线路使用,站台两端设楼梯或自动扶梯与中间站厅连接,其宽度由客流量建筑要求而定,一般采用 8 ~ 10 m。浅埋地下铁道线路由区间进入车站时,由于线间距改变,中间应设一过渡段——喇叭口。

岛式站台适用于规模较大的车站,如始终站、换乘站,这种方式上下行线共用一个站台,可起到分配和调节客流的作用,对于乘客需要中途折返比较方便。我国现已修建的地下铁道车站中多采用岛式站台。其他国家亦多采用岛式站台,如东京、汉堡、莫斯科等城市的地下铁道车站。

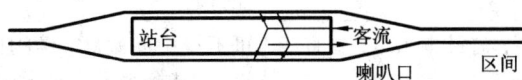

图 4 - 3　岛式站台示意图

2. 侧式站台

在上、下行线路各设一站台时,称为侧式站台(图 4 - 4)。线路可以以最小线间距在两站台间通过,因而区间隧道与车站连接处不需修建喇叭口,侧式站台宽度一般为 4 ~ 6 m。因侧式站台端部宽度不够设置自动扶梯,所以一般均设楼梯。有时,也可在站台中部设出入口。

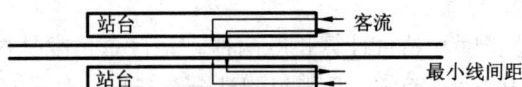

图 4 - 4　侧式站台示意图

侧式站台适用于规模较小的车站,如中间站,不同方向的两条正线,分别使用各自的站台,上、下行旅客可避免互相干扰。我国天津市、法国巴黎、英国伦敦等城市采用侧式站台。

3. 混合式站台

在一个车站同时采用岛式、侧式站台时,为混合式(一岛一侧或一岛两侧)。岛式及侧式站台间以天桥或地道相联系(图 4 - 5)。

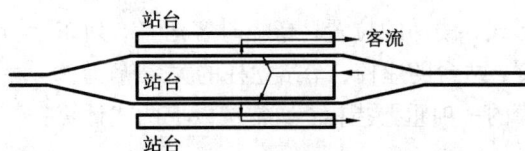

图 4 - 5　混合式站台示意图

此种站台的主要目的一方面是为了解决车辆中途折返，满足列车运营上的要求。另一方面也是为了避免站台产生超荷现象。但此种形式造价高，进站出站设备比较复杂，因而较少采用。

对于岛式或侧式站台的选用，没有特别决定性的条件可循，但对客流随时间而有向某一方偏大的车站来说，采用岛式站台较为有效。两种站台优缺点的比较如表 4 – 2 所示。

表 4 – 2　岛式站台与侧式站台的优缺点比较

岛式站台	侧式站台
站台利用率高，可起分散人流的作用，在相反方向列车不同时到达时，可互相调节，但同时到达时，容易交错混乱，甚至乘错方向	两站台分开设置，利用率低，但相对方向的人流不交叉，不至乘错车，对客流不能起调节作用
管理上比较集中	工作人员人数增加，管理分散不方便
对旅客中途折返较方便	对旅客中途折返不方便，须经天桥、地道或地面才能折返
需设中间站厅，结构较复杂，需设喇叭口，在直线部分的线路至少要增加两条反向曲线	可不设中间站厅，结构简单，线路没有特别的变更，可直线通过，不设喇叭口
建筑空间艺术处理好，空间完整、气魄大	在建筑艺术处理上空间较分散
站台延长困难	站台延长容易
建筑费用大	建筑费用省

4.2.2　站台的几何尺寸

1. 站台长度

站台长度分为站台总长度和站台计算长度两种。站台总长度是根据站台层房间布置的位置及需要由站台进入房门的位置而定，是指每侧站台总长度。站台计算长度是指列车最大编组数的有效长度 L_0 与列车停站停车误差 δ 之和，站台计算长度 L 一般可由下式计算：

$$L = L_0 + \delta \qquad\qquad (4 - 1)$$

式中 L_0 在无站台门的站台应为列车首末两节车辆司机室门外侧之间的长度；有站台门的站台应为列车首末两节车辆客室门外侧之间的长度。停车误差 δ 是指考虑到停车时位置的不准确和车站值班员及司机对确定信号的需要，当无站台门时应取 $1 \sim 2$ m；有站台门时应取 ± 0.3 m 之内。此外，还需考虑有辅助用房(广播室、信号室、运输值班室)时，还应适当增长站台，因此，站台的长度一般为 $120 \sim 140$ m。

2. 站台宽度

站台的宽度由站台形式，楼梯的位置，高峰时客运量，列车运行间隔等决定，其次是考虑站台边缘安全带的宽度，站台的座椅，车站立柱的关系等。

站台宽度是车站规模的一项重要指标，通常按以下两式计算：

岛式站台宽度：

$$B_d = 2b + n \cdot z + t \qquad\qquad (4 - 2)$$

侧式站台宽度：

$$B_c = b + z + t \tag{4-3}$$

$$b = \frac{Q_{上} \cdot \rho}{L} + b_\alpha \tag{4-4}$$

$$b = \frac{Q_{上,下}}{L} + M \tag{4-5}$$

式中：b 为侧站台宽度，m；n 为横向柱数；z 为纵梁宽度（含装饰层厚度），m；t 为每组楼梯与自动扶梯宽度之和（含与纵梁间所留空隙），m；$Q_{上}$ 为远期或客流控制期每列车超高峰小时单侧上车设计客流量，人；$Q_{上,下}$ 为远期或客流控制期每列车超高峰小时单侧上、下车设计客流量，人；ρ 为站台上人流密度，取 0.33 m²/人 ~ 0.75 m²/人；L 为站台计算长度，m；M 为站台边缘至站台门立柱内侧距离，无站台门时，取 0，m；b_α 为站台安全防护宽度，取 0.4，采用站台门时用 M 替代 b_α 值，m。

式（4-2）和式（4-3）中，应取式（4-4）和式（4-5）计算结果中的较大值。

为了保证车站安全运营和安全疏散乘客的基本需求，无论采计算数值如何，我国《地铁设计规范》（GB 50157—2013）中规定了车站站台的最小宽度值，如表 4-3 所示。

表 4-3　车站各部位的最小宽/度(m)

名称		最小宽度
岛式站台		8.0
岛式站台的侧站台		2.5
侧式站台（长向范围内设梯）的侧站台		2.5
侧式站台（垂直于侧站台开通道口设梯）的侧站台		3.5
站台计算长度不超过 100 m 且楼、扶梯不伸入站台计算长度	岛式站台	6.0
	侧式站台	4.0

3. 站台高度

站台高度是指线路走行轨顶面至站台地面的高度。站台实际高度是指线路走行轨下面结构底板面至站台地面的高度，它包括走行轨顶面至道床底面的高度。站台高度的确定，主要根据车厢地板面距轨顶面的高度而定。如图 4-6 所示为位于直线上车站的站台高度，从车站隧道底板顶面至站台面高度为 A 型车不小于 1640 mm，B 型车不小于 1610 mm，隧道底板顶面至钢轨顶面

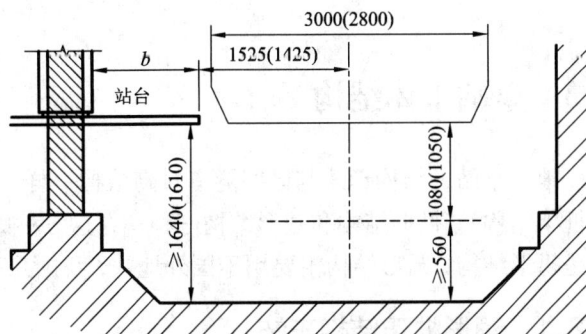

图 4-6　车站站台高度图（单位：mm）

（括号中数字为 B 型车）

高度为不小于 560 mm(一般为整体道床),车厢地板至钢轨面高度为 965 mm。

4. 站台上部净空高度

站台上部净空高度,一般由建筑艺术及工程上的要求考虑来决定,增大高度较为美观,但结构边墙、立柱均增高,工程数量亦相应增大。最小站台上部净空高度,《地铁设计规范》规定为 3 m。单拱车站站厅高度,通常需定得高些,使能符合建筑艺术的要求。根据经验站厅跨度与高度之比约等于 2。

北京地铁第一、二期工程车站主要内部尺寸如表 4 - 3 所示,其中站台长度按 6 节车辆编组考虑,侧式站台有效长度为 118 m,实际长度为 120 ~ 150 m。一期工程中,北京火车站地铁站、前门站属甲型;木樨地、公主坟、崇文门、宣武门、南礼士路等为乙型。二期工程因在人口密集的市中心区,除复兴门站因与一期地铁衔接规模略小外,其余均为同一规模的大站。表 4 - 4 为上海一号线地铁车站主要尺寸。

表 4 - 3　北京地铁一、二期车站主要尺寸/m

线别		站台总宽	中间集散厅宽	中间集散厅高	侧站台宽
二期		13.1	6.0	6.7	
一期	甲型	12.5	5.95	4.95	2.475
	乙型	11.0	5.0	4.55	2.1
	丙型	9.0	4.0	4.35	1.75

表 4 - 4　上海一号线地铁车站主要尺寸/m

规模	站台总宽	侧站台宽	站台长度	站台面至楼板底宽	站台面至吊顶面高	吊顶设备层高	纵向柱中心距
大	14	3.5 ~ 4	186	4.1	3	1.1	8 ~ 8.5
中	12	2.5 ~ 3	186	4.1	3	1.1	8 ~ 8.5
小	10	2.5	186	4.1	3	1.1	8

4.3　车站主体结构

地铁车站的结构形式与区间隧道衬砌结构一样,也可基本上分为矩形框架结构(或称箱形框架结构)、拱形结构和圆形结构三种。在这三种中,我国使用最多的是箱形框架结构,其次是拱形结构,圆形结构主要用于国外地铁,我国几乎不太采用。

4.3.1　箱形框架结构车站

浅埋地铁车站采用框架结构便于施工,而且净空断面能充分利用,杆件刚性结合,断面最经济。

框架结构又可有单跨、双跨、三跨、四跨几种类型。我国地铁车站结构中,三跨、双跨、四跨较多,单跨采用较少。

1. 单跨框架结构

早期地铁多采用单跨框架结构车站,边墙及底板用整体灌注混凝土,或用块石砌成,顶板可用铆接工字钢钢梁,在其上以单拱纵向跨越梁间。近代技术的发展,可采用预应力混凝土构件,因而出现了大跨度单跨顶板,如图 4-7 所示的单跨车站,顶板为肋形盖板,板宽 0.75 m、1.0 m、1.5 m 或更宽,边墙可为整体混凝土,并与底板刚接或采用预制构件支在底板上。

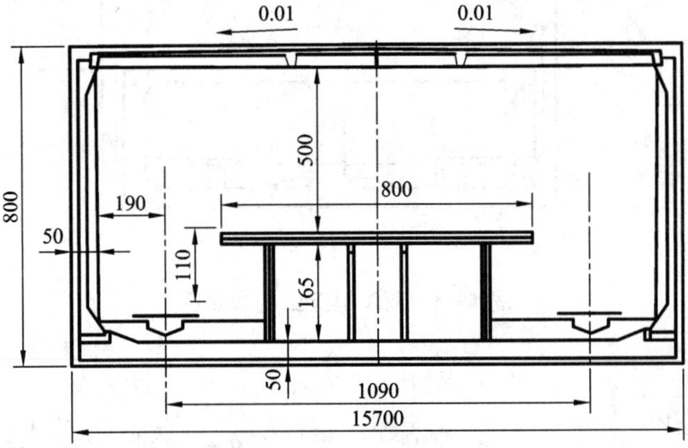

图 4-7　单跨框架结构车站图(单位:cm)

单跨车站构造形成根据底板受力条件不同而不同,当地基比较松软,地下水压很大时,必须修仰拱,但由于大跨度仰拱增加开挖工作量,且施工复杂,因而这种单跨车站仅适用于底板为平板时。

2. 多跨框架结构

在侧式站台中,广泛采用双跨或四跨的箱形框架整体结构形式,图 4-8、图 4-9 即属此类型,此种结构整体性好。岛式站台车站较广泛采用三跨箱形框架结构形式。

现代各国的两跨及三跨地下铁道车站,多采用整体式钢筋混凝土(图 4-10)或钢筋混凝土预制构件。整体式钢筋混凝土采用不同形式的顶板、边墙、底板。此种顶板绝大部分为肋式板,其主要承载结构为一根或两根跨在立柱之间的纵梁,纵梁支承着横梁,横梁作为顶板的支承。在某些方案中,不设横梁,纵梁直接支承顶板,此时顶板厚度加大,多数借助纵梁和立柱上方通过的横梁组成的顶板,会形成一种尺寸较大的矩形基本方格,在这一基本方格内再以一些断面相同彼此交叉的梁组成一些小方格,这样在线路上方形成一种由四至九个近似于正方形的"井式楼盖"。三跨式车站也有采用如图 4-11 的"无梁楼盖"形式。"无梁楼盖"形成的整体式钢筋混凝土车站结构是较好的方案。此种结构整体性好,车站内空利用充分,艺术效果较好。

在两跨及三跨车站结构方案中,底板也可有不同方案。一种是底板为较厚的钢筋混凝土板,在其上支承边墙和柱基。另一种底板为连续板,并与底部纵梁刚性连接,在此纵梁上支承车站立柱。

在某些车站结构方案中,边墙和立柱设有条形基础,此基础直接支于地层上,而混凝土

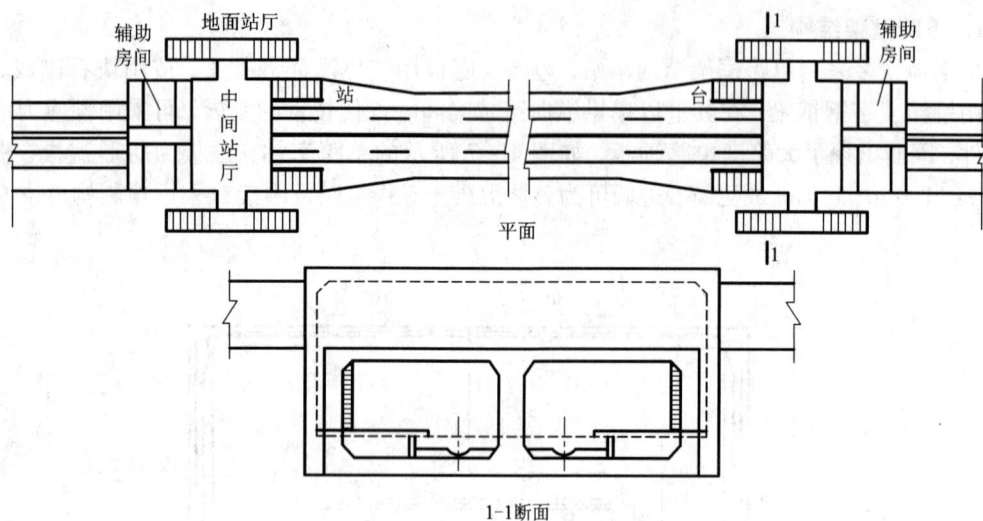

图 4 – 8 双跨框架结构车站图

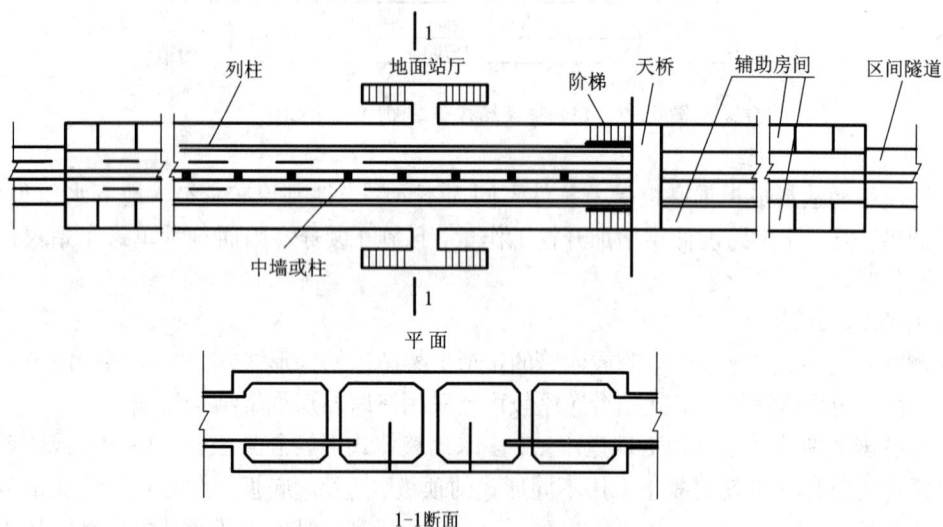

图 4 – 9 四跨框架结构车站图

底板各跨独立、且简支于边墙及柱的条形基础上，这种底板相当于弹性地基上的单跨、双跨、三跨板。这些板承受地基反力，也常承受地下水压力。

双跨及三跨车站的边墙与顶板整体连接，是两端为刚性连接的实体板。

在两跨及三跨车站中，立柱间距在 5～7 m 间，对于此类车站采用标准的立柱间距，具有一定的现实意义，因为这样可采用标准的构件骨架及标准单元的金属模板，有利于施工和降低造价。

图 4 – 12 为采用预制构件的三跨车站方案，主要优点是建造简单，其基本施工步骤是进行预制构件的安装。在此各车站中，底板可就地灌注或用预制块铺装，再行填缝两种做法。

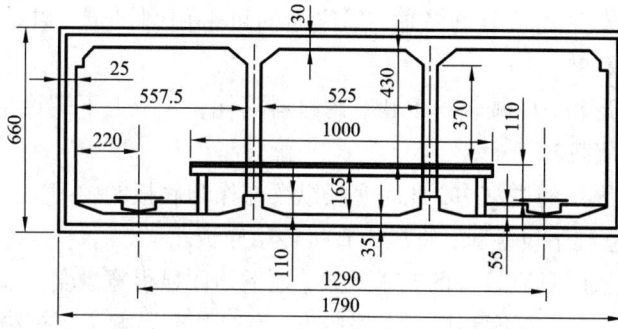

图 4 – 10 三跨框架结构车站断面图(单位:cm)

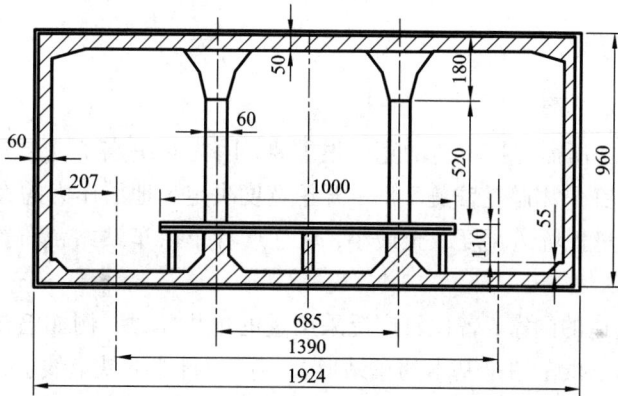

图 4 – 11 三跨"无梁楼盖"结构车站图(单位:cm)

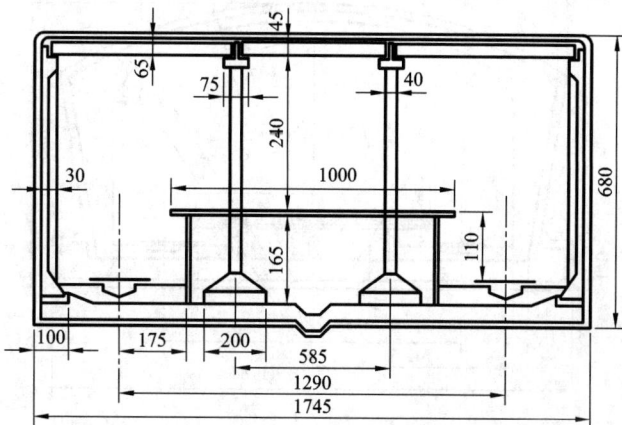

图 4 – 12 三跨预制构件结构车图(单位:cm)

顶板预制块有两种形式：肋式及平板式，前者为槽形成板，后者为空心矩形板，纵梁为简支及双悬臂式。从车站建筑装饰考虑，纵梁断面可采用倒 T 形，以增大站台上方净空高度，得到较好的艺术效果。

边墙砌块亦系肋形板，以减轻自重和节约材料消耗，并于上下端设牛腿，上端以力支撑顶板，下端以力传递荷载。

立柱安装于底板纵梁的柱窝中，此时底板纵梁亦作为底板的中间支座。若地基为坚实岩层时，可不设纵梁，立柱下设柱靴，将压力直接传于底板。

车站采用拱形顶板时具有较好的艺术效果，地下站厅显得宽敞美观。但增加了结构的高度，相应地要增加基坑开挖深度和提高工程造价，有时甚至影响了明挖法施工的采用。

此外，由于基坑法施工，在衬砌背后没有地层抗力，拱脚处的抗力要由边墙承受，因而必须加大边墙的尺寸，且使边墙与底板刚性连接，这样就必须增大基坑开挖宽度和增加结构构造和施工上的复杂性，提高了工程造价，因此在浅埋地下铁道车站大多采用平顶板。

4.3.2 拱式结构车站

1. 单拱形结构

地下铁道修建时，所需开挖坑道的宽度很重要，因为它决定了地层开挖的工作量，地面受干扰范围的大小。在采用暗挖法施工时，开挖宽度决定了地层压力的大小及其特征。因而在设计车站时，应尽量把坑道宽度减至最小，从这点看单拱车站站台布置紧凑美观，具有明显的优点。

早期修建地下铁道的国家，曾比较广泛采用过的单拱车站，例如巴黎地下铁道，无论在深埋及浅埋条件下，单拱车站是基本的车站形式。莫斯科地下铁道线上，现在运营的有两座埋深不太深的单拱车站，其中一个是在明挖基坑中修建的，衬砌由拱形过梁的单跨框架形成，如图 4-13 所示。我国广州地铁一号线的花地湾车站，亦是这种结构形式（侧式站台）。

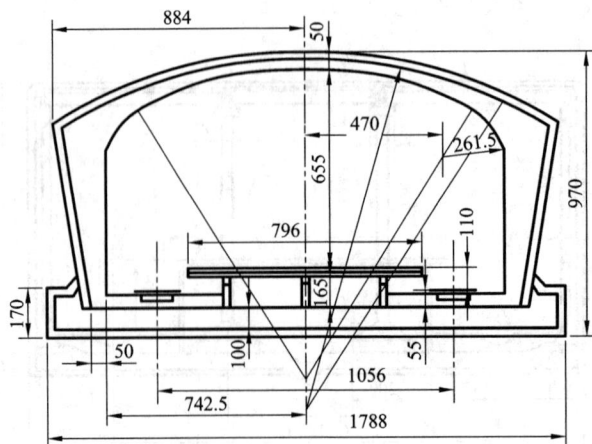

图 4-13 单跨拱形过梁车站（单位：cm）

单拱车站拱墙的构造形式由其所处的地质条件不同而不同，同时地质条件也影响着施工方法的选择，当拱部位于软弱地层时，最好的方案是采用钢筋混凝土或铸铁衬砌。当拱部位于硬岩层中时，可用矿山法施工，采用整体混凝土拱圈或喷射混凝土衬砌。

边墙可采用整体式和装配式混凝土，底板若位于坚硬岩层，并无地下水压力时，只简单铺上混凝土即可，当有静水压力时，修整体混凝土仰拱，并做粘贴式防水层。若地下水压力不大时，则可采用喷射混凝土。

2. 双拱和三拱车站

当地铁车站位于深埋地段或即使位于浅埋地段，但为了不妨碍地面繁忙的交通，也需采用暗挖法施工时，车站结构通常可采用双拱和三拱结构。这两种结构形式在我国近期建成和正在建设的浅埋地铁车站中比较流行。图 4 – 14 为建在较硬岩层中的深埋双拱车站的例子。图 4 – 15 为深圳地铁某浅埋双拱车站结构断面图；图 4 – 16 为北京地铁西单三拱车站断面图（浅埋）。

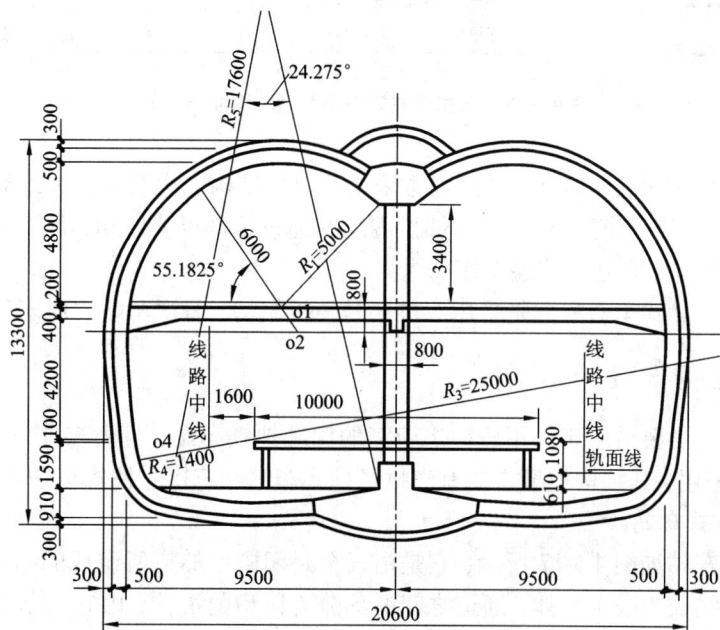

图 4 – 14　双拱结构车站实例图 1（单位：cm）

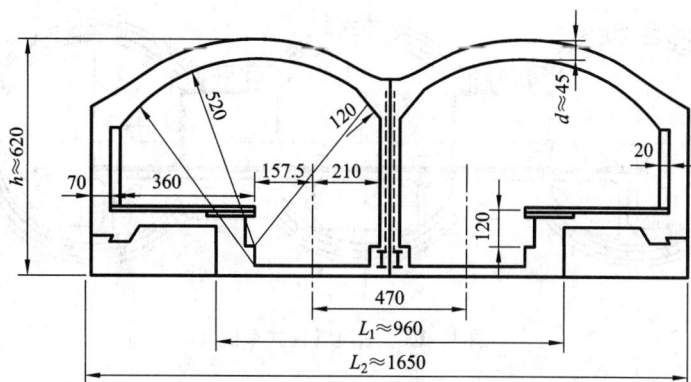

图 4 – 15　双拱结构车站实例图 2（单位：cm）

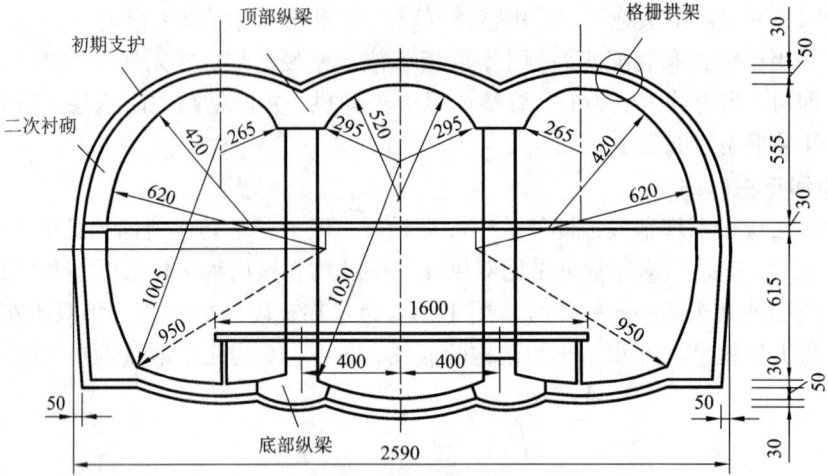

图 4 – 16 三拱结构车站实例图（单位：cm）

结构的构成与区间拱形结构一样，通常采用复合式结构。初期支护为格栅拱架加喷射混凝土，二次衬砌为模筑钢筋混凝土。顶部拱圈之间通过顶部纵梁联结，再将拱圈所承受的部分荷载和自重，通过中间立柱传递至底部纵梁。

浅埋暗挖时的岛式车站究竟是采用双拱还是三拱结构，需视车站的规模和位置而定。

4.3.3 圆形结构车站

圆形结构车站主要适用于采用盾构法施工的深埋地铁车站，且大多在欧洲早期地铁（如俄罗斯）建造中采用，其结构类型主要有三拱塔柱式车站和三拱立柱式车站两种。

1. 三拱塔柱式车站

三拱塔柱式车站如图 4 – 17 所示，它是由三个封闭圆形隧道所组成的结构物，这三个隧道靠横向通道联结成为一个整体，通道之间的部分为巨型的塔柱，由它来承受半圆拱传来的荷载，并通过它传给基础，所谓三拱塔柱式也由此而得名。

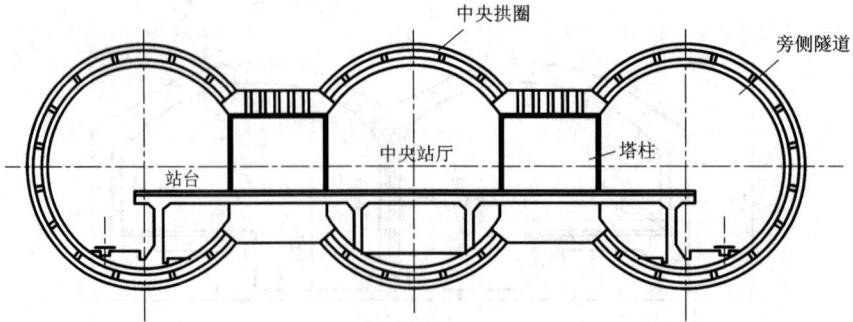

图 4 – 17 三拱塔柱式车站

车站相邻隧道衬砌间的净距离，根据施工条件而决定，当用铸铁管片成其时，这一距离最小为 90 cm。

　　站厅尺寸及通道数目均按客流来确定,并应满足各项技术要求。按城市地面建筑物分布情况来决定集散厅的长度和地面站厅的设置位置。地面站厅以 30° 倾角的自动扶梯隧道与车站集散厅相联,为能缩短集散厅(中央隧道)的长度,以降低造价,自动扶梯隧道最好沿车站纵轴方向安设,这样可使站台直接联结于地面,从而缩短整个车站长度。但由于地面建筑物条件限制,扶梯隧道往往与车站纵轴成一角度,这样就需修建地下通行隧道和楼梯,而且使扶梯张拉室移设于车站的一侧,结果不仅增加了通道长度和造价,也使旅客感到不方便。

　　有关站台的宽度(乘降站台边缘至塔柱侧塔柱车站墙壁饰面的宽度),应按客流密度决定,但最少不得小于 3.45 m。

　　站厅高度(由站台面至拱饰面),应按建筑艺术及构造的观点拟定,最少不少于 4.0 m,中央集散厅的宽度不小于 6 m。隧道间通道宽度不小于 2.7 m,高度不小于 2.5 m,通道、走廊及梯阶宽度不小于 3.0 m。

　　车站侧隧道长度,由乘降站台决定,乘降站台长度应超过计算列车长度 2 m。中央隧道(集散厅)长度,由车站客流决定。在 8 辆车编成列车时,站台每边至少容许设置 8 个通道,5 辆车时,每边至少容许设置 4 个通道,且不少于乘降站台的 1/2。

　　俄罗斯某些深埋地下铁道车站隧道的铸铁衬砌采用直径 7.8 m、8.5 m、9.5 m 几种,塔柱式车站在苏联地下铁道中用得最多。但它仍有一定的缺点:

　　①占面积很大的塔柱(每一塔柱占 2 m^2)使车站面积变得很狭窄。

　　②车站被塔柱分隔成三个单独的站厅,失去了车站建筑规模的整体性。

　　③由于坑道总宽度极大(超过 30 m),因而地层压力亦大,这样使车站结构实际强度安全系数降低。

　　④必须为设通道及旁洞衬砌,而铸制大量非标准管片,这样就增加了成本并产生了额外的困难。

　　⑤通道设置很费工,并难以粘贴式防水层防止漏水。

　　由于有了这些缺点,所以在地质条件较好时,应当考虑采用其他的车站结构形式。

2. 三拱立柱式车站

　　如图 4-18 所示,包括两个平行的旁侧隧道,它们在与其间的中央站厅相联结的地方断开,中央站厅为拱圈所跨越,该拱圈通常高出旁侧的两隧道的拱圈。两个旁侧拱圈及中央拱圈均支撑于纵梁或过梁及立柱上,由它们将荷载传到结构物的底板及仰拱上。

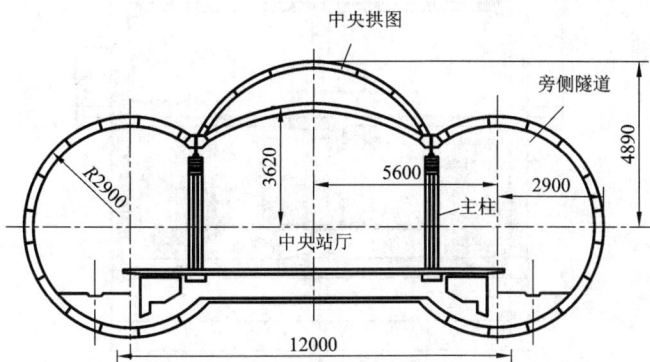

图 4-18　三拱立柱式车站(单位:mm)

侧站台及集散厅长度均按列车计算长度决定，并应留有一定的富余量。

立柱式车站站台宽度应不小于 10 m，其中由站台边缘至立柱外侧间的距离应不小于 2 m，在不设立柱段，站台宽度应不小于 3 m，站厅高度应不小于 4 m。立柱式车站由于两个旁侧隧道间的净距不能容下一个自动扶梯张拉室(9.5 m)，故将其设在车站的一端的两个区间隧道之间与站厅联结，因此站台位置决定了地面站厅的位置。

用立柱式车站时，可以消除上述塔柱车站具有的缺点，然而立柱式车站却有下列缺点：

①荷载由拱圈借助一些铸铁管片传于立柱，这些铸制管片是以铸制管片构成的钢梁或铸铁过梁支承，这两种铸制管片的形状均比塔柱式车站钢架管片要复杂。

②两旁侧隧道间的净距小于设置自动扶梯张拉室的外径(9.5 m)，这样便不能在两个车站隧道之间设置张拉室，而不得不将它设在车站端部的两个区间隧道之间，因而造成了中央集散厅不必要的延长，其长度与乘降站台长度相等。若为缩短集散厅的长度，而将它移到车站的某一端是不合理的。因为这样做会使车站运营条件恶化。此外，在不中断车站正常运营条件下，修建第二座自动扶梯隧道难以进行。

因此在有些情况下，若根据与城市建筑物有联系的地面站厅的位置，使得自动扶梯的转折线深入到沉降站台的范围，一般说来，就不能采用立柱式车站。

4.3.4　车站设计方案实例

图 4－19 和图 4－20 为长沙地铁一号线铁道学院车站设计实例。根据车站为岛式站台的总体建筑布置，结合沿线地形及地质条件综合考虑，采用钢筋混凝土双层两跨箱形框架结构。此种结构在我国目前的地铁车站结构中广为使用，是较经济的一种结构形式。车站标准段设单排柱，框架柱距一般为纵向 8.4 m，沿纵向设梁。主体结构典型横剖面见图 4－19，车站结构纵剖面图以及设备层与站厅层构造如图 4－20 所示。主体结构和围护结构采用复合墙结构，中间设防水层。

车站结构的主要尺寸为：结构顶板厚 700 mm；结构中板厚 400 mm；结构底板厚 900 mm；中柱截面 700 mm×1000 mm；结构侧墙厚为 800 mm。

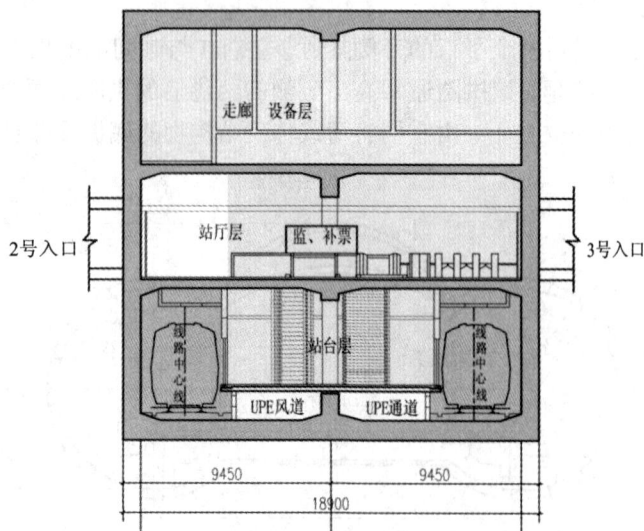

图 4－19　长沙地铁一号线铁道学院站横断面图(单位：mm)

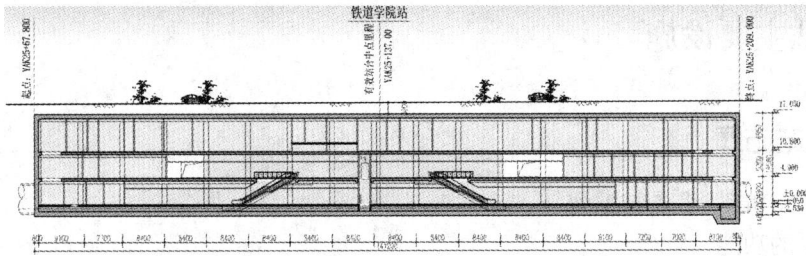

(a) 车站纵剖面图

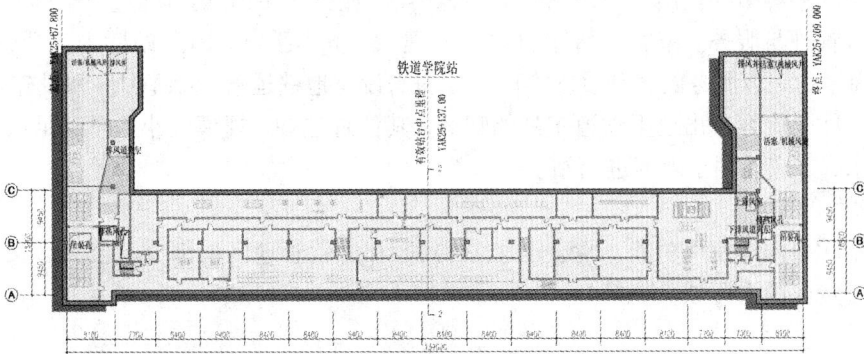

(b) 设备层平面图

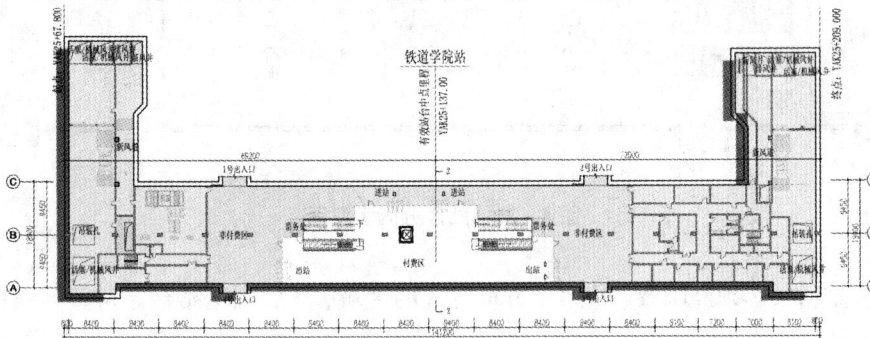

(c) 站厅层平面图

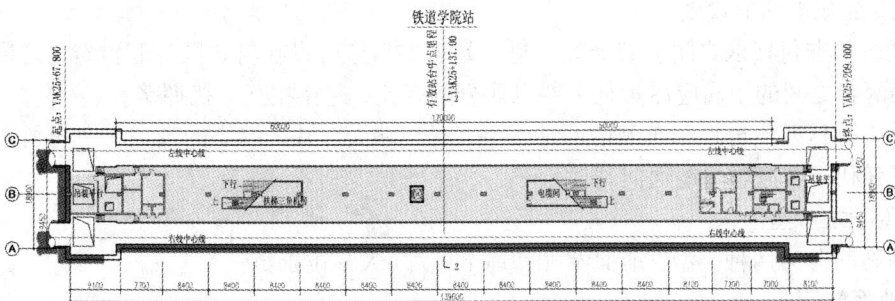

(d) 站台层平面图

图 4-20　长沙地铁一号线铁道学院站车站构造图（单位：mm）

4.4 车站主要设施

4.4.1 车站站厅

1. 站厅的功能、组成与类型

（1）站厅的功能

①引导和疏散乘客。将由出入口进入车站的乘客迅速、安全、方便地引导至站台乘车，或者将下车的乘客引导至出入口出站。即乘客出入地铁车站的汇集口和过渡空间。

②运营管理与服务。乘客在站厅内需要办理上、下车手续，因此站厅内需要设置售票、检票、问询等为乘客服务的各种设施。即站厅内需设有地铁运营、管理用房和设施。

地面站厅是旅客进出地下铁道车站的咽喉，其位置选择、规模大小，应满足城市规划和交通的要求，并应便利于乘客进出站。

（2）站厅的组成

车站站厅根据其使用功能，可划分为：公共区和运营管理区两部分。公共区又可分为付费区与非付费区两大区域，如图 4-21 所示。

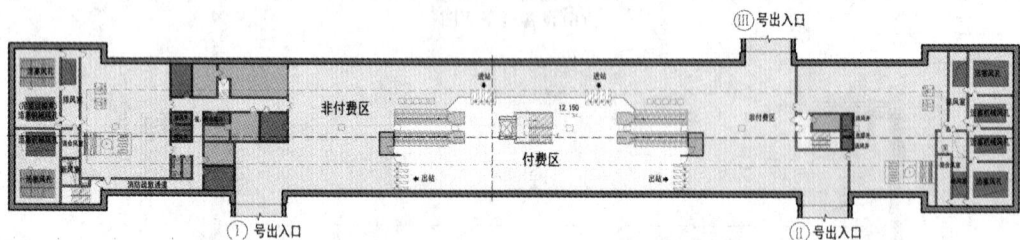

图 4-21　站厅分区示意图

付费区是指乘客须经购票、检票后方可进入的区域，然后到达站台。付费区内设有通往站台层的楼梯、自动扶梯、补票处。在换乘车站，还需设有通往另一车站的换乘通道。

非付费区：也称免费区或公用区，乘客可以在本区域内自由通行。非付费区内设有售票、问询、公用电话等设施。

付费区与非付费区之间应有分隔。进出站售票口应分设在付费区与非付费区之间的分界线上，其两者之间的距离应尽量远一些以便分散客流，避免相互干扰拥挤。

运营管理区基本分设于车站的两端，并呈现一端大、另一端小的现象，中间留出做站厅公共区，有利于客流均匀地通向站厅候车。

（3）站厅的类型

车站站厅分为两种类型：地面站厅和地下站厅（大多位于负一层）。

2. 地面站厅

（1）设置方式

建造时可单独修建。在地面比较狭窄时，亦可与待建或已建的建筑物联合修建，但应预先采取措施消除和减少风机及自动扶梯运转时噪音和震动的公害。为方便出站人员的疏散，联合修建时的建筑物应离开建筑红线 5 m。

（2）设置要求

地面站厅的位置应尽可能使乘客横穿街道的次数减少，所以常常设于街道十字路口一侧。

地面站厅地坪标高，要考虑暴雨时最高水位。为避免水淹的可能，应高出地面约 10 ~ 15cm。地面站厅净空高度，一般在 2.4 ~ 3.5 m 之间。地面站厅面积除考虑客流量，建筑艺术要求外，还应考虑是否要设售票、检查、管理办公室，如没有中间站厅时，还应考虑休息、候车、小卖部等需要。

建筑艺术要求，须根据客流量多少及车站所在地区有否特殊要求而定。

（3）实例

图 4 - 22 为单独设地面站厅方案，图中自动扶梯大厅，设有检票口。售票厅，内设人工及自动售票口，售票口数目决定于客流。办公室（面积 200 ~ 400 m²），用于管理地面站厅。出口大厅，有时可能不设，即由自动扶梯大厅直接出站。通风渠及进排风设备，室外售票处。前室，用以将售票厅、出入口与广场分隔开来。上述各房间与场所的相对位置，应根据站厅布设的具体条件及其运营的具体条件来确定。

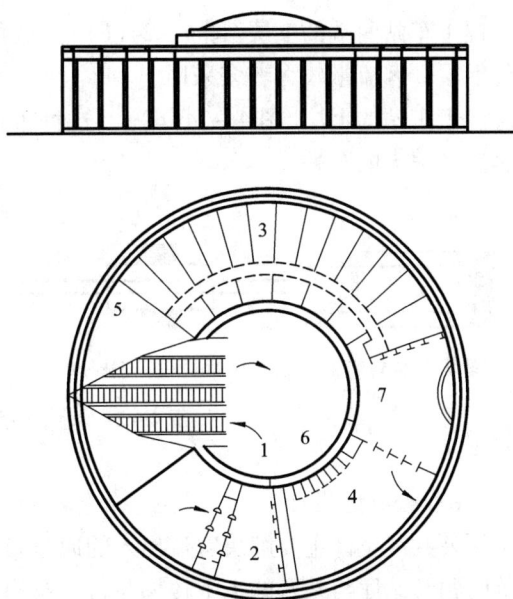

图 4 - 22　地面站厅图

1—自动扶梯大厅；2—售票厅；
3—办公室；4—出口大厅；
5—通风渠及进排风设备；
6—自动电话；7—前室

图 4 - 23 所示为地面站厅与其他建筑物结合设置方案。

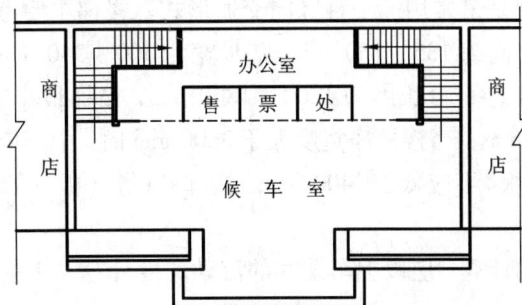

图 4 - 23　地面站厅与建筑物合建图

3. 地下站厅

（1）站厅的位置

设置于地下层的站厅位置与车站的埋深、客流集散情况、所处环境条件等因素有关。站厅的布置有以下 4 种：

①位于车站的一端[图 4 - 24(a)]。这种布置方式常用于终点站，且车站一端靠近城市主要道路的地面车站。

②位于车站的两侧[图 4 - 24(b)]。这种布置方式常用于侧式车站。客流量不大者多采用。

③位于车站两端的上层[图 4 - 24(c)]。这种布置方式常用于地下岛式车站及侧式车站站台的上层。客流量较大者多采用。

④位于车站的上层[图 4 - 24(d)]。这种布置方式常用于地下岛式车站及侧式车站。适用于客流量很大的车站。

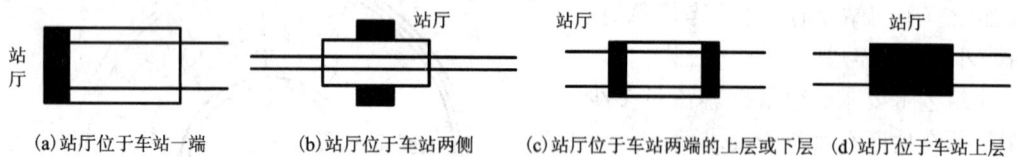

(a)站厅位于车站一端　　(b)站厅位于车站两侧　　(c)站厅位于车站两端的上层或下层　　(d)站厅位于车站上层

图 4 - 24　地下站厅布置示意图

(2)站厅公共区设计

站厅公共区设计主要解决客流出入的通道口、售票、进出站检票、付费区与非付费区的分隔等问题及站厅与站台的上下楼梯与自动扶梯的位置等。

4.4.2　升降设施

旅客在乘用地下铁道的过程中，不仅在水平方向，而且还须在垂直方向内移动，因为车站的乘降站台，一般均处在地下一定的深度，尤其是深埋车站时更深些，地下铁道车站必须具有一种能满足客流需要的竖直升降设施。升降设施一般采用楼梯、自动扶梯、垂直电梯三种。

1. 楼梯

地铁车站中人行楼梯是最常用的一种竖向交通形式。楼梯主要考虑的尺寸是踏步的高和宽。我国目前采用的踏步高为 135 ~ 150 mm，踏步宽为 300 ~ 340 mm，楼梯每梯段不应超过 18 步，不得少于 3 步。休息平台长度为 1200 ~ 1800 mm，楼梯最小宽度单向通行时为 1800 mm，双向通行时为 2400 mm。当楼梯净宽度大于 3600 mm 时，中间应设栏杆扶手。楼梯上部净空高度(踏步面至天花板)不应低于 2400 mm。楼梯井栏杆(板)的高度不宜小于 1100 mm。楼梯的设置倾角为 26°34′。

车站楼梯最小宽度的计算，应以上车乘客的流动宽度计算，并考虑交错的富余量等来进行。楼梯宽度的计算式为

$$B = \frac{Q \times T}{C}(1 + a_{\mathrm{b}}) \tag{4-6}$$

式中：B 为楼梯宽度，m；Q 为超高峰小时通过客流量，人/min；T 为列车运行间隔时间，min；C 为楼梯双向混行通过能力，取 3200 人/(h·m)；a_{b} 为加宽系数，一般采用 0.15。

上述公式根据目前的经济条件，以向上出站疏散客流乘自动扶梯，向下进站客流走步行楼梯的模式而设置，在实际使用中，步行梯也有向上的疏散客流，在有条件设置上、下自动扶梯的情况下，步行梯的宽度计算可作适当调整，相当部分的进站客流将被自动扶梯分担，因此步行梯宽度将缩小，根据地铁设计规范，在公共区中的步行梯宽度不得小于 1.8 m。

另外所设计楼梯的总宽度（包括自动梯宽度）必须满足灾变时的安全疏散时间要求。楼梯宽度安全疏散时间验算为：

$$t = 1 + \frac{M + N}{0.9[n_1(m-1) + n_3 B]} < 6 \text{ min} \tag{4-7}$$

式中：M 为列车乘客总量（人），在一列车的上行或下行中取大者；N 为站台候车乘客（上行 + 下行）与车站管理人员总量，人；n_1 为自动扶梯输送能力，取 8100 人/(60 min·台)；m 为自动扶梯台数；n_3 为楼梯上行单向通过能力，取 3200 人/(h·m)；B 为人行楼梯总宽度，m。

楼梯的设计与布置还应参考以下规定：

①地铁车站的楼梯应坚固、安全、耐用，并采用非燃料材料制成。踏步应采取防滑措施。

②除设在出入口的楼梯外，站厅层至站台层供乘客使用的楼梯应设在付费区内。

③楼梯与检票口在同一方向布置时，扶梯距检票口的近距宜不小于 6 m。

④楼梯与自动扶梯并列布置时，一般采取将楼梯下踏步最后一级与自动扶梯工作点取平。

2. 自动扶梯

《地铁设计规范》中规定，车站出入口、站台至站厅应设上、下行自动扶梯，在设置双向自动扶梯困难且提升高度不大于 10 m 时，可仅设上行自动扶梯。每座车站应至少有一个出入口设上、下行自动扶梯；站台至站厅应至少设一处上、下行自动扶梯。自动扶梯的倾斜角度一般为 30°。站厅层供乘客至站台层使用的自动扶梯应设在付费区内。

在车站出入口设置自动扶梯时，如提升高度超过 12 m 或客流量很大的车站，除设上下行自动扶梯外，还应考虑设置一台备用的可逆转式自动扶梯。

自动扶梯的台数（m）可按下式计算：

$$m = \frac{NK}{n_1 \eta} \tag{4-8}$$

式中：N 为预测的上行与下行的出站客量，人/h；K 为超高峰系数，取 1.2～1.4；n_1 为每小时输送客流的能力，取 8100 人/(h·m)（自动梯性能为梯宽 1 m，梯速为 0.5 m/s，倾角为 30°）；η 为自动扶梯的利用率，选用 0.8。

两自动扶梯相对布置时，自动扶梯工作点间距离不小于 16 m。自动扶梯工作点至墙的距离不小于：站厅层为 8.5 m；出入口为 6 m。自动扶梯与楼梯相对布置时，其间的距离不宜小于 12 m。自动扶梯工作点检票口的距离不应小于 10 m。分段设置自动扶梯时，两段间距离不应小于 8.5 m。

3. 垂直电梯与无障碍通道

《地铁设计规范》还规定，地铁车站为乘客服务的各类设施，均应满足无障碍通行要求，为残疾人乘坐地铁提供便利条件。

一般设置供残疾人使用的专用垂直电梯或斜坡道。斜坡道的最大坡度不得超过 8%，最小宽度不得小于 1.6 m。但对大多数车站来说是不经济的，故多采用垂直电梯。

4.4.3 售、检票设施

售、检票设施是指乘客使用的售、检票系统。各地铁车站售、检票设施数量可通过客流量来计算。我国采用的各部位最大通过能力详见《地铁设计规范》。售票口，自动售票机，检票机一般都设于站厅层，在人工售票的车站内应设售票室。自动售票设置的位置与站内客流线路组织、出入口位置、楼梯与自动扶梯的位置有密切关系。应沿客流进站方向纵向设置，售票口，自动售票机应设在便于购票，比较宽敞的地方，尽量减少与客流路线的交叉与干扰。售票处距离出入通道口和进站检票处的距离大于等于 5 m。出站检票处具体楼梯口大于 8 m。

1. 售票

根据经济条件和设备的可能性，售票可分为人工售票，半人工售票及自动售票三种。人工售票及半人工售票的尺度相同，半人工售票的方式为人工收费，机器出票，售票机将作为主要售票设备。人工售票亭，自动售票机数量 N_1 计算公式如下：

$$N_1 = \frac{M_1 K}{m_1} \tag{4-9}$$

式中：M_1 为使用售票机的人数或上行或下行上车的客流总量，按高峰小时计；K 为超高峰系数，采用 1.2～1.4；m_1 为人工售票每小时售票能力，取 1200 人/h，自动售票机售票能力取 300 人/h。

式（4-9）仅为标准的高峰小时客流单人次买票所需的售票厅或自动售票机的数量，随着票务形式的改变以及社会售票形式的增多，比如部分票面采用储值磁卡或公交 IC 卡等，售票点不局限于地铁车站内设置，可在地下商场或地面各便利店出售。这样站厅内售票机数量可大大减少。售票机位置的布置应在进站客流和检票进站的流线上，使其顺畅，避免与进出站客流交叉。检票机、检票亭、补票亭的尺寸如图 4-25 所示。

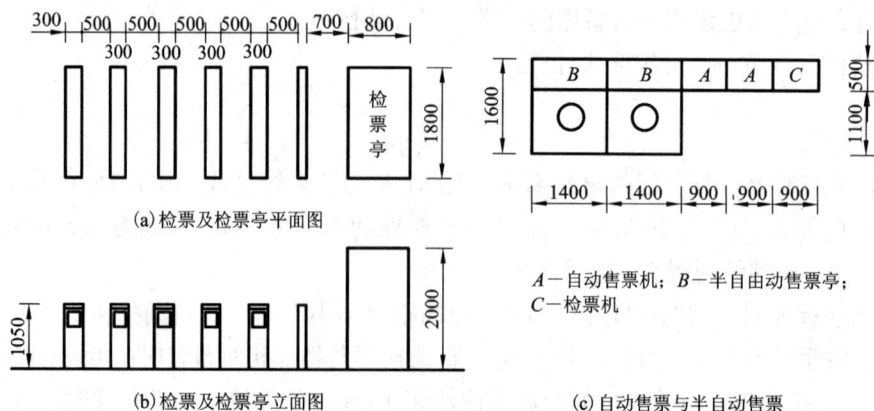

(a)检票及检票亭平面图

(b)检票及检票亭立面图

(c)自动售票与半自动售票

A—自动售票机；B—半自由自动售票亭；C—检票机

图 4-25　售票与检票设备(单位 mm)

2. 进出站检票口及付费区、非付费隔离栏的设置

进出站检票口的数量必须根据高峰小时客流量来计算，其计算公式为：

$$N_2 = \frac{M_2 K}{m_2} \qquad\qquad (4-10)$$

式中：M_2 为高峰小时进站客流量(上行和下行)或出站客流总量；K 为超高峰小时系数，选用 1.2 ~ 1.4；m_2 为检票机每台每时检票能力，取 2600 人/(h·台)。

进出站检票机旁还需设置一定宽度的人工开启栅栏门，以便于解决检票过程中的特殊情况和较大行李的进出，也有利于站务人员的进出。在进站检票口处应设有检票亭，出站检票口附近设补票亭，以提供解决乘客票值不足的补票便利。

在检票口周围设有围隔的栏板，以区分非付费区和付费区。一般非付费区面积要比付费区面积大，因为客流一经检票就快速地进入站台候车，在付费区内很少停留。非付费区的布置应能将几个通道口连接，以利于客流出站后能自由地选择出站通道通向地面的不同方位。在非付费区还必须设置一定的服务设施，如公用电话、厕所、小商亭等。

4.4.4　地面出入口及人行通道

不设地面站厅的车站，应根据所在位置、地面建筑与街道情况布置出入口，出入口一般都设有顶盖，它包括楼梯或自动扶梯，地面或地下售票处，地下人行通道，它的平面组成简单，外型小、占地少，故可设在人行道边或拐角处，并尽可能靠近城市地面公交停靠站附近。又由于它构造简单，造价经济，所以在一个车站可设置多处，并可与人行横道连接成为城市交通的组成部分。

1. 位置选择

出入口位置决定于车站的地势和所选地区的具体条件，并应满足城市规划及交通的要求，一般选择在人流集中的地方。

①设在沿街道人行道边(图 4-26)和街道拐角处，可采用平面曲线形式，并可双向出入(图 4-27)，应注意和邻近建筑物的关系。设在人行道上的出入口，可加设栏杆围护方式或加盖加围护方式的结构。

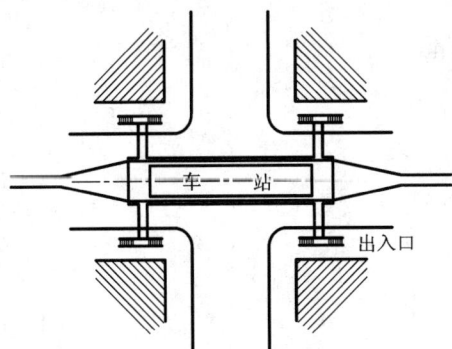

图 4-26　车站位于交叉路口下方的出入口设置

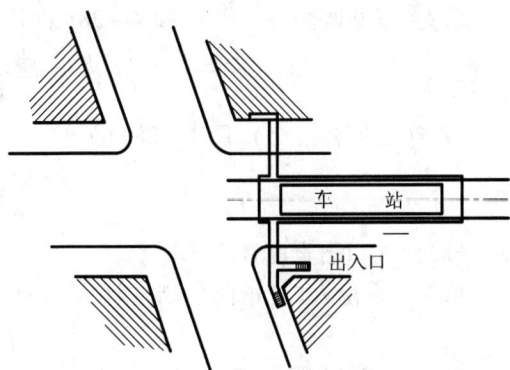

图 4-27　车站位于交叉路口一侧的出入口设置

②设在街道中心广场，街心花园、安全岛处。因其面积比较宽广，位置选择比较自由，亦便于客流疏散，但旅客出入必须横穿街道，这样不够安全。现有实例多设于次要街道的安全岛上。

③设在建筑物内，如百货商店、办公室楼的底层等。这种出入口的扶梯可直通人行道，使旅客与进出上述建筑物的人流不干扰。另一种是扶梯完全设于大楼中，乘客出扶梯直通建筑物内，这种位置对乘客进入公共建筑物较为方便。在市中心区，空地较少的情况下，较合理，但使建筑物复杂化。

④设在车站广场及停车场上。在火车站广场前或公共汽车站附近，应使地下铁道与地面交通工具紧密连接，换乘方便。

实际上一个地下铁道车站有几个出入口，可设在上述所提出的各种位置上。总的来说应符合设置合理、投资经济的目的。

2. 地面出入口的平面类型

出入口平面一般有三种形式：L形、T形、一形。一形最简单。L形（或平面曲线型）可设于街道拐角处。如在人行道上设置时，以T形较好，双向出入，宽度可减半。在一个车站有4个以上的出入口时，可在两个对角位置各设一T形出入口。

3. 出入口及通道的数目和宽度

地铁车站出入口及通道的数目由客流量及所在地区的情况来决定，从站内发生灾害性事故后为，疏散旅客考虑，一个车站最少应有两个出入口通到站台的楼梯，岛式必须两个，侧式必须四个，即站台两端头必须要有通向地面的出入通道。

出入口及通道的宽度，一般是通过客流量的计算来决定。一个通道的最小宽度应在1.5 m以上。采用宽度一般不宜小于2.0 m。通道内净高一般为2.5 m左右。

在确定通过能力时，还必须考虑到客流分布的不均匀性，如有两个地面站厅或出入口，对每个均应乘以不均匀系数1.25计。通过能力按下述规定计算。

每米宽的通道和走廊通过能力：单向（一个方向）5000人/h，双向（具有相反方向）4000人/h。

每米宽的楼梯通过能力：单向行人（下楼时）4000人/h，单向行人（上楼时）3750人/h。

（1）通道宽度计算

单支（车站两侧各一个）［图4-28(a)］

$$b = \frac{最大客流量}{4000 \times 2} \tag{4-11}$$

双支（二侧各二个）［图4-28(b)］

$$b = \frac{最大客流量 \times 1.25}{4000 \times 2 \times 2} \tag{4-12}$$

（2）出入口出宽度计算

单支一个出入口（单向二侧）［图4-28(c)］

$$B_1 = b \tag{4-13}$$

双向（二侧）［图4-28(d)］

$$B_2 = \frac{b \times 1.25}{2} \tag{4-14}$$

双向（二侧，四支）［图4-28(e)］

$$B_3 = \frac{b \times 1.25 \times 1.25}{2 \times 2} \tag{4-15}$$

单向入口门（每扇为0.85 m），通过能力为5000人/h。

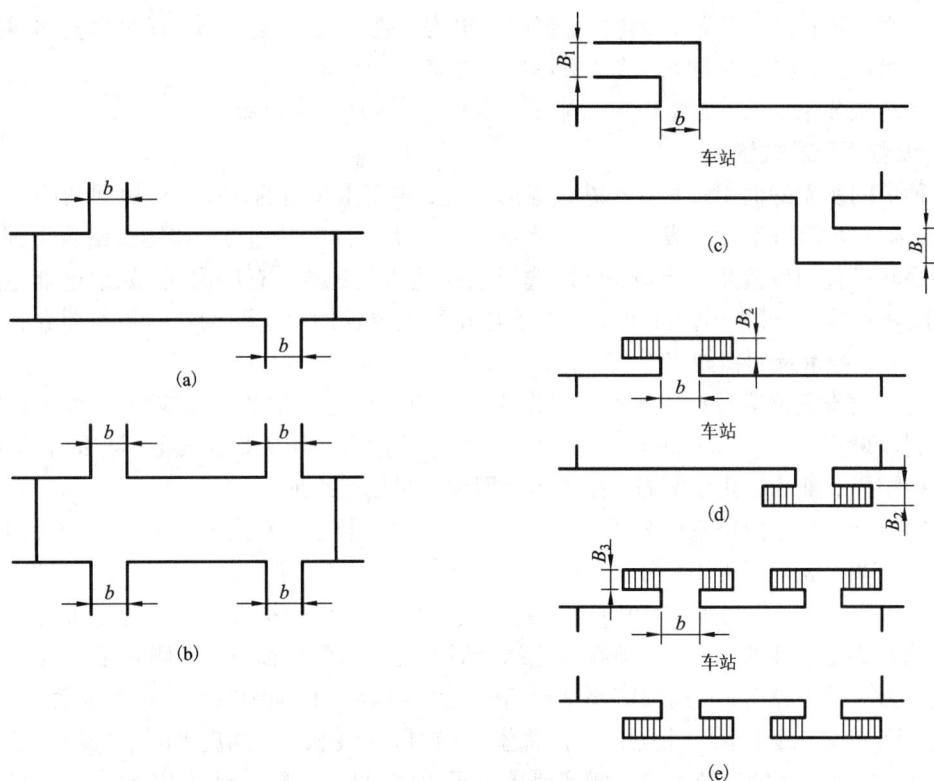

图 4 – 28　通道宽度计算图

4. 出入口的地面形式

出入口的地面形式与自然气候条件、城市规划要求和周围建筑物有关，一般可分为露天与带屋盖两类。我国一般采用带屋盖形式（图 4 – 29）。

图 4 – 29　出入口地面建筑实例

4.4.5　车站辅助用房

1. 辅助用房的分类

车站辅助房间大致可分为以下几类：

①运营管理用房：如行车值班室、站长室、工作人员办公室、会议室、广播室、售票、问讯等房间。

②电力用房：如牵引降压变电室，照明配电房，通风机房，给排水房（泵房），电池等室。

③技术用房：如继电器室，信号值班室，通信引入线室。

④生活服务用房间：如休息室、厕所、盥洗室、茶炉房、仓库等。

2. 设置面积及位置

各种房间所需的面积及其在车站设置的位置，主要由车站的规模和对房间功能上的需要所决定，如车站值班室设于发车端，广播室设于瞭望条件好的地方，如侧式站台中部，但也有一些房间设置的位置并不严格，可以选择任何适当的地方，有些房间（如继电器室、站长室、问讯处）的面积可采用标准尺寸。以下是几种主要辅助用房的设置面积及位置，车站管理用房位置、数量及面积如表 4 – 5 所示。

①主副值班室位置设在发车端，并设于内环侧，在有道岔的车站应位于咽喉道岔发车端。主副值班室面积为 15 ~ 20 m^2，室内设有行车控制台、电视监视设备。与继电器室之间用分线柜相隔。地面采用水磨石，在控制台周围应采用绝缘地面。

②继电器室与主值班室以分线柜相隔，并有电缆沟相通，室内地面最好用绝缘地面，温度不超过 35℃，相对湿度不大于 80% 。

③广播室，平时作为车站宣传广播用，在事故当中，可作指挥命令、通信联络用。设在站台有较好瞭望条件的地方，一般在岛式站台时，设在站台楼梯下部，侧式站台设在站台中部附近。为了便于瞭望，其前面应比站台墙面突出 40 cm。广播喇叭设于站台墙面或柱上（区间隧道中墙亦设，发生事故时应用），广播室内墙面、天花板、门均应做隔声处理。以免列车噪音干扰，影响广播的清晰程度。噪音要求小于 40 分贝，混响时间要小于 0.4 s，室内地面用木地板。

④信号工区或值班室面积 15 m^2，供检修信号设备用。

⑤服务人员休息室供站台服务人员休息用，侧式站台车站每侧均应设休息室。面积为 12 m^2，人员住站时，按每人占 7.5 m^2（其中包括被服柜 0.5 m^2/人）计算。

⑥厕所、盥洗室面积的大小及坑位，决定于车站所在地区或车站规模、站内停留人数以及卫生技术标准，目前还没有较完善计算的方法。我国地铁大多仅在车站一端设立供站务人员或旅客使用的卫生间（包括厕所及盥洗室）。在区间每隔 500 ~ 800 m 设一区间卫生间，平时不对旅客开放使用，仅考虑非常时期人员待避使用。一般情况下厕所下面设污水泵房，沉淀池，污水经沉淀后由污水泵抽到城市排污管排除或由吸污车吸走。

⑦通信引入室有电缆沟与继电器相通，电缆线从引入口进入车站，引入口尺寸一般为 350 ~ 200 mm。

⑧电力系统用房，有高压变电室、牵引变电室、降压变电室。由地区变电站将 10 kV 高压电以地下电力电缆输入车站高压变电室，再经降压变电室，将 10 kV 伏高压电降为 380 V、220 V，经低压配电柜控制通往用户。一般降压变电室配置变压器，以备不停电检修及发生故障时供电。

牵引变电室使高压 10 kV 交流电变为 825 V 直流电，以供机车牵引使用。其位置常设于地面，在地下设控制室、开关所。每两站设置一个牵引变电站。由地面牵引电站的车站地下站内设控制室，面积为 40 m^2。在地面没有牵引电站的那个车站在地下设开关所，面积 30 m^2。变电所间隔为 600 ~ 750 V 时为 2 km 左右，1500 V 时为 4 km 左右。

表 4 – 5　车站管理用房位置、数量及面积表

房间名称	间数	面积 /m²	位置
站长室	1	10 ~ 15	站厅层接近车站控制室
车站控制室	1	25 ~ 35	站厅层客流量最多一端
站务室	1	10 ~ 15	站厅层
保卫室	1	15	站厅层客流量多一端
休息室及更衣室	各 2	2×15	设在地面或地下
清扫工具间	2	2×6	站台层、站厅层各按一处
清扫员室	1	8	站厅层接近盥洗室处
茶水间	2	6 ~ 8	站台层或站厅层
盥洗室	1	6 ~ 8	接近茶水间设置
厕所间	2	2×8	内部使用,设在站厅或站台层
售票处	2	2×6	设在站厅层
问讯处	2	2×3	接近售票处设置
补票处	2	2×3	需要时设置,设在付费区内
公用电话	2	2×2	站厅层
备用间	1	15	站厅或站台层
乘务员休息	1	10 ~ 15	有折返线的车站设置,站台层
票务室	1	10 ~ 15	3 ~ 4 站设一处,可设在地面

4.5　车站建筑装修

地下铁道建筑装修是车站建筑艺术形成的重要内容,它不仅关系到车站使用,同时通过建筑装修来确定车站所需体现的主题思想。

地下铁道车站不像地面车站,乘客可依地面建筑物特征来确定自己所处车站位置和事先知道下一站的站名,所以车站设计中,特别在装修中,应注意一条线路的建筑处理的统一整体概念和各个车站装修艺术上的不同变化,获得有效的具体特征。

车站建筑的设计原则是:

①朴素大方、适用、经济和美观。

②选用饰面材料考虑适当的外观和价格的同时,也应考虑耐久性,抗破坏性能,耐火性能,易冲洗、养护及修复,声学效果等。

③具有足够的照度,给乘客以明快、舒适的感觉。

④各种装修设计要有所不同,便于乘客识别,并应设置乘客向导设备(站名牌、指示牌等)和为乘客服务设施(座椅、时钟等)。

车站装修工程包括:吊顶、灯具、墙、柱、地面、门窗花格等。

4.5.1 吊顶

地下铁道车站天花板吊顶主要是指用于集散厅、站台上部的吊顶，是车站建筑艺术、照明、通风、吸声等方面的综合工程，是地下铁道车站建筑装修的重点。

1. 吊顶的作用

①吊顶可提高灯具的发光效率，根据建筑艺术的要求，做成各种形式，改善地下铁道车站的空间气氛，克服空间低存在的压抑感觉，达到开朗新颖的效果，使人能有一个舒适的环境感。

②吊顶能遮挡住主体结构的大梁、梗肋的施工偏差，其上部空间（一般留有80 cm的高度）可作车站照明、通信管线通道或兼作通风道使用。

③可架设灯具，满足照明需要，根据设计要求敷设吸音材料，以满足处理的要求。

④可起防漏及防潮作用。

2. 地铁吊顶的设计要求及构造

地下铁道吊顶的构造设计要求能防火、防锈、防振、防水、不易积尘、易于清扫、便于维修，并且有一定的强度。吊顶尽量做到设计定型化、生产工厂化、施工装配化。

3. 吊顶构造

车站集散厅的吊顶主要有下列几种形式：平吊顶、人字形和折板式吊顶（图4-30）。有些地方，结构本身即具有建筑上的价值，或者由于其他理由，有不设吊顶或不需要设置吊顶的情况。结构将任其呈露在外，这是所谓结构顶棚方式。其做法主要有下列三种：

①拉毛：用于适宜以构造饰面处理的公共场所。

②保持自然状态和涂漆：用于只需要最小处理的设备房间，以及不适宜构造饰面的公共场所。

③喷涂吸声材料：用于需要吸声处理的地方，如在轨道上的站台平面。

(a)平吊顶　　　　　　　(b)人字形吊顶　　　　　　　(c)折板式吊顶

图4-30　车站吊顶实例

吊顶是由钢筋吊杆、带钢冷拔成匚形的大小龙骨、6~8 mm石棉水泥板构成。

吊杆间距一般在1 m左右，小龙骨的间距由选用的材料规格而不同。吊顶与结构顶板的连接方式为角钢的一边和钢筋吊杆焊接，另一边用胀管螺栓固定于结构顶板。吊杆下端锤扁，并用兜铁穿螺钉固定在∟25×3角钢框上，角钢框安四个挂钩再挂在小龙骨上。石棉水泥板，按建筑要求，穿φ10 mm孔（穿孔率在10%左右），并在它的上面放包玻璃丝布的矿棉毡,作为吸音处理。板面用乳胶漆粉刷。为防止龙骨锈蚀,应在表面涂水溶性酚醛磁漆或电泳漆。

在结构变形缝处,吊顶不设伸缩缝,其变形靠吊杆本身变形调节。

4.5.2　车站的装修

1. 地面装修

地下铁道车站地面,由于车站的不同区域和各种不同服务房间要求不一致,对地面有不同的建筑要求。一般要求地面耐磨、防滑、易清洁、易修复、防潮、美观且有光泽。

在地面装修中,常用的装饰材料有:大理石、美术水磨石、缸砖、瓷砖、马赛克、聚氯乙烯砖、橡胶、木材等。地下铁道车站中,常用的地面铺装种类有:

(1)水磨石地面

有现浇水磨石地面。现浇水磨石是用大理石碎渣和白水泥拌和做面层,普通水泥砂浆打底,以玻璃条或铜条分格,采用人工或水磨石机磨光打蜡而成。现浇做法施工期较长,所以常用工厂预制美术水磨石现场铺砌的办法。这类地面的优点是不起尘、易清洁、平整、打蜡后光滑美观,常用于地下铁道车站的集散厅和中间站厅的地面。

(2)瓷砖地面

红瓷砖厚 1.5~2.0 cm,铺座在水泥砂浆和水泥焦碴垫层上而成。地面具有耐磨、防滑的特点,常用于车站主要客流周转区域,如人行通道及出入口处的地面。

(3)马赛克地面

马赛克是由高级菱苦土加铜矿石等烧制而成,规格有 19 mm × 19 mm 方形或正六角形(约 25 mm 宽),铺装时可做成各种图案。

马赛克地面质地坚实、耐磨性好、不滑、可冲洗。但易于积土,施工繁杂,易脱落,光泽亮度差。也常用于通道、侧站台集散厅的地面。不过最多用于盥洗室、卫生间和其他经常潮湿的地面,有时侧站台的安全警戒线标志也采用它。

(4)花岗岩地面

为天然花岗岩经加工、打磨而成,常用规格有 600 mm × 600 mm 和 800 mm × 800 mm 的方形,厚度为 10~15 mm。这类地面坚实、耐磨、光滑平整、美观、易清洁。

为了安全,所有楼梯均设置耐磨防滑条。为明确划分站台边缘,约 250 mm 应做一条永久性白色的防滑警戒线。另外站台边是车站最易发生人身事故的地方,所以防滑耐磨很重要。除做上述警戒线标志外,站台边缘地面常用人造花岗岩或剁斧石做成。

2. 柱子装修

地下铁道车站的中间站厅及集散厅部分,均设有柱子,通常是钢筋混凝土或钢管柱,其形状大致有圆形、矩形、方形、正多边形几种。从车站建筑艺术整体要求出发,柱子外表面均应进行装饰处理。

(1)钢管柱的处理方法

①外贴大理石、花岗岩或预制水磨石的方法。是在钢管柱的外表面焊钢丝网,抹水泥砂浆,并在其外贴大理石(或预制水磨石),并用铁件锚固。

②喷刷美术漆的做法。在钢管的外表面焊一层钢丝网,外抹水泥砂浆压光,外喷彩色无光漆。柱帽部分,一般采用白色乳胶漆。柱踢脚常用黑色的大理石或水磨石。

（2）钢筋混凝土柱的处理方法

一般钢筋混凝土柱的体积相对比较大，因此在装修处理中，为减轻这种笨重的感觉，可采用以下几种做法：

①用同一种色彩的大理石（或水磨石）装修柱子的四个柱角处，采用别的颜色来对比，镶边点缀。

②四个柱面用线条竖向分割一下，使柱子显得纤细些。

③柱的正背两面，用质感效果较好的大理石（或水磨石）来装修，而柱子的两侧面用马赛克或喷漆处理。以造成正（背）与侧面在质感和色彩上形成对比，以减轻柱笨重的感觉。

3. 墙面装修

墙面装修主要是指车站人行通道的侧面墙，中间站厅的内墙面以及站台部分的侧墙墙面的装修。通常采取的处理方法如下：

（1）水磨石及大理石墙面

乘客接触多的墙面，将采用预制水磨石或大理石墙面，做法与柱面同，墙面混凝土须先凿毛后再做饰面。钢丝网最好与墙钢筋焊在一起，然后用钢丝和镀锌铁丝将大理石板（预制水磨石板）挂住。

（2）马赛克墙面

先将墙面混凝土凿毛，再抹水泥砂浆层，然后外贴马赛克而成。做法大致与马赛克地面相仿，这种墙面用于需要耐久的表面，另外因线缝较多，也常用于伪装墙的墙面。

（3）外露混凝土墙面

乘客接触不到的建筑部位，由于实用上和建筑艺术上的理由，不需要或者没有必要做上述饰面时，往往保持天然的混凝土表面，并加拉毛处理（拉毛方向以垂直方向较好，少积尘，便于清洗）。这种拉毛墙面，可用在岛式站台车站两侧的墙面装修，它具有一定的吸音作用。另一种是用精确的模板灌注成的光滑表面。

（4）喷漆墙面

墙面混凝土凿毛后，表面抹白灰砂浆，然后，外刷乳胶漆二道而成。此种墙面比较经济，但在没有风机送风的情况下，乳胶漆易脱落。

思考与练习

1. 简述地铁车站的组成。
2. 简述站台的类型。
3. 站台长度与宽度如何计算？最小宽度标准是什么？
4. 简述地铁车站的结构类型。
5. 简述地铁出入口的位置选择、平面类型，其宽度如何计算？
6. 简述通道楼梯宽度如何计算？
7. 简述车站辅助用房的分类。
8. 简述车站建筑装修的原则与装修内容。

第 **5** 章
地下铁道的运营设施

5.1　地下铁道的环境控制系统

地下铁道中运行的是电力机车，不会像内燃机车那样产生氮氧化合物等有害物质，但由于行车密度大、流通人数多，人们呼出的二氧化碳混合着尘埃和水汽使得空气容易污浊，加上照明、排水、电力等各种设备的运转形成地铁内部的高温、多湿环境。为了给乘客一个舒适的环境，必须进行环境控制。

地铁内部的环境控制是采用通风与空调系统来实现的。经过通风与空调系统，可以冲淡隧道内空气中的有害物质，调节空气的温度和湿度，保持环境条件符合卫生标准，使乘客感到舒适；还能有助于紧急事故的处理，因为有效的通风措施对事故状态下乘客的安全撤离是十分必要的，如当列车在区间发生故障时能向事故地点送排风，发生火灾时，能提供有效的排烟手段，及时向乘客提供新鲜空气。一条城市地铁的环境控制系统必须满足以下三个基本要求。

①当列车正常运行时，环控系统能根据季节气候，合理有效地控制地铁系统内空气温度、湿度、流速和洁净度、气压变化和噪声等，保证地铁内部空气环境在规定标准范围之内。

②列车阻塞运行时，环控系统能保证对阻塞区间进行有效通风，列车空调器正常运行，乘客感到舒适。

③当区间隧道及车站发生火灾等紧急事故时，环控系统应具备排烟、通风功能，能控制烟、热、气的扩散方向，为乘客撤离和救援人员进入提供安全保障。

5.1.1　地铁环控系统分类

根据地铁隧道通风换气的形式以及隧道与车站站台层的分隔关系，地铁环控系统一般可划分为三种制式：开式系统、闭式系统和屏蔽门系统。

1. 开式系统

隧道内部与外界大气相通，利用活塞风井、车站出入口及两端洞口与室外空气相通，进行通风换气的方式，如图 5 – 1 所示。这种系统多用于当地最热月平均温度低于 25℃ 且运量较小的地铁系统，我国采用该系统的有北京地铁 1 号线和 2 号线等。开式系统采用机械通风或"活塞效应"的方式解决地铁内部的通风问题。

（1）活塞通风

地铁列车在隧道内高速运行时会产生活塞效应，使列车正面的空气受压，形成正压，列车后面的空气形成负压，由此产生空气流动，称之为活塞效应通风。区间可以利用活塞风进行自然通风，活塞风的风量取决于列车在隧道内的阻塞比、行车密度、列车速度以及列车行驶空气阻力系数等因素。当系统布置合理时，每列车产生的活塞风风量为 $1500 \sim 1700 \ m^3$，这种不耗能源的通风方式应首先考虑采用。但活塞风的风量是有限的，

图 5-1　开式系统

为确保通风效果，只有在依据充分的前提下才能采用，否则投入运营后发现自然通风效果不能满足要求，很难再改为机械通风。

自然通风口的间距为 $80 \sim 100 \ m$。活塞通风只能用于区间，因为列车在车站的停留时间较长，产生的热量大，而且进站速度减小，活塞风作用下降，所以仅用活塞风不能解决问题，而应采用机械通风。全"活塞通风系统"只在早期地铁中应用。

（2）机械通风

1）机械通风方式

当活塞式通风不能满足地铁排除余热与余湿的要求时，要设置机械通风系统，利用通风机的运转给空气一定的能量，使洞内外空气进行交换，以达到通风的目的。根据地铁运营系统的实际情况，可在车站与区间隧道分别设置独立的通风系统。城市地铁常用的通风方式包括以下三种。

①区间与车站相互送、排风的纵向式机械通风。

如图 5-2 所示，车站与区间是一个通风整体，新鲜空气由车站地面风亭进入站厅，沿隧道纵向流动，由区间地面风亭排出。风流的方向是可以变化的，一般而言，应

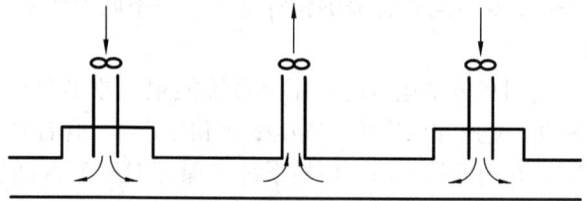

图 5-2　区间与车站相互送、排风的通风方式

使新鲜风流从车站进入，从区间排出，这样在车站内的乘客就不会受到污浊空气的影响。但在冬天，特别是严寒地区，寒冷空气从车站进入会使乘客感到不适，因此应从区间进入新鲜风，经由区间预热后进入车站，就不会使人感到寒冷。

②区间与车站相互独立的纵向式机械通风。

如图 5-3 所示，区间的风流独立地由区间的通风口送排风，而不经过车站，其目的是减缓列车活塞风对站台上乘客的影响。车站送入的新鲜空气单独经由设于车站两端的通风口排走，而不经过区间。

③区间为纵向式机械通风、车站为横向式机械通风。

如图 5-4 所示，区间为独立的送排风系统，仍为纵向式机械通风。车站则为半横向式或全横向式通风，其通风效果优于纵向式通风。

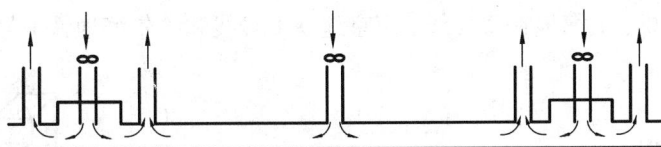

图 5-3　区间与车站相互独立的通风方式

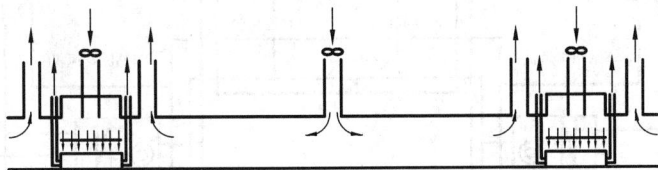

图 5-4　区间为纵向式、车站为横向式的通风方式

2）风流状态

从通风的风流状态来看，区间隧道都是纵向式通风，即风流沿隧道长度方向流动，而在车站范围内的风流有纵向式、半横向式和横向式三种方式。

①纵向式通风。

风机置于车站的端部，新鲜空气经由车站纵向穿过。

②半横向式通风。

如图 5-5(a) 所示，新鲜风流从站台下沿隧道横断面方向上升进入车站，而污浊空气沿隧道纵向流出，故称为半横向式。它的风流在站台各个地点都比较均匀，显然新鲜空气的分布比纵向通风方式优越。

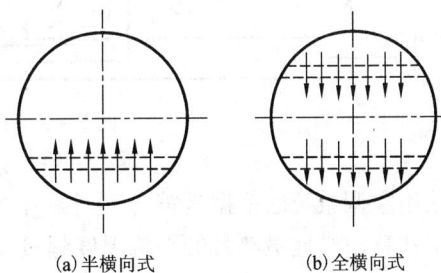

(a)半横向式　　　(b)全横向式

图 5-5　横向式通风

③全横向式通风。

如图 5-5(b) 所示，新鲜风流和污浊空气均沿隧道横断面方向流动。一般是新鲜风流从车站顶部的风道进入，横向流经车站，然后从站台下面排出，这样可以有效地将列车的起动和制动热能就地由站台下面排走，从而控制住站内温度的升高。

三种方式中究竟采用何种方式为好，要在技术和造价上进行综合比较而定。纵向式造价最低，但通风效果也相对最差，特别是从防止火灾的角度来看，纵向式可能将火种迅速吹开，反而导致火势漫延；全横向式的通风效果最好，而且能有助于限制火势的蔓延，但这种通风方式造价较高；相比之下半横向式通风具有造价比较适中、通风效果也优于纵向式的特点，故采用较多。

2. 闭式系统

闭式系统是一种地下车站内空气与室外空气基本不相连通的方式，即地铁车站内所有与室外连通的通风井及风门均关闭，车站内采用空调系统，仅通过风机从室外向车站提供所需空调最小新风量或空调全新风。区间隧道则借助于列车行驶时的活塞效应将车站空调风携带入区间，由此冷却区间隧道内的温度，并在车站两端部设置迂回风通道，以满足闭式运行活塞风泄压要求，线路露出地面的洞口则采用空气幕隔离，防止洞口空气热湿交换。车站通风空调系统如图 5-6 所示。闭式系统通过风阀控制，可进行开、闭式运行。我国采用该种形式的有广州地铁 1 号线、上海地铁 2 号线、南京地铁 1 号线和哈尔滨地铁 1 号线等。

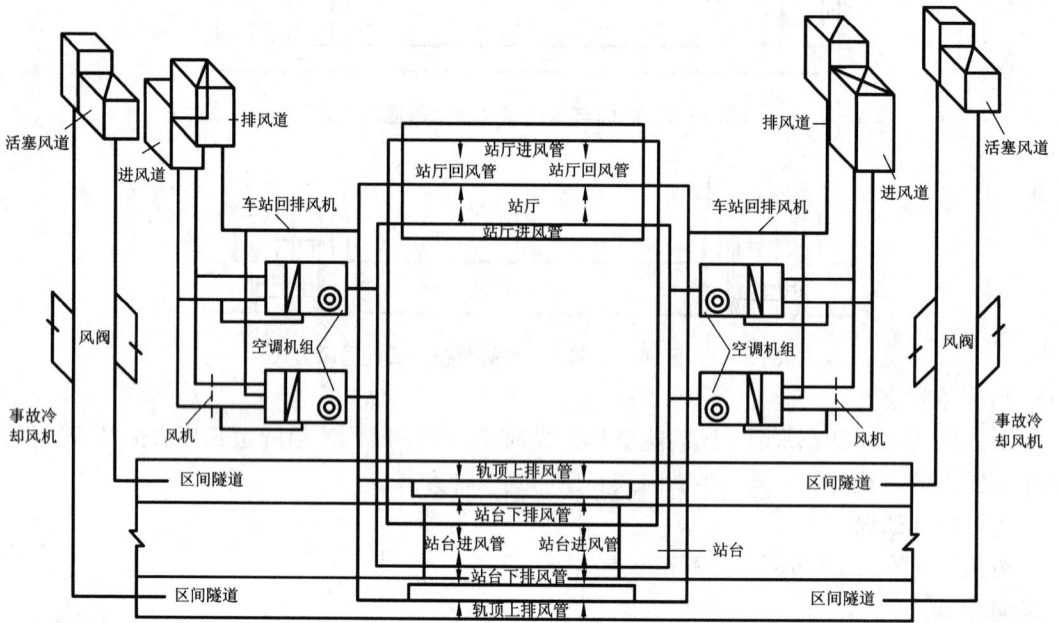

图 5 - 6　车站通风空调系统图

采用空调系统的依据是符合下列条件之一：

①在夏季当地最热月的平均温度超过 25℃，且地铁高峰时间内每小时的行车对数和每列车车辆数的乘积大于 180；

②在夏季当地最热月的平均温度超过 25℃，全年平均温度超过 15℃，且地铁高峰时间内每小时的行车对数和每列车车辆数的乘积大于 120。

3. 屏蔽门系统

在车站的站台与行车隧道之间安装屏蔽门，将站台公共区与隧道轨行区完全屏蔽，车站为空调系统，区间为纵向式通风，如图 5 - 7 所示。安装屏蔽门后，车站成为单一的建筑物，它不受区间隧道行车活塞风的影响，车站的空调冷负荷只需计算车站本身的设备、乘客、照明等发热体的散热，因而屏蔽门系统的空调负荷较闭式系统大为降低。另外屏蔽门系统的设置可以有效防止乘客有意或无意跌入轨道，减小噪声及活塞风对站台候车乘客的影响，改善了乘客候

图 5 - 7　屏蔽门系统

车环境的舒适度，为轨道交通实现无人驾驶奠定了技术基础。该系统已在我国新建地铁中广泛应用。如香港新机场线、深圳各地下线、广州地铁 2 号线及以后所有地下线、广佛地铁、上海地铁除 2 号线外的各地下线、杭州地铁 1 号线、苏州地铁 1 号线、重庆地铁 1 号线、成都

地铁 1 号线、长沙地铁 2 号线等均采用了屏蔽门系统。

屏蔽门的设置与否应符合下列要求：

①列车车厢设置空调，车站不设屏蔽门时，地铁隧道内夏季的最高温度不得高于 35℃；

②列车车厢设置空调，车站设置屏蔽门时，地铁隧道内夏季的最高温度不得高于 40℃。

4. 各系统应用效果评价

屏蔽门系统的优点是由于屏蔽门的存在创造了一道安全屏障，可防止乘客无意或有意跌入轨道；屏蔽门可隔断列车噪声对站台的影响；此外同等规模的车站加装屏蔽门系统的冷量约为未加装屏蔽门系统冷量的 2/5 左右，相应的环控机房面积可减少 1/3 左右，这样年运行费用仅是闭式系统的一半。但是安装屏蔽门需要较大投资，并随之增加了屏蔽门的维修保养工作量和费用，且屏蔽门的存在将影响站台层车行道壁面广告效应，站台有狭窄感，对于侧式站台这种感觉尤甚。

闭式系统的优点是车站和区间隧道内设计温度和气流速度在不同工况条件下符合设计要求，环控工况转换简明，站台视野开阔，广告效应良好，但其相对屏蔽门系统带来冷量大、所需环控机房面积大、耗能高，此外站台层环境受到列车噪声影响。

只采用通风的开式系统主要应用在我国的北方，在我国夏热冬冷地区是不适合采用的。

不同城市地铁通风空调系统的优缺点对比如表 5 – 1 所示。

不同的城市因其气候条件、室外温湿度差异很大，在选用何种环控方案或制式时，应根据客观条件、工程造价、运行效果等方面综合分析。

表 5 – 1　城市地铁通风空调系统优缺点对比

制式	描述	优点	缺点	应用范围
开式系统	活塞作用或机械通风，通过风亭使地下空间与外界通风换气	系统简单，设备少，控制简单，运行能耗低	标准低，无法有效控制站内环境、组织防排烟	欧美北部地区的老线，我国北方地区
闭式系统	设隧道通风设施，隧道通风系统的运行方式根据室外气候的变化，通过风阀控制可采用开式和闭式运行；车站空气与隧道相通	活塞效应将车站的空气引入区间隧道内起降低温度作用；区间隧道内的空气温度较同样运行条件下的屏蔽门系统低；站台视野开阔，广告效应好	车站的温度场、速度场无法维持稳定，车站空气品质难控制；当乘客因意外或特殊情况跌入轨道时将对正常运营带来严重影响；空调系统投资和运行费用高、机房大、土建投资大	国内长江以北城市
屏蔽门系统	在闭式系统的基础上，用屏蔽门将车站与隧道区域隔离开	提高安全性；降低活塞效应对车站的影响，减少车站冷负荷的损失，提高车站空气清洁度、降低列车进站带来的噪声；节省通风空调系统的运行费用和土建初投资	增加屏蔽门初投资；增加与有关专业的接口关系；高温季节很难控制隧道内的温度	国内长江流域及以南城市

5.1.2　通风空调系统的技术要求

1. 地铁内部环境分类

乘客在地铁中完成一次乘车过程所用时间不长：从地面进入站厅 1~2 min，然后进入站台候车与上车 2~3 min，乘客在车厢内逗留的时间视目的地远近而不同，如果乘车距离 15 km，则大约需 30 min，下车时经站台至站厅到地面约需 3 min。这样的一次乘车过程历时约 35 min，在车厢内的时间约占 85%。因此，对乘客而言，在地铁不同位置其对环境舒适性的要求不同，车厢是舒适性要求最高的地方。

具体而言，地铁内部有四种不同的环境：①车站的站台和站厅；②管理与设备用房；③区间隧道；④车厢内。对它们分别采用不同的环境要求，如温度、湿度、空气流动速度、空气质量，乃至照度、色调、装饰、噪声等。车厢内和管理用房应按舒适区考虑，站台和站厅按过渡区(即"暂时舒适")考虑，设备用房按设备具体要求考虑，区间隧道则仅需考虑通风。

2. 地铁环境控制技术要求

我国 2013 年颁布的《地铁设计规范》(GB 50157—2013)中要求：地铁的通风、空调与供暖系统应保证地铁内部空气环境的空气质量、温度、湿度、气流组织、气流速度、压力变化和噪声等均能满足人员的生理及心理条件要求和设备正常运转的需要。

(1)温、湿度

对于车站的站厅和站台层，为了节约能源，只考虑乘客由地面进入地下车站有较凉快的感觉，满足"暂时舒适"就可以了，因此通常站厅层的计算温度比室外温度低 2℃，站台层比站厅层再低 1℃，就能满足暂时舒适的要求。如南京地铁 1 号线站厅夏季的空调计算温度取 30℃；站台取 29℃。而车站管理用房等，由于工作人员长时间在里面工作，按舒适考虑，一般取 27℃；列车车厢中取 27℃。

对于区间隧道，正常工况最热月日最高平均温度 $t \leqslant 35℃$；阻塞工况温度标准为 $t \leqslant 40℃$。车站相对湿度控制在 45%~65% 之间。

(2)风量及风速

人员最小新风量：城市地铁为地下工程，站内空气质量较室外差，因此人员的新风量标准就显得尤为重要，按规定，并考虑到各地的具体情况，站厅站台空调季节采用每个乘客按不小于 12.6 m^3/(h·人)，且新风量不小于系统总风量的 10%；非空调季节每个乘客按不小于 30 m^3/(h·人)，且换气次数大于 5 次/h；设备管理用房人员新风量按不小于 30 m^3/(h·人)，且不小于系统总风量的 10%。

风速设计标准按正常运营情况与事故通风与排烟两种情况而定。

正常运营情况下，结构风道、风井风速不大于 6 m/s；风口风速为 2~3 m/s；主风管风速不大于 10 m/s，无送、回风口的支风管风速为 5~7 m/s，有送、回风口时风速为 3~5 m/s；风亭格栅风速不大于 4 m/s；消声器片间风速小于 10 m/s。

事故通风与排烟情况下，区间隧道风速控制在 2~11 m/s 之间；采用金属管道，排烟干管风速小于 20 m/s，采用非金属管道时排烟干管风速小于 15 m/s；排烟口的风速小于 10 m/s。

防灾主要设计标准包括：城市地铁火灾只考虑一处发生；站厅火灾按 1 m^3/(min·m^2)计算排烟量；站台火灾按站厅至站台的楼梯通道处向下气流速度不小于 1.5 m/s 计算排烟量；

区间隧道火灾按单洞区间隧道过风断面风速 $2 \sim 2.5$ m/s 计算排烟量。

（3）空气质量、压力变化及噪声

空气质量标准为 CO_2 浓度小于 1.5‰。

当区间隧道内空气总的压力变化值大于 700 Pa 时，其压力变化率不得大于 415 Pa/s。

各种噪声控制标准为正常运行时，站厅、站台公共区不大于 70 dB(A)；地面风亭白天 ≤ 70 dB(A)，夜间 ≤ 55 dB(A)，环控机房 ≤ 90 dB(A)；管理用房（工作室及休息室）≤ 60 dB(A)。

5.1.3　通风空调系统的组成

城市地铁通风空调系统的组成与各地下车站功能区的划分是密切相关的，其中还必须兼顾到安全性，如防排烟系统的设置问题。不管是站台加装了屏蔽门的屏蔽门系统还是通常的闭式系统，车站内部的通风空调系统均可简化为四个子系统：公共区通风空调兼排烟系统；设备管理用房通风空调兼排烟系统；隧道通风兼排烟系统；空调制冷循环水系统。

1. 公共区通风空调系统

城市地铁车站的站厅、站台层公共区是乘客活动的主要场所，也是环控系统空调、通风的主要控制区。公共区的通风空调简称为大系统。设计中除在站厅、站台长度范围内设有通风管道均匀送、排风外，还在站台层列车顶部设有车顶回、排风管（OTE），站台层下部设有站台下回、排风道（UPE），并在列车进站端部设有集中送风口，其作用是使进站热风尽快冷却、增加空气流动、减少活塞风对乘客的影响。

车站的空调、通风机设于车站两端的站厅层，设备对称布置，基本上各负担半个车站的负荷，车站大系统一般有：四台组合式空调机组，四台送、排风机，及相应的各种风阀、防火阀等设备，其作用是通过空调或机械通风来排除车站公共区的余热余湿，为乘客创造舒适的乘车环境，并在发生火灾时通过机械排风方式进行排烟，使车站内形成负压区，新鲜空气由外界通过人行通道或楼梯口进入车站站厅、站台，便于乘客撤离和消防人员灭火。

2. 设备管理用房通风空调系统

车站的管理及设备用房区域主要分布着各种运营管理用房和控制系统的设备用房，它是城市地铁车站管理系统的核心地带，也是环控系统设计的重点地区，这类用房根据各站不同的需要而设置。车站设备用房通风空调系统又简称小系统。机房一般布置在车站两端的站厅、站台层，站厅层主要集中了通信、信号、环控机房以及车站的管理用房，站台层主要布置的是高、中压供电房。

由于各种用房的设备环境要求不同，温湿度要求也不同，根据各种用房的不同要求，小系统的空调、通风基本上根据以下四种形式分别设置独立的送风和（或）排风系统：

①需空调、通风的用房，例如通信、信号、车站控制、环控电控、会议的等用房；

②只需通风的用房，例如高、低压，照明配电，环控机房等用房；

③只需排风的用房，例如洗手间、储藏间等；

④需气体灭火保护的用房，例如通信、信号设备室，环控电控室，高低压室等。

车站小系统的设备组成主要包括为车站的设备及管理用房服务的轴流风机，柜式、吊挂式空调机组及各种风阀。

3. 隧道通风兼排烟系统

隧道通风系统的设备主要由分别设置在车站两端站厅、站台层的四台隧道通风机，以及与其相应配套的消声器、组合风阀、风道、风井、风亭等组件构成，其作用是通过机械送、排风或列车活塞风作用排除区间隧道内余热余湿，保证列车和隧道内设备的正常运行。另外在每天清晨运营前半个小时打开隧道风机，进行冷却通风，既可以利用早晨外界清新的冷空气对城市地铁进行换气和冷却，又能检查设备及时维修，确保事故时能投入使用；在列车由于各种原因停留在区间隧道内，而乘客不下列车时，顺列车运行方向进行送、排机械通风，冷却列车空调冷凝器等，使车内乘客仍有舒适的旅行环境；当列车发生火灾时，应尽一切努力使列车运行到车站站台范围内，以利于人员疏散和灭烟排火。当发生火灾的列车无法行驶到车站而被迫停在隧道内时，应立即启动风机进行排烟降温：隧道一端的隧道风机向火灾地点输送新鲜空气，另一端的隧道通风机从隧道排烟，以引导乘客迎着气流方向撤离事故现场，消防人员顺着气流方向进行灭火和抢救工作。

4. 空调制冷循环水系统

车站空调制冷循环水系统的作用是为车站内空调系统制造冷源并将其供给车站空调大、小系统中的空气处理设备(组合式空调箱、柜式风机盘管)，同时通过冷却水系统将热量送出车站。

目前，城市地铁通风空调系统根据冷源与车站的配置关系分为独立供冷与集中供冷两种形式。独立供冷每个地下车站中均设置冷冻站，配备冷水机组、冷却水泵、冷却塔、空调箱等设备。集中供冷系统采用集中设置冷水机组、联动设备及其他辅助设备，经过室外管廊、地沟架空、区间隧道敷设冷水管，用二次水泵将冷水输送到车站空调大系统末端。集中供冷系统具有能效高、环境热污染小、便于维护管理等优点，目前已在广州地铁 2 号线、香港地铁、开罗地铁等地铁车站中成功应用。

5.1.4 通风建筑物

通风建筑物指为了安装通风设备和输送、排放气流而设置的一整套建筑物。随着地铁埋深的不同，对这类建筑物的要求也有所不同。

1. 浅埋地下铁道通风建筑物

浅埋地铁通风建筑物包括地面风亭、风道、风机室、消音室等，图 5-8 为带风机通风建筑物示意图，当不带风机时，风道相应缩短。

(1)通风口及地面风亭

地面通风口在自然通风方式中采用，设于人行道路面上，要注意避免地面水灌入。因为利用列车行走的活塞作用，所以每经过一列车

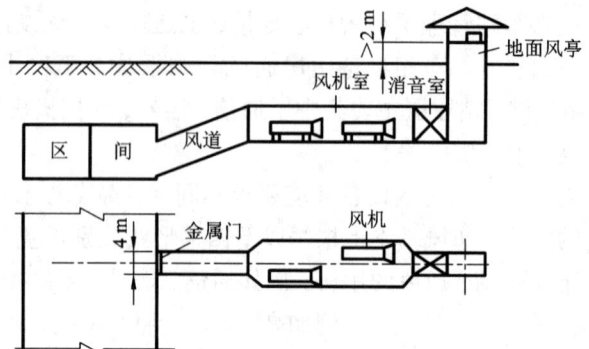

图 5-8 浅埋地铁通风建筑物

就要进、排风一次。这种通风口的间隔取决于通风口的面积、形状、列车运行的次数及隧道构造(断面形状、衬砌内表面光滑程度等)。

地面风亭应位于建造方便的地方，尽可能设在绿阴之中，亦即尽可能处在卫生条件较好的地带，以避免将地面污浊空气吸入地下铁道中。任何建筑物距风亭风口的直线距离不应小于 5 m，风亭的设置地点应尽量避开地面人流集中的地方，以免相互产生不良影响。

风亭的断面形状可以是方形、圆形、六边形等，应使其外观与周围环境格调协调一致。进（排）风窗离地面的高度应不小于 2 m，风窗上设置网格为 15 mm×15 mm 的金属网，以阻挡异物进入。风亭应有尺寸为 1.0 m×1.8 m 的内开金属门，以便维修人员进入。通风亭楼盖下边安设有一根装配顶梁，用以拆卸窗栅来搬运通风设备。

（2）风道

风道为连接地铁与地面风亭的一段通道，它在隧道的边墙上形成风洞口，其上边应尽量靠近隧道顶板，其下面应尽可能接近轨道平面，以使通风面积尽可能大。风道断面可由计算决定，一般为 4 m 宽，但即使在最狭窄的地方也不应小于 2 m×3 m。风道断面为矩形或正方形。选择风道埋深时，覆盖土厚度应不小于 1.0 m，同时应考虑避开城市地下管网，当实在避不开，且又不妨碍风道使用的话，可让管网穿经风道，如有妨碍时，应会同城建有关部门在是拆迁管网还是移开风道之间进行妥善处理。

风道内应有经常的电力照明，风道紧靠隧道的地方，应设金属栅栏，栅栏上设有高 1.8 m、宽 1.0 m 的门。风道纵向坡度不得小于 3‰，中央应设 150 mm×150 mm 的敞口排水沟，沟边至风道侧壁的横向坡不小于 2‰。

（3）风机室

如图 5 - 9 所示，用于放置通风机。风机室的尺寸应根据风机限界、风机安装与拆卸作业的方便以及风机运作时的空间需要等条件来决定。风机室一般设置在靠近区间隧道或车站隧道的风道内，本身就是风道的扩大部分，因为这样可以减少土方量。若在风机室内安装两台风机，则最方便的办法是前后交错排列。若并排设置，则在两侧都必须设置过道，如图 5 - 9 所示。由于地铁的通风量大，运行模式复杂，

图 5 - 9　地铁风机与风机室

在风机室中还需要设置组合风门来满足对风量的控制要求，即图 5　9 中右侧的格栅部分。

（4）消音室

用于放置消声器。地铁风道形状比较复杂，消声器的外形需根据断面的形状特定加工。地铁中的噪声主要来自列车的运行和通风机的运转，由于隧道的密闭性，噪声不易散开，致使噪声级高达 80～90 dB（A）。对车站来说，列车进出站的噪音是不连续的，列车进站时噪声大，离站后噪声小，而风机运转的噪声却是连续不断的，对车站影响较大，因此我国规定通风设备传至车站的噪声不得超过 70 dB（A）。这一标准是根据既不影响人们普通的交谈，又尽可能地不使消音设备的造价太高而制定的。上海、广州和北京的地铁均按这一规定设计消音室。一般而言，浅埋地铁在风机室的两端均应设消音室，以使得地面风亭一边和车站一边都能消除风机开动时发生的噪音，而地面风亭一侧的消音还应符合现行有关城市区域环境噪声的控制标准。

2. 深埋地下铁道的通风方式和通风建筑物

深埋隧道一般不采用自然通风，这是因为隧道埋深较大，从隧道内至地面的风道长度增加，而活塞风的风量与风压有限，不能满足通风要求。但除了自然通风外，上述几种通风方式均可采用。通风建筑物如图 5 – 10 所示，有地面风亭、顶层通风隧道、底层通风隧道、通风竖井等，也可以利用自动扶梯隧道进行通风。

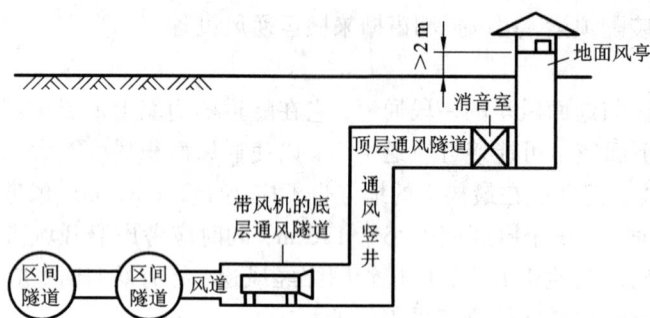

图 5 – 10　深埋地铁通风建筑物

5.1.5　通风设计计算

地下铁道通风设计主要有两个内容，一是选择通风方式，它与地铁的埋深、地下水位、地面建筑密集程度、月平均最高温度、车站间距、行车密度以及乘客舒适度标准等因素有关。二是确定通风设备及相应的通风建筑物尺寸，例如选择风机的型号和台数、决定风道净空尺寸等等。首先来了解造成地铁内空气环境恶化的主要因素。

1. 地下铁道内空气恶化的主要因素

根据资料统计，列车本身及列车空调的散热约占地铁总热量的 74%，照明、广告灯箱的散热约占 6%，设备（如自动扶梯、售票机等）的散热约占 5%，乘客和工作人员的散热约占 15%。具体分析如下：

①列车运行散发出大量的热量，据北京地铁和其他一些资料统计，列车编组为 6 节，最大通过能力为 30 对/h，1 km 地铁隧道内平均热量超过 1200 kW。同时，由于地铁的围护结构与其周围的地层是一个极大的容热体，热量不易发散出去，这就形成了地铁内的高温环境，此外，列车运行时还带动了相当数量的灰尘。

②空调、照明及其他电力设施运行时产生的热量。

③地铁内人们的活动散发的热量、有害气体、湿气、灰尘。

④周围的地层通过衬砌向隧道内渗入有害气体和水汽。

⑤在牵引供电是接触网方式下，由于接触网的放电，也散发出一些有害气体。

在这些使空气恶化的因素中，产生的热量是最关键的因素，通风量如能满足消除热量的要求，就能同时消除其他不利因素的影响。因此，地铁的通风设计都是按消除热量来进行的。

2. 地下铁道内的热源

在列车运行、人流、照明、各种设施运转等众多热源中，最主要的是地铁中的电能，电能通过各种形式最终在列车、区间和车站内转化为热量。

(1)列车运行产生的热量

送入列车的牵引电能,一部分用于克服钢轨的阻力,另一部分用于克服空气摩擦阻力,这两者都直接转化为热量。列车运行散发的热量与许多因素有关,如列车运行间隔时间、列车自重和载重量、列车每昼夜的运行时间、区间长度、线路弯道大小、纵坡坡度等。

在一昼夜中,列车运行的密度是不均衡的,高峰时间内密度大,其余时间段内小一些,而深夜停运。计算时采用计算行车密度,其值约为最大行车密度的70%。例如最大行车密度为 30 对/h,则其计算行车密度即为 30 ×0.7 =21 对/h。

线路的平纵面设计将直接影响到列车的运行阻力和行车速度,例如当列车由直线地段进入小半径曲线地段时,车轮的阻力急剧加大,导致热量大幅度增加;当列车驶上长大坡度时,牵引阻力增加,下坡时制动阻力也增加,都导致了耗电量加大,散热量上升。计算行车产生的热量,一般要根据列车运行曲线图进行。但大致估算时,一般认为在一条线路全长上的电能消耗是均匀的,多按运行吨千米平均耗电量来计算[日本按 0.05 ~0.07 kW/(t·km),俄罗斯为 0.052 kW/(t·km)]。

列车重量大,耗电量亦大,计算列车重量时应将乘客重量计算在内,每节车辆容纳的乘客数为定员数乘以超员系数(日本为 1.5,苏联为 1.15)。乘客重量为车辆容纳的乘客数乘以平均人重。

综上所述,每小时内列车运行的耗电量可按下式计算:
$$Q_{列} =2\ ml(P_{车} +P_{人}) \cdot q \tag{5-1}$$
式中:$Q_{列}$ 为列车运行所耗功率,kW;m 为计算行车密度,对/h;l 为通风区间长度,km;$P_{车}$ 为列车重量,t;$P_{人}$ 为乘客重量,t;q 为列车每吨千米耗电量,kW·h/(t·km)。

每 1 kW·h(即 1 度电)换成热量为 860 kJ,则求得每小时列车的散热量为:
$$T_{列} =1720\ ml(P_{车} +P_{人}) \cdot q\ (kJ) \tag{5-2}$$

(2)乘客散热量

乘客散热量与地铁内温度、地铁内同时停留的人数及人们的活动状态有关。例如一般成年男人在步行状态时的散热量平均为 115 kJ/h,其中显热为 45 kJ/h,潜热为 70 kJ/h。人体散发的热量并不是全部散发到周围空气中的,其中一部分消耗蒸发在人体皮肤表面、肺脏和衣服的湿气上,称为潜热,另一部分散发到空气中称为显热。各国在计算时取热方式不一样,如前苏联仅计算显热量,平均采用 70 kJ/(人·h)(周围气温 20 ~25℃时),而日本则采用全部散发热量(简称"全热")进行计算,其值为 100 kJ/(人·h)。我国也按全热考虑。

地铁系统中人体散热占地铁中总热量的 8% 左右。分为车站上人体散热和车厢内人体散热。

①乘客在车站上的散热量。
$$Q_{人1} =n_1 \cdot t_1 \cdot q_1 (kJ/h) \tag{5-3}$$
式中:n_1 为车站上乘客数,(人/h);t_1 为乘客在车站上停留时间,h;q_1 为乘客散发全热,[kJ/(人·h)]。

②乘客在车厢内散热,最终传至隧道内。分两种情况考虑:

ⓐ列车装有空调时。

此时,乘客在车厢内散发的热量被空调冷气所抵消,而散发到隧道中的热量主要是空调冷凝器产生的热量。在列车运行及停站时间内散发的热量:

$$Q_{空调} = k(t_2 + t_3)q_{空调}(\text{kJ}) \tag{5-4}$$

式中: k 为在计算区段内列车的总节数; t_2 为列车在计算区段内运行的时间; t_3 为列车在计算区段内停站的时间; $q_{空调}$ 为列车空调冷凝器散热量, kJ/(人·h)。

ⓑ列车不设空调时。

在列车运行及停站时间内散发的热量:

$$Q_{人2} = k(t_2 + t_3)\bar{n} \cdot q_1(\text{kJ}) \tag{5-5}$$

式中: $\bar{n}$ 为车厢内平均乘客数量, 人/节车厢。其余符号同上。

③照明散热量。

照明散热量占总热量的比例不大, 但不能忽略不计。车站内照明一般给出单位面积照明负荷, 区间隧道照明一般给出每米隧道长度照明负荷, 按下式计算:

$$\left.\begin{array}{l} Q_{照站} = F \cdot W_{照站} \\ Q_{照区} = L \cdot W_{照区} \end{array}\right\} \tag{5-6}$$

式中: $Q_{照站}$ 为车站照明散热量, kJ/m²; $Q_{照区}$ 为区间照明散热量, kJ/km; F 为车站站厅和站台面积, m²; L 为计算区段隧道长度, km; $W_{照站}$ 为车站单位面积照明指标; $W_{照区}$ 为区间隧道单位长度照明指标。

国内地铁设计, 一般取 $W_{照站} = 19$ kJ/(m²·h), $W_{照区} = 5160$ kJ/(km·h)。

(3)设备散热量

机房设备以及自动扶梯、售检票装置、广告栏等都会散热, 可直接按设备的负荷及效率计算散热量 $Q_{设备}$。

(4)总散热量

总散热量为上述各散热量之和:

$$Q_{总} = Q_{列} + Q_{人1} + Q_{人2}(\text{或} Q_{空调}) + Q_{照站} + Q_{照区} + Q_{设备} \tag{5-7}$$

(5)隧道结构周围地层的传热

由于各种原因, 上述计算的散热量并不是全部为空气吸收, 其中有一部分为周围地层所吸收, 而这部分不应包括在所需的通风量之中。因此有:

$$Q_{热} = Q_{总} - Q_{传} \tag{5-8}$$

式中: $Q_{热}$ 为需要由通风散去的热量; $Q_{总}$ 为总散热量; $Q_{传}$ 为周围地层吸收的热量。

结构周围地层的吸热过程是不稳定的传热过程, 传走热量的大小取决于隧道周围地层的温度、湿度、衬砌种类、隧道内气流的温度和流速等, 往往简化为稳定传热过程来计算, 可用下式计算:

$$Q_{传} = F \cdot q \tag{5-9}$$

式中: F 为隧道壁面的传热面积, m²; q 为通过 1 m² 隧道面积的传热量, kW/m², 用下式计算:

$$q = \frac{t_e - t_s}{\dfrac{1}{\alpha} + \dfrac{d}{2\lambda} \cdot \ln\left(1 + \dfrac{2e_p}{d}\right) \cdot 1000} \cdot e_p(d + e_p) \cdot \ln\left(1 + \frac{2e_p}{d}\right) \tag{5-10}$$

式中: t_e 为加热终了时隧道空气温度, ℃; t_s 为隧道周围地层自然温度, ℃; α 为对流换热系数, W/m²·℃; d 为隧道的当量直径, m; λ 为隧道周围地层的导热系数, W/m²·℃; e_p 为热透厚度, m。

3. 通风量计算

为了消除剩余热量 $Q_热$ 所需的通风量：

$$V_通 = \frac{Q_热}{c \cdot \rho \cdot \Delta t} \tag{5-11}$$

式中：$V_通$ 为排除余热所需通风量，m^3/h；c 为 1 kg 空气的热容量，其值为 0.24 kJ/(kg·℃)；ρ 为空气的密度，kg/m^3；Δt 为地铁送入与排出空气的温度差，℃。

所采用的通风量除满足消除剩余热量要求外，还应满足如下要求：

①供给每个人的新鲜空气量不应小于 30 m^3/h；

②使空气在隧道中，具有稳定流动状态的最小风速，对加劲肋突出的衬砌为 0.5 m/s，表面平滑的衬砌为 0.15 m/s。

在行车密度较低的地铁(如郊区)，从减少设备投资，降低噪音及运营费用出发，可以考虑采用活塞通风。但因影响活塞风的因素较复杂，如通风口的间距与大小、车速、站距等，很难作出准确的风量计算。可由实测资料概略计算通风量。

一般而言，一个车站通风口的通风量约为 60 m^3/min，每米宽出入口的通风量约为 100 m^3/min，它们的风流影响范围约为 200 m；站和站之间一次列车通过时活塞风的平均通风量约为 300 m^3/min，影响范围约为 800 m。据此可大概估算自然通风风量，通过计算结果与所需要的通风量比较，决定是否满足要求，作为初步估计之用。

4. 通风阻力计算与风机选择

空气在地铁通风网中流动的阻力，按一般方法来计算，而不用考虑列车运行对通风气流的影响。这是因为虽然在隧道中运行的列车当驶近压入风井时，在列车的前方隧道中形成高压，而在列车后方隧道中形成负压(吸出风井效果正好相反)，但列车在两方向内行驶的密度是相等的，它们的影响基本上彼此抵消。可以认为列车在隧道中运行的总的影响，对于用一般方法计算的通风网阻力数值的变化是没有什么重要意义的。

通风阻力一般可分为两类，即摩擦阻力(沿程阻力)和局部阻力，前者为空气与风道壁间摩擦产生，后者为由于风道断面尺寸改变和风流方向改变或遇局部障碍而产生。

(1)摩擦阻力($h_摩$)的计算

由流体力学的圆形管道摩擦阻力的计算公式(达西公式)，有：

$$h_摩 = \lambda \cdot \rho \cdot \frac{L \cdot v^2}{8R} \tag{5-12}$$

式中：$h_摩$ 为摩擦阻力，Pa；λ 为摩擦系数，即达西系数，无因次，由衬砌或风道表面粗糙度确定；ρ 为空气密度，kg/m^3；L 为风道长度，m；R 为风道的水力半径，m，$R = \dfrac{\text{风道面积 } F}{\text{风道周长 } S}$；$v$ 为风道内空气流动速度，若通过风道的通风量为 $V_通$，则 $v = V_通/F$ (m/s)。

令 $\alpha = \dfrac{\lambda \cdot \rho}{8}$，式中 α 称为摩擦阻力系数，则有：

$$h_摩 = \alpha \cdot \frac{L \cdot v^2}{R}$$

由此式即可代入相应有关数值计算通风网中各段的沿程阻力。

(2)局部阻力($h_局$)的计算

局部阻力是指风流在流动过程中因遇到局部障碍而产生的阻力，例如管道拐弯、断面变化等。可用下式计算：

$$h_{局} = \xi \cdot \frac{v^2 \cdot \rho}{2} \tag{5-13}$$

式中：ξ 为局部阻力系数，一般由实验或计算求得，可查阅有关通风管路的阻力计算资料，以供参考；v 为每一区段中局部障碍前后的气流平均速度，m/s；ρ 为空气密度，kg/m³。

（3）通风网路中总阻力及降低阻力的措施

通风网路中总阻力为：

$$h_{通} = \sum h_{摩} + \sum h_{局} \tag{5-14}$$

每个风井的通风网，由地面风亭（包括消音室）至通风空气进入地铁隧道的出口的全阻力应不大于 600 Pa。否则，就需增加风机的转数，这会导致风机噪音的增加，以及电能消耗和运营费用的增加。因此，应该尽量降低摩擦阻力。

从式（5-12）中知，减小风道摩擦阻力系数、缩短通风距离、增大风道断面积均可有效降低摩擦阻力。而在这些措施中，增大风道断面积是最为有效的，这不仅可以提高单机送风距离，还可以降低通风的能耗。

（4）风机选择

已知 $V_{通}$ 和 $h_{通}$ 后，由风机工作特性曲线即可选择风机。风机应满足下列条件：

①可逆式，风向逆转时，逆转风量不低于正转风量的 90%；

②风量在 40~90 m³/s、风压在 800~1200Pa 之间；

③低噪声；

④能排除 150℃ 的烟气，因此风机需耐温 150℃，持续工作 1h。

在地铁运营通风中，一般都使用轴流式通风机，而不用离心式通风机。我国目前生产的隧道风机型号很多，完全可以满足地铁的需要。

风速过大易使人感到不适，也会使运营费用增加，不论是深埋还是浅埋，通过通风建筑物的空气流速不宜大于表 5-2 中所列数值，通风道的断面设计应注意风速要求。

此外，站厅和站台的瞬时风速不宜大于 5 m/s。

表 5-2　通风建筑物内的最大风速

通风建筑物名称	风速/(m·s⁻¹)
通风道、通风竖井	8
风亭通风格栅	4
站台下排风道、列车顶部排风风道	15

5. 地下铁道辅助房间的通风

地铁辅助房间的通风也称为局部通风，即地下各类设备用房和管理与生活用房，由于各自独立，不能有效地利用车站通风，故需要另外设置局部的通风系统。考虑到这类通风系统数量较多，而风量与整个隧道的通风量相比又显得很小，因此除了有毒气体或排出气体热量很大应直接排放到地面上之外，其余都允许排到隧道内。这种通风系统应有消声和减振措施，要求通风设备传至各房间内的噪声不得超过 60dB（A）。同时，对于房间的换气次数也有具体的要求，依房间的不同功能而不同，表 5 - 3 简单列举了几种，供了解。

表 5 - 3　车站用房换气次数

房间名称	小时换气次数	
	进风	排风
站长室、站务室、值班室、休息室、会议室、更衣室、修理间、清扫员室、警务室	6	6
售票室、车站控制室、广播室	6	5
配电室、机械室、盥洗室	4	4

5.1.6　车站空调负荷计算

确定车站采用空调系统后，应计算空调通风量和空调冷负荷。由车站余热量和余湿量计算空气变化热湿比值。利用 $i—d$ 图（焓湿图），根据设计要求确定车站内空气状态点 N；根据空调工作方式确定经表冷器后的空气状态点 K 及送风状态点 S，计算送风量及满足新风量的空气混合状态点 M，即可求得车站空调的送风量和冷负荷量。

$$V = 3.6 \frac{\Delta Q}{(i_N - i_S)\rho} \tag{5 - 15}$$

$$Q = \rho \cdot V(i_M - i_K)/3.6$$

式中：V 为空调系统的送风量，m^3/h；Q 为空调系统的冷负荷量，W；ΔQ 为车站内的余热量，W；i_N、i_S、i_M、i_K 为各空气状态点的空气焓量，kJ/kg。

注："焓"为单位质量的物质所含的全部热能。

5.2　地下铁道的照明

地下铁道的照明分为区间隧道照明和车站照明，区间隧道照明要求比较低，而车站的照明要求比较高，因为照明是车站建筑设计的一个重要组成部分，好的照明设计既能为乘客安全地通过车站提供充分的照度，也能为车站建筑风格的形成创造条件，一座照明设计个性化很强的车站有利于吸引客流。本节以介绍地铁车站的照明设计为主，但是照明设计牵涉到的内容很多，本节仅介绍灯具的选择和照度标准等内容，而相关计算等内容可另行参阅照明工程设计手册。

5.2.1　地下铁道照明设计

1. 照明设计的基本原则

照明设计的基本原则：安全、适用、经济、美观。

安全：照明设计必须首先考虑设施安装、维修和检修的方便，使用安全可靠，防止火灾和电气事故的发生。

适用：灯具类型、照度大小、光色的强弱变化等都必须符合使用要求。

　　经济：在设计实施中，应符合我国市场上设备和材料方面的生产水平，尽量采用先进技术，最大限度发挥照明设施的实际效益，降低造价。

　　美观：通过合理的照明设计，正确选择照明方式、光源种类、灯具类型、光色搭配，达到美的意境，体现灯光与地铁建筑的艺术美。

2. 地铁的照明分类

（1）常用照明

指正常状态下的照明，能满足基本的视觉要求。如区间照明就属于这一类，只要能满足检查维修的视觉要求就可以了。

（2）装饰照明

主要用于车站，如站台和站厅等公共场所，在满足常用照明要求的基础上，再以灯光装饰为主题，通过对照明方式、光源种类、灯具数量、光色的综合设计，达到美化环境的效果。

（3）事故照明

在由于照明中断可能造成设备损坏或人身伤亡的地点，除设常用照明外还必须设事故照明，如车站出入口、站厅、站台、值班室、变电所、信号机械室、车站控制室等处。事故照明的总照度应不低于工作总照度的10%，供人员疏散用的事故照明，在危险地段（通道及出入口）应设置不低于0.3Lx的照度。远离供电点的事故照明和指示照明可以采用应急照明灯具，这种灯具自带备用蓄电池，能在电源发生故障时自动投入使用。

3. 照明和信号照明用电

照明及信号照明由两路电源供电。地下要害部位的照明和出入口标志除这两路电源外，还应采用蓄电池（车站专门设有蓄电池室）作备用电源，容量应能保证30 min的供电时间，以满足人们能及时疏散的需要。

4. 卫生要求

地铁车站服务性房间的室内照明，应具有足量的长波紫外线照射，这对工作人员的健康有好处，但应避免紫外线直接射入人眼，并加强通风以排除臭氧。

5. 照明设计的主要内容

①确定照明方式、种类、照度值；

②选择光源和灯具类型，确定布置方式；

③计算照度，确定光源的安装功率；

④设计灯光控制方式；

⑤确定供电电压、电源；

⑥选择配电网络的形式；

⑦选择导线型号、截面和敷设方式；

⑧选择和布置配电箱、开关、熔断器和其他电气设备；

⑨绘制照明布置平面图，汇总安装容量、开列设备材料清单，编制概（预）算，进行经济分析。

5.2.2　地下铁道车站建筑艺术照明处理方法

地铁车站建筑艺术照明处理方法大致可有下述三种类型：

1. 艺术灯具

所谓艺术灯具就是对灯具进行艺术处理,使之具有各种形式,满足美观的要求。其中最为常见的是吊灯,吊灯是在灯架上集中较多的灯,并加以艺术处理,使之光彩夺目,这一过程是由灯具厂家进行的。艺术灯具的种类很多,如还有壁灯、筒灯、射灯等,可供选择的余地也很大,这有助于灯光设计时采用多种方案进行比选,以求突出车站的个性化。在采用艺术灯具方案时应注意车站可供灯具使用的净空高度,不能侵入车站建筑限界,由于吊灯的高度较大,一般用在净空稍高的拱形地铁车站站厅或地面站厅中,而浅埋地铁箱形车站因站厅净空较低,吊灯不适用,常采用吸顶灯、壁灯、筒灯等其他灯具。

2. 灯具造型

用多个造型简单、风格统一的灯具组成有规律的图案,通过灯具和建筑的有机配合取得装饰效果。如常见均匀布置的方形白色吸顶灯,灯具本身没有什么艺术性,但由于采用图案布置方式,而得到了整体的理想装饰效果。这种照明方式安装方便,光线直接射出,亮度损失很小,具有明显的技术合理性和经济性。特别是在一些面积大、高度小的空间里,效果很好。浅埋地铁箱形车站常采用这种照明方式。

3. 照明艺术的建筑化处理

照明艺术的建筑化处理是将光源隐蔽在建筑物构件之中,并和建筑构件(吊顶、墙缘、梁、柱)合成一体的照明形式。

(1)照明特点

①发光体不再是分散的点光源,而扩大成为发光带或发光面。因此可在发光表面亮度较低的情况下,获得较高的照度。

②光线的扩散性极好,整个空间照度十分均匀,光线柔和,阴影淡薄,甚至完全没有阴影。

③消除了直接眩光,减弱了反射眩光。

(2)照明方式

①发光顶棚方式。

为保持稳定的照明条件,模仿天然采光的效果,在玻璃吊顶(顶棚)和结构顶板之间的夹层里装上灯,便构成发光顶棚。

②光梁和光带方式。

它是将发光顶棚的宽度缩小成为线状发光表面。光带的发光表面与顶棚表面齐平。光梁则凸出于顶棚表面。光带和顶棚亮度相差较大,为减小二者之间的亮度对比,把发光表面往下放,使之突出于顶棚,形成光梁。

③格片式发光顶棚方式。

发光顶棚,光带和光梁等方式都存在着表面亮度较大的问题,为解决当照度提高时不免要形成眩光这一矛盾,最常用的是采用格片式发光顶棚,格片是用金属薄板或塑料板组成的网状结构。格片式顶棚除亮度较低,并可根据选用不同格片材料和剖面形式来控制表面亮度外,还有如下特点:

ⓐ可以很容易通过调节格片与水平面形成的倾角,得到预定指向性的照度分布。

ⓑ减少设备层内由于光源散热而造成的热负荷。

ⓒ直立式格片比平放的透光顶棚积尘少。

④外观上比透光材料做成的发光顶棚生动。

由于具有上述特点，这种方式在地铁车站建统艺术照明中常被采用。

④反光顶棚方式。

这种方式是将光源隐蔽在灯槽内，利用顶棚来作为反光表面，光的扩散性极好，可完全消除阴影和眩光。

上述四种方式，往往综合采用，以达到整体的艺术效果和提高光效率。

5.2.3　灯具的种类及应用

灯具是光源和灯罩的总称，光源指的是灯。灯具的种类有：白炽灯、荧光灯、高压汞灯、高压钠灯、金属卤化物灯等。地铁中的大面积照明光源宜采用荧光灯，荧光灯的光接近天然光，与白炽灯相比，在同样的光照度时，荧光灯管所耗的功率小。目前还出现了各种各样的节能灯，由于地铁车站照明时间长，如使用节能灯将大大节省能源消耗，从而降低运营费用，但节能灯管的价格比普通灯管要高，使用寿命还不够长，节能灯管有暖色和冷色两种基调供选择，还有彩色节能灯管。

灯罩的作用，首先是提高光源所发出的光通量的利用率，把它重新分配到所需的范围内，其次是保护视觉，避免和减轻光源高亮度的刺激，对光源也有一定的保护作用。从建筑艺术上看，灯罩本身还具有一定的装饰效果。

灯具的形式与吊顶的形式有着密切的关系，合理的吊顶形式有助于提高灯具的发光效率，它能使照度均匀，不产生眩光，达到预期的艺术效果。目前市场上各种灯具的类型很多，可根据照明设计的要求进行选择。

5.2.4　照度标准

1. 照度标准

照度是衡量物体明亮程度的间接指标（直接指标是亮度），在一定范围内增加照度可使视功能提高。照度与视见物体的大小、视见时间、亮度以及亮度对比等因素有关。地下铁道是一个人员流动度很大的公共场所，为保证乘客的顺利通行和管理工作的正常进行，在整个车站中必须维持一种相对稳定的照度水平，或者说应该达到一种照度标准。照度标准由国家专门部门根据工作性质、工作环境、视觉的舒适度和经济条件等因素，把视觉工作分成若干级，然后规定出每个等级的照度要求，有关照度标准如表 5 - 4 所示。

表 5 - 4　地下铁道内照度标准

序号	场所	参考平面及高度	正常照度(lx)	应急照度(lx)
1	出入口门厅、楼梯、自动扶梯	地面	150	5
2	通道	地面	150	5
3	站内楼梯、自动扶梯	地面	150	5
4	售票室、自动售票机	台面，0.75 m	300	30
5	检票处、自动检票口	台面，0.75 m	300	30

序号	场所	参考平面及高度	正常照度(lx)	应急照度(lx)
6	站厅(地下)	地面	200	5
7	站厅(地下)	地面	150	5
8	站厅(地面)	地面	150	5
9	站厅(地面)	地面	100	5
10	办公室、会议室	台面，0.75 m	300	30
11	休息室	台面，0.75 m	100	10
12	盥洗室、卫生间	地面	100	5
13	行车、电力、机电、配电等控制室综控室	台面，0.75 m	300	300
14	变电、机电、通号等设备用房	垂直面，1.6 m	150	15
15	泵房、风机房	地面	100	5
16	冷冻站	地面	150	5
17	风道	地面	10	5
18	区间隧道	轨平面	10	5
19	地面、高架线	轨平面	5	5
20	道岔区	轨平面	20	5

注：lx：勒克斯，照度单位。

2. 照度计算

照度计算是依据不同场所的照明要求，按照已规定的照度值计算出灯具的功率和数量，常用的计算方法有单位容量法、利用系数法、逐点计算法等，可参看有关书籍。

5.3　地下铁道的供电系统

电力牵引具有能效高和不产生环境污染的优点，因此最适合地铁内列车的牵引。除了列车牵引外，供电设备还要保证通风、空调、自动扶梯、排水泵、照明等设施的用电需求。由于地铁是城市的主要交通干线，供电的可靠性直接影响线路的畅通和人员的安全，一旦地下段停电将导致交通混乱，甚至人员伤亡，因此地铁供电应为一级负荷。

5.3.1　供电系统的功能

1. 接收并分配电能

通过主变电所将来自于城市电网的高压 110 kV 交流电源或其他电压等级交流电降压为轨道交通系统使用的中压交流电，中压交流电一般为 10 kV、20 kV 和 35 kV，再由中压供电网络向牵引供电系统和低压配电系统供电。中压网络的作用主要有：纵向把上级的主变电所和下级的牵引变电所、降压变电所连接起来；横向把全线的各个牵引变电所和降压变电所连接起来。

2. 降压整流及接触传输直流电能

将来自主变电所的 35 kV(或 20 kV、10 kV)电源通过中压网络分配给牵引变电所,并通过降压整流变成轨道交通电动列车使用的直流 1500 V(或直流 750 V)电源,再通过沿线架空接触网(或接触轨)及回流网等,不间断地供给轨道交通电动列车电能,以保证电动列车安全、可靠、快速地运行。

3. 降压及动力配电

将来自于主变电所的 35 kV(或 20 kV、10 kV)电源,通过中压网络分配给降压变电所,经降压变成车站、区间动力照明等设备使用的低压 380/220 V 电源,再通过低压配电系统供给动力照明等设备使用,以保证车站、区间、场、段动力设备和照明系统的正常运行、

4. 电力监控(SCADA)

在轨道交通控制指挥中心(OCC),通过电力调度中心调度端、通道、执行端(RTU),对整个轨道交通供电系统的主变电所、牵引降压混合变电所、降压变电所、牵引网等主要供电设施的运行状态进行实时监控、控制、数据采集及处理,实现供电设备的自动化调度管理,以保证设备的正常运行。

5.3.2　供电方式

地铁供电系统按区域划分可分为集中供电、分散供电和混合供电三种方式。

1. 集中供电方式

集中供电方式在城市地铁沿线均衡地设置几座主变电所,每座主变电所分别从城市电网引入 110 kV 或其他电压等级的电源。集中供电方式城市供电系统自成体系,有利于城市地铁供电的管理,提供了供电的可靠性和灵活性。

国内城市电网电压等级为 35 kV、10 kV 的公用变电站容量较小,供电能力较差,无法为城市地铁的车站提供可靠的电源,因此目前国内大多数城市地铁均采用集中供电方式,其缺点是外部电源的投资较大。集中供电方式的组成如图 5 – 11 所示。

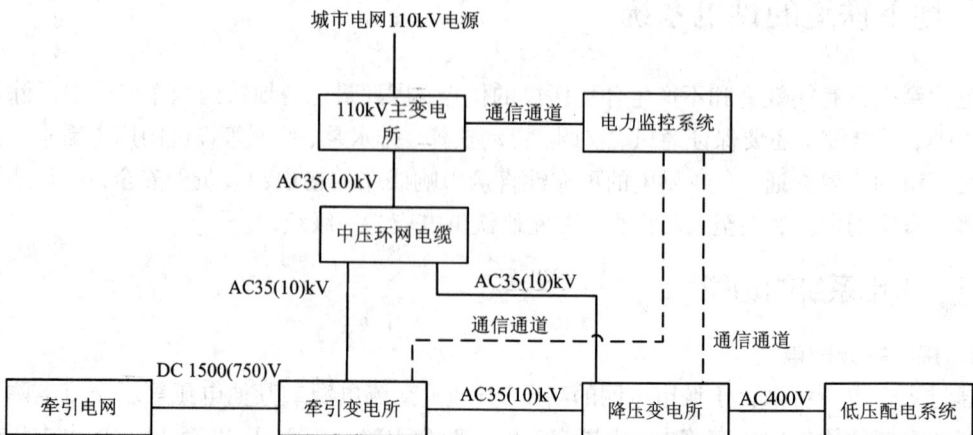

图 5 – 11　集中供电方式

2. 分散供电方式

分散供电方式不设主变电所,各牵引变电所、降压变电所或电流开闭所由城市地铁沿线城市电网就近引两路相互独立的 35 kV 或更低电压等级的电源供电。分散供电方式可由就近的城市电网供电,供电距离短,可极大地节省外部电源投资;但该种供电方式要求城市电力系统的变电所留有足够的备用容量和备用仓位,才能保证城市地铁电源的可行性和可靠性。

城市电网可靠,各车站可以分散取得满足要求的电源时,可优先考虑采用分散供电方式。目前国外发达国家的城市地铁大多采用分散供电方式。集中供电方式的组成如图 5 – 12 所示。

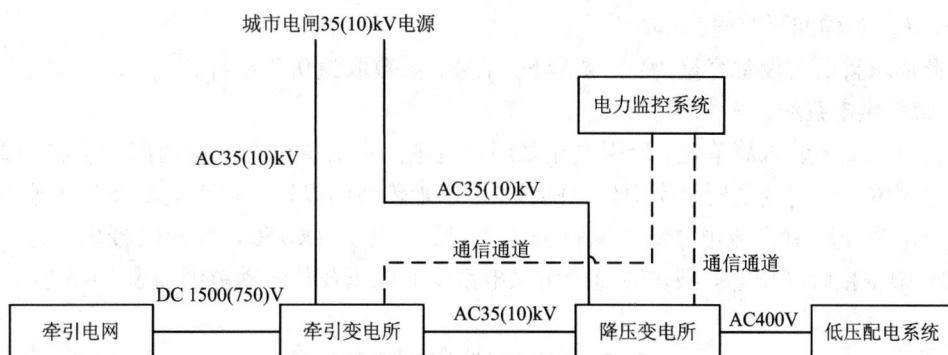

图 5 – 12　分散供电方式

3. 混合供电方式

混合供电方式是前两种方式的结合,以集中供电方式为主,个别地段就近引入城市电网电源作为集中供电方式的补充。当城市地铁交通线路很长,穿越城市中心和郊区,可考虑混合供电方式。

5.3.3　供电系统的组成

地铁供电系统主要由变电所、牵引供电系统、变配电系统和电力监控系统这四部分组成,此外还包括杂散电流防护系统、防雷和接地系统等。

1. 变电所

变电所有三种:主变电所、牵引变电所和降压变电所。

主变电所的作用是将城市电网的 110 kV 高压电源变成地铁牵引供电系统和变配电系统所需要的 35 kV 中压电源。

牵引变电所承担着向牵引电网提供电源的任务,功能是将中压 35 kV 电源降压整流后变成供轨道交通列车使用的直流电源。

降压变电所担负着向车站、区间动力系统、照明系统提供电源的任务。其功能是将中压 35 kV 或 10 kV 电源降为低压 380/220V。

变电所所址的选择会对变电所容量、馈电质量、变电所运行方式产生重要影响。在选址时应考虑使电源引入方便,距城市电网电源不能太远,应紧靠地铁车站。主变电所的设置还要考虑应尽量缩短其与各地铁车站的距离。

为确保地铁设备工作不致中断，变电所(牵引或牵引降压)均有两个独立的供电系统，即当一个供电系统发生故障时能及时转换成另一供电系统。

牵引变电所设置间隔是由电压降容许范围和建筑费用的经济要求来决定的，当牵引电压在750 V时，变电所平均间距为2 km；牵引电压为1500 V时，变电所平均间距为5 km。

变电所的容量由牵引负荷的大小决定，而牵引负荷的大小又取决于电动车辆的形式、车辆编组数、列车对数和线路条件。必要容量的估算可按下式进行

$$必要容量 = (n \times \varepsilon \times N \times L)/H \ (kW) \tag{5-16}$$

式中：n 为轨道线路数，单线区间 $n=1$，双线区间 $n=2$；ε 为电量消耗率，取值可为 $3.3 \sim 3.6 \ kW \cdot h/(车 \cdot km)$；$N$ 为列车车辆编成数，即每列车的车辆数；L 为变电所分担区间，km；H 为运输间隔时间，min。

由此而求得所需设备容量为：必要容量/系数，系数取为0.7左右。

2. 牵引供电系统

为使自动闭塞装置简单化，牵引电流采用直流电。牵引供电系统由两部分组成：牵引变电所和牵引网。牵引变电所是牵引供电的核心，沿地铁线路设置。牵引变电所将当地电网的高压交流电变为牵引直流电；牵引网可分为两种，一种是 DC750V 接触轨授电，另一种是 DC1500V 架空接触网授电。我国直流牵引供电系统的电压及其波动范围如表 5-5 所示。

表 5-5　直流牵引供电系统电压值/V

牵引方式	最低值	标准值	最高值
接触轨	500	750	900
接触网	1000	1500	1800

如果地面情况允许，则将牵引变电所设在地面比较合适；如是地面车站，则与地面站务用房合建，便于运营维护，否则一般设在站台层。

3. 变配电系统

变配电系统由两部分组成：降压变电所和动力照明。

地铁每个车站都应设置降压变电所，将其置于地下车站站台的两端，各负责半个车站和相邻半个区间的供电；如是地面车站，则与地面站务用房合建。如果和牵引变电所位置相同，则将二者合建，且与车站主排水站分设于站台的两端。

地铁内其他动力设备采用交流电，如卫生技术设备(通风、排水、给水等)、信集闭装置和通信设备均采用 380 V，照明用 220 V。在车站两端的站台层和站厅层，宜各设一配电室，以方便对本层用电设备的供电和管理。

4. 电力监控(SCADA)系统

电力监控系统的作用是监控主变电所、牵引变电所和降压变电所的供电运行状况。电力监控系统能够提高管理水平，提高工作效率，保证供电的可靠性，减少运营管理费用。电力监控系统由控制中心主站系统、数据传输通信通道、被控站(子站)系统组成、主站一般设在地铁控制中心大楼内，各子站(远程控制终端)设在各变电所内。

电力监控系统能对城市地铁供电系统设备运行状态进行实时监控和故障报警，对城市地

铁供电系统中的主要运行参数进行遥测,实现汉化的屏幕画面显示,具备运行和故障记录信息的打印,电能统计等的日报月报制表打印等功能。

5.4　地下铁道的通信与信号

5.4.1　通信

通信系统是轨道交通运营指挥、企业管理、公共安全治理、服务乘客的网络平台,为列车运行的快捷、安全、准点提供了基本保障。

通信系统在正常情况下应保证列车安全高效运营、为乘客出行提供高质量的服务保证,在异常情况下能迅速转变为供防灾救援和事故处理的指挥通信系统。为了满足地铁的这些特殊性,地铁通信必须具备以下的特点:

①通信系统应是组织地铁运营的神经中枢,并且为其他自动化系统提供通道。

②地铁通信必须有很强的专用性。

③地铁通信是综合性通信网。

④地铁通信网必须与地铁各相关设备保持通畅的衔接和接口关系。

⑤通信系统各终端设备应稳定可靠,操作简便,软件内容丰富,兼容性强,易于功能扩展。

地铁通信系统因传输媒介的不同可分为有线通信和无线通信,因传输对象的不同而分为话音、数据和图像通信,因使用性质和范围的不同又可分为专用通信、公务通信、广播和闭路电视等。上述通信都需要利用传输线路连接起来,构成地铁的专用、综合通信网。

1. 专用通信系统

(1)调度电话

调度电话是为总调、行车、电力、环控(防灾)等部门的调度指挥人员提供的通信手段。调度电话系统由中心设备、车站设备和传输通道三部分组成。

中心设备设于调度中心,为总调度员、行车调度员、电力调度员、环控(防灾)调度员使用,用来选呼车站、车场值班员或接收他们的呼叫,建立通信联系。

车站设备设于各车站、变电所、防灾、车场值班员处,用来接收中心呼叫或呼叫对方,建立通话联系。

传输通道是中心设备和车站设备之间的传输媒介,由光缆数字复用传输系统提供。

(2)站间行车电话

站间行车电话又称闭塞电话,是相邻车站行车值班员间执行行车业务设置的直通电话。

站间行车电话系统由专用电话总机、分机和传输通道三部分组成。

总机设于车站值班员处。

分机设于站长室、公安值班室、变电所值班室、环控(防灾)值班室、站台两侧的室外电话箱内等处。

传输通道:站间由光缆数字复用传输系统提供,站内采用电缆实回线。

(3)区间电话

供区间列车司机和维修人员与相邻站行车值班员及相关部门紧急联系使用。

区间电话系统由电话机箱、便携式电话机和传输线路组成。

电话机箱设于靠近信号机、道岔、接触轨(或接触网)、开关箱、通信机房、隔断门等处。一般地下每隔 200 m，地上每隔 300 m 设置一个电话机箱。

2. 通信系统

地铁的公务通信系统必不可少，以满足地铁内部工作人员及其对外部的公务联络需要。它由车辆段电话分局、车站电话分局和控制中心电话局三部分组成，与市话相连。

3. 无线通信系统

地铁无线通信具有机动、灵活的特点。可以使调度指挥人员、设备检修人员、列车司机间能随时进行话务联系，及时了解在线列车运行状况；特别是在行车密度高、速度快的地铁中，更是不可缺少的。根据服务区域的不同，分为运行线路调度无线通信系统和车辆调度无线通信系统两个系统。

4. 闭路电视系统

闭路电视系统是地铁运营管理自动化的配套设备。它为管理人员提供直观的第一手信息，及时掌握运行列车在各站的到、发时刻，停点时分；用以监视客流，随时了解客流分布情形。闭路电视系统由摄像机、监视器和传输电缆组成。

5. 广播系统

为保证地铁正常运营，提供语音广播功能，它具有信息传播范围大的特点，虽然是一种传统的信息模式，但却是其他通信系统所难以替代的。广播系统用于管理人员进行指挥、调度，尤其是在紧急情况下可迅速向工作人员和旅客发布通知公告，保证管理措施的顺利展开。广播系统由中心广播控制台、车站广播控制台和传输通道组成。

6. 时钟系统

地铁时钟系统是为中心行车调度员、电力调度员和车站值班人员等地铁运营人员以及乘客提供统一的标准时间的计时系统，对保障地铁运营起着重要的作用。

7. 传输系统

为了传输各子系统的话音、数据、图像等讯息，在地铁中设置了一个多功能的、高可靠性的集中管理综合传输网。

5.4.2 信号

随着科学技术的迅速发展，种种高科技设备在现代化的地铁中也日益增多，在信号设备上的体现十分明显，这些技术的利用使得列车的管理、调度及安全性有了很大程度的提高。

地铁为了保证适应高峰客流的足够运输能力，需要缩短列车运行间隔时间和增加列车编组数，在提高运输效率的同时，还必须确保安全性，这就需要有完善的自动信号保安设备。这些设备由控制中心统一控制，形成整个线路运行状况的综合管理系统。目前，具有代表性的自动控制系统有如下几种：

(1)接触轨式列车自动停车（ATS）装置、高频连续诱导式自动控制（ATC）装置

ATS 是接触控制方式，能使列车自动停车，另外把 3 kHz 左右的信号电流输入钢轨，高频连续诱导式自动控制装置(ATC)便将列车速度连续地控制在限制车速以下，当列车进入显示停车信号的信号机时，列车自动启动紧急制动闸而停车。

此外，还能将信号电流输入车内信号装置，可以在行驶的列车内显示信号，提醒车内工

作人员，大大地提高了行车安全性和运行效率。

（2）列车自动运行（ATO）装置

ATO 装置为列车自动运行装置，只要司机按动操纵电钮，设于轨道中间的装置便会发出加速、减速、制动、定点停车等多种信号，并启动车上装置，控制列车自动运行。

（3）自动进路设定（ARC）装置、遥控列车集中（CTC）装置

ARC 为自动进路设定装置，可以自动检测出普通列车和快速列车的进路。CTC 是从控制室遥控列车进路的集中控制装置，设置 CTC 可以提高运行效率。

（4）列车自动运行控制（PTC）装置

PTC 是以电子计算机为中枢的列车自动运行控制装置，可以从运输调度所将列车的进路通过 CTC 自动地加以控制，可以迅速地处理时刻表被打乱时的运行情况。

（5）列车运行状态显示装置

在运输调度所设有能自动显示所有运行列车的位置及编号的列车运行状态显示装置，并据以发出适当的运行指令。

如果没有条件采用上述现代化程度较高的自动信号系统，则仍然需要采用传统的信号系统，如信号机、联锁装置、自动闭塞装置、机车信号与自动停车装置、调度集中装置等。

5.5　地下铁道的给排水

城市地铁给水系统的主要任务是满足工程生产和生活用水。生产用水包括车站公共区域地坪等冲洗用水，车站设备用房用水，空调冷冻机的循环水，冷却循环系统补充水等。生活用水主要指车站工作人员使用的卫生间、茶水间等用水。排水系统是及时排除生产废水、生活污水、隧道结构渗水、事故消防废水及敞开式出入口部分的雨水等。地下铁道用水应本着综合利用、厉行节约的原则进行给水设计。给水水源应优先选择城市自来水，排水方式应优先利用城市排水系统，且污水排放应符合国家现行有关排放标准。

5.5.1　给水系统

1. 给水系统

地下铁道一般采用生产、生活和消防共用的给水系统，但如经济方面相差不大，为了适用各种用水量、水质和水压的要求，也可采用分开的给水系统。此外，如设自动喷水系统时，应采用独立的给水系统，不应与生产、生活及消火栓给水系统共用。

地下铁道的区间隧道、车站和辅助建筑物，都应设置供生活和消防用的给水管道。每条隧道内应设一条给水干管，当采用接触轨供电时，区间给水干管应设在接触轨的对侧，并于车站两端及区间设置连通管。为了防止给水管道锈蚀，延长使用寿命，应采用铸铁给水干管。对不便安装铸铁管的地方，或者给水干管承压较大而铸铁管承受不了的情况下，可采用钢管。隧道内的给水干管必须固定在主体结构上，以免在长期运营过程中发生管子移位而造成事故。为了防止杂散电流的侵蚀，设在混凝土墙壁凹槽内的水管都应涂一层沥青以绝缘。

地铁车站宜由城市两路自来水管各引一根消防给水管和车站环状管网相接。地下区间上下行线各设置一根消防给水管，并宜在区间中部连通，在车站端部和车站环状管网相连。

牵引变电所应有两根水管供水，其中每根水管都应具有生活用水、消防用水、机器冷却

用水的全部水量。

根据我国地铁建设经验，地下车站的给水引入由风道或人行通道引入是较为合适的。

除以城市自来水作为主要供水水源外，还需在每条线路的沿线设置一定数量的水源井，以提供战时躲避人员的生活用水，并可作为地下铁道平时的备用水源，在水源处应设深井泵和紫外线水质消毒设施。在地面水源进入地下铁道处应设防护阀门，以防地面水源受到污染后，能与地下铁道备用水源隔开。

2. 给水标准

地铁工作人员生活用水量参照地面建筑办公室工作人员的用水量确定，为每人每工作日30~60 L。车站公共区域冲洗用水量为每冲洗一次2~4 L/m²，每次按冲洗1 h计算。生产用水按工艺要求确定。地铁消火栓用水量：车站不应小于20 L/s，折返线及区间隧道车站不应小于10 L/s。表5-6为重庆地铁3号线一个车站的生产和生活用水量，供参考。

表5-6　生产和生活用水量表

序号	用水名称	用水量标准	计算单位及数量	最高日用水量/m³	备注
1	职工生活用水	50L/（人·班）	50人	2.5	
2	冷却塔补水	120 m³/h	18h	43.2	按循环水量的2%计
3	冲洗用水	2 m³/天		2	
4	公用厕所	20 m³/（天·处）	1处	20	
	小计			67.7	
5	未预见用水	15%	67.7	10.16	
	合计			77.86	

5.5.2 排水系统

地下铁道的污水来源有厕卫污水、结构渗水、冲洗污水、消防废水及出入口雨水等。应按照污水系统、废水系统和雨水系统进行分类集中并就近排放。分类集中是为了简化排水系统，便于污水的处理和利用；就近排放是为了缩短排水管道长度，降低工程造价。污水需设置污水检测井，排水水质必须符合排放标准。

1. 车站排水

（1）污水系统

污水仅为车站工作人员和乘客厕所所有卫生器具排水。站内厕所污水通过管道排入污水泵房内的污水池，其有效容积不大于6 h污水量，集水池底面设0.1的坡度坡向集水坑，集水池顶板上设有透气管并按环控专业要求在泵房内设置排风口。污水集水池设在厕所附近且在污水泵房内，污水泵应带有反冲洗装置。污水经潜水排污泵抽至室外压力泵井后，经污水检测井后排入城市污水管道。一般设置两台潜污泵，一备一用。

（2）车站废水系统

车站废水种类：隧道结构渗水，站厅、站台地面冲洗水，环控机房和各类排水泵房洗涤盆排水以及消防废水。

车站主排水泵房设置在车站内线路最低点，一般结合车站端头井布置。泵房尺寸以不宜小于 3 m×4 m，集水池有效容积不小于 10 min 的隧道结构渗水量和消防废水量之和，且不小于 30 m³。废水泵房一般设置两台泵，一备一用。例如，上海市轨道交通 2 号线采用 CP3152 型潜废水水泵，$Q = 100$ m³/h，$H = 22$ m，$N = 15$ kW。但当地铁靠近河浜时，废水泵房中设置 3 台泵，以防水灾事故。如上海市轨道交通 1 号线的新闸路站和黄河路站，分别位于苏州河两旁，两站废水泵房内均设 3 台泵，按两用一备设计。潜水泵应带有反冲洗装置。

污、废水泵房内分别设置冲洗水龙头。站厅和站台的地面冲洗废水、消防废水由设在站厅的地漏汇集，站厅层两侧每隔 50 m 左右及在一些有排水要求的设备用房布置地漏，并通过 De110 排水立管接入线路道床排水沟。站台层可以不设地漏，直接从站台溢入两边线路道床明沟，站台板下的地坪应有 2% 的坡度坡向道床明沟及废水泵房。茶水间废水通过排水管道排入线路道床明沟，出入口通道和站厅连接处设置横截沟，沟内设置 De110 地漏，其排水立管接至道床明沟。隧道结构渗水经侧墙泄水孔排入线路道床明沟，汇集至废水集水池（池内设吸水坑，池底以不小于 1% 的坡度坡向吸水坑）。由废水泵房的潜水废水泵提升至室外压力窨井，然后排入城市下水道。

（3）车站雨水系统

车站敞开式出入口的设计雨水量按照 30 年一遇的暴雨重现期计算，高架区间雨水设计重现期采用 4 年。敞开式出入口的自动扶梯下面设集水坑和雨水排出潜水泵，一备一用。泵提升雨水经压力窨井后，再排入市政雨水管道系统。

2. 区间排水

（1）区间主排水泵房

区间主排水泵房主要排除结构渗漏水、事故漏水、凝结水和冲洗及消防废水，设在线路纵坡最低点。每座泵站所担负的区间长度，单线不宜大于 3 km，双线不宜大于 1.5 km，当主排水泵房所担负的区间长度超过规定，而排水量又较大时，宜设辅助排水泵房。

地下区间一般采用两个单圆盾构的结构形式，区间主废水泵房通常结合联络通道设置。

单圆盾构施工较容易，已建成的轨道交通线路大都采用单圆盾构。但是由于结构的要求，两个单圆盾构之间要拉开至少 5～6 m 的距离，线路占地较多。受空间所限，有时需要采用双圆盾构的结构形式。

主排水泵房集水池有效容积不宜小于 30 m³，当用盾构法施工的区间排水泵房集水池有效容积不能符合上述规定时，则必须满足水泵安装要求，并确保每小时开泵次数不得超过 6 次。

废水自潜污泵提升排至地面压力井后，再排入地面雨水管网系统。每座泵房设 2 台及以上潜水排污泵，平时互为备用，消防时可同时运行。

（2）洞口雨水泵房

隧道敞开引道段的设计雨水量按照 30 年一遇的暴雨重现期计算，宜设 3 台泵，集水池有效容积不小于最大一台泵 5～10 min 的出水量。

3. 局部排水泵房

局部排水泵房设在局部低洼不能自流排水的地方，如地铁折返线车辆检修槽的端部、自动扶梯机房等处。集水池有效容积按不小于 10 min 渗水量与平时冲洗废水量之和确定。

4. 控制方式与要求

（1）排水水位控制

控制原则：主废水泵及雨水泵采用现场水位自动控制、泵房内手动控制；车站控制室集中控制，并在控制室内显示排水泵工作状态和水位信号。

车站主废水泵集水池水位控制：停泵水位、第一台泵启动水位、第二台泵启动水位及最高警戒水位。

污水泵及局部排水泵由现场水位自动控制、泵房内手动控制；车站控制室显示排水泵工作状态和水位信号。

车站污水池水位控制：停泵水位、开泵水位、最高警戒水位。

区间内排水泵房及洞口雨水泵房除控制系统外，一般设置最高警戒水位的自动报警装置，以便在自动启动失灵时及时报警到附近车站的防灾控制室。

（2）冷却循环系统控制

冷却循环系统控制方式与环控冷冻机同步，由环控电控室就地控制和车站控制室集中控制，并能在控制室显示设备的工作状态。

5.6　地下铁道的消防

地下车站一般布置成上下两层（上层为站厅层，下层为站台层），与地下隧道构成地下的半封闭建筑工程。车站投入运转后，站内各种电器设备密集，乘客熙熙攘攘。一旦发现火灾，长长的线路隧道内的温度升高，浓烟滚滚，乘客难以疏散，消防队员不易进入扑救，对人民生命财产会造成严重损伤。据国内外有关资料介绍，造成地铁损失最大的是火灾。因此，应将城市地铁的工程消防设计作为重要的地下工程对待，设计中考虑设置完整的消防系统。

5.6.1　消防水源

城市地铁消防设计中一般不设消防水池，直接从城市自来水干管引入二路进水。

因设置消防水池必然增加车站内消防栓房面积，进而造成整个车站用房面积的增加，不利于节省土建工程造价。一般设水池泵房面积比不设水池泵房面积至少增加 30 m^2 左右，车站土建造价相应增加，再加上消防水池本身的造价，投资要增加较大。为了达到消防水压要求，如果采用车站内的消防泵直接从市政管网上吸水的方式，就省去了消防水池的占地，而且可以充分利用市政管网的压力，减少了设备，符合并节省投资。且轨道交通工程全线只按同一时间发生一次火灾考虑，消防设备使用概率极低，对市政自来水管网不会有大的影响。

5.6.2　消防栓系统

消防栓给水贯穿整个线路，每个车站的服务范围为车站本身及其两端 1/2 的区间，并考虑到前后两站增压泵事故情况下向邻站增压送水。因此，消防泵的服务范围为本站至两相邻区间。为保证供水安全，消防管在车站内联通成环状，区间的消防管由车站环状管网上接出，并在区间中部连通，连接管处设手动电动阀门。由于区间的埋设深度往往较深，在出口压力大于 0.5 MPa 的消防栓处需采取减压措施。

消防栓用水量：地下站 20 L/s，地下区间 10 L/s，停车场根据建筑规模按《建筑设计防火规范》(GB 50016—2014)的要求确定。火灾延续时间为 2 h。每股水枪流量为 5L/s,最不利充实水柱大于等于 10 m。

地下站站厅和站台层均设消火栓箱;车站内消火栓采用单阀单出口型,布置间距不大于 30 m;在岛式站台层,设备区的尽端及长度大于 25 m 的出入口等处可设两个单阀单出口消火栓,布置间距不大于 50 m;并保证车站范围内任意点均有不少于两股充实水柱可同时到达。区间隧道每 50 m 设一个单口消火栓,不设消火栓箱、水龙带及水枪,将水龙带放在邻近车站端部的专用消防箱内。

消火栓管网在每个车站外设消防水泵接合器,水泵接合器一般靠近车站出入口或风道,距每个消防水泵接合器 40 m 范围内设相应数量的室外消火栓,如有条件可利用附近其他建筑的室外消火栓。

同时,消火栓干管布置成环状,站厅层水平成环,站台层纵向成环。站厅层管道基本上布置在站厅两侧的离壁式隔水墙上方,干管管径为 DN150,每隔 5 个消火栓箱设置一只阀门。地下车站及区间隧道的给水干管在变坡点的最高点设排气阀,最低点设泄水阀。在车站两端与区间的连通管上必须设阀门。

消防水泵设计控制为泵房内手动启闭;消防箱内按钮启动(只能开,不能关);车站控制室遥控;防火中心监测遥信显示。

每条行车隧道设置一根消防干管,平行的两条区间隧道的消防干管均与车站的消防管连接并在车站设连通管,使车站和区间形成环状管网。

车站地面设置两只 DN100 地上式(或墙壁式)水泵接合器。在距水泵接合器 15~40 m 范围内设置与水泵接合器配套供水的地上式市政消火栓。

所有进出车站主体的消防管道都同时考虑人防要求。如图 5-13 所示为岛式站台车站消火栓系统示意图。

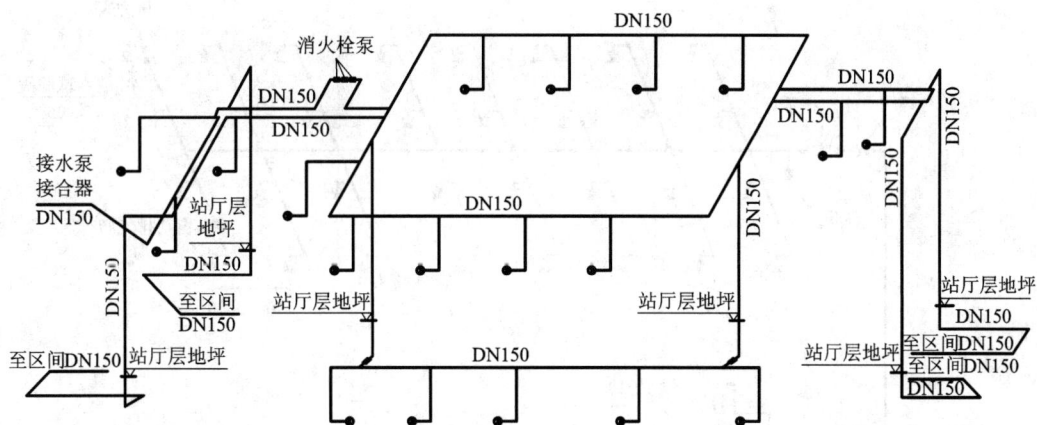

图 5-13　岛式站台车站消防栓系统示意图

5.6.3　自动喷水灭火系统

由于地铁工程处于地下,只有室内空间且空间连续性强,防火分隔困难;地铁内人员密集,空间相对狭小,氧气供应量不足,火灾时发生不完全燃烧产生浓烟,并致使一氧化碳、二

氧化碳、二氧化硫等有毒气体的浓度迅速升高，高温烟气的扩散流动，使地铁内环境迅速恶化，能见度降低，给人员逃生和消防人员扑救造成更大障碍。2003年韩国大邱发生的重大地铁火灾，使世界各国更加重视地铁消防设施的建设和管理。在2013年新版的《地铁设计规范》(GB 50157—2013)中，明确规定"设置在地下的通信及信号机房(含电源室)、变电所(含控制室)、综合监控设备室、蓄电池室和主变电所，应设置自动灭火系统。地上运营控制中心通信、信号机房、综合监控设备室、自动售检票机房、计算机数据中心应设置自动灭火系统"。

自动喷水灭火系统具有很高的灭火、控火率，能够及时扑灭初期火灾，降低火场温度，并具有报警功能，而且不污染环境。自动喷水灭火系统一般设在地下车站的站厅、站台层公共区、长距离出入口通道、结合车站的商业开发等部位。

地铁车站的自动喷水灭火系统按中危险Ⅱ级考虑。喷淋消防专用泵与消防栓泵采用合建式消防泵房。合建式消防泵房长度约8~10 m，宽度4~5 m。系统总管由车站消防泵房引出，经过湿式报警阀、信号蝶阀、水流指示器接至保护区域。

设置喷淋消防泵两台，一备一用，喷淋泵设稳压装置。喷淋系统中设有控制阀、ZSS型湿式报警阀、延时器、压力开关、水力警铃、系统试验装置和压力表、系统放水阀门和管道。控制阀设有启闭指示装置，还设有水流指示器，在喷淋干管顶部设自动放气阀，喷头布置间距为3.6 m，楼梯口喷头加密布置。喷头安装在风管的下部，具体位置与车站装修工种配合。水喷淋泵的启动控制可由报警系统驱动或机械手动控制、泵房内手动控制或中央控制室遥控。

在车站地面上设置两只DN100地上式喷淋水泵接合器，并且在15~40 m距离范围内设有配套市政消防栓(含本来就有的市政消防栓)。自动喷水灭火系统示意图如图5-14所示。

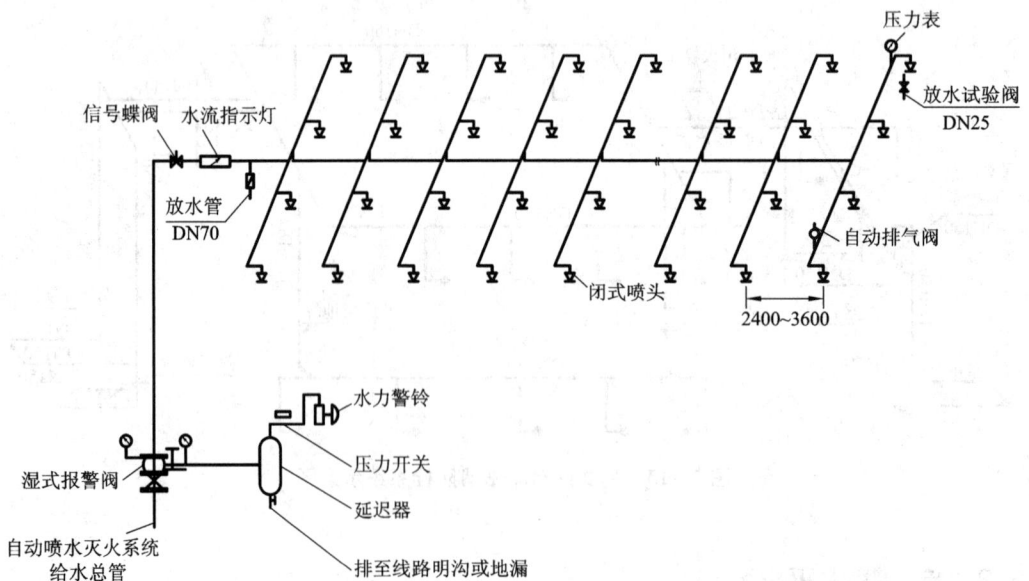

图5-14　自动喷水灭火系统示意图(尺寸单位：mm)

5.6.4　灭火器设施

灭火器的设置按现行《建筑灭火器配置设计规范》(GB 50140)的规定执行。地下车站火灾危险等级为严重危险级。

思考与练习

1. 地下铁道的环控系统有哪些制式？它们各自的特点和适用条件是什么？
2. 简述通风空调系统的组成及其技术要求。
3. 简述地铁通风设计的主要内容及其具体计算方法。
4. 简述地下铁道照明的分类及其设计方法。
5. 简述地下铁道供电系统的功能及其组成。

第 6 章

地下铁道施工技术

地下铁道的施工方法种类根据隧道的埋深不同而有很大的区别。浅埋隧道施工必须充分顾及对地面环境的影响，常用的施工方法有明挖法、盖挖法、浅埋暗挖法、盾构法、沉管法等。深埋隧道的施工则主要是矿山法和盾构法。

与深埋隧道相比，浅埋隧道在运营上具有显著的优势，故世界各国一般多采用浅埋地铁，我国已建成的城市地铁也大多为浅埋地铁。本章重点介绍浅埋地铁的主要施工方法。

选择施工方法时，应结合隧道地质与水文地质条件、经济条件、技术水平以及对城市交通和环境的影响进行综合考虑，通常没有一种唯一完善的方法，因此在地铁施工中往往要同时采用数种不同的施工方法。

6.1　施工准备

地铁的施工一般都涉及对地面交通和人们正常活动影响问题，因此开工前必须具体研究施工机械停放场地、土石方转运堆放场地、向地下坑道运送材料的方法、判断地面道路剩余宽度能否满足临时交通的要求、施工后路面恢复的方法和顺序等。施工单位应在业主的配合下，会同城市建设、交通管理等有关部门，研究确定道路许可占用的范围，以及采取必要的临时中断交通、改道等措施。同时，占用道路范围还应听取沿路居民的意见，尽量限制在最小范围内，以将扰民影响降低到最低限度。对开挖范围内的电杆、树木等必须采取保护措施，或进行改移。

6.1.1　工程用地及工程设施

在施工时，工程所用的机械和材料，严禁放置在道路占用范围以外。开工前应根据工程的规模、施工方法、区段长度等确定工程用地。施工场地布置是开展正常施工的必要条件，各种用房都必须有合理的位置，工地办公室、配电所、空压机房、车库等应接近施工现场位置，而料库、材料加工厂、工人生活区等可设在离工地一定距离的地方，施工便道的设置应尽量不影响当地居民的日常生活。供电所宜设在工地区段的中间附近，并在全工程区域内设立独立的配电设备，为应付不可预计的事故，有必要配置最低限度的独立发电设备。

一般来说，在城市中开辟施工用地的难度是很大的，对此应有明确的认识，为了使施工得以顺利进行，需要对城市各方面的因素进行协调，这一工作往往需要付出较大的努力。

6.1.2　施工障碍物的处理

在决定地铁的平面位置和埋置深度时,原则上应尽量避开地下埋设物,但事实上是不可能完全避开的,所以产生了地下埋设物的迁移问题。埋设物有电力、通信电缆、光缆、煤气、自来水以及下水管道等,工程开工前应会同有关部门确定埋设物的障碍范围,协商处理的办法、期限并制定协议。根据障碍物的具体情况,可以采取拆移、就地悬吊等不同的方法进行处理。

在道路范围内施工时(如明挖法),路面上的障碍物有架空电力、通信等线路,有电杆、路灯、树木、道路交通标志等。这些物体的处理方法是:架空电力线改为地下临时线或改移;路灯和交通标志要暂时用适当方法处理以替代原来的设置,既不能影响地铁施工,又仍然要发挥原有的作用;树木则可以移植他处,施工完毕后,再移植回来。

由于地铁线路多数经过城市主要道路和人口稠密地区,且施工期限长,因而会对当地的正常社会活动,特别是居民生活和交通带来很多不方便,这些方面都应该按照城市建设的有关条文进行认真、仔细的工作,努力将影响降低到最低限度。

6.1.3　交通疏解

1. 交通疏解的必要性

地铁建设周期长,施工期间需占用大量的城市道路资源,而线路大部分地段经过城区繁华区域,地铁施工必将对已经拥挤的城市交通产生较严重的负面影响。为保障地铁施工期间城市生活、生产的顺利进行,必须切实组织好地铁施工期间的地面道路的交通疏解工作。

2. 交通疏解基本方法

①开源节流总体原则。开源:通过完善施工方案和交通组织方案,提高施工点段和市区路网的通行能力。节流:减少拥堵点段的交通流量。

②"点、线、面、界"组织原则。分四个层次,按节点、线路、核心区块、外围边界控制分别进行交通组织。通过整理次干道路、背街小巷,实施部分单行线等方法挖掘交通潜力。

③交通流量均衡分布原则。采取种种措施,从时间上、空间上使流量尽可能均衡分布,削峰填谷。

④优先保障有序,兼顾安全畅通原则。通过科技监控、严格管理保证堵而不乱,有序通行。

⑤人非系统、公交系统依次优先保障原则。当道路条件不足以通行所有交通流时,优先保障行人、非机动车的通行,然后视情况许可保障公交线路车,最后再考虑其他机动车。

⑥诱导为主,管制为辅的原则。交通分流手段主要通过两种途径,一是驾驶员根据交通诱导,自觉自主分流。二是驾驶员按照交通管制措施的规定,现场禁令标志的限制,被动选择其他路径。

3. 工程实例简介

长沙地铁 1 号线城南路车站位于长沙市城南路与黄兴南路交叉路口,黄兴路步行街南端,南侧为劳动路广场。为长沙市最繁华的商业区域,周边均为沿街商铺及商场。施工期间对地面交通分两期疏解(疏解现场场景如图 6-1 所示):

①一期施工期间：主要利用棚户拆迁区作为交通疏解和施工场地；保持劳动路和城南路东侧双向 4 个机动车道 +2 个人非车道，城南路横跨基坑部分采用架铺临时路面系统保证道路通行。

②二期施工期间：仍利用棚户拆迁区作为交通疏解和施工场地；保持劳动路和城南路西侧向 4 个机动车道 +2 个人非车道。

图 6 - 1　交通疏解实例

6.2　明挖法施工

明挖法又称明挖顺作法，顾名思义，这是一种将地面挖开的施工方法。其基本施工步骤是从地面向下开挖至基底设计标高，然后从下往上施作地铁结构，结构施作完成后进行回填及恢复路面。由于这种施工方式类似于房屋建筑物在敞口基坑内修建基础的施工方法，故又称之为基坑法。

明挖法具有施工工序简单、施工管理方便、作业面宽敞、便于使用高效率的挖土机械和运输工具等优点，所以施工进度快。此法的施工质量可以得到充分保证。排除征地、拆迁等因素，就土建工程造价而言在同类地层条件下，明挖法是所有施工方法中造价最低的。但是由于明挖法是沿城市道路进行开挖，必然会影响城市正常交通，也会给居民生活带来很多不便，而且对环境的污染也最大，所以限制了只有在各方面条件都许可的前提下才能采用。

明挖法施工中的基坑可以分为：敞口放坡基坑和有围护结构的基坑两类，在这两类基坑施工中，又可采用不同的维护基坑边坡稳定的技术措施和围护结构。

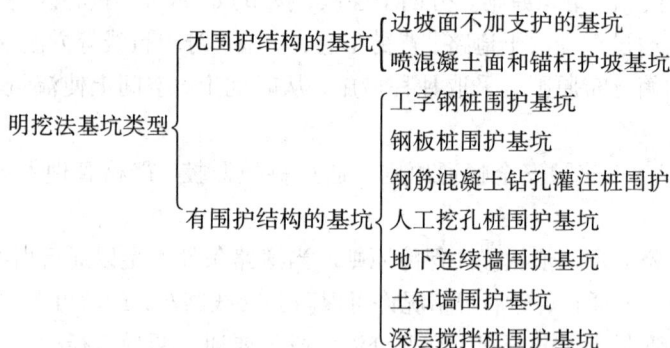

明挖法基坑类型
- 无围护结构的基坑
  - 边坡面不加支护的基坑
  - 喷混凝土面和锚杆护坡基坑
- 有围护结构的基坑
  - 工字钢桩围护基坑
  - 钢板桩围护基坑
  - 钢筋混凝土钻孔灌注桩围护
  - 人工挖孔桩围护基坑
  - 地下连续墙围护基坑
  - 土钉墙围护基坑
  - 深层搅拌桩围护基坑

6.2.1　敞口基坑法

当地铁结构埋深较浅，且周围环境对施工范围的限制较小时，基坑开挖可以采取放坡的方式，即仅仅依靠适当坡率的边坡来保持土体的稳定，故又俗称放坡开挖法，如图 6 - 2 所示。具体方式是分段开挖至所需位置进行主体结构施工，完成后进行回填，将地面恢复到原来状态。这种方式，占地范围宽，工程区域的交通被中断，因此，在道路狭窄或交通繁忙的地段以及城市中心区是不适宜的。地质情况的好坏、渗水量的多少以及开挖深度要求等是放坡开挖法能否采用的重要因素。但放坡开挖机械化程度高，施工速度快，质量也易得到保证。由于不需设围护结构来稳定基坑周边土体，故造价低。当受地下水影响时，可采用井点降水法提高边坡的稳定性及改善基坑内施工环境。在各方面条件都许可的前提下，放坡开挖法是明挖法施工的首选方案。

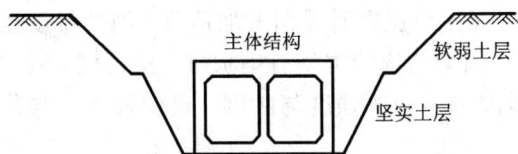

图 6-2　敞口基坑法

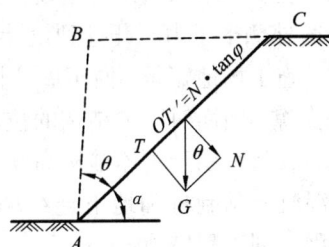

图 6-3　边坡坡度计算简图

敞口基坑法的施工要点是选择合理的基坑边坡坡度。由砂性土构成的土坡，包括粘聚力较小的砂粘土、砂土、砾石、碎石等边坡，经大量观测，边坡破坏时近似平面，如图 6-3 所示，假定边坡破裂面为通过坡脚的一个平面，土体 ABC 沿 AC 面滑动的安全系数为 FS：

$$F_s = \frac{G \cdot \cos\alpha \cdot \tan\varphi + c \cdot \overline{AC}}{G \cdot \sin\alpha} \qquad (6-1-a)$$

式中：c 为土体粘聚力；θ 为边坡坡度角；α 为滑动面坡脚；φ 为土体内摩擦角；G 为土体 ABC 重量。

对于 C＝0 的砂性土土坡，安全系数表达式变为：

$$F_s = \frac{\tan\varphi}{\tan\alpha} \qquad (6-1-b)$$

上式也同时说明当砂土坡坡脚 $\tan\alpha \leq \dfrac{\tan\varphi}{F_s}$ 时，土坡是安全的。

当土的含水量、土质及其他地质条件较好而地下水位低于基底，且基坑深度在 5 m 以内不加支撑时的边坡最大允许坡度如表 6-1 所示。

表 6-1　深度在 5 m 内基坑边坡的最大允许坡度

土的类别	边坡坡度（高宽）		
	人工挖土并将土抛于坑（槽）上边	机械挖土	
		在坑（槽）底挖土	在坑（槽）上边挖土
轻亚黏土	1：0.67	1：0.50	1：0.75
亚黏土	1：0.50	1：0.33	1：0.75
黏土	1：0.33	1：0.25	1：0.67
中密碎石土	1：0.67	1：0.50	1：0.75

6.2.2　围护开挖法

1. 在围护结构内不设支撑的开挖法

为了减少对地面的干扰范围，就必须采用围护结构来代替放坡。其方法是，首先施作围护结构，然后在围护结构的保护下开挖基坑内土体，随着开挖深度的增加，围护结构逐渐呈悬臂状态，在围护结构内始终不设支撑（横撑等），靠围护结构本身刚度和插入基底面以下的深度来平衡外侧土压力。开挖到设计基底面后，再从下往上进行主体结构的施工。由于基坑内无支撑，施工场地宽敞，便于展开机械化施工，施工作业和管理方便，容易保证工程质量。但因不设支撑，因而对围护结构的技术要求高，可能比设支撑时反而增加造价，施工难度也相应增大，故只宜用于主体结构高度较小的情况。围护结构的类型有钢板桩、挖孔桩、灌注桩、钢筋混凝土预制桩和地下连续墙等。为加强围护结构的强度与刚度，减少其变形与位移，常采用下列工程措施：

①适当增大围护结构的截面厚度，以增加其刚度；

②在围护结构顶部设圈梁，提高整体刚度以改善其受力状况；

③采用压密注浆、旋喷桩、搅拌桩等方法加固土体，以减少侧压力；

④基坑内外均可采用井点降水，地下水位的下降有助于土体固结，提高稳定性；

⑤当地面条件允许时，在基坑外一定范围内挖去表层覆盖土，减少侧压力；

⑥基坑内设置护脚，即预留一定高度和宽度的原状土台，以减少开挖时围护结构暴露高度。待基坑中间部分土体挖至设计标高，将中间底板灌完后，采用跳槽方式开挖护脚土台，逐块浇灌这部分底板。

这些措施可单独使用，也可联合使用，视工程具体情况而定。

2. 在围护结构内设置支撑的开挖法

当基坑深度较大时，地层对围护结构的侧压力也随之增大，这就需要设置支撑来加强围护结构，如图 6 - 4 所示。基坑内的支撑形式有水平撑和斜撑，基坑外的支撑形式主要是拉锚支撑。支撑设计涉及支撑的强度、刚度、水平与垂直间距、层数以及施工工艺等诸多因素，应根据力学分析计算确定。施工中应进行监控量测，通过对围护结构位移的量测可以了解支撑设置得是否合理。

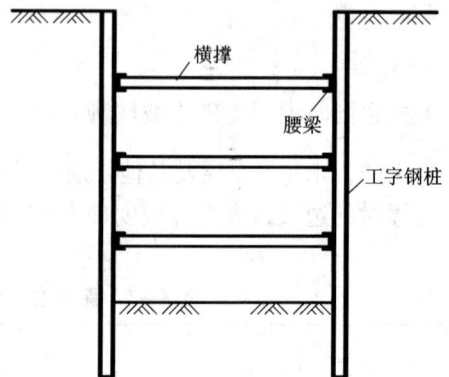

图 6 - 4　基坑支护

（1）水平支撑

如图 6 - 5 所示，水平支撑常用的形式有横撑和角撑，基坑拐角或断面变化处用角撑，其他一般用横撑。支撑可用钢管、型钢或型钢组合构件，它们的拆装方便，占据空间较小，回收率高，故多为现场所采用。

横撑的施作方法：围护结构施工完后，先开挖基坑至第一道横撑附近，再采用挖槽法，即只开挖该横撑设计位置处的土体，而保留其两侧土体，这样可以在横撑设置之前由土体维持对围护结构的稳定，当挖至第一道横撑底面标高时，安装第一道横撑，并施加预应力，待这一层的横撑均设置完毕后，继续往下开挖土体至第二层横撑设计位置，完成其设置，依此

类推,直至所有的横撑都设置完成。最后开挖
至基底标高,然后浇筑底板—下层侧墙—中层
板—上层侧墙—顶板,并依次拆除水平横撑,
在拆除前应确保主体结构的水平构件,如底板、
中板、顶板达到了设计要求的养护强度,以接
替水平横撑,发挥对围护结构的支撑作用。

角撑是为了应付在围护结构拐角处产生的
应力集中而采取的加强措施,其施作方法类似
于横撑。

当开挖基坑宽度较大时,如地铁车站,水
平支撑应加设临时中间立柱来保持其稳定性,
且应在基坑开挖前按设计位置施作完成,可采
用钻孔桩、挖孔桩等形式施作,还要考虑好与
横撑的联结方式。

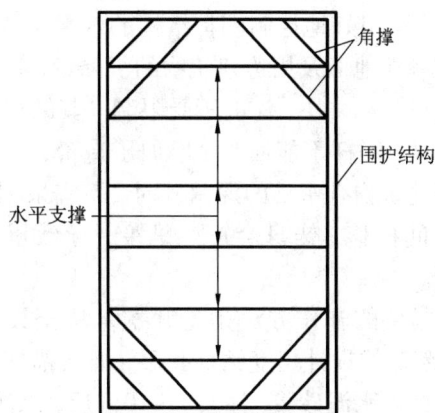

图 6-5　基坑支撑平面图

采用水平支撑的优点是围护结构墙体的水平位移小,安全可靠,开挖深度不受限制。缺
点是由于多道支撑的存在,会对基坑内的施工形成干扰,特别是影响基坑挖掘机械的施工。

从施工的角度考虑,围护结构的平面形状以矩形为最佳,但从受力的角度考虑,环形结
构的受力条件最好。当然,究竟采用何种形式取决于主体结构的形状。

(2)斜支撑

如图 6-6 所示,当基坑横向宽度较大或形状
不规则,不便使用水平支撑时,可采用斜支撑。斜
支撑采用挖槽法设置:开挖基坑内土体至斜支撑基
础底标高,浇筑基础,及时安斜支撑,使支撑一端
支承在围护结构上,另一端支承在已浇筑的基础
上,并施加预应力,然后挖其余土体。设有两道或
多道斜支撑时,应先安装外侧的长支撑,以便尽快
形成对围护结构上部的支撑,然后再安装内侧的短

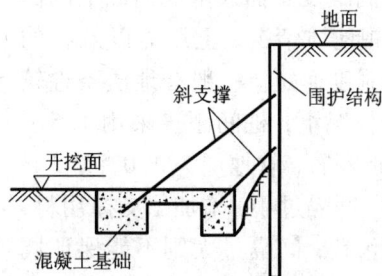

图 6-6　基坑斜支撑示意图

支撑,并将所有斜支撑基础连为整体,形成主体结构底板,再依次浇筑下层侧墙—中层板—
上层侧墙—顶板。在主体结构的施作过程中,应按设计强度要求拆除支撑,完成结构体系
转换。

斜支撑的支撑作用不如水平支撑,因而围护结构的位移相对要大一些,特别是上部水平
位移会比较大,易引起基坑外地面及附近建筑物下沉,因而基坑的开挖深度也就受到一定限
制,在对地面沉陷要求严格的工程地段应慎重使用。

(3)拉锚支撑

如图 6-7 所示,通过施作在围护结构周围地层中的锚杆或锚索,将围护结构与地层紧密
结合在一起,就形成了这种建立在围护结构以外的支撑形式。拉锚支撑由锚头和锚体组成,
锚头锚在围护结构上,锚体是受拉构件,可以是钢锚杆,也可以是高强钢索。基坑开挖时,
作用在围护结构上的侧压力由锚体与岩土之间产生的作用力来平衡。这种支撑形式的优点很
明显,由于拉锚支撑设置在基坑外,有利于基坑内机械开挖及主体结构的施工,并能适用于

各种形状的围护结构；对锚身易于施加预应力，可以更好地控制围护结构的水平位移，从而控制住地面及周边建筑物的沉降量；拉锚可设成单层或多层，深度不受限制。其缺点是工艺复杂；锚杆不能回收，增加了造价；当基坑四周建筑物有密集的深基础时，不宜采用；随着时间推移，锚身会产生蠕变，导致承载力下降。

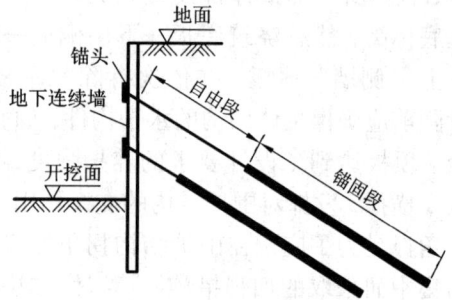

图 6-7　基坑拉锚支撑示意图

　　拉锚的施作方法是先开挖基坑至设计标高，然后按设计角度钻好孔眼，插入锚杆或钢索后注入水泥砂浆，注浆 7~10 d 后，水泥砂浆已达到了一定的强度，此时可施加预应力，形成地层对围护结构的拉力。

3. 围护结构的类型

　　围护结构的类型有工字钢桩和背板的联合支护方式、钢板桩支护、土钉墙和地下连续墙支护等。本节主要介绍前面几种支护，地下连续墙在下节专门介绍。

　　（1）工字钢桩围护结构

　　如图 6-8 所示，在基坑开挖之前，先将工字钢桩直接打入地层中。钢桩间距及其插入基底面以下的深度，视地质情况、土压力以及桩的承载强度而定。一般在地质条件较好的情况下，桩间距多采用 1.5~2.0 m 左右，软地层为 1.0~1.3 m 左右，间隔过小，增加了支撑用料，造成浪费；间隔过大则不能保证坑壁的稳定。桩在基底面以下的入土深度在 1.5 m 以上，长的可达 5 m

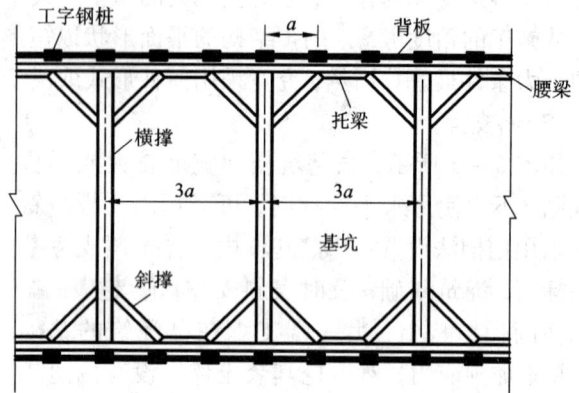

图 6-8　工字钢桩和背板的联合支护

左右。需要时，工字钢桩可接长打入，其接头一般为焊接。钢桩主要承受基坑侧壁土压力，如有路面覆盖板时，还承受路面荷载。钢桩的型号应根据基坑深度采用，一般为 50#、55# 和 60# 的大型工字钢。桩长由计算决定，若桩过长（一般超过 20 m）时，易造成桩的刚度不足，影响打桩效果。

　　在相邻的两根工字钢桩的翼缘之间插入水平背板，一般多使用木背板，背板与工字钢翼缘之间用木楔打紧，以确保它们的整体受力。背板尺寸由桩间距侧向土压计算决定，一般宽度在 15 cm 以上，厚度为 40~70 mm。

　　当基坑开挖到一定深度时，应设置腰梁。腰梁多采用槽钢或工字钢制作，其作用是将作用在工字钢桩上的侧向土压力均匀地分布到横撑上，并使钢桩不发生扭动。然后设置横撑支撑腰梁，横撑可为钢管或组合钢梁，当然也可采用前述的拉锚支撑以取代横撑。最终形成的传力途径为土体侧压力—背板—钢桩—腰梁—横撑。

　　图 6-9 表示了基坑的参考尺寸。沿基坑垂直方向设置几道横撑及其位置应由计算确定。

但距地面第一道横撑的安设深度不宜大于
4 m，且以 2 ~ 3 m 为宜，以确保坑口地面的稳
定，同时还要保证横撑底面距地铁结构顶板
表面不小于 100 cm，以利顶板的施作，此外，
还要考虑不使横撑与地下管线发生冲突。其
他各层横撑尚应考虑到在各层结构施作完毕
后，横撑的拆除问题。一般来说，用单层横撑
支护的基坑深度可达 9 ~ 10 m。

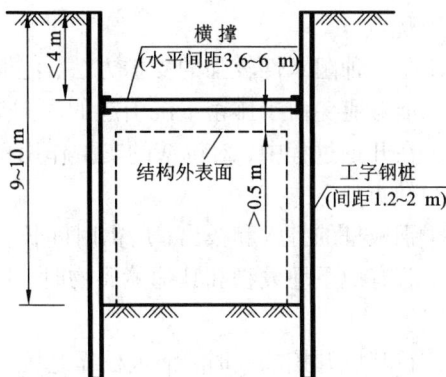

图 6 - 9　基坑的参考尺寸

工字钢桩围护结构的优缺点主要是：

1）优点

①在开挖的同时，地下水自然下降，水压
几乎不存在，土质得到改良，土压力减小；

②和其他方法相比，基坑支护的设置时间短，工费低；

③在打桩线上有埋设物障碍时，可在有限范围变更桩位，进行处理；

④在施工完后，工字钢桩能够回收。

2）缺点

①在地下水丰富的含砂地层，如不以深井泵等辅助方法排水的话，在漏水的同时，水和
砂土同时流出，可造成坑壁坍塌。

②在软弱地层，由于降水出现造成压密下沉，会给周围建筑物带来沉陷和变形的不良
影响。

③由于支护结构刚度小，变形大，使得支护背面地层的密实度下降而松散，造成地表
沉陷。

④打桩噪声一般都在 100 dB 以上，远超过环保规定的限值。

（2）钢板桩围护结构

由于在坚硬地层中打入钢板桩很困难，故这种方式主要用于软弱地层中。钢板桩方式与
工字钢桩支护方式的主要区别在于钢板桩具有较强的阻水功能，可以防止地层因脱水而产生
的压密下沉。钢板桩一般采用 U 形断面，桩与桩之间扣接，形成围护屏幕（图 6 - 10）。

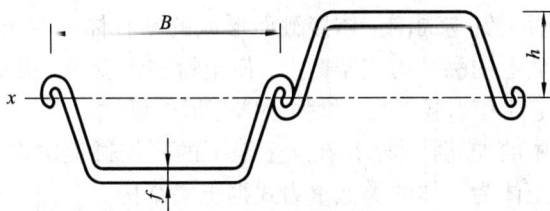

图 6 - 10　钢板桩围护结构

横撑与腰梁的设置仍然是必不可少的。而钢板桩的作用相当于背板与工字钢桩，一块紧
扣一块，连续打入地层中，桩数大大多于工字钢桩支护方式，故施工周期长，工程造价升高，
往往只在特别需要的区段使用。当遇到地下埋设物而不能连续打入板桩的时候，应采取地层
加固和防水辅助措施，如在缺口处的地层进行压浆。在主体结构完成的地段，可以回收钢

板桩。

1）优点

①是一种阻水性较强的支护方法，能够防止富含水软弱地层的管涌现象；

②能够避免由于压密下沉引起的周围地层的下沉，防止附近建筑物的变形；

③在开挖过程中，对坑壁的支护作用稳妥可靠。

2）缺点

①钢板桩的打入和拔出，所需时间长，妨碍交通，并产生噪音和震动公害。

②若有地下埋设物和其他障碍物时，将导致钢板桩支护面不连续，不能发挥其止水性好的优点。

③在基坑开挖的同时，钢板桩靠基坑一侧的土压变小，板桩会向基坑内变形，要考虑增加横撑数量，来减少和阻止变形，但横撑数量的增加势必影响施工作业空间。

④是一种造价高的围护结构。

（3）土钉墙围护结构

土钉就是置于基坑边坡土体中，以较密间距排列的细长金属杆。土钉依靠它与土体接触面上的黏结力或摩擦力，与其周围土体形成一个有自承能力的挡土墙体系。承受未加土钉土体施加的侧压力，以保持基坑边坡的整体稳定性。土钉墙支护是在基坑开挖过程中，将土钉置入原状土体中，并在支护面上喷射钢筋网混凝土面层，通过土钉、土体和喷射的混凝土面层的共同作用，因而可形成土钉墙支护结构。

土钉墙支护适用于地下水位以上或经过人工降水后的黏性土、粉土、杂填土及非松散砂土和卵石土等。对于淤泥质土及饱和软土应采用复合型土钉墙支护。

最常用的土钉是钻孔注浆型土钉。钻孔注浆型土钉是先在土中成孔，置入变形钢筋或钢管，然后沿全长注浆填孔。土钉墙支护利用置入土层中的土钉，改善天然土体抗拉、抗剪强度的不足，约束土体变形，并与土体共同承担外荷载。在土体进入塑性变形阶段后，发生的应力重分布使得土钉承受更大的拉力，而喷射混凝土面层调节支挡结构表面的应力分布，体现整体作用。土钉墙的破坏有内部稳定破坏（或称局部滑动面破坏）和外部稳定破坏（或称整体滑移与倾覆破坏）。可见，土钉墙破坏具有明显的平移和转动性质，类似于重力式挡墙。

土钉墙支护中喷射混凝土面层的作用，除了可以稳定开控面上的局部土体外，还可以防止土钉崩落和受到侵蚀。土钉墙支护的特点有：

①土钉墙支护是通过土钉与周围土体接触而形成的复合体。在土体发生变形的条件下，通过土钉与土体接触界面上的黏结力或摩擦力，使土钉被动受拉，并通过受拉工作面给土体约束加固，提高整体稳定性和承载能力，增强土体变形的延性。

②土钉墙是原位土中的加筋技术，是在从上至下的开控过程中将土钉置入土中，形成以土钉和它周围加固了的土体为一体的类似重力式挡土墙结构。

③土钉墙支护是边开挖边支护，流水作业，不占独立工期，施工快捷。

④设备简单，操作方便，施工所需场地小，材料用量和工程量小，经济效益好。

⑤土体位移小，采用信息化施工，发现墙体变形过大或土质变化，可及时修改、加固或补救，确保施工安全。

土钉墙支护的一般施工顺序为：在设计的基坑位置开挖一定的深度；在开挖面上设置一排按梅花形布置的土钉；注浆、喷射混凝土面层；继续向下开挖一定深度；重复上述步骤,直至所需的深度。有时根据需要还可以喷射第2层混凝土面层。土钉墙的支护施工过程如图6-11所示。

①土体开挖　　　②置土钉　　　③注浆、挂网喷射混凝土　　　④继续开挖

图 6-11　土钉墙支护施工过程

最常用的土钉材料可以是变形钢筋、圆钢、钢管及角钢等。土钉材料的置入可分为钻孔置入、打入或射入方式。

打入土钉是用机械如振动冲击钻、液压锤等将角钢、钢筋或钢管打入土体。打入的土钉不注浆时:与土体接触面积小,且钉长受限制,所以布置较密。其优点是不需预先钻孔,施工速度快。射入土钉是用高压气体作动力。对于注浆土钉一般是先钻孔,再置入土钉并注浆。注浆土钉是将周围带孔、端部密闭的钢管打入土体后,从管内注浆,并透过钢管上的孔眼将浆体渗到周围土体。

6.2.3　软弱地层基坑的失稳现象及工程对策

基坑在施工过程中的失稳现象有基底隆起、管涌与流砂等。

基底隆起通常是指在软弱黏性土中,围护结构墙体背面的土压引起基坑底面滑动的破坏现象,即当墙体背面的地面荷载与土体自重之和大于地基承载力时,背面的土就会从墙脚下向基坑内移动(塑性流动,图6-12),导致基坑底面的隆起。

在地下水较大的砂性地层中进行基坑开挖,当水从基坑底面以下向上流动时,地基

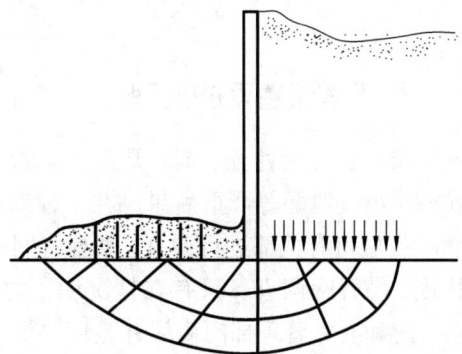

图 6-12　基坑隆起示意图

中的砂土颗粒就会受到渗透压力引起的浮托力作用。一旦出现过大的渗透压力,砂土颗粒就会在流动的水中呈悬浮状态,向上涌起(图6-13),这就是所谓的"管涌"现象,它会导致插入基底部分的围护结构抵抗力下降。

流砂也是一种在砂性土基坑中发生的渗透破坏现象。当基坑挖土达到地下水位以下,而土是细砂或粉砂,又采用集水坑降水时,在一定的动水压力作用下,坑底下的土就会形成流动状态,随地下水一起流动涌进坑内,发生这种现象称为流砂现象。

在实际工程中,基底隆起与管涌等破坏现象很可能同时出现,并不会只局限在某特定地质条件的地层中,因而并不是分得那么清楚的,即基坑底面的失稳,常是一种复合破坏现象。

基底失稳一旦发生,后果极其严重,可造成坑壁坍塌、地面下沉、周围建筑物损坏,甚至

整个基坑毁坏。一般可采取以下工程措施：

①采用止水性强，刚度大的围护结构，并应深入基底面以下足够的深度。

②选择合适的降水法排水，比如当地下水较多时，集水井排水往往不能有效地疏导地基积水，这时应该先采用井点降水后再行开挖。在接近河流、沟渠、水塘等地开挖时，更应引起足够的注意。

③可对围护结构内面地基采用化学注浆、砂桩、生石灰桩等方法进行地基改良。必要时还可对基坑外一定范围内的地层进行加固处理。

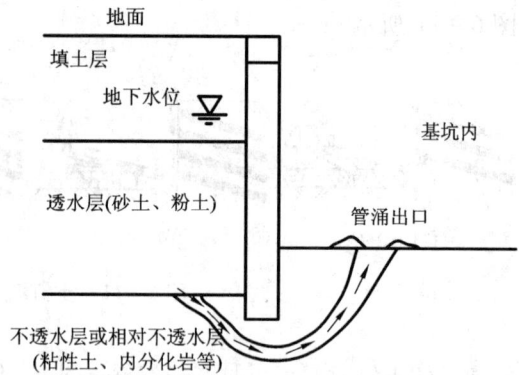

图6－13 基坑管涌示意图

④在开挖最下层横撑与基底面之间的土体时，沿线路方向分段，进行左右跳槽开挖，分段长度一般为3～5 m，为了方便运土，可在基坑底部的中央修一便道。基底开挖后，应立即浇筑底板垫层混凝土，对基底形成一定的压重，以抵抗基底的隆起。

⑤沿线路方向的开挖区段不宜过长，否则基坑内卸载范围过大，使基底隆起的可能性增加。每一区段的开挖长度，在区间隧道段一般为30 m，根据具体情况可考虑缩短到10～15 m。在有可能隆起的区段，底部防水层及底板混凝土应尽快施工，并采用早强混凝土。

6.2.4 地下埋设管网的处理

在城市中进行明挖施工时，常常会遇到地下管网，处理不好就可能引起水管漏水、断裂，电缆拉断，煤气泄漏等严重后果。在工程勘测设计阶段，应就开挖范围内及附近的地下管网分布状况找城市有关部进行调查，掌握管网竣工图等资料，对于情况不明的处所，要通过试挖等措施，做管网调查。只有在情况明了之后，才能明挖施工。关于施工中的地下管网处理，应事前和有关管理部门商议并签订协议书。

1. 管道悬吊方法

在开挖范围内露出的地下管道，当与地铁线路垂直或呈一定角度的斜交时，可以采用悬吊方法，就地悬吊。依据管道的大小、重量，以及其对路面震动的耐受能力，可分别采用如下的悬吊方法。

(1)单根支承梁悬吊

沿管线方向架设一根支承梁(一般为工字钢)，搭在基坑的两边，在原位置上直接将管道悬吊起来。吊索采用钢丝绳，并用金属夹具调整其长度和松紧，如图6－14如示。因为只有一根支承梁，其稳定程度和刚度有限，故只宜用于较轻的管线和对震动限制要求不高的管线，主要有较小口径的自来水管道、一般的电缆等。

(2)平行双支承梁悬吊

当管道不能受到较大的震动时，就需要加强悬吊结构的刚度，以保证管道的稳定性。如图6－15所示，沿管道方向平行架设两根支承梁，并在它们之间设置横梁，这就形成了刚度较大的水平框架式承重结构，吊索由横梁承受，就地将管道悬吊起来。经这样处理后，管道将基本上维持原状，而不会受到多大的影响。煤气管道、交通繁忙地段的电讯、电力电缆的悬吊等，比较适合采用这种方法悬吊。

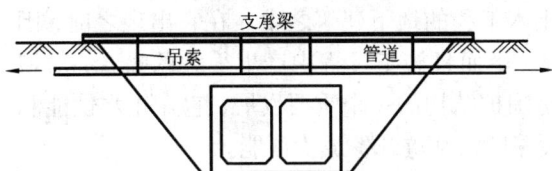

图 6 – 14　单根梁悬吊管线方法

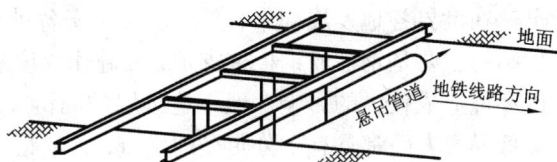

图 6 – 15　双根梁悬吊管线方法

2. 临时桩支撑方法

与地铁线路相交的大型管道，如下水管道、直径大于 120 cm 的自来水管等，因其重量大，用悬吊方法处理可能发生事故，应该用临时桩支撑的方法处理，如图 6 – 16 所示。

3. 基坑开挖影响范围内地下管网的保护方法

如果基坑位于软弱地层中，则当地下管线横跨或斜跨基坑时，除了在基坑内要悬吊处理外，在基坑两侧一定范围内也需要处理。这是因为在软弱地层中，虽然有基坑支护，但基坑旁边的土体仍然会受到开挖的影响而下沉，当下沉值达到一定的程度时就可能导致管线事故。

一般可对管线下部土体进行注浆加固。如确实知道将要发生事故的地点，也可干脆挖开土体，再用悬吊方法处理管线。影响范围可按土体破裂角的方法确定，如图 6 – 17 所示。

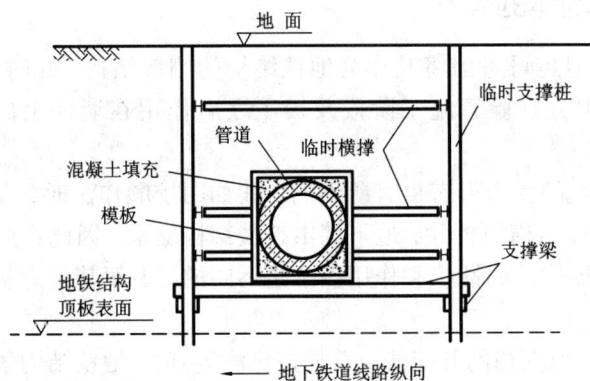

图 6 – 16　临时支撑管道方法

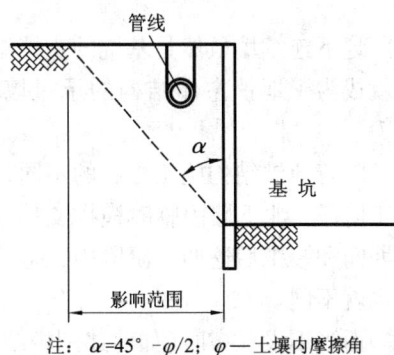

注：$\alpha = 45° - \varphi/2$；φ — 土壤内摩擦角

图 6 – 17　基坑开挖影响范围示意图

4. 地下管道位置的恢复

一般是在结构顶面修建支承墩使管道恢复原来的状态，支承墩的类型随管道的种类、大小和构造而不同，用预制混凝土砌块或砖支墩，必要时，也可采用现浇混凝土或钢筋混凝土支墩。钢筋混凝土支墩的钢筋应与地铁主体结构的顶板钢筋搭接。在管道和支墩之间垫橡胶衬垫，以防管道损坏。为保证管道的稳固，在恢复中应注意使管道与支墩间接触密贴。回填过程中，对管道的接头状态应检查修补，并在管道底部回填密实后，才能解除悬吊。

6.3　地下连续墙施工法

地下连续墙于 20 世纪 50 年代始于意大利，首先使用于水利水电工程，获得成功以后，迅速在世界各地发展起来，并广泛应用于各种土木工程的地下建筑之中。在它出现之前，围护结构主要是钢桩或钢板桩支护，其施作深度有限，而且施工过程中产生很大的噪音，对城市环境造成较大的影响。地下连续墙的问世，是围护结构的一个重要发展，它在止水性能和降低噪音方面都具有十分明显的优点，并使得大深度的基坑开挖成为可能。

6.3.1　地下连续墙的适应条件

地下连续墙虽然适应性强，但其造价较高，应针对适应条件尽量合理地使用。

①适用于修建深度较大的围护结构；

②由于地下连续墙的刚度大，变形小，有利于控制地表沉陷，故适用于对地表沉陷要求严格的区段；

③地下连续墙承载能力强，能承受很大的侧压力，故适用于软弱地层；

④地下连续墙的止水性能好，适用于地下水丰富地段；

⑤当基坑周围的地面建筑物需要采取严格的防止下沉措施时，地下连续墙的支护作用稳定可靠；

⑥当城市环境要求限制噪音公害，不能采用打桩支护时，可以采用地下连续墙。

总之，地下连续墙的适应性非常广泛，在地铁的施工中已成为重要的基坑围护手段。

6.3.2　地下连续墙与地铁主体结构墙体的关系

地下连续墙虽然是基坑的支挡结构，但也可考虑将其作为地铁结构的侧墙结构，此时，它就成为了地铁主体结构的承重墙，必须分别验算施工阶段及竣工之后作用在墙体上的应力。

随着地铁结构施工方法的不同，地下墙的受力形态也有所不同。比如明挖顺作法时，在施工阶段，地下墙由临时横撑支撑，竣工以后横撑拆除，地下墙由地铁结构支承，因此在施工期间和竣工后这两个阶段中，地下墙支撑构件的性状和作用点都是不同的，因而其受力状态也就不同。

而当不设横撑时（如前述围护结构内不设支撑的开挖法及盖挖逆作法等）时，地铁结构就是地下墙的横撑。这些都是应该在地下墙设计时予以体现的。

就地下墙与地铁主体结构的相互关系而言，有分离墙、单一墙、复合墙、重合墙四种不同的形式。

1. 分离墙

如图 6 – 18(a)所示，分离墙是一种在结构上将地下墙和地铁主体结构物分开使用的结构形式。即地下墙的作用仍然和基坑开挖时一样，只用作挡土墙及防渗墙，仅仅是一种承受土压力和水压力的围护结构。而主体结构物对于地下墙也只起横撑作用，这两者之间只是相互传递横撑的轴向力，这是一种最简单的结合方式，无须考虑主体结构物的应力向地下墙转移的问题。地下墙在施工期间和竣工后的应力状态的不同是由于临时横撑和主体结构物水平构件对地下墙的作用点和支撑刚度的不同所产生。由于一般情况下，结构物水平构件的位置受使用要求的限制，上下间距比临时横撑要大，故地下墙的断面大小，往往由结构物水平构件的上下间距来控制。

如果地下墙断面已经达到可能施工的极限，而强度还不能满足主体结构的水平构件间距较大的要求，则可以按图 6 – 18(a)所示，在水平构件之间增设中间支承点，以减少地下墙墙体的应力。

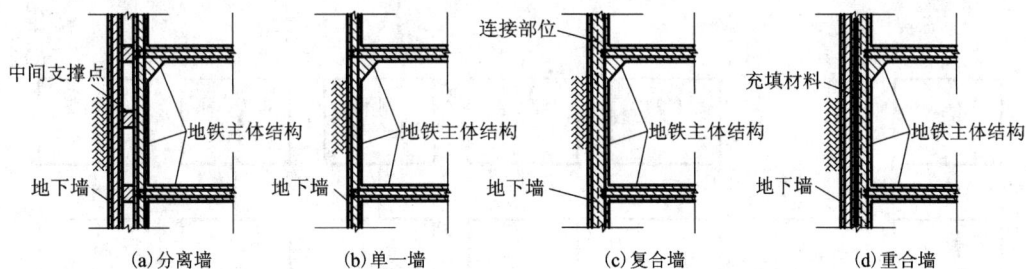

图 6 – 18　地下连续墙与地铁框架结构的结合类型

(a)分离墙　　　　(b)单一墙　　　　(c)复合墙　　　　(d)重合墙

在地下墙与内衬墙之间可设防水层，防水效果好。在软弱土层中，分离式内衬墙因不能利用地下墙作为承重结构，故往往较厚，但由于防水性能好，采用较多。

2. 单一墙

如图 6 – 18(b)所示，当直接将地下墙作为地铁结构的垂直边墙时，就称为单一墙。它可以节省地铁结构的墙体工程量，但因无法设置防水层，故防渗、防潮的性能比较差。由于是作为地铁框架结构的重要组成部分，故除了承受土压力和水压力之外，还要承受作用在框架结构上的荷载，所以设计时不仅要作为挡土墙考虑，还要作为主体结构来考虑。

3. 复合墙

如图 6 – 18(c)所示，复合墙是把地下墙与地铁主体结构的侧墙做成一个整体，施作时应将地下墙的内侧凿毛，尽量使框架结构的边墙在灌注混凝土时与之密贴，并通过拉结钢筋使二者结合为整体，共同受力。这是墙体强度最大的一种结合方式。由于在地下墙与内衬墙之间需设置拉结钢筋，不能设置防水层，故导致防水效果较差。

4. 重合墙

如图 6 – 18(d)所示，重合墙是把地铁框架结构物的边墙与地下墙在内侧面上重合在一起，二者之间塞入填充材料，内外墙之间不能传递竖向剪力，但弯曲产生的变形量相同。这种结合方式，在竣工之后可以通过各自的刚度，分别承受产生在地下墙和结构物内的应力。因此在理论上可以认为，产生在重合墙内的应力小于分离墙或单一墙内的应力。但是，这种结合方式有可能在内外墙之间，存在空隙大小不均、局部接触不良的现象，由此会产生应力传递不均。

6.3.3　地下连续墙的类型与施作方法

就地下连续墙本身的结构形式而言，有现浇地下连续墙、预制地下连续墙和排桩地下连续墙三种类型。

1. 现浇地下连续墙

在地下挖一段狭长的深槽，在挖槽的同时，往槽内注入泥浆，以形成泥浆静压力，防止槽壁坍塌，这就是所谓的泥浆护壁。深槽挖至设计标高后，放入钢筋笼，为了达到保护层厚度要求，可在钢筋笼的两侧绑上小的预制混凝土块，然后灌注混凝土。由于混凝土的重度比泥浆大，会将泥浆挤出。一般为防止泥浆漫流溢出，应配置泥浆泵抽排泥浆，以便统一收集处理。最终形成一段钢筋混凝土墙体，这些墙体逐段连接在一起就形成了一道连续的地下墙壁，这就是地下连续墙。图6-19清楚地表示出了施工流程。

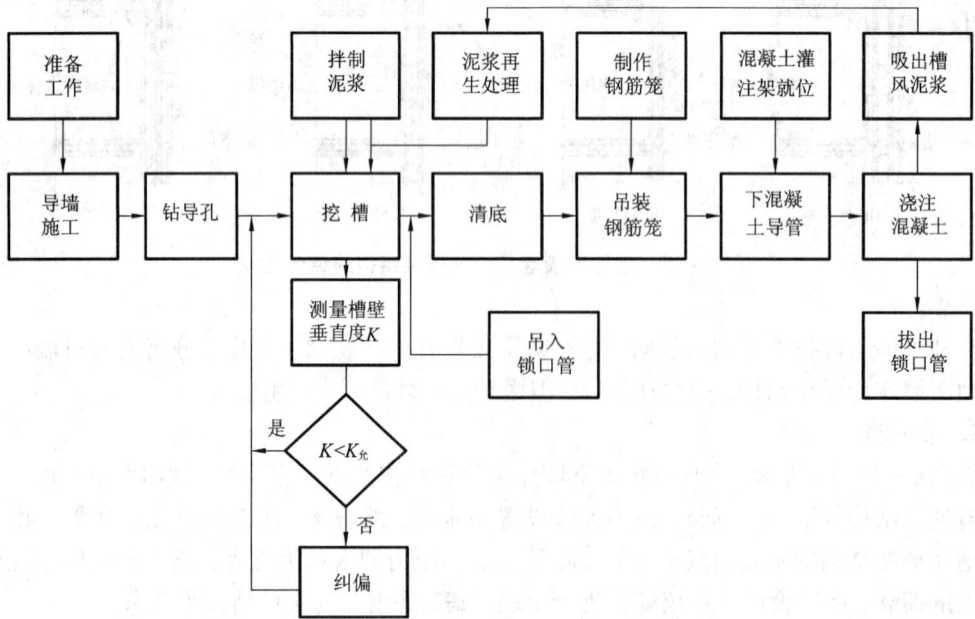

图6-19 现浇地下连续墙施工流程图

（1）施工准备

在施作地下连续墙之前应完成的准备工作主要有：施工场地规划；测量放线；修建道路、供水、供电等临时设施；落实机械设备与材料；设立建材试验室；进行地面拆迁；编制施工组织设计。

（2）护壁泥浆

泥浆护壁是挖深槽时不可缺少的环节，泥浆除了能防止槽壁坍塌或剥落外，还具有悬浮渣土的能力，随着泥浆排出地面的同时，也把悬浮渣土带出了地面。泥浆的比重一般不大于1.15，含砂量小于10%。

①泥浆的种类。有膨润土泥浆、聚合物泥浆、CMC泥浆、盐水泥浆等。使用的外加剂有分散剂、CMC增黏剂、加重剂、防漏剂、盐水泥浆剂等。膨润土泥浆的主要成分是蒙脱石等膨润土。聚合物泥浆是指用有机聚合物和各种无机硅酸盐类取代膨润土的泥浆。CMC泥浆指采用钠羧甲基纤维素（CMC）作为添加剂的泥浆。盐水泥浆即采用海水或盐水为主的泥浆，使用的是在盐水中也能膨胀的耐盐性黏土，适用于海岸附近的工程。

②泥浆的使用方法。泥浆的使用方法有两种：一种是静止方式，使用挖斗挖槽属于泥浆静止方式。随着挖槽的逐渐加深，不断往槽内补充新泥浆，直到浇注混凝土将泥浆置换出来

为止，泥浆一直储存在槽内仅起护壁作用，不用来排渣，渣土由挖斗挖出。另一种是循环方式，使用钻头式挖槽机挖槽属于循环方式。采用钻头式挖槽机施工时，由于它们不具有取土功能，需要用泵使泥浆在槽底与地面之间进行循环，把渣土排出地面。泥浆在管道的外面上升，把土渣携出地面，这称为正循环。泥浆从管道的外面自然流入槽内，然后和土渣一起由钻杆的中心孔抽汲到地面，这叫反循环。

③泥浆质量要求。拌制和使用泥浆时，必须随时检验，不合格的泥浆必须及时处理。泥浆性能指标有：ⓐ新浆质量指标；ⓑ存放 24 h 质量指标；ⓒ使用过程中的质量指标；ⓓ废弃泥浆指标。当泥浆达到废弃指标时应予废弃，未达到时可回收。采用振动筛、旋流器或沉淀池等进行除砂净化再生利用。

④泥浆池容量。泥浆池总容积包括拌浆池、优质泥浆池、沉淀池、净化池、废浆池等。新鲜泥浆总需量与挖槽机械的种类有一定关系，大致为每幅槽段挖方量的 70% ~ 80%（挖斗式挖槽机）或 80% ~ 90%（钻头式挖槽机），若地层为砂砾质土时，还应适当增加泥浆用量。用挖斗式挖槽机挖槽时，泥浆池容量大约相当于三倍单幅槽段的挖方量；用钻头式挖槽机时，泥浆池容量约需四倍挖方量。

（3）导墙

在挖槽前，应先在槽口地面预先做好导墙，即修建两道与地下墙轴线平行的连续墙体。它能支挡地表土、防止槽口坍塌；能给挖槽机械起导向作用，有利于提高槽壁的垂直精度；有利于观察并维持泥浆液面高度；能阻止地表水流入，从而防止泥浆的稀释与脏污；还用以支承施工设备及固定钢筋笼和接头管。

用得最普遍的是现浇钢筋混凝土导墙，也可采用可移动的预制块导墙或 H 型钢导墙（用工字钢焊钢板）。

导墙可根据地质及地表情况选用不同的形式，按截面形式划分，有矩形、槽形、L 形等，如图 6 - 20 所示。导墙深度一般为 1.2 ~ 2.0 m，内净宽比地下连续墙宽 5 ~ 10 cm，顶面应高出地表 15 cm 以上。在导墙中心线定位时，应考虑成槽垂直误差和地下墙可能产生的变位，适当外移以防止侵限。

导墙面应垂直，精度要求为 1/500。内外导墙的间距允许误差为 5 mm，内外侧墙顶高差允许 10 mm。导墙背后开挖回填部分必须用黏性干土分层夯实。地下管线横穿导墙或地下连续墙浅部有较大障碍物时，应探明其位置后予以妥善处理。导墙做完后，一般应及时在墙间加设支撑，防止导墙在外力作用下内挤，支撑的设置以不影响挖槽作业为原则。

（4）挖槽机械

挖槽是地下连续墙施工最主要的工序之一。目前还没有一种能够适用于各种地质条件的挖槽机，所以需要按照不同的地质条件来选择不同的挖槽方法和挖槽机械。按挖槽方式来分，挖槽机可分为挖斗式挖槽机和钻头式挖槽机两大类。

1）挖斗式挖槽机

挖斗式挖槽机有蚌式抓斗挖槽机、铲斗式挖槽机、回转式挖槽机、螺旋钻等。这类机械的特点是既能挖土又能取土，构造简单耐用，故障少，广泛用于软弱土层施工。挖斗式挖槽机的构成包括使土斗开闭、旋转、上下运行的原动机，土斗传动及动力结构以及专用机架（或履带式起重机）。

蚌式抓斗挖槽机如图 6 - 21 所示，这是一种最为常用的挖槽机，它利用斗齿切削土层并

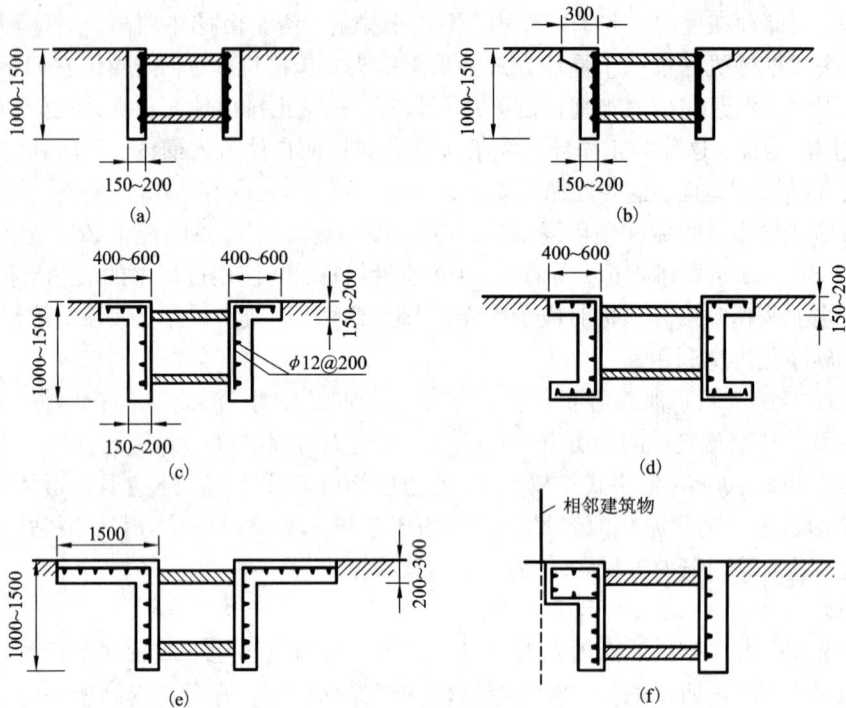

图 6 – 20 地下连续墙的导墙断面形式(单位: mm)

将渣土收容在斗内提出地面卸渣,然后又返回到挖土位置,进行新的循环。此类挖槽机可分为三种:钢索式抓斗挖槽机、液压式抓斗挖槽机和导杆式抓斗挖槽机。

①钢索式抓斗挖槽机。抓斗可装备在普通的双卷筒的起重机上或卷扬机上,依靠斗体本身自重进行切削土体。操作简便,斗体损耗小,但挖槽慢、垂直精度低。

②液压式抓斗挖槽机。抓斗工作时切削力不是主要依靠自重而是由液压缸的推进来完成,吃土深、挖土多,并能克服启闭时钢索的磨损及不便更换等缺陷,提高了挖掘能力和速度,并装备有测斜纠偏装置,挖槽精度高,但斗体损耗较大。此类挖槽机使用较多。

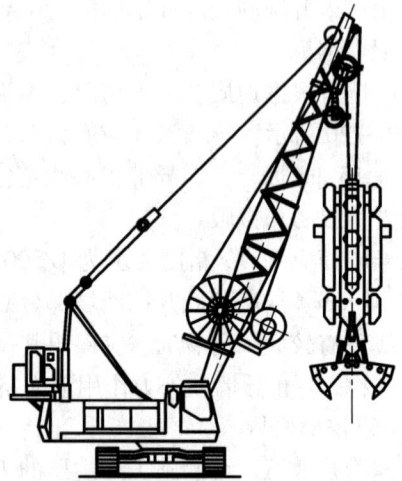

图 6 – 21 蚌式抓斗挖槽机示意图

③导杆式抓斗挖槽机。将抓斗固定在一根刚性杆上,抓斗与导杆由起重机控制上下起落。由于晃动小,每个循环的工效高,精度高。但机构多,施工场地所需净空要求较高。

2)钻头式挖槽机

这类机械只能用钻头破碎地层,本身不具取土功能,需借助泥浆循环将渣土排出地面。依钻斗对地层的破坏方式可分为冲击式、回转式、凿刨式挖槽机和双轮铣槽机,其载运机械是专用机架或履带式起重机。现场常用的是冲击式、回转式挖槽机和双轮铣槽机。

①冲击式挖槽机。即冲击钻机。它通过钻头的上下运动，冲击破碎槽基土，借助泥浆循环把渣土携出槽外，钻孔相联而成槽。适用于大卵石、大孤石等较大障碍物和软硬不均的复杂的地层。挖槽精度较高，但速度较慢。

②回转式挖槽机。即回转钻机。它将钻头压入土层并使之回转来破碎土层。在松软的地层中速度快、精度高，但在砾石等硬地层中较困难。它又分为独头回转钻机和多头钻机。独头回转钻机只有一个钻头，其开挖形状是圆形，叠合钻孔能成槽，成槽速度慢。多头钻机工作原理如图 6–22 所示。它由数个钻头组合成一体，回转钻进切削土层，并有边刀上下滑动刮平槽壁，由反循环泵将泥浆渣排出槽口（利用反循环的离心力将泥浆搅起，以便吸出）。它配有偏差纠正器，可以从垂直和水平两方向测定钻头偏差，通过可调导件进行纠偏，保证开挖精度。通常多头钻机由标准支架悬吊，也可将其吊在履带式起重机上。多头钻机挖槽精度高，但维修保养要求高，辅助设备较多，地质不均匀时，部分钻头易超负荷运转造成损坏。

③双轮铣槽机。这种成槽机的下端装有能旋转的多刃刀具切削破碎地层，通过反循环泵将碎渣排出槽口，一次性完成槽形孔，挖槽效率高。设有纠偏装置，因此垂直精度高。适合坚硬岩土地层施工，但由于其反循环泵吸力较大，故在软土地层中不宜采用，否则可能塌孔。

（5）挖槽

1）导孔施工

挖斗式挖槽机施工前，通常先用螺旋钻机或冲击式钻机施作导孔，即以一定间距钻出前后两个垂直孔，其作用是提高挖槽效率和垂直精度，也便于接头施工。导孔的直径为地下连续墙的厚度，导孔间距为抓斗打开的宽度，如图 6–23（b）所示。

2）槽段长度划分

槽段长度的选择应根据地质、地下水位、有无地下管线等因素来决定。槽段长度一般为 4 ~ 6 m，当地质条件好时，可长至 7 ~ 8 m，不好时，可缩短至 2 ~ 3 m，拐角处应短些。长的槽段有利于加快挖槽进度，但过长则可能影响到槽壁的稳定性，而且因钢筋笼的长度应与槽段长度一致，太重的钢筋笼也会使起吊和就位的难度增大。槽段开挖有一段式和多段式，多段式应跳挖，如图 6–23（a）所示。

3）挖槽要领

①采用钻头式挖槽机时，应顺槽段先打一排钻孔，然后用叠合钻孔的形式削掉两孔之间的尖凸角，再经修壁后，使之成槽，如图 6–24 所示。

②泥浆面一般应高出地下水位 1 m，开挖过程中不低于导墙顶 0.5 m，随挖随加泥浆。停挖时应把泥浆面加至不低于导墙顶 0.2 m，以保证槽段的稳定。

③挖槽机的载运机械（履带式起重机）距槽边应不小于 3 m，否则会增加槽边的荷重，不利于稳定。履带走向宜垂直于导墙。其他机械不要在槽边停留。

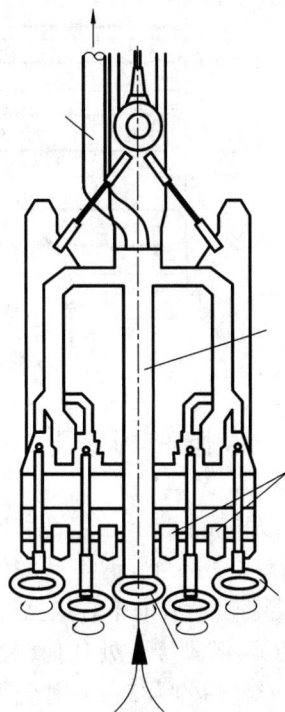

图 6–22　多头钻机示意图

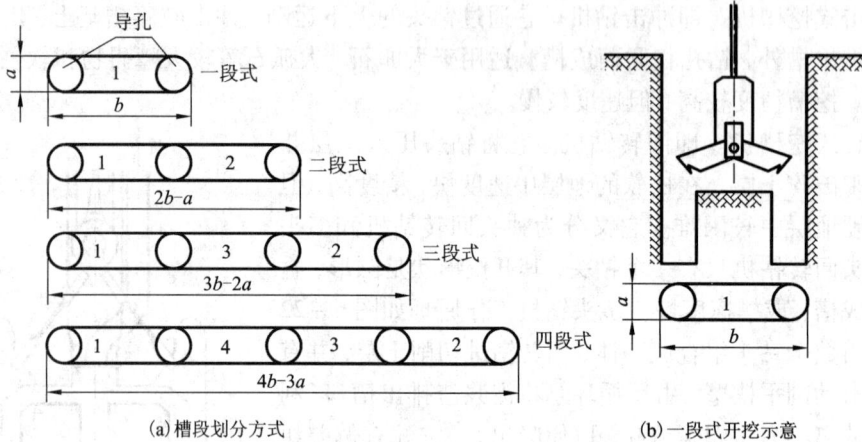

（a）槽段划分方式　　　　　　　（b）一段式开挖示意

图 6 – 23　地下连续墙槽段划分及开挖示意图

④暂时不挖的槽段，导墙需用对口撑撑好。

⑤用抓斗挖土，挖完后应进行一次扫孔，以挖除欠挖部分，清除槽底的大块泥土。为避免超挖，清底前不宜挖至设计标高。

⑥两槽段接头处任何深度的偏差值，不得大于墙厚的 1/3，否则会影响相邻段的开挖，挖槽时应随时检测并纠正槽壁垂直度。

4）挖槽过程中的事故及处理措施

①槽壁坍塌。由于漏浆或施工不慎导致液面太低，造成槽壁坍塌，应及时调整泥浆

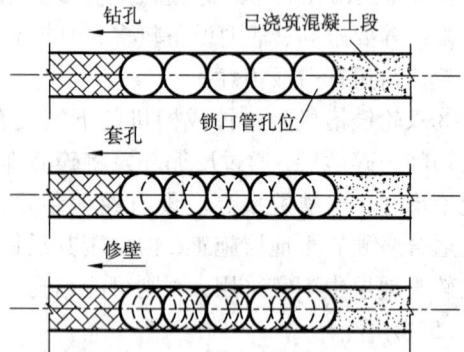

图 6 – 24　叠合钻孔成槽示意图

配合比或加防漏剂，并恢复液面高度。泥浆质量不合格时应进行再生处理。因降雨等地下水位急剧上升时，应随时确保液面高出地下水位 1 m 以上。因地下障碍物引起坍塌时，浅部的障碍物可挖除并用优质土回填后再挖槽，也可用地质套筒钻排除障碍物。存在极软弱层和松砂层时，应缩短槽段长度。因上部荷载大引起坍塌时，应马上移走机械设备等附加荷载，进行减载和加固地基。

②挖槽机卡在槽内。挖槽过程中，有可能由于槽壁偏斜过大或大的块石落入槽内而使得抓斗或钻头被卡住。此时不能强行提拉，应先排出泥渣石块，然后再提拉。为了防止出现这类现象，应注意在停止挖槽时，禁止把挖槽机具留在槽内。应及时清除泥浆中的土渣，不合格的泥浆不得使用。在黏土层内挖槽时，泥浆应保持低黏度。槽壁应保持良好的垂直精度。

（6）吊入接头构件

接头构件可采用钢管、接头箱、型钢、预制钢筋混凝土构件等。钢管和接头箱可以拔出，重复利用。型钢和预制钢筋混凝土构件等难以拔出的构件，就留在墙体中。常用钢管作接头管，又称锁口管，吊入时表面涂油，尽量使其紧靠原土层，垂直缓慢插入。

（7）刷壁、清底

在相邻槽段接头部位，容易产生凝聚物，如沉淀物、不合格的泥浆、槽底已松动的泥块

等，这些东西会影响混凝土的强度和流动性以及接头部位的防渗性，降低混凝土的灌注速度，促使钢筋笼上浮，加速泥浆变质。沉渣在槽底很难被混凝土置换，会导致地下连续墙承载力降低、沉降量加大。沉渣过多还会影响钢筋笼插到预定位置，影响结构的设计。所以一定要认真刷壁和清底，具体做法是：

①用吊车或钻机将刷壁器下到槽底，紧贴已灌槽段混凝土的端部壁面，从下往上提拉刷壁，反复数次，直至将混凝土壁面清理干净为止。刷壁器应经常清理，保持干净，以提高刷壁效果。如果刷壁不彻底，接头夹泥过厚，将使接头造成严重渗漏，很难处理。

②清底可用抓斗抓泥和置换泥浆两种办法。抓斗挖槽时，不要挖到设计标高，留出0.5 m 以上土体，待清除浮土沉渣后再挖至设计标高。置换泥浆排泥时可采用吸泥泵排泥、压缩空气升液排泥或潜水泥浆泵排泥。当底部抽吸时，顶部应随时补浆以维持液面高度。刷壁、清底后应使槽内泥浆达到规定要求。

（8）钢筋笼制作及吊装

钢筋笼在现场模型台架上制作，其厚度按设计要求，其长度视槽段长度、深度和起吊能力而定，可制成整幅式或分段式。钢筋笼应按设计要求设置好保护层垫块、结构预埋件、预留搭接钢筋等。钢筋笼做好后应注明上下、内外侧及槽段编号。

起吊前应验算起吊能力。钢筋笼的下端不得在地上拖拉、碰撞，应系上拖绳防止其摆动，运至槽口，对准后慢速下降就位。需在槽口上对接的钢筋笼，将先吊入槽的钢筋笼的顶部临时固定在导墙上，然后与接长钢筋的下端对准后焊成一体，继续吊装入槽就位。吊装就位时，应严格保证钢筋笼上下前后左右位置的正确性。就位后，应将钢筋笼固定以防止浇注混凝土时上浮。钢筋笼在水中的浸泡时间不应大于 24 h，以避免降低钢筋的握裹力。

（9）浇筑混凝土

水下灌筑混凝土应比设计等级提高一级。水灰比在 0.5～0.6 之间，水泥用量宜大于400 kg/m³，坍落度为(20±2 cm)，流动保持率 k 为 1～2 h20 cm，具有良好的和易性和黏聚性。混凝土的骨料宜采用中粗砂及粒径不大于 40 mm 的碎石，水泥宜采用普通硅酸盐水泥。

浇筑水下混凝土应采用导管法。导墙上的槽口应铺盖板，防止混凝土掉入槽内。导管事先应检查并进行水压试验。导管与漏斗相接，在漏斗内放置铁格栅以截留大块石，导管内塞入底塞，导管下端放在槽底。每幅槽段一般用两根导管，其间距不大于 3 m，浇筑混凝土时交叉使用两导管，尽量使混凝土表面平整上升，边浇筑边抽出槽内泥浆，并注意保持泥浆液面高度。

在浇筑混凝土过程中，应经常测量导管底与混凝土面的高差，保持导管埋入混凝土内深2～6 m，根据测量结果决定提升导管的长度。在浇至顶部时，由于落差小，混凝土流动困难，导管埋深可控制在 1 m 左右。必须确保混凝土的供应能力，使浇筑能连续进行，中断时间不宜超过半小时。偶有中断时，应经常活动导管，防止导管被凝结、堵死。浇筑混凝土时应防止脱管、返浆、漏浆、导管破裂、堵管等事故。发生堵管时，应分段拆下导管，将管内混凝土清出槽外，不允许吊升整根导管，以免混凝土散落入槽。安装好导管后按重新浇筑规定处理。

（10）拔出接头构件

指可以拔出的接头构件，如钢管。相邻槽段连接处的接头构件宜采用顶升架拔出。根据混凝土开始凝结的时间，依次适当地拔动，最后全部拔出。若拔管过早会影响接头的强度和形状,拔管过迟则可能拔不出来,一般是浇筑后 2~3 h 开始拔,每次提拔 10 cm 左右,已拔 0.5~1 m 后,每隔半小时拔 0.5 m 左右。

接头构件拔不出的主要原因是:被钢筋笼卡死;提拔过晚以至被混凝土凝结;土层阻力较大。使用吊车提拔时不能强行提拔,以免翻车,拔不动时应改用顶升架顶拔,如仍拔不动,则继续浇筑槽段混凝土,待邻幅槽段开挖后再将其取出。

2. 预制地下连续墙

预制地下连续墙的墙体用预制墙体板组拼而成,又称装配式地下连续墙。成槽后,将预制墙板插入槽中,并经水泥浆固化后形成地下连续墙。它有梁板型和板型两种结构形式。

梁板型中,板的作用是将土压力传递到梁上,板的底端只需与基坑底面齐平即可,而梁则必须深入基坑底面一定深度,以保持墙的稳定。

常用的为板型结构,根据接头形式的不同,又分为板槽体系和板榫槽体系,平面简图如图 6 - 25 所示。板槽体系通过直接用槽头插入槽口来衔接。板榫槽体系预留的槽口可通过插入预制构件体来提高接缝抗剪强度。

墙板间的接缝处理视接缝的具体情况有几种处理方式:①对于简单缝,可直接向两板间的缝隙灌入水泥浆;②需要提高接缝抗剪强度时,可在缝中放置钢筋混凝土楔;③为了防水,应在水泥浆中放止水带,如图 6 - 26 所示。

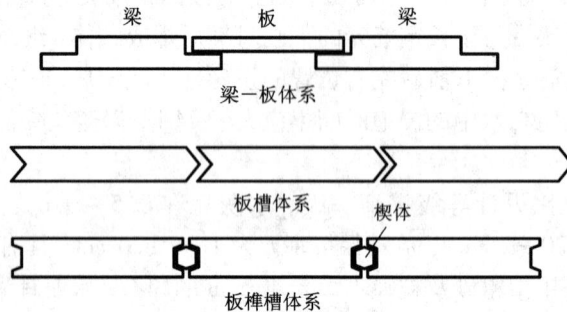

图 6 - 25　预制地下连续墙平面示意图

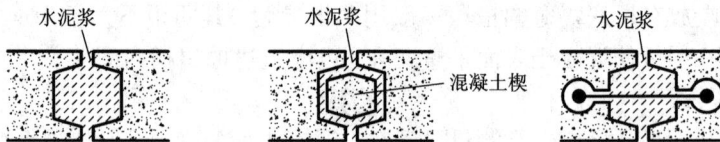

图 6 - 26　板间接缝处理

(1)预制地下连续墙施工的主要工序

①导墙施工;

②制备护壁泥浆;

③挖槽;

④清底和刷壁;

⑤用锚固水泥浆替换护壁泥浆;

⑥吊装预制墙板;

⑦接缝处理。

①～④道工序做法与现浇地下连续墙基本一样，导墙的内净宽要求比地下连续墙宽 15 cm 左右。

锚固水泥浆由水、砂子、黏结掺合料、起缓凝作用的膨润土以及抗腐蚀作用的水泥调制而成。其比重为 1.25，水灰比为 0.3。清底和刷壁完成后，将锚固水泥浆注入基坑底部，吊放预制墙板，置换全部护壁泥浆。为了使墙板顺利压入槽内，并将其嵌住，应采用流动性很大的水泥浆。水泥浆的标号随墙的高度而变化，在底部采用标号较高的以承受较大的竖向荷载。靠土侧采用防水水泥浆。

吊放预制墙板时，通过预埋在墙板里的导杆用吊车悬吊墙板入槽，墙板又通过型钢构件支承在导墙上，浸渍于锚固水泥浆中。墙板的位置可由导杆上的螺栓调整。相邻墙板间采用锚杆或张拉设备相互扣住以保持整体稳定。待水泥浆凝结起锚固作用后，预制地下连续墙也就形成了(图 6-27)。

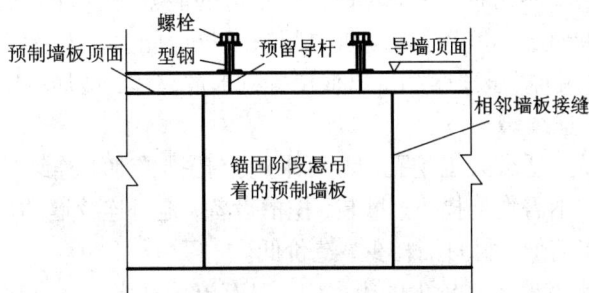

图 6-27　预制墙板锚固简图

(2)主要优缺点

1)优点

与现浇混凝土地下连续墙相比，预制地下连续墙的优点为：①施工速度快；②墙的表面平整，当需要作为主体结构的墙体时，后续表面处理也较简单；③墙体位置准确，工程精度高。

2)缺点

①需要较大的预制和贮存墙板构件的场地；②单块墙板较重，安装需要较大吨位的起重机。

为了减轻板的重量，可以考虑采用空心板，轻骨料混凝土，预应力墙板等技术。

3. 排桩式地下连续墙

排桩式地下连续墙是把各个独立施工的桩连成一体而组成的地下连续墙，可以是钻孔桩、挖孔桩、水泥土搅拌桩或劲性水泥土搅拌桩(SMW)等。

(1)钻冲孔排桩地下连续墙

采用两钻一冲方法挖槽，钻孔用旋转钻，冲孔用冲击钻。先按一定桩距钻孔形成钻孔桩，然后在这两桩间再冲孔形成冲孔桩，桩与桩搭接形成排桩地下连续墙，采用泥浆护壁。在地形狭窄或净空高

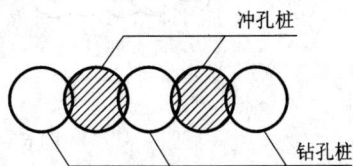

图 6-28　钻冲孔排桩地下连续墙示意图

度受限制而不便于使用大型挖槽机的施工场地，在大块卵石等障碍物较多的地段，比较适合使用这种方法，如图 6-28 所示。

排桩钢筋笼的位置必须准确，如偏斜过大，冲孔时就会碰上钢筋而造成卡锤，因此除了要求桩孔必须满足垂直精度的要求外，还要确保钢管笼的垂直度及混凝土保护层厚度。水下混凝土浇注时，为确保钻孔桩的混凝土保护层，可沿连续墙的纵向，在桩的钢筋笼两侧挂上 2 根定位钢管，横向在钢筋笼上焊定位钢块，浇筑混凝土后拔出钢管。而冲孔桩沿钢筋笼的前后左右焊定位钢块，不必挂定位钢管。泥浆制备及导墙施工与前述基本相同。

与现浇地下连续墙相比，优点是施工简便，成本较低；不需设置笨重的接头管，省去吊放和拔除接头管的大型设备；孔壁稳定性好，不需大型挖槽机；钻孔与冲孔的时间差要求不高；便于流水作业，可多工作面作业。其缺点是接合面多，整体性较差，抗渗性较差，工艺要求较严，施工速度较慢。

注意事项：①若桩径小，则两桩搭接面积小，防渗效果较差；若桩径大，则搭接面积大，但会使成孔难度增大；②冲孔时，冲锤对钻孔桩两边的混凝土进行切割，冲程过大容易造成卡锤，应由小到大试冲而定；③由于桩与桩之间缺乏抗剪能力，故最好是在桩顶现浇一条连续的钢筋混凝土帽梁（又称"压顶梁"），以促使排桩形成整体，增加稳定性。

（2）挖孔排桩地下连续墙

当地下水影响不大、适合人工挖孔时，可采用挖孔排桩地下连续墙，其优点：可多工作面同时作业加快速度；不需大型提拔、吊装、挖槽设备；地下连续墙的尺寸精度、混凝土的质量都能得到保证；施工简便、材料消耗少、造价低。

挖孔桩适用于无水或地下水较少的土层中，对有流动性淤泥、流砂和地下水的地区不宜采用。桩的直径一般不宜小于 1.2 m。

（3）劲性水泥土搅拌桩

劲性水泥土搅拌桩支护结构，又称 SMW，它是在水泥土搅拌桩中插入型钢或其他芯材同时具有承载力与防渗两种功能的围护形式。桩体布置有单排、双排两种基本形式，均可以对 H 型钢进行隔孔设置（间隔布置）、全孔设置（连续布置）和隔孔与连续设置（间断布置），如图 6-29 所示。

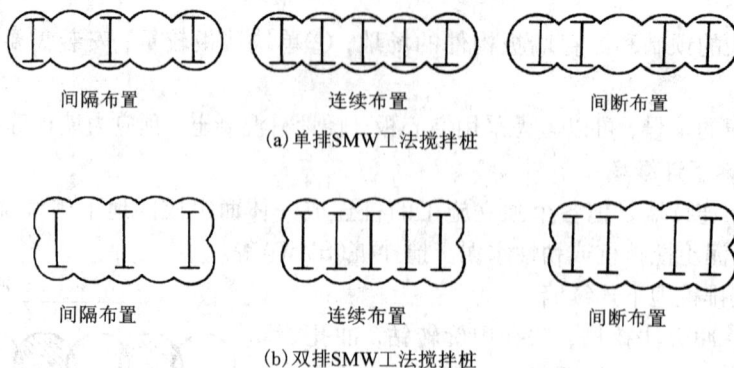

间隔布置   连续布置   间断布置

(a)单排SMW工法搅拌桩

间隔布置   连续布置   间断布置

(b)双排SMW工法搅拌桩

图 6-29   SMW 搅拌桩内型钢布置

6.3.4　地下连续墙稳定性分析

地下连续墙围护结构的稳定性分析包括三部分：①槽壁的稳定性分析，保证在成槽和灌注混凝土过程中不发生槽壁坍塌；②基坑底的稳定性分析，保证不出现基坑底的失稳现象；③地下连续墙本身的结构计算，保证墙体的承载要求。

1. 槽壁的稳定性分析

槽壁由泥浆保护。其护壁的基本原理：首先是泥浆在壁面上形成不透水泥膜，将泥浆与周围土层隔开，防止泥浆流失，亦能挡住地下水流入槽内。其次是泥浆对槽壁产生静液压力，通过泥膜对壁面起维持作用，以平衡外侧的水、土压力。最后是电渗力的作用，被泥膜隔开的泥浆与土层之间会产生电位差，促进膨润土颗粒向壁面移动，电渗力也能对槽壁起支撑作用。

沟槽开挖后尽管有泥浆护壁，但壁面仍会产生变形，而且由于土的流变性，壁面变形会随时间而增长。壁面变形的大小与方向视地层性质与泥浆参数而异，但其中向槽内的变形是不利的，若施工中泥浆管理不周或设计不合理，这种变形就有可能发展成槽壁坍塌。

影响泥浆护壁稳定性的因素主要是泥浆重度、地层性质、槽内泥浆液位高度、地下水位、槽边荷载、一次成槽长度以及槽的深度等。为了保证槽壁的稳定性，需找出这些因素之间的定量关系，即泥浆槽壁的稳定性分析。这之中最关键的是泥浆的重度。方法较多，下面仅介绍楔块分析法。

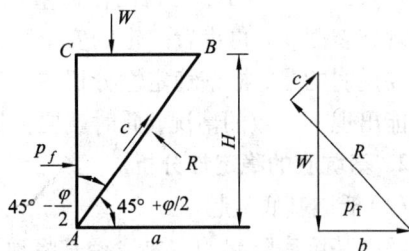

图 6 - 30　楔块分析图

在这个方法中，槽壁的稳定条件可按楔形土体滑动的假定来分析。如图 6 - 30 所示，AC 为沟槽壁面（即基坑的深度），AB 为与水平面成一定角度（破裂角）的滑动面，φ 为土体的内摩擦角。现在讨论楔块土体 ABC 的平衡状态，作用在它上面的力有：

①作用在 AC 面上的泥浆压力 $P_f = \dfrac{1}{2}\gamma_f H^2$；

②作用在 AB 面上的土体抗剪力 c 和对楔块的挟持力 R；

③自重（包括地面荷载）$W = \dfrac{1}{2}\gamma H^2 \tan\left(45° - \dfrac{\varphi}{2}\right) + qH\tan\left(45° - \dfrac{\varphi}{2}\right)$。

对于饱和黏土，可假定 $\varphi = 0$，$c = S_u \cdot H$；对于非饱和性土，其抗剪强度随含水率而变，从天然地基中取样进行单轴试验时，应按 $\varphi = 0$，$S_u = \dfrac{q_u}{2}$ 考虑，其误差偏于安全。

分析楔块 ABC 的力平衡图，由 $\sum x = 0$ 和 $\sum y = 0$，可列出在一定泥浆重度时的泥浆液面临界高度 H_{cr} 的计算公式：

$$\frac{1}{2}\gamma H^2 - 2S_u H + qH - \frac{1}{2}\gamma_f H_{cr}^2 = 0 \qquad (6-2)$$

由（6-2）式可求得：

上部有荷载时：

$$H_{cr} = \frac{4(S_u - 2q)}{\gamma - \gamma_f} \qquad (6-3)$$

上部无荷载时：

$$H_{cr} = \frac{4S_u}{\gamma - \gamma_f} \qquad (6-4)$$

式中：γ 为土的重度；γ_f 为泥浆重度；H 为槽壁的高度；q 为基坑边荷载；S_u 为土的不排水抗剪强度；q_u 为土的无侧限抗压强度。

上式适用于黏性土。对于无黏结力的砂性土，当满足泥浆液面高出地下水位的条件时，槽壁平衡条件如下式：

$$\frac{\gamma_f}{\gamma_w} = \frac{\left(\frac{h}{H}\right)^2 \cdot \cos\theta \cdot \tan\varphi + \left(\frac{\gamma}{\gamma_w}\right) \cdot \cot\theta \cdot (\sin\theta - \cos\theta \cdot \tan\varphi)}{\cos\theta + \sin\theta \cdot \tan\varphi} \qquad (6-5)$$

式中：γ_w 为水的重度；h 为地下水位高度；θ 为滑动面 AB 与基底水平面的交角，即破裂角。

当破裂面形成时，θ 值为最大，以 F 代表该等式的右项，令 $\dfrac{dF}{d\theta} = 0$，即可求出破裂角 θ，将其代入式（6-5）中，可得出使槽壁处于临界状态时的泥浆重度 γ_f。为了槽壁的稳定，就不应出现破裂面，故再设置一定的安全系数，适当增大泥浆重度，即可保证坑壁的稳定。

要说明的是，槽壁稳定性分析在一般情况下可为槽壁的设计提供参考，但实际工程中，很可能出现不一致的情况，此时就要根据经验加以修正。

2. 基坑底的稳定性分析

（1）抵抗基底隆起

解决基坑底隆起的主要途径是将地下连续墙插入基底以下足够的深度。这类方法有很多，都有一定的适用条件及假定，这里仅以泰沙基方法为代表作简要介绍。

将墙底平面作为极限承载力的基准面，其滑动线形状如图 6-31 所示，有公式如下：

$$K = \frac{\gamma_2 D N_q + c N_c}{\gamma_1 (H + D) + q} \qquad (6-6)$$

式中：K 为安全系数，应有 $K \geq (1.7 \sim 2.5)$；D 为墙体入土深度，m；H 为基坑开挖深度，m；γ_1 为基坑外地表至墙底，各土层天然重度的加权平均值，kN/m^3；γ_2 为基坑底至墙底，各土层天然重度的加权平均值，kN/m^3；c 为基坑底土体的黏结力，kN/m^2；q 为地面超载，kN/m^2；N_q、N_c 为求地基承载力的相关系数，由下式决定：

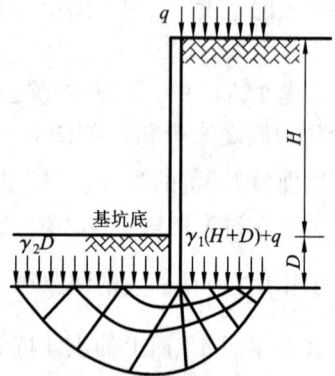

图 6-31　基底隆起与地下墙入土深度的关系

$$N_q = \frac{1}{2}\left[\frac{e^{\left(\frac{3}{4}\pi - \frac{\varphi}{2}\right)\tan\varphi}}{\cos\left(45° + \frac{\varphi}{2}\right)}\right]^2 ; \quad N_c = (N_q - 1)\frac{1}{\tan\varphi} \qquad (6-7)$$

φ 为土体的内摩擦角。

如果能满足安全系数 K，则基底不会隆起，否则，应该加深地下墙插入基底的深度，直至满足安全系数要求为止。此法对各类土质条件都有一定的适用性。

（2）防止管涌

如图 6-32 所示，因地下墙是一种隔水性较强的围护结构，若插入基底的墙体足够长，则可防止管涌的发生。作用在管涌范围 B 上的全部渗透压力 J 为：

$$J = \gamma_w hB \qquad (6-8)$$

式中：h 为在范围 B 内从地下墙底端向上到基坑底面的平均水头损失，一般可取 $h = h_0/2$，h_0 是地下水位至基底的深度；B 为管涌范围，可近似取基坑底宽度的一半；γ_w 为水的重度。

抵抗渗透压力的土体水中重量 W 为：

$$W = \gamma' \cdot L \cdot B \qquad (6-9)$$

式中：L 为地下墙插入基底的深度；γ' 为土的浮容重。

当 $J > W$ 时，就会发生管涌，因此必须使得 $J \leqslant W/K$，则墙体插入基底深度验算公式：

$$L \geqslant \frac{\gamma_w h}{\gamma'}K \qquad (6-10)$$

式中：安全系数 K 可取为 1.2。

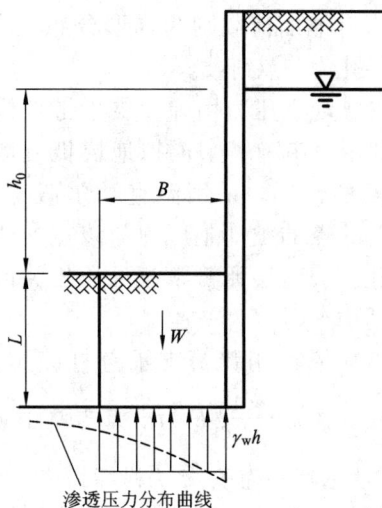

图 6-32 防止管涌的验算

（3）墙体抗倾复

墙体插入基底的深度除了上述防基底隆起和防止管涌外，还应满足土压平衡条件。如图 6-33 所示，考虑墙体处于极限平衡状态下，可以算出有效主动土压力 P_1 绕支点 C 的倾复力矩 $M_倾$ 和有效被动土压力 P_2 的抵抗力矩 $M_抵$（如果 P_1 的作用点在 C 点以上，则应取上一横撑的作用点为支点）。因考虑墙体在力的平衡状态下不发生位移，故认为支点以外的横撑不参与作用，因而可不考虑它们的抗倾复作用（偏于安全）。取安全系数 $K \geqslant 1.2$，应有：

$$K = \frac{M_抵}{M_倾} = \frac{L_2 P_2}{L_1 P_1} \geqslant 1.2 \qquad (6-11)$$

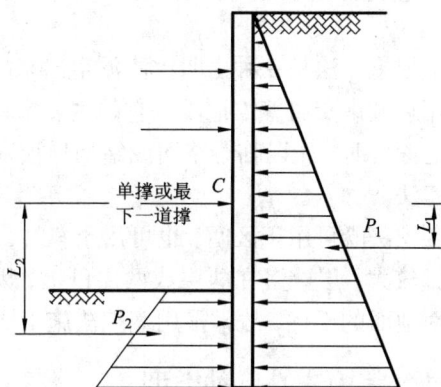

图 6-33 墙体插入部分的土压平衡验算

据此，可最后确定插入基底的墙体深度。

3. 地下连续墙结构计算

通过前面的介绍，已经知道地下墙可以作为地铁主体结构的一部分，这在地下墙结构计算中是应该体现出来的，但为简化计算，也可仅仅视为基坑开挖的挡土墙。本节仅按挡土墙方式予以介绍。

计算按平面问题进行，即沿地下连续墙纵向取 1 m 长的墙体进行计算。目前大多采用有限元法，其中的弹性支承法是普遍采用的方法。如图 6-34 所示，计算要点如下：

①主动土压力假定呈三角形分布，如考虑有地面荷载则为梯形分布，计算时转化为节点荷载。

②被动土压力用弹簧支承链杆模拟，即用一串弹簧来模拟地层抵抗墙体挤压的作用。采用温克勒尔假定，即认为该点的被动土压力与该点的位移成正比。地层弹簧常数可从相关设计手册中查到。

③横撑也用弹簧支承链杆模拟，其弹簧常数 $k = \dfrac{EA}{l}$，E 为横撑的弹性模

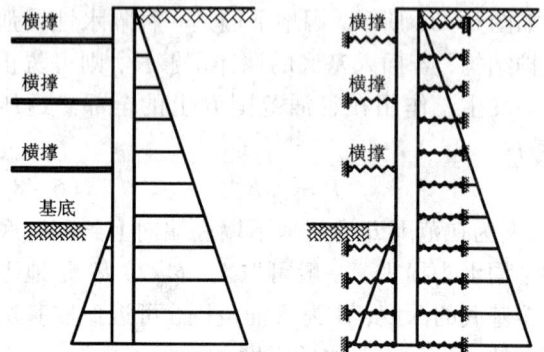

图 6-34　地下连续墙计算图示

量，A 为横撑截面积，l 为横撑长度，如不设横撑，则令 $E = 0$ 即可。

④各弹簧链杆必须受压才能存在，否则应自动取消，这一功能应在程序中体现。

⑤程序应能模拟基坑开挖过程，即体现出横撑从上至下设置时，开挖至不同深度时的工况。

⑥墙体在各种工况下都有其受力最不利截面，这些截面上的内力即为配筋依据。

6.4　盖挖施工法

盖挖施工法是一种由明挖法派生出来的，既非完全明挖，也非完全暗挖的施工方法，一般使用在城市交通繁忙地段。它的主要宗旨是尽可能地减少对城市交通的干扰。因此在开挖到一定深度时，先以临时路面或结构顶板恢复地面畅通，然后才继续向下开挖，故称之为盖挖施工法。

盖挖法既可用于区间，也可用于车站，但用于车站的情况居多，这是因为车站的宽度和高度都较大，层数多在两层或两层以上，因而施工周期长，对地面交通的影响大，为了尽量减少对地面的干扰，故常采用盖挖法施工。

6.4.1　盖挖法的几种类型

按照盖挖法施工的顺序划分或与其他施工方法的组合，主要有以下几种类型：

1. 盖挖顺作法

早期的盖挖法是在基坑围护结构的钢桩上架设梁板，以形成临时路面维持地面交通，然后开挖到基坑底，再从下至上施作底板、边墙，最后完成顶板，故称为盖挖顺作法。临时路面一般由型钢纵、横梁和路面板组成。其主要施作步骤如图 6-35 所示。由于主体结构是顺作，施工方便，质量易于保证，故仍然是盖挖法中常用的方法。

盖挖顺作法主要依赖坚固的挡土结构，根据现场条件、地下水位高低、开挖深度以及周围建筑构的临近程度，而选择钢筋混凝土钻(挖)孔灌注桩或地下连续墙。对于饱和的软弱地层，应以刚度大、止水性能好的地下连续墙为首选方案。随着施工技术的不断进步，工程质量和精度更易于掌握，现在盖挖顺作法中的挡土结构常用作主体结构边墙体的一部分或全

（a）构筑连续墙、中间支承桩　　（b）构筑中间支承桩　　（c）构筑连续墙及覆盖板　　（d）开挖及支撑安装

（e）开挖及构筑底板　　（f）构筑侧墙、柱及楼板　　（g）构筑侧墙及顶板　　（h）构筑内部结构、拆除盖板的临时巾桩路面恢复

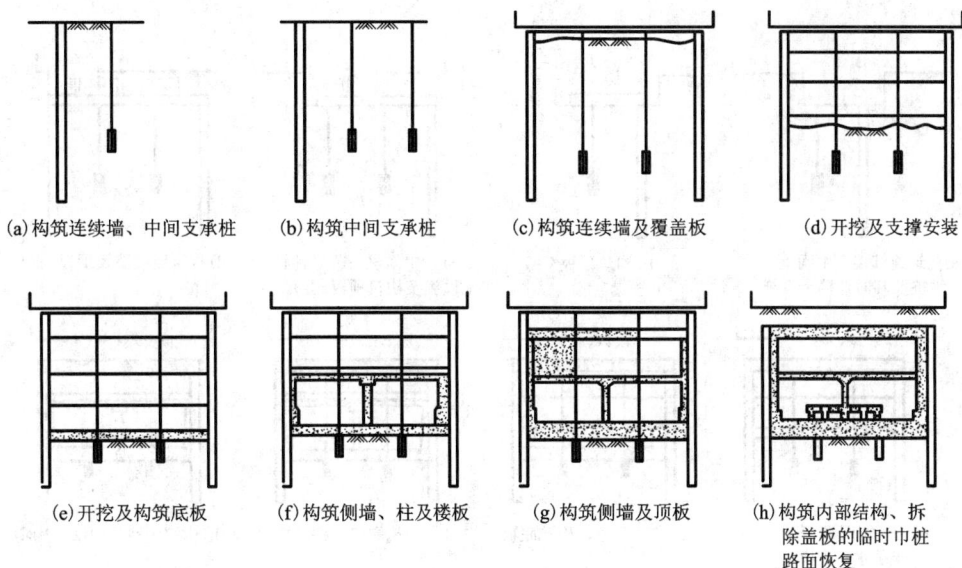

图 6 - 35　盖挖顺作法示意图

部。如开挖宽度很大，为了缩短横撑的自由长度，防止横撑失稳，并承受横撑倾斜时产生的垂直分力以及行驶于覆盖结构上的车辆荷载和吊挂于覆盖结构下的管线重量，经常需要在建造挡土结构的同时建造中间桩柱以支承横撑。中间桩柱可以是钢筋混凝土的钻（挖）孔灌注桩，也可以以采用预制的打入桩，如钢或钢筋混凝土桩。中间桩柱一般为临时性结构，在主体结构完成对将其拆除。为了增加中间桩柱的承载力或减少其入土深度，可以采用底部扩孔桩或挤扩桩。

2. 盖挖逆作法

如果开挖范围较大，难以铺设上述的临时路面，可以采用盖挖逆作法。这是一种在盖挖顺作法的基础上发展而成的方法，一般采用地下连续墙作围护结构，利用主体结构的顶板作为路面支撑。结构施作顺序是自上而下施工，正好与顺作法的顺序相反，故称为逆作法。逆作法的问世比较晚，在我国地下工程中开始使用是在 20 世纪 90 年代初期，目前已成为城市地铁施工的一种主要施工方法。

图 6 - 36 表示的是盖挖逆作法。其施工步骤为：①施作地下连续墙作围护结构；②施作中间立柱；③开挖至顶板底面标高处；④构筑顶板；⑤填土覆盖，恢复交通；⑥开挖至中层楼板底面标高处；⑦构筑中间楼板；⑧开挖至基底；⑨构筑底板。

如有内衬墙，则在中间楼板施工完后施作上层边墙，底板完成后施作下层边墙。为了使工序的表达更简洁明了，图中直接将地下墙作为地铁主体结构的边墙，实际中也是可以这样做的，即上节所谈到的单一墙。但大多数情况下都会在地下墙内侧再施作内衬墙，如采用分离墙或重合墙，以提高防水效果，并使内墙面更为平整、光滑。

盖挖逆作法施工的优点是：主体结构的水平位移小；利用结构横向构件作为基坑开挖的支撑，节省了临时支撑；缩短了对地面交通的封闭时间，大大减少了对城市正常活动的干扰；受外界气候影响小。其缺点是：出土不方便；板墙柱施工接头多，需进行防水处理；施工速度慢；土建工程造价较高。

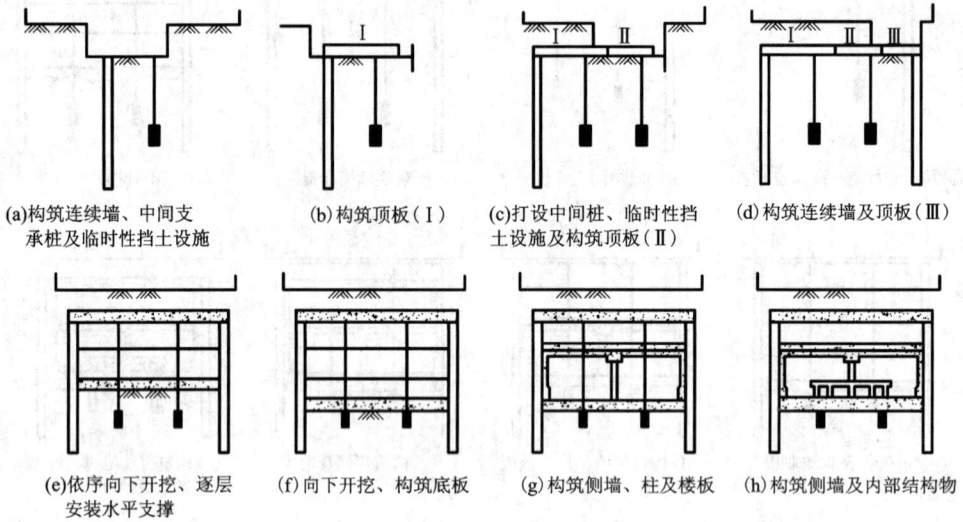

(a)构筑连续墙、中间支　　　(b)构筑顶板（Ⅰ）　　　(c)打设中间桩、临时性挡　　　(d)构筑连续墙及顶板（Ⅲ）
承桩及临时性挡土设施　　　　　　　　　　　　　　　土设施及构筑顶板（Ⅱ）

(e)依序向下开挖、逐层　　　(f)向下开挖、构筑底板　　　(g)构筑侧墙、柱及楼板　　　(h)构筑侧墙及内部结构物
安装水平支撑

图 6-36　盖挖逆作法施工示意图

3. 盖挖半逆作法

如图 6-37 所示，盖挖半逆作法的施工过程为：①施作地下连续墙（围护结构）；②施作中间立柱；③基坑开挖至顶板底面处；④施作顶板，并填土覆盖，恢复交通；⑤往下继续开挖至基底标高，并逐层设置横撑；⑥施作底板；⑦施作中层楼板（如设计中有内衬墙，则施作下层的内衬边墙）；⑧如设计中有内衬墙，则最后施作上层的内衬边墙。

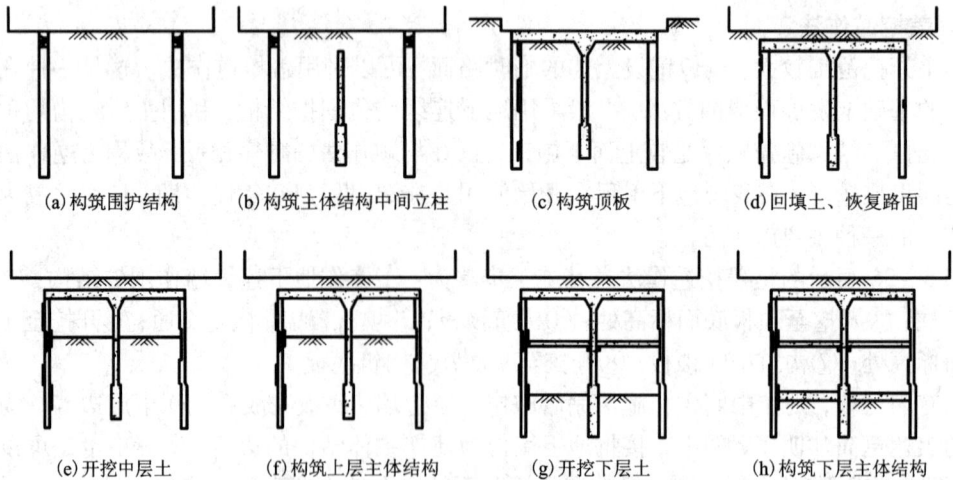

(a)构筑围护结构　　　(b)构筑主体结构中间立柱　　　(c)构筑顶板　　　(d)回填土、恢复路面

(e)开挖中层土　　　(f)构筑上层主体结构　　　(g)开挖下层土　　　(h)构筑下层主体结构

图 6-37　盖挖半逆作法施工示意图

盖挖半逆作法与盖挖顺作法的主要区别在于结构顶板的构筑时机不同，在半逆作法中顶板是先做好，而在顺作法中顶板是最后才完成（在这之前一直是临时顶板）。

与明挖法相比，半逆作法减少了对地面交通的干扰，与全逆作法相比，它仍然需要设置临时横撑。

4. 盖挖顺作法与逆作法的组合

当地铁主体结构层数较多时(如换乘站),为加快施工进度,尽量缩短影响地面交通的周期,可以将盖挖顺作法与逆作法结合起来使用,如图 6 – 38 所示。其施工步骤为:①施作围护结构;②施作中间立柱;③开挖至顶板底面、浇筑顶板、回填、恢复路面;④开挖至顺作法与逆作法分界标高处;⑤浇筑分界处楼板(图中为第二层楼板);⑥往上施作第一层楼板(顺作),同时往下开挖至基底,浇筑底板(逆作)。

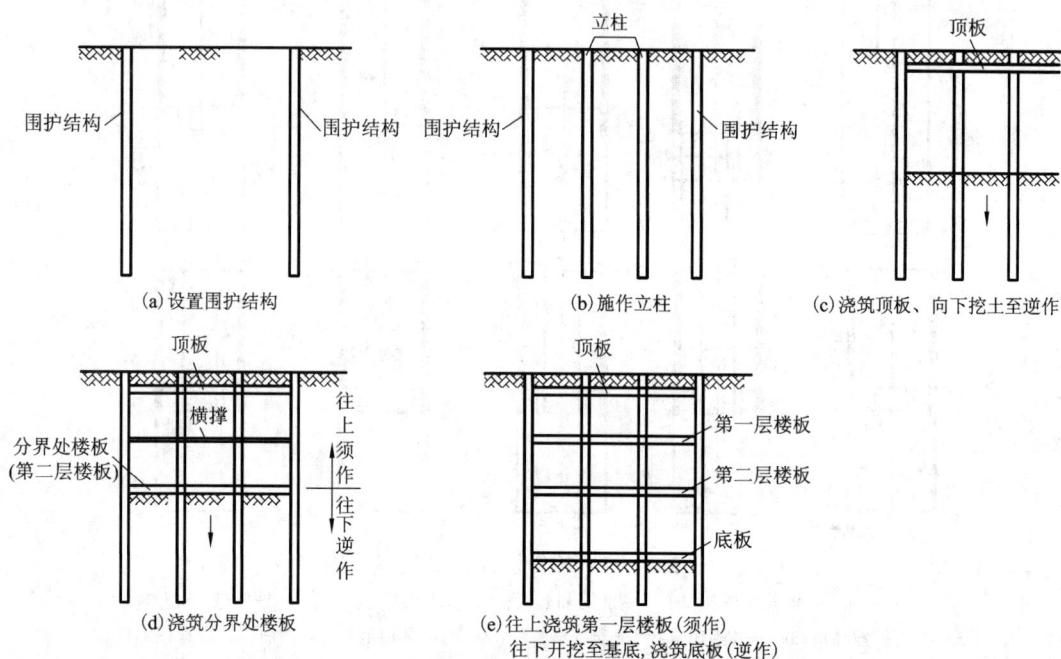

图 6 – 38　盖挖顺作法与逆作法的组合示意图

6.4.2　盖挖法施工措施

1. 施工期间地面的处置

在施工期间应根据道路行车宽度和交通流量的具体情况,或者虽非交通路段,但地面的日常活动需要正常的维持,采用针对性处置方式。这些方式有全部占用地面;部分占用地面,分条带施作临时路面和结构顶板,维持部分交通;夜间施工、白天恢复交通等。

2. 围护结构

需要采用盖挖法的地段,一般都对地表沉陷有较高的要求,多属于城市交通要道,或者是城市繁华地区,因而宜采用地下连续墙作围护结构,尤其在软弱土层中,更应如此。

3. 中间立柱

(1)临时立柱

当采用盖挖顺作法或盖挖半逆作法施工时,如果基坑开挖宽度比较大(如车站结构),则需要设置中间临时立柱来支撑盖板,在结构框架形成之前临时柱是承受竖向荷载的主要受力构件。临时柱通常采用钢管柱或 H 形钢柱。临时柱应设在永久柱位置的两侧,以不影响永久柱的施工为原则，随着开挖的深入，临时柱逐渐加长。待挖至基底后，再立模施作永久立柱，然后拆除临时柱。

（2）永久立柱

当采用盖挖逆作法施工时，永久立柱（简称"中柱"）必须先做，即在围护结构施作完毕之后，就施作中柱。一般是在施作盖板（顶板）之前采用钻孔桩工艺，钻至基底标高，一次性将中柱设置完成，这就不需另行设置临时立柱，其施作工艺如图6–39所示。

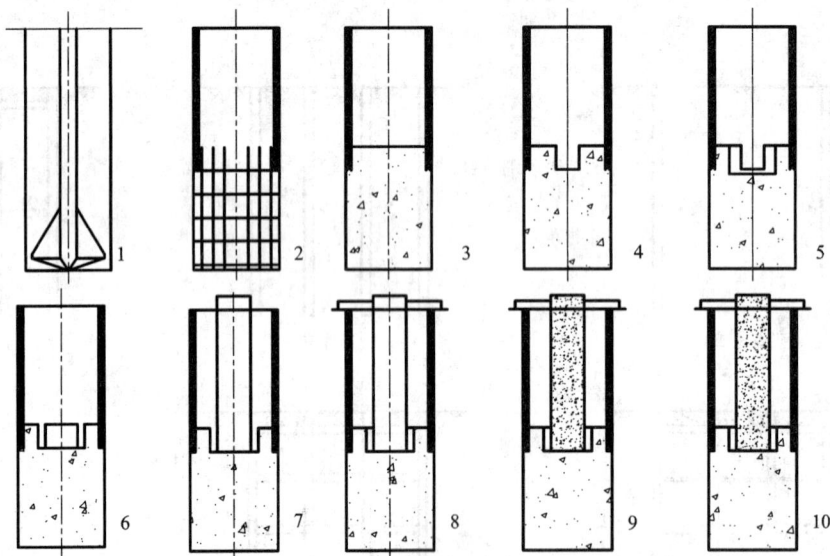

图6–39　中柱（钢管柱）施工工艺流程图

1—φ1500钻孔（泥浆护壁）；2—下钢筋笼和套管；3—灌注基桩混凝土；4—钻杯口、抽泥浆；

5—人工扩凿杯口；6—安装定位器；7—安装钢管柱；8—灌注杯口混凝土、然后固定钢管柱上口；

9—灌φ600钢管柱混凝土；10—钢管套回收、灌砂充填钢管套外壁与钻孔孔壁之间的空隙

钢套管的成功回收将有效地节省工程造价，由于下管与拔管之间的时间一般需要十多天，管外泥浆干涸后，套管接头法兰盘增大了管壁阻力，因此宜适当将管段加长（大于4 m），以减少接头法兰盘数目，有利于拔管。

4. 土方挖运

盖挖法施工的土方由明挖与暗挖两部分组成，一般是以顶板底面作为明、暗挖土方的分界线，其上部为明挖，下部为暗挖。在盖挖法中，应尽量利用土模浇筑顶板或楼板，即不设模板，在对开挖后的土层表面进行必要的处理后，直接在其上浇筑顶板或中层板，这样可以节省模板和相应的工序，加快进度。如果土的承载力不足，变形加大，不能用作土模时，则明挖土方应往顶板下延伸一定深度，然后架设支撑，立模浇筑顶板。

暗挖时，材料机具运送、挖运的土方均通过临时出口。临时出口可为单独的施工竖井，或利用隧道的出入口和风道。

6.5　浅埋暗挖法施工

我国采用浅埋暗挖法修建地下铁道始于 20 世纪 80 年代，目前浅埋暗挖法已成为地铁施工的一种重要方法。它以新奥法原理为基础，采用多种辅助施工措施加固地层，开挖后及时支护，封闭成环，使支护结构与围岩共同作用而形成联合支护体系，从而有效地抑制地层变形。

我国隧道工作者在地铁施工中总结了一套浅埋暗挖的施工原则，即"管超前、严注浆、短开挖、强支护、快封闭、勤量测"。这 18 字原则是对新奥法施工基本原则的发挥，它充分体现了浅埋暗挖法的工艺技术要求。

6.5.1　浅埋暗挖隧道的埋深分界

隧道根据覆盖层厚度的不同而分为深埋隧道与浅埋隧道。浅埋隧道因埋置深度较浅，覆盖厚度薄，故施工难度较大。一般情况下浅埋暗挖的影响会波及地表，如果控制不好，就会影响地面建筑物的安全与人们正常的活动，甚至产生严重的后果。

这种深浅埋的分界值至今尚无明确的定论，但由于地铁暗挖隧道与山岭隧道同属于矿山法范畴，亦可以借鉴山岭隧道深浅埋的分界准则（见隧道工程相关教材）。此外，考虑到城市地铁多位于软弱地层中，为了较准确地判别埋深的性质，还可以通过试验段进行荷载实测来确定是否属于浅埋，其判别标准可参考如下经验值：

①$\frac{P}{\gamma h} \leqslant 0.4$ 为深埋隧道；②$\frac{P}{\gamma h} = 0.4 \sim 0.6$ 为浅埋隧道；③$\frac{P}{\gamma h} > 0.6$ 为超浅埋隧道。

其中：P 为实测压力；γ 为土体重度；h 为隧道顶部覆盖层厚度。

6.5.2　地铁浅埋暗挖隧道的特点

1. 开挖影响波及地表

浅埋隧道开挖因覆盖层薄，对地层的扰动将一直波及地表。引起沉陷的因素有：①上覆地层的沉降变形；②在地层压力作用下，隧道柔性支护体系发生的变形；③衬砌结构基础下沉引起的隧道整体下沉。

2. 对地表沉陷必须严格控制

为了避免地表沉陷产生的不良后果，必须予以严格控制。一般来说，当隧道采用新奥法施工时，应该给支护结构预留一定的沉落量，目的是为了充分调动围岩的承载能力。在山岭隧道中，这是没有问题的，而在地下铁道中，对于深埋隧道，可以预留相对大一点的沉落量，但对浅埋隧道就要格外慎重，应该相应减少预留沉落量，否则会造成地表沉陷加大。预留沉落量减少了，如果不加强对地层变形的控制，就会导致对隧道的侵限，因而要采取地层加固及超前支护等辅助手段，以确保有效抑制地层变形，同时也应采用刚度较大的支护结构。

3. 结构特点

浅埋暗挖的地铁区间隧道为马蹄形结构，这与山岭隧道基本相同。浅埋暗挖的车站结构则比较复杂，多为三跨双层拱形结构，跨度大、高度高，同时还必须保证将地表沉陷控制在允许范围之内，因而对施工有很高的要求。

4. 通过试验段来指导设计与施工

由于地质条件及地表环境的复杂性，对于浅埋暗挖隧道，最好是选取地质条件和结构有代表性的一段区间作为试验段，先期设计与施工。在施工过程中收集各方面的信息，如地表沉陷、支护结构变形、围岩应力状态的变化以及对地面建筑物及环境的影响程度等，用以指导全面的设计与施工。

6.5.3　地下铁道浅埋暗挖施工方法

1. 区间隧道

常采用的方法有：台阶法、侧壁导坑法（单眼睛法）、双眼睛法、环形开挖留核心土法等，这都与山岭隧道相同另外，还有 CD 法和 CRD 法，虽然山岭隧道有时也用，但主要还是在城市地铁施工中使用得较多，下面作简单介绍：

（1）中隔墙法（CD）

简称 CD 法，即"Center Diaphragms"。施工顺序如图 6 - 40 所示。具体步骤为：①1 部开挖后，除底部外，立即施作初期支护；②开挖 2 部、3 部，从上往下接长中隔墙，并施作仰拱支护，第 3 部支护完毕后，就形成了"蛋"形的半跨支护；③再依次开挖 4、5、6 部，最后拆除中隔墙。

（2）交叉中隔墙法（CRD）

简称 CRD 法，即"Cross Center Diaphragms"，施工顺序如图 6 - 41 所示。具体步骤类似于 CD 法，唯一不同的是增加了横向的中隔墙，因而更进一步提高了隧道的稳定性。

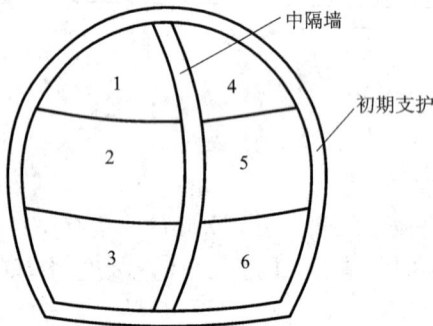

图 6 - 40　CD 法施工示意图　　　　　　图 6 - 41　CRD 法施工示意图

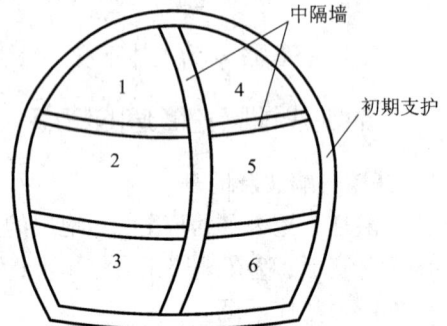

中隔墙采用的构件有格栅钢架或型钢钢架，当需要较大的刚度时，采用型钢。钢架沿隧道纵向的榀间距为 0.5 ~ 1.0 m。榀与榀之间用纵向筋（$\varphi 20 ~ \varphi 22$）连接，以加强结构的空间稳定性。

这两种方法的共同点是变大跨为小跨，从而有效地增加隧道的稳定性，避免洞壁坍塌。

（3）各种施工方法的比较

表 6 - 2 列出了各种施工方法对地表沉陷的影响，为了说明对造价的影响，还列出了临时支护拆除量比，即需要拆除的格栅锚喷支护与不拆除的支护之比。对于 CRD 法和 CD 法，虽然表中所列地表沉陷量均为小于 30 mm，但据资料统计结论，CRD 法控制地表沉陷比 CD 法更优。

表 6-2　各种施工方法的比较

施工方法	地表沉陷量/mm	临时支护拆除量比
台阶法	>30	0.9
单眼睛法	>30	0.9
双眼睛法	<30	1.0
CD 法	<30	1.1
CRD 法	<30	1.2

2. 车站隧道

为了解决对地面交通干扰等问题，采用浅埋暗挖法是修建地铁车站的有效方法。如前所述，浅埋暗挖车站施工的关键问题是如何控制地表沉陷，因此，寻求合理的施工方法关系重大。下面介绍的是国内目前几种行之有效的施工方法。

（1）中洞法

如图 6-42 所示，三拱立柱式车站结构采用中洞法施工时，考虑到立柱和纵梁结构受力复杂，故包括立柱在内的中洞采用 CRD 法施工。CRD 法能针对其结构特点，按照"小分块、短台阶、多循环、快封闭"的原则，先将中洞自上而下分块成环，随挖随撑，及时做好喷锚和钢架初期支护，然后再由下而上施作二次模注钢筋混凝土结构，中隔墙也逐层拆除。当中洞各工序完成后，就会形成一个刚度很大的完整结构顶住上部土体，从而有效地减少地表沉降量，然后再对称地自上而下开挖两侧洞。因侧洞跨度比中洞要小，故可用台阶法施工。同样，当初期支护完成后，再自下而上施作二次模注钢筋混凝土衬砌。

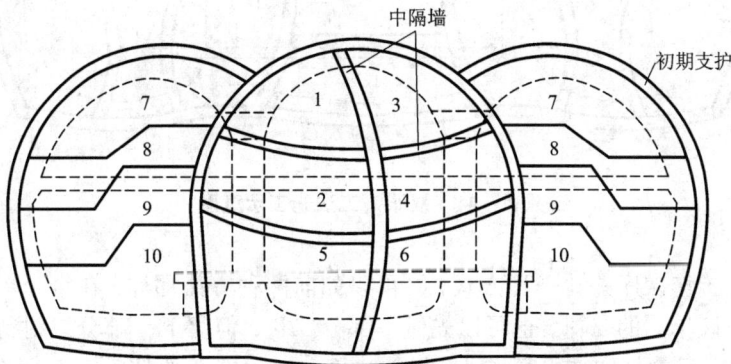

图 6-42　三拱立柱式车站中洞法施工步骤图

（2）侧洞法

如图 6-43 所示，与中洞法相反，侧洞法是先对称地用 CRD 法开挖两个侧洞，待完成二次模注钢筋混凝土结构后，再用台阶法开挖中洞。由于开挖两个侧洞后，中洞的宽度变窄，其承载土柱（见第 7、8、9、10 部）承受上覆土体压重的承载力下降，因而可能产生比中洞法要大的地表下沉。

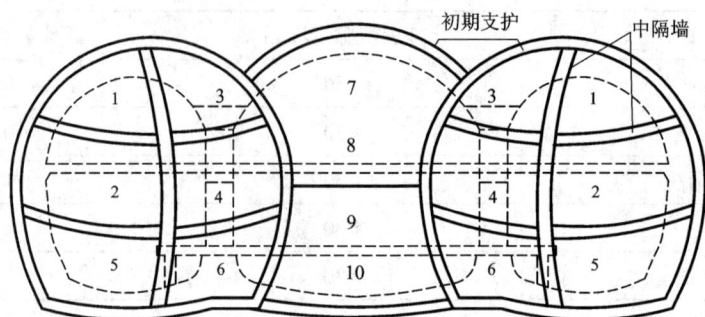

图 6 – 43 三拱立柱式车站侧洞法施工示意图

（3）双眼镜工法

如图 6 – 44 所示，每个侧洞都采用两个侧导坑，这就是双眼镜工法。三跨立柱式车站结构采用双眼镜法时，对地表的沉陷值可以控制在 30 mm 之内，与中洞法相当。开挖分三大步进行，即先用双眼镜工法开挖一侧洞，再用双眼睛工法开挖另一侧洞，最后用台阶法开挖中洞。

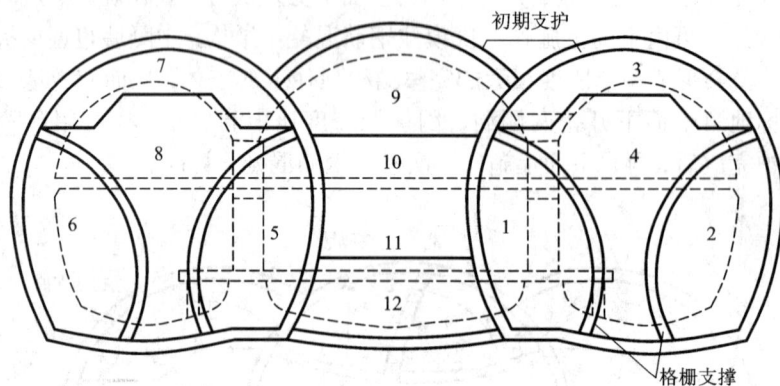

图 6 – 44 双眼镜工法施工示意图

二次衬砌的施作次序并非一种方式，既可以如前两种方法那样，在每个单洞开挖并初支完成后就施作完该单洞的二衬，也可以先做一部分二衬，但留下一部分二衬待继续开挖到一定程度后再施作，目的是增加平行作业，加快进度。这里介绍的是后者：①当右洞（即 1、2、3、4 步）开挖完成后，及时形成格栅锚喷封闭支护，然后在导坑内（1 部）施作底梁；②当左洞开挖时，在右洞中施作边墙和立柱（钢管柱）及仰拱，并拆除格栅支撑；③左洞继续开挖，右洞施作中层纵梁及中层楼板；④左洞开挖并初期支护完毕，在导坑内（5 部）施作底梁；⑤在左洞中施作立柱、边墙和仰拱，并拆除格栅支撑；⑥在右洞中施作拱圈模注混凝土衬砌，形成复合式衬砌封闭结构；⑦左洞施作中层纵梁及中层楼板，然后施作拱圈模注混凝土衬砌，形成复合式衬砌封闭结构；⑧开挖中洞第 9 步，施作拱部格栅锚喷支护（称为"戴帽"），其格栅钢架的基脚支承在两侧立柱的顶纵梁上；⑨施作中洞拱部模注混凝土衬砌，与立柱顶纵梁相连；⑩拆除两侧洞靠中洞处的初期支护；⑪开挖中洞第 10 步后，施作中层楼板；⑫开挖第 11、12 步；⑬施作中洞仰拱格栅喷锚支护及模注混凝土衬砌，结构体系完成；⑭施作站台结构，完成车站土建工程。

（4）洞桩法

又简称为 PBA 工法（Pile - Beam - Arc），即由边桩、中桩（柱）、顶底梁、顶拱共同构成初期受力体系，承受施工过程的荷载。

洞桩法是在浅埋暗挖法的基础上吸收盖挖法的特点改进而来，在本质仍应属于浅埋暗挖法的一种，因此它必然要遵循浅埋暗挖法的规律，但同时又在某种程度上弥补了传统浅埋暗挖法的一些不足之处，所采用的施工技术基本上是现有的成熟技术。洞桩法的核心思想在于设法形成由侧壁导坑中先施作好的桩或柱和拱部初期支护组成的整体支护体系，代替传统的预支护和初期支护结构，以保证在进行洞室主体部分开挖时具有足够的安全度，并有效地控制地表沉降。在具体实施的过程中又可以根据实际情况采取不同的措施。例如当洞室跨度较小时可以采用单跨结构，而当洞室跨度较大时则可通过增设导洞采用多跨结构。对于侧壁支撑结构目前采用的都是钻孔桩加顶纵梁的桩梁结构，随着施工技术的不断进步，可以考虑采用地下桩墙。对于永久结构的修建，既可以采用逆筑法直接修建，也可以像两拱一柱到三拱两柱的转换，采用顺筑法修建。

1）主要工序

其主要工序结合图 6 - 45 的工程实例简介如下：

①在隧道上半断面拱脚部位的地层中开挖钻孔桩的作业导洞[图 6 - 45（a）]；

②在小导洞内施作钻孔灌注桩，清理桩头并检查柱的质量后浇注桩顶纵梁钢筋混凝土[图 6 - 45（b）]；

③在对拱部地层进行必要的预加固和预支护处理后进行拱部开挖和支护，并与导洞内已施作好的支护结构连成一体[图 6 - 45（c）]；

④在整体支护结构的保护下进行洞室主体部分的开挖直至洞底，并同时设置临时横支撑[图 6 - 45（d）~（f）]；

⑤自下而上进行永久结构的现场浇注[图 6 - 45（g）~（i）]。

2）洞桩法的特点

①洞桩法利用小导洞的空间，施作侧壁支撑结构（钻孔桩加顶纵梁）、中桩（柱）和连拱的顶拱，以组成垂直受力体系，可以做到不占用地面空间，减少了对城市正常生活的影响。

②小导洞施工有利于洞室的自稳，对地层的扰动小，引起的地表沉降小。避免了地面施工作业对环境的影响。当然，它也使侧壁支撑结构施工的复杂性和难度相应增大。

③侧壁支撑结构可作为永久结构或作为永久结构的一部分，视地基承载能力，侧壁支撑结构可施作不同深度，避免结构地基基础加固，提高了结构的整体稳定性；在施工阶段不仅可作为支撑结构，还可以作为施工防水帷幕。

④侧壁支撑结构强度高，稳定性好，直墙式洞室结构内有效净空大，节省了曲墙和仰拱结构的工程投入。连拱支撑在稳定的侧壁支撑结构上，减少了结构的整体下沉。

⑤在侧壁支撑结构和顶拱初期支护构成的整体支护体系形成后，洞室主体部分可以用大型机械进行全断面开挖，不需要分部进行，工序简单，施工相互干扰小，并减少了临时支护的废弃工程量。

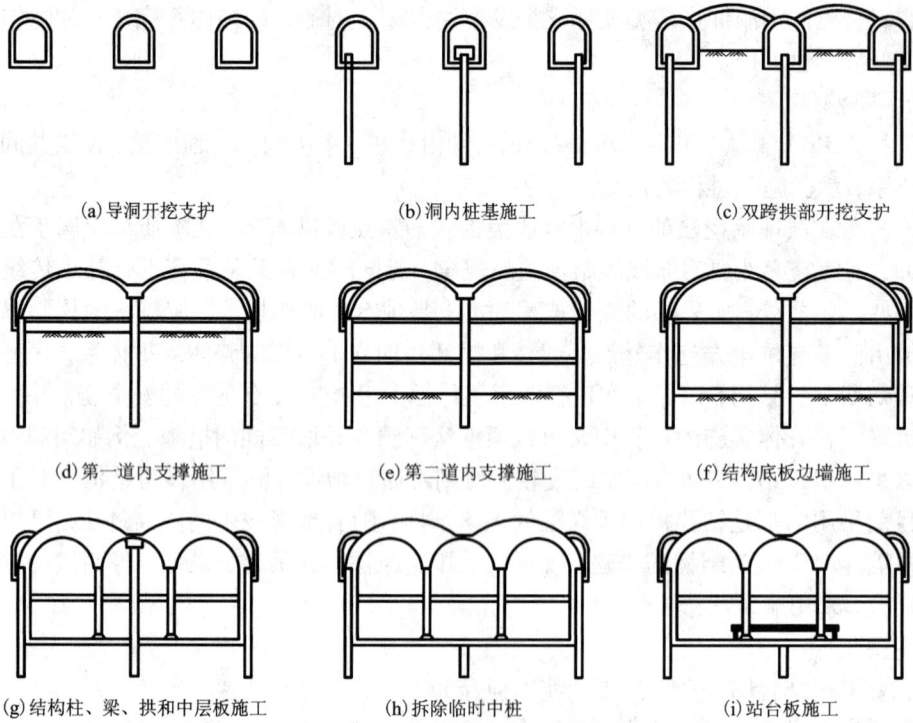

(a)导洞开挖支护　　　　　　　(b)洞内桩基施工　　　　　　　(c)双跨拱部开挖支护

(d)第一道内支撑施工　　　　　(e)第二道内支撑施工　　　　　(f)结构底板边墙施工

(g)结构柱、梁、拱和中层板施工　　(h)拆除临时中桩　　　　　　(i)站台板施工

图 6-45　洞桩法的主要施工工艺

6.6　地下铁道辅助施工方法

当地质条件恶劣时,采用辅助施工方法往往是十分关键的,它们不是独立的施工方法,而是配合各种施工方法的辅助措施,如:大管棚超前支护、小导管注浆加固地层、超前锚杆支护等,这些辅助施工措施的详细内容可参见隧道工程教材。地下铁道是在城市中施工,对地下水的处理有着很高的要求,它不仅直接影响隧道的施工,也影响着城市环境,处理不当就可能产生严重的后果,故着重介绍这方面的辅助措施。

6.6.1　降低地下水位施工法

地铁隧道开挖过程中,如地下水丰富、涌水量大,施工是极为困难的,在明挖法、暗挖法和开胸式盾构等方法的施工中,这点尤为显得突出。因此如何解决地下高水位的问题是地下铁道施工中头等重要的问题。解决的方法有多种,较为普遍易行的是降低地下水位法。人工降低地下水位的常用方法可分为两种,一种是地下水在重力作用下渗透汇集于开挖底面的集水井中,再从井中将水抽走的方法,一般称为集水井排水法(或称明排法)。主要应用于明挖基坑的施工中;另一种是形成负压作用,强制地下水集中排除的方法,通称井点降水法。在地下水丰富时,集水井法满足不了排水要求时,就需要采用井点降水法,它既适用于明挖,也适用于浅埋暗挖。

1. 集水井排水法

集水井排水法是在开挖基坑时，在坑底设置集水井，并沿坑底周围或中央挖掘排水沟，使水流入集水井中，然后用水泵排至坑外（图6-46）。在挖掘基坑过程中，要随挖土的深度，不断加深排水沟和集水井，使坑底标高保持高于排水沟中水位0.5 m。集水井排水法可根据排水沟和集水井的设置不同分为普通明沟法、分层明沟排水法、深沟排水法、板桩支撑集水井排水法及综合降水法等。在工程实际中，可根据具体情况选择确定排水沟和集水井的设置。集水井的截面为$0.6 \text{ m} \times 0.6 \text{ m} \sim 0.8 \text{ m} \times 0.8 \text{ m}$为宜。

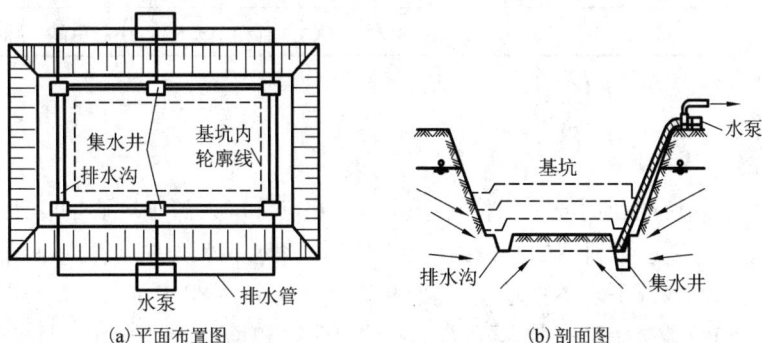

图6-46　集水井排水法示意图

开挖基坑时，可根据现场地形状况，在基坑四周挖掘截水沟和构筑防水堤，以防止地表水流入基坑。场地的排水应尽量利用原有的沟渠排泄，施工用水和废水要用临时排水管泄水。基坑附近的灰池和防洪疏水等贮水构筑物不得有漏水。一般各种设施与基坑之间要有一定的安全距离。同时，在基坑内要设置集水沟，并保证水流通畅，以便定时将积水排出。

常用于排水的水泵有离心泵和潜水泵，水泵的总排水量一般为基坑总涌水量的1.5~2.0倍，当涌水量小于$20 \text{ m}^3/\text{h}$时，可用隔膜式泵、潜水泵；涌水量为$20 \sim 60 \text{ m}^3/\text{h}$时，可用隔膜式泵、离心泵、潜水泵；涌水量大于$60 \text{ m}^3/\text{h}$时，用离心泵。选择时应按水泵技术条件选用。

集水井排水法的设备费和保养费用低，同时也能适合于各种土层，但应选择好有效的支撑系统，以防止基坑坑壁的稳定性。

2. 井点降水法

根据地下水位和基坑的具体情况，沿基坑的一侧、两侧或四周设置排水井点，将地下水位降至设计基底面以下，这就是井点降水法。井点管上端与真空泵相接，利用负压作用来抽水。井点降水是目前地下工程开挖施工的一项重要辅助措施。井点降水作为一种必要的工程措施，在避免流砂、管涌和底鼓，保持干燥的施工环境，提高土体强度与基坑边坡稳定性方面都有着显著的效果，在实际工程中被广泛采用。

（1）井点降水法类型和适用范围

井点降水法有轻型井点、喷射井点、管井井点、电渗井点和深井井点等方法，其中以轻型井点、管井井点采用较为普遍。各种井点的适用范围如表6-3所示。

表6-3　各类井点适用范围

井点类型	渗透系数/(m·d⁻¹)	降低水位深度/m	适用岩(土)性
一级轻型井点	0.1~80	3~6	轻亚黏土、细砂、中砂和粗砂
二级轻型井点	0.1~80	6~9	轻亚黏土、细砂、中砂和粗砂
喷射井点	0.1~50	8~20	轻亚黏土、细砂、中砂和粗砂
管井井点	20~200	3~5	黏土、亚黏土、粗砂、砾石、卵石
电渗井点	<0.1	5~6	黏土、亚黏土、粗砂、砾石、卵石
深井井点	10~80	>15	中、粗砂、砾石

（2）井点降水方法

1）轻型井点

轻型井点是沿基坑的四周或一侧将直径较细的井点管沉入深于坑底的含水层内，井点管上部与总管连接，通过总管利用抽水设备（真空作用）将地下水从井点管内不断抽出，使原有的地下水位降低到坑底以下。本法适用于渗透系数为0.10~80.0 m/d的土层，且对土层中含有大量的细砂和粉砂层特别有效，可以防止流砂现象和增加土坡稳定，且便于施工，如土壁采用临时支撑还可减少作用在其上的侧向土压力。

轻型井点系统由井点管、连接管、集水总管及抽水设备等组成。轻型井点降低地下水位全貌如图6-47所示。

采用轻型井点降水，其井点间的间距小，能有效地拦截地下水流入基坑内，尽可能地减少残留滞水层厚度，对保持坑壁和桩间的稳定比较有利，因此降水效果较好。其缺点是：占用场地大、设备多、投资大，特别是对于狭窄

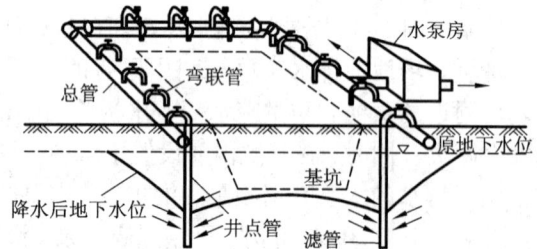

图6-47　轻型井点降水示意图

的施工场地，其占地和施工费用一般使建设和施工单位难以接受，在较长的降水过程中，对供电、抽水设备的要求高，维护管理费用复杂等。

轻型井点系统的平面布置由基坑的平面形状、大小、要求降水深度，地下水流向和地基岩性等因素决定，可布置成环形、U形或线形等，一般沿基坑周围1.0~1.5 m布置，井点系统可设置多级。

轻型井点的间距应根据场地的水文地质条件（如渗透系数、含水层厚度和含水层底板埋深等）和降水深度及降水面积综合考虑确定。

2）喷射井点

喷射井点由高压水泵、供水总管、井点管、喷射器、排水总管及循环水箱组成，如图6-48所示。

喷射井点是采用高压水泵将压力工作水经供水管压入井点内外之间环形空间，并经过喷射器两边的侧孔流向喷嘴。由于喷嘴截面的突然变小，喷射水流加快（一般流速达30 m/s以

上），这股高速水流喷射之后，在喷嘴射出水柱的周围形成负压，从而将地下水和土中空气吸入并带至混合室。这时地下水流速加快，而工作水流速逐渐变缓，二者流速在混合室末端基本上混合均匀。混合均匀的水流射向扩散管，扩散管截面是逐渐扩大的，其目的是减少摩擦损失。当喷嘴不断喷射水流时，就推动水沿管内不断上升，混合水流由井点进入回水总管至循环水箱。部分作为循环水用，多余部分（地下水）溢流排至现场之外，如此循环，以达到深层降水的目的。

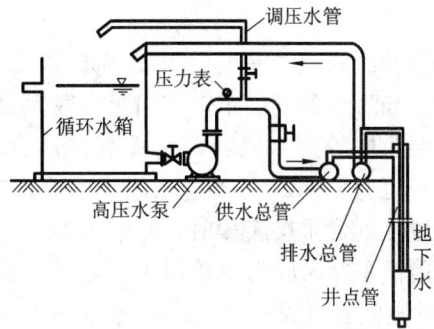

图 6 - 48　喷射井点降水系统

　　喷射井点主要适用于渗透系数较小的含水层和降水深度较大（8～20 m）的降水工程。其主要优点是降水深度大，但由于需要双层井点管，喷射器设在井孔底部，有两根总管与各井点管相连，地面管网敷设复杂.工作效率低，成本高，管理困难。

　　喷射井点的平面布置和轻型井点基本相同，纵向上因其抽水深度较大，只需要单级井点降水即可，井点间距一般为 3～5 m，井点深度视降水深度而定，一般应低于基坑底板 3～5 m。

　　3）电渗井点

　　电渗井点降水是利用轻型井点或喷射井点作为阴极，另埋设金属棒（钢筋或钢管）作为阳极，在电动势的作用下构成电渗井点抽水系统。

　　当接通电流时，在电势的作用下，带正电荷的孔隙水向阴极方向流动，带负电荷的黏土颗粒向阳极方向移动，通过电渗和真空抽吸的双重作用，强制黏土中的水向井点管汇集，并由井点管吸取排出，使地下水位逐渐下降，达到疏干含水层的目的。

　　电渗井点一般只适用于含水层渗透系数较小（<0.1 m/d）的饱和黏土，特别是在淤泥和淤泥质黏土之中的降水。由于黏性土的颗粒较小，地下水流动十分困难，其中仅自由水在孔隙中流动，其他部分地下水则处于被毛细管吸附的约束状态，不能在压力水头作用下参与流动，当向土中通以直流电流后，不仅自由水，而且被毛细管约束的黏滞水也能参与流动，增加了孔隙水流动的有效断面，其渗透系数提高数倍，从而缩短降水时间，提高降水效果。

　　4）管井井点

　　管井降水即利用钻孔成井，多采用单井单泵（潜水泵或深井井点）抽取地下水的方法降水。当管井深度大于 15 m 时，也称为深井井点降水。

　　管井井点直径较大，出水量大，适用于中、强透水含水层。如砂砾、砂卵石、基岩型隙等含水层，可满足大降深、大面积降水要求。

　　管井的结构如图 6 - 49 所示。管井的孔径一般为 400～800 mm，管径为 200～500 mm，当井深较浅，地层水量较大时，孔径可为 800～1200 mm，管径为 500～800 mm。井管一般采用钢管、铸铁管、水泥管、塑料管或竹木管等，滤水管有穿孔管和钢筋骨架管外缠铁丝或包尼龙网或金属网的，也有水泥砾石滤水管，目前用于降水的管井点多采用后者。

　　抽降管井一般沿基坑周围距基坑外缘 1～2 m 布置，如场地宽敞或采用垂直边坡或有锚杆和土钉护坡等时。应尽量距离基坑边缘远一点，可用 3～5 m；当基坑边部设置围护结构及止水帷幕时，可在基坑内布置管井，采用坑内降水方法。

　　管井的间距和深度应根据场地水文地质条件、降水范围和降水深度确定。其间距一般为 10 ~ 20 m。当降水层为中等透水层或降水深度接近含水层底板时，其间距可为 8 ~ 12 m；当降水层为中等到强透水层或降水深度接近含水层底板时，可采用 12 ~ 20 m；当降水深度较浅，含水层为中等以上透水层，具有一定厚度时，井点间距可大于 20 m。井点深度要大于设计井中的降水深度或进入非含水层中 3 ~ 5 m，井中的降水深度由基坑降水深度、降水范围等计算确定。

　　5）深井井点

　　深井井点是将深井泵放入管井内，依靠水泵的扬程把地下水送至地面，从而达到降低地下水位的目的。

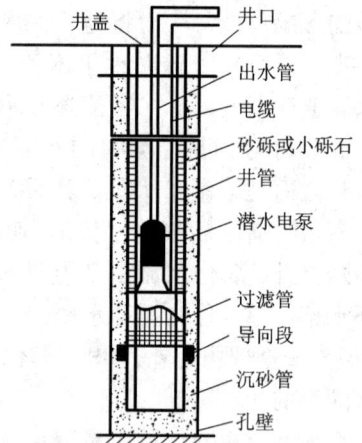

图 6 – 49　管井结构示意图

适用于水量大、降水深的场合，当土粒较粗、渗透系数很大，而进水层厚度也大时，一般用井点系统或喷射计点不能奏效，此时采用深井点较为适宜。其优点是降水的深度大、范围也大，因此可布置在基坑施工范围以外，使其排水时的降落曲线达到基坑之下，深井点可单用，亦可和井点系统合用。

　　由于负压的作用，井点降水的降水效果是比较明显的，但引起地下水位下降的范围可能较大，也可能导致井点附近一定范围内的地面下沉，建筑物变形，所以施工前应确切掌握地层的层理、地下水位、渗透系数等情况，为合理布置井点提供条件。在施工中应经常观测和调查，一旦发现可能产生的危害，应及时采取相应措施。

6.6.2　注浆施工法

　　通过向地层中注入凝结剂，可以充填裂隙、防止涌水，同时还增加了地层的强度，并能有效地控制地面建筑物的下沉，这就是注浆法。注浆法在地铁等地下工程中是一种广泛使用的辅助施工方法，它的效果体现在两方面，一是止水，二是加固地层，但这两方面是可以偏重的，究竟侧重于哪方面，取决于注浆设计。

1. 常用注浆材料

　　基本的注浆材料有水泥系列、化学系列以及二者相结合系列这三大类。其中二者结合系列具有前两类的共同特点。

　　（1）水泥系列浆液

　　水泥系列注浆强度高，成本较低，加固地层的效果突出，它对于粗砂、卵石土壤、裂隙发育的含水岩层效果好，但因水泥颗粒较粗（一般在 0.03 ~ 0.05 mm），当岩层裂隙宽度小于 0.15 ~ 0.2 mm 时，渗透困难，凝结时间长，不能使用。如果地下水流速度超过 1 m/s 时，压入的水泥浆会被稀释并冲走。而且它不易控制凝固时间，对于浆液的扩散范围难以控制。水泥系浆液又可分为以下两种：

　　①单一水泥浆液（简称"单一浆"）。渗透系数在 10^{-1} ~ 10^{-3} cm/s 之间（各种注浆材料都有其渗透系数指标，可由产品介绍了解），凝固较慢，但强度最高，可达 25 MPa，必要时应添

加速凝剂，以加速凝固。可以采用纯水泥浆液，也可视具体情况采用水泥、石粉、2%膨润土混合水泥浆液，后者比前者成本低约40%。

②水泥 - 水玻璃浆液（简称"双液浆"）。采用双重注入器，同时压注两种浆液，既有水泥强度高的特点，又有化学浆液能控制凝固时间的优点，现场用得最多。

（2）化学浆液

化学系列浆液没有颗粒，能从几秒到几十秒内准确地控制凝固时间，这就为注浆设计提供了方便，凝固时间长可以让浆液渗透的范围更大，而凝固时间短可以迅速封闭工作面。缺点是价格较高，有毒，且强度偏低，主要作用体现在止水，只有在水泥系列注浆有困难，比如岩层裂隙细微，水泥浆液压不进去或涌水大、流速大时才考虑用化学系列浆液。

化学系列浆液又可分为水玻璃类和有机高分子类，前者包括酸性浆液、碱性浆液以及金属盐类浆液；后者包括丙烯酰胺类浆液、尿素类浆液、尿烷类浆液等。

2. 注浆设计

（1）土质条件、地下水以及环境的调查

通过钻孔取样，调查土层的裂隙状态和地下水的渗透系数、流速，为选定注浆材料提供依据。化学浆液一般都有毒，在使用时应注意对周围环境的影响。此外，在裂隙发育的地层中，注浆应慎重，否则很可能造成浆液的大量流失。

（2）注浆设计

如图 6 - 50 所示，浆液注入范围（V）可按下式估算：

$$V = \pi \cdot R^2 \cdot L \ (\text{m}^3) \qquad (6-12)$$

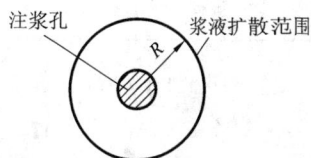

图 6 - 50　浆液扩散范围示意图

式中：L 为注浆段长度，根据施工进度要求、工程地质及水文地质、注浆设备条件等因素综合决定；R 为浆液在注浆孔周围的扩散半径。

R 涉及地下水的渗透性、浆液的黏度、注浆压力等多种因素的影响，虽然在一定条件下，可以通过计算估计，但精度有限，往往与实际出入较大，最好是通过现场注浆试验确定，也可参考经验参数确定。表 6 - 4 是以水玻璃为主要注浆材料的有效扩散半径。

表 6 - 4　水玻璃浆液扩散半径

地质条件	R/m
砂砾	1.75 ~ 2.00
粗砂	1.20 ~ 1.45
中砂	0.80 ~ 1.0
细砂	0.50 ~ 0.70
淤泥	0.50
黏土	0.50

浆液注入量则可按下式计算

$$Q = V \cdot n \cdot a \qquad (6-13)$$

式中: n 为土的孔隙率,%; a 为空隙填充率,% (指浆液在土的孔隙中的有效填充率)。

3. 注浆施工

(1) 注浆方法

①地表预注浆。如图 6-51 所示,注浆孔一般呈梅花形布置,钻孔方向垂直于地面,孔深一般超过地铁结构物底面 2~3 m。注浆孔间距在止水时,为 0.6~1.2 m,在地层加固时约为 1.0~2.0 m,也可参照表 6-5 选择。沿地铁线路纵向的注浆长度,每端应超出需注浆地段 5~10 m。

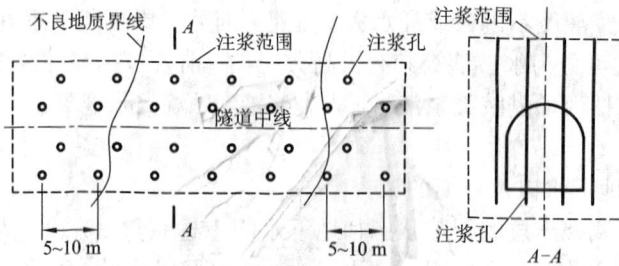

图 6-51　地表注浆孔布置

表 6-5　注浆孔间距 (m)

地质条件	注浆目的	
	止水	加固地层
黏土	—	1.0~2.0
砂质土	0.6~1.0	0.8~1.2
砂砾	0.8~1.2	1.0~1.5

②洞内预注浆。如图 6-52 所示,注浆段的长度应根据工程地质、水文地质和钻孔机械及注浆设备等条件,综合确定注浆段长度 L。一般情况下 L 可取 30~50 m 长,对于地层很差或涌水量大的地段,可适当取短些,每次在注浆段长度范围内开挖 0.7~0.8 L,即保留一小段不开挖,以作为下一段注浆的止水(浆)岩盘。注浆孔间距同上。

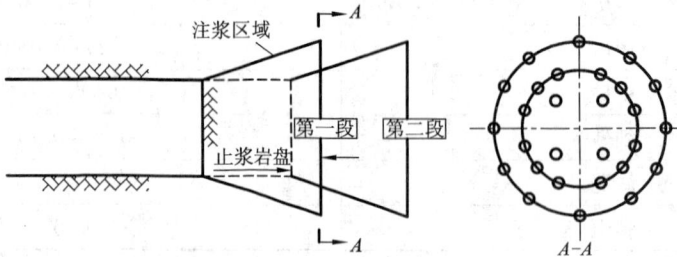

图 6-52　洞内开挖面预注浆

（2）注浆压力

注浆压力一定要大于地下水压和地层压力等各种阻力值的总和。在实践中根据注浆效果及时予以调整。原则上注浆压力大，扩散半径也大，注浆孔可相应减少，使注浆速度提高，但压力过大可能会造成跑浆，使浆液扩散至注浆设计范围之外而造成浪费，并可能使得地面局部隆起，影响周围建筑物的安全，根据实践经验，注浆压力以不超过 1.0 MPa 为宜。

（3）主要施工机具

主要施工机具有：钻机——用于钻孔；浆液搅拌机——用于搅拌浆液；注浆泵——用于注浆；混合器——这是双液注浆中的重要装置，两种浆液在混合器中相遇混合，开始起物理化学反应，随之注入地层。止浆塞——用于控制浆液的流动范围，实现分段分层注浆。

6.6.3　土壤人工冻结法

1. 发展概况

土壤人工冻结法也叫地层冻结技术。对于在富水、破碎、密集建筑区域等复杂环境条件下不良地层的地下工程施工时，地层冻结法也被认为是最佳和最后的有效方法。近些年来，该技术应用的范围越来越广，并已成为地铁工程在软弱含水地层中施工联络通道（集水井）、盾构始发或者到达以及处理事故、加固地层的主要工法之一。

源于自然现象的冻结法作为土木工程施工技术，早在 1862 年英国的威尔士基础工程中就出现了，但冻结法施工技术真正实现规模发展是在凿井工程中。1880 年德国工程师 F. H. Poetsch 首先提出人工冻结法原理，并于 1883 年在德国阿尔巴里德煤矿，成功地采用冻结工法建造了 103 m 深的竖井。冻结法在市政隧道工程中首次使用是 1886 年瑞典的人行隧道工程（施工总长 24 m）。随后世界一些国家亦陆续采用，1906 年用于法国的横穿河床地铁工程；1933 年用于前苏联地铁工程的竖井；1942 年用于巴西的 26 层高楼不均匀沉陷纠偏中；1968 年正式用于东京金杉桥工程及大阪市金里工区之横跨河床地铁工程；1960 年用于加拿大之双拱铁道隔墙拆除工程等。

我国最早于 1955 年在开滦煤矿林西风井工程中首次使用冻结工法凿井，该井筒净直径 5 m，冻结深度 105 m。经过 50 多年的迅速发展，我国冻结法用于矿山凿井已接近 1000 个，最深冻结深度达到 955 m（下部局部冻结），冻结总长度接近 258 km，施工斜井 16 个，这些斜井均采用地面打垂直钻孔进行冻结。20 世纪 70 年代初，冻结法施工技术，首次应用于北京地铁建设工程，冻结段长度 90 m，垂深 28 m，采用明槽开挖。1975 年沈阳地铁 2 号井采用冻结法施工，井筒净直径 7 m，冻结深度 51 m。1980 年代，海拉尔水泥厂开挖上料仓基坑和南通市在建筑物旁开挖沉淀池施工中也使用了冻结法。20 世纪 90 年代后，随着我国城市地下工程的日益增多，尤其是城市地铁与轻轨的迅

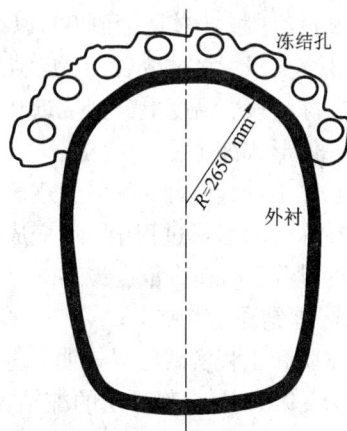

图 6-53　某地铁隧道水平冻结示意图

速发展，适合浅埋隧道暗挖施工的"水平冻结技术"应运而生（图 6-53）。其中，于 1997 年在北京地铁，"复一八线"的"大一热"区间隧道施工中应用成功，水平冻结长度达 45 m，是当时

国内水平冻结隧道长度最长的冻结工程。随后又在上海地铁2号线和4号线中连续施工多个水平冻结工程。截至目前，冻结法用于地铁等市政工程总数量超过130项。

2. 基本原理

（1）地层冻结原理

地层冻结法加固地层的原理是利用人工制冷的方法，将低温冷媒送入开挖体周围的含水地层中，使地层中的水在低于其冰点的温度场内不断冻结成冰而把地层中的土颗粒用冰胶结形成一个不透水的整体结构，而这种冻土结构的整体强度和弹性模量远比非冻土的大，会把开挖体周围的地层冻结成封闭的连续体（冻土墙），以抵抗地压并隔绝地下水和开挖体之间的联系，然后可以在封闭的连续冻土墙的保护下，进行开挖和施工支护。该法适用于松散的不稳定的冲积层、裂隙性含水岩层、松软泥岩、含水率和水压特大的岩层。

冻结法的具体工艺过程是将冻结管埋入待处理的地层中，由循环在冻结管内低于水冰点温度的冷媒（低温液化气体或盐水）传递能量而将冻结管周围土壤中的孔隙水由近而远地冻结成冰，周边的土颗粒通过冰胶结成一体。若将冻结管以适当间距埋设，则相邻的冻土柱不断扩大而连接形成连续的冻土墙或闭合的冻土结构。如此冻土墙体即具有完全的止水性与高强度，可作为临时开挖的防护措施。

（2）冻土的形成和组成

土体是一个多相和多成分混合体系，由水、各种矿物和化合物颗粒、气体等组成，而土中的水又可有自由水、结合水、结晶水三种形态。当降到负温时：土体中的自由水结冰并将土体颗粒胶结在一起形成整体。冻土的形成是一个物理力学过程，土中水结冰的过程可划分为五个过程，如图6-54所示。

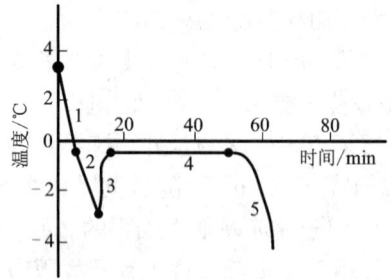

图6-54　土中水结冰过程曲线图

①冷却段，向土体供冷的初期，土体逐渐降温到冰点。

②过冷段，土体降温到0℃以下时，自由水尚不结冰，呈现过冷现象。

③突变段，水过冷后，一旦结晶就立即释放出结冰潜热出现升温过程。

④冻结段，温度上升到接近0℃时稳定下来，土体中的水便产生结冰过程，矿物颗粒胶结在一体形成冻土。

⑤冻土继续冷却，其强度逐渐增大。

在冻土的形成过程中，水变成冰的冻结段是重要的过程，它是使土的物理力学性质发生质变的过程，消耗冷量也最多。

3. 冻结法的特点

试验和工程实践结果表明，对于饱和的不稳定地层，经人工冻结后强度大幅度提高。在温度为-9℃时，一般砂层的冻结极限抗压强度可达11.0~15.0 MPa，土层达6.0~8.0 MPa。淤泥在-10℃冻结时，其抗压强度可达2 MPa，抗拉强度可达1.5 MPa，无论是砂砾、黏土、还是淤泥，各类土层均能冻结。显然，这是一种止水与加固作用同时出现的辅助施工方法。但当土的含水率非常低（含水率在8%以下）时，冻结困难。

冻结法经过130多年的应用和发展，已成为一种成熟的工法。其主要优点体现于以下：

①高强度和大弹性模量。地层冻结后的强度和弹性模量较未冻时有极大提高且均匀。含水松软地层经过低温冻结后成为一个整体，整个地层的强度和弹性模量因为其内水结冰都有较大提高。

②完整不透水的密封性。只要地层孔隙中有水，通过冻结把这些孔隙水变成冰，就把这些孔隙封闭了，再开挖时外部水就无法进入开挖空间。

③不同地层交互可形成连续一体冻结结构。地层固体之间孔隙水通过冻结后成冰，把不同的固体全部黏结起来形成一个连续整体。

④安全性高。如果设计合理，形成的冻结地层即使遇到突然断电的情况，因为解冻要有一个比较长的时间，完全可以利用这段时间启用其他电源继续冻结。

⑤技术可靠。地层冻结是借用自然界的冻结现象把地层孔隙水冻结成冰，原理明了，理论清晰，是一个可靠的技术。

⑥对地层没有危害。该法是通过热交换使地层孔隙水不断降温结冰以提高地层整体强度和弹性模量，没有其他介质进入地层。

⑦复原性好。工程完成后地层解冻基本恢复原状，相对其他工法，对地层扰动或破坏性最小。

⑧便于施工管理。因为完全靠把地层孔隙水冻结成冰而形成冻结结构，只要通过布置合适的测温孔对地层进行温度监测，就可以知道冻土结构形成与否，以及对应的冻土强度和弹性模量；在将要开挖空间内还可以通过设置的水文孔观测水位变化，判断冻结结构是否围闭（封闭）。

4. 冻结方法

冻结法一般可分为间接冻结和直接冻结两种方式。

（1）间接冻结法（盐水冻结法）

间接冻结方式通常又称为盐水冻结法。典型间接式冻结系统主要包括冷冻站系统和地层冻结系统两部分。冷冻站系统主要有压缩机、冷凝器、膨胀阀，地层冻结系统有冷媒泵、冻结管等。两个系统由蒸发器组合在一起。这种系统的制冷介质一般分为液氨（氨压缩机）和氟利昂（螺杆机组）两种。在市政工程中多用氟利昂制冷剂，冷媒多用氯化钙溶液（盐水）。这种方法中，冷媒温度一般为 $-20 \sim -35$℃。图 6-55 为间接冻结系统工法示意图。

其主要工艺流程为：开压缩泵对氨气加压，使其在高压下成为低温液态状，形成高压液态氨，它会在冷却器中减压气化，同时吸取盐水管的热量，将盐水冷却，冷盐水进入地层冷冻管，吸取地层热量使地层冻结。

（2）直接冻结法（液氮冻结法）

直接式冻结工法又称液氮冻结法。所用制冷剂主要有液氮或固体二氧化碳溶于酒精后的液体。液氮最低温度可达 -190℃左右，而后者最低温度可达 -79℃左右，这时冻土墙可在很短时间内（如几小时）形成。它们既是制冷剂，又是冷媒。用泵直接把这种液体泵入地层里的冻结管内，另一端排出已同地层发生过热交换的尾气。图 6-56 为直接冻结工法示意图。

直接冻结方式一般靠低温液化气直接制冷。目前使用的低温液化气主要是液氮（温度为 -196℃），经工厂加工后，用储罐车将其运送至工地并输入预先埋设在地层中的冻结管。液氮在汽化过程中大量吸收热量，使冻结管周围的地层冻结。经汽化后的液氮在逸入大气层后，可自由扩散，浓度迅速降低。该类冻结方式具有冻结速度快，冻结时间短，经冻结后周围地层温度低等特点,但由于所需费用相对较高,目前仅限于处理规模较小的危急工程中。

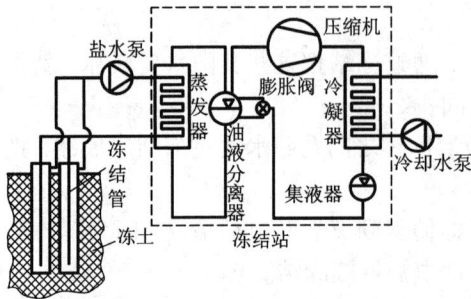

图 6－55　盐水冻结法示意图

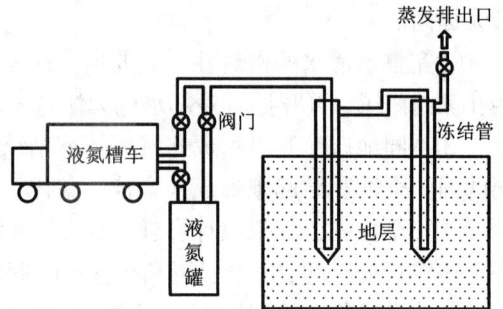

图 6－56　直接冻结法示意图

5. 冻结法应注意的问题

①地下水流速:地下水流速大则对冻结不利,甚至无法冻结,当出现这种情况时,可同时采用压浆施工法,以减小地下水流速。

②冻胀:冻胀现象一般在冻结后 20～30 d 时出现,地层冻胀可能使周围建筑物受害,应充分制定防止冻胀伤害的工程措施。可采用埋设加热管等办法来限定冻结范围。

③融沉:冻结壁融化期可能引起地表融沉,因此在解冻的同时,可以进行压浆,以防止地层出现空洞。

④衬砌抗冻:地层冻结时,衬砌温度可能下降至 －10℃左右,为防止冻害,可在混凝土中掺入 3%～10% 的早强复合防冻剂以提高衬砌的抗冻性能。

⑤解冻:隧道施工完成后,冷冻机停止运转,进行解冻。解冻方法有自然解冻和强制解冻两种。一般自然解冻时间长达 1～2 d。所以重要建筑物为防止解冻过程中的下沉,须采用强制解冻,即利用冻结管,以热水或温水循环解冻,并在强制解冻的同时进行浆液压注,防止地基产生空洞。

6.7　基础托换技术

6.7.1　概述

1. 基础托换的工程意义与发展

地下铁道在进行线路规划和布置时,原则上应尽量利用现有道路干线下面的地下空间,但实际上总会遇到整个隧道或部分隧道要从现有建筑物下面穿过的情形。另外,当地铁采用明挖法施工时,深度较大的施工基坑开挖,会由于土体的水平或垂直位移,直接影响到邻近既有建筑物的安全,因此,当地下铁道从建筑物下部穿越时,必须对既有建筑物的基础进行托换或加固处理,否则不仅影响地铁能否顺利穿越,而且还直接关系到相关建筑物的安全。

托换技术的历史可追溯到古代,但直到 20 世纪 30 年代,在兴建美国纽约市的地下铁道时才得到迅速的发展。特别是二次大战后的德国,在许多城市的重建,尤其是在修建地铁时大量采用了基础托换技术,积累了丰富的经验,取得了显著的成就,并已将托换技术编入了德国工业标准(DIN)。

2. 托换技术的类型

托换技术有三类:

①补救性托换,托换技术起源于补救性托换,指建筑物地基承载力不足时进行的地基处理或加固;

②预防性托换,指当地下工程穿越既有建筑物地下基础时,或因二者相靠太近,对建筑物的安全有不良影响时,采取的建筑物基础托换;

③维持性托换,指在新建的建筑物基础上预先设计好可顶升的措施(一般是预留设置千斤顶的位置),以备当以后可能出现地基差异沉降时进行基础托换。

与地下铁道施工有关的是第二种,即预防性托换。

3. 地铁托换工程特点

为地铁穿越而进行的托换工程与一般的建筑物托换工程相比,具有三个显著不同的特点:

①由于地铁的施工基坑开挖深度一般都比较深,基坑开挖以后如何控制基坑边坡的水平位移,保持其稳定是头等重要的问题。因此,对于向下延伸的这部分基础结构,往往还要在一段时间内,兼作为地铁基坑的侧边支护墙(挡土墙)。这就要求托换结构物不仅能承担建筑物的传递的垂直荷载,还要能抵抗地层水平压力。

②要考虑托换后的基础结构与今后建成的地铁结构之间的相互关系,因二者都位于地下,互相之间可以利用,这就需要发挥基础托换技术上的优势,尽量使得被托换的基础结构物能兼作为地铁隧道结构物的一部分,以达到经济合理的目的。因此,对于基础托换结构物尺寸和位置的设计,就不能同其他地面建筑物基础托换那样单纯地从转移建筑结构的荷载方面进行考虑,而是还要考虑如何最大限度地配合地铁主体结构物的构造需要。

③各种不同托换技术方法的采用还要考虑到地铁隧道的施工方法,如明挖法、暗挖法、盾构法、逆作法等,它们与托换技术的配合都不尽相同,这就使得托换技术更为复杂。

地铁穿越时有些托换工程是临时性的,如大型地下水管的托换,但如果基坑较深,托换工程就需要经历较长的施工周期,所以就必须充分考虑到由此而可能碰到的各种情况和问题,例如季节更替而引起的温度变化、雨雪影响、基坑排水影响等。十分重要的一点是经济分析,采用何种托换技术,应对各种方案进行详细的经济比较,最后选定的方案可能不是技术上最佳的方案,但其经济上可能更合理。

4. 地铁穿越方式与主要托换技术

依据地铁线路与现有建筑物的相对位置有"部分穿越"和"全穿越"之分,当地铁线路紧靠现有建筑物或从建筑物下局部穿越时,称为"部分穿越",当地铁线路完全从建筑物下穿过时,称为"全穿越"。托换技术有:

①坑式托换技术。

②注浆加固托换技术。

③地下连续墙托换技术。

④垂直灌注桩托换技术。

⑤斜向钻孔桩托换技术。

⑥树根桩托换技术。

5. 基础托换的准备与技术要点

（1）现场调查

为了制定合理的托换方案，需要进行详细的调查，以下两方面的资料是必须掌握的：

①工程地质和水文地质条件：对于地铁工程来说，在施工之前这些资料就已经都准备好了。对于托换工程，特别要注意持力层、下卧层和基岩的性状和埋深；掌握古河道、古墓和古井的情况、地下水位的变化和补给情况；局部软弱夹层和地基土的物理力学性质等。如原有资料不能满足要求时，还需对地基进行复查和补勘。

②被托换建筑物的结构、构造和受力特性：了解被托换建筑物的荷载分布、上部结构的刚度和整体状态、基础型式和受力状况。了解建筑物的修建年限，以判定其基础固结程度。

此外，还要研究托换施工期内挖土、排水、季节性变化可能产生的影响，研究使用期间荷载增减的实际情况，并对托换后的建筑物给出安全性评价。

（2）技术要点

在采用托换技术时，应该注意到：

①当地铁从建筑物基础下穿越时，建筑物荷载不能由地铁主体结构承担，而应传递到托换基础上。

②不论何种情况，托换工程都是在一部分被托换后，才可开始另一部分的托换工作，否则就难以保证质量。所以，托换范围往往由小到大，逐步扩大，绝不可一次性将托换工作面摊得过大。

③托换施工前，先要对被托换建筑物的安全予以论证。要求对被托换的建筑物所产生的沉降、水平位移、倾斜、沉降速率、裂缝大小和扩展情况、以及建筑物的破损程度，用图表和照片等方式正确记录下来，借以判定建筑物的原有安全状态。这些资料将作为托换方案的设计依据，并可对建筑物托换后的安全状态进行对比评价。必要时，应先加固建筑物，然后才开始基础托换。

④在整个托换施工过程中必须布置严密的监测工作，进行信息化施工，以确保工程安全和质量。对被托换或被穿越的建筑物及其邻近建筑物都要进行沉降监测。沉降观测点的布置应根据建筑物的体型、结构条件和工程地质条件等因素综合考虑，并要求沉降观测点便于监测和不易遭到损坏。

6.7.2 坑式托换技术

1. 施工方法

这是一种传统的托换技术，如图 6 - 57、图 6 - 58 所示，其施工步骤如下：

①首先沿既有建筑物基础靠近地铁隧道的一侧，在外墙边开挖垂直导坑坑井，坑井尺寸约为 1.2 m（长）×0.9 m（宽），其深度一直挖到比原有基底面下再深 1.5 m 处。施工时尚需按一定间距采用间隔的方式，根据事先布置好的次序依次开挖。坑壁可采用 50 mm×200 mm 的横向挡板挡土，并应边挖边建立相关的支撑。

②再将垂直导坑朝横向扩展到直接的基础下面，并继续在基础下面开挖到要求的持力层标高。

③当一个坑井开挖到预定深度后，就要尽快用混凝土浇筑已被开挖出来的基础下的挖坑体积，但在离原有基础底面 80 mm 处停止浇筑，待养护 1 天后，再将 1∶1 的水泥砂浆塞进这

80 mm 的空隙内，用铁锤锤击短木，充分捣实填塞位置的砂浆，使之成为密实的填充层，这种填实的方法，称为干填。由于这一层厚度很小，实际上可视为不收缩的，不会由此而引起附加收缩变形。有时也可使用液态砂浆通过漏斗注入，并在砂浆上保持一定的压力直到砂浆凝固结硬为止。这样就形成了建筑物基础下的混凝土托换墩。

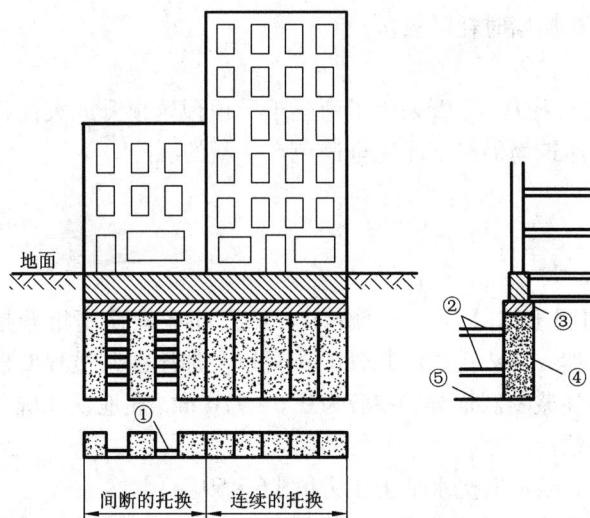

图 6 – 57　坑式托换示意图

①—横向挡板；②—侧向支撑；③—原有基础；
④—混凝土墩；⑤—开挖基坑底面

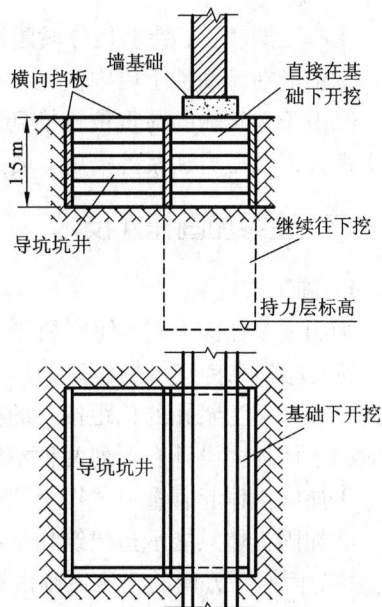

图 6 – 58　托换墩施工示意图

应注意只有当两个相邻坑井中的混凝土达到一定强度后，才允许在这两个坑井之间的空间再继续开挖坑井。

④重复以上步骤，分段分批地挖坑和修筑托换墩，直至全部托换基础工作完成。然后还要采取必要的手段，如大面积钢楔楔入、水泥砂浆压力注浆等措施，使得一个个托换墩与周围地层紧密固结，成为能承受建筑物垂直压力和水平土压力的托换墙。

⑤托换工作应从建筑物向下传递荷载最大的部位(一般是横墙与外墙的接头部位)开始。

⑥对于大的柱基采用坑式托换时，应将柱基面积划分为几个单元依次托换。单坑尺寸视基础尺寸大小而异。对于托换建筑物的立柱而不加临时支撑的情况，通常一次托换不宜超过基础支承面积的 20%。

2. 适用范围及优缺点

(1)坑式托换适用范围

①易于开挖的土层；

②开挖深度范围内无地下水或采取降低地下水位措施较为方便，因为它难以解决在地下水位以下开挖后产生的土的流失问题；

③托换深度不大；

④建筑物的基础最好是条形基础，亦即在该基础下进行局部范围开挖时所产生的影响可由条形基础其他地段所分担。

（2）优点

①费用低；

②施工简便；

③因托换工作大部分是在建筑物的外部进行的，故施工期间不影响建筑物的正常使用。

（3）缺点

①施工期较长，特别是分段建造地下托换墙时耗时较多；

②不能在流动性土层中使用；

③由于建筑物的荷重被置换到新地基土上去，尽管采用了液压千斤顶预压顶升或大面积钢楔楔入以及压力注浆等措施，被托换的建筑物仍然不能完全避免产生新的沉降。

6.7.3 注浆加固托换技术

1. 施工方法

采用注浆加固方式，使得所形成的加固土体具有一定的形状，从而能在地铁基坑开挖时，确实起到维持建筑物稳定的作用。显然，其钻孔或注浆管的布置以及加压注浆过程要事先进行设计。注浆孔的孔距按土的类型和注浆材料而异，一般为 0.6～1.0 m。在地铁基坑开挖时的土体加固设计有下列两种不同的方法：

①加固土体起着重力式挡土墙的作用，能够抵抗水平土压力[图 6 - 59(a)]。

②加固土体只能承担建筑物基础上传下来的垂直荷载，并传递到基坑底面以下的新地基土上去，而水平方向的土压力则由锚杆承受[图 6 - 59(b)]。

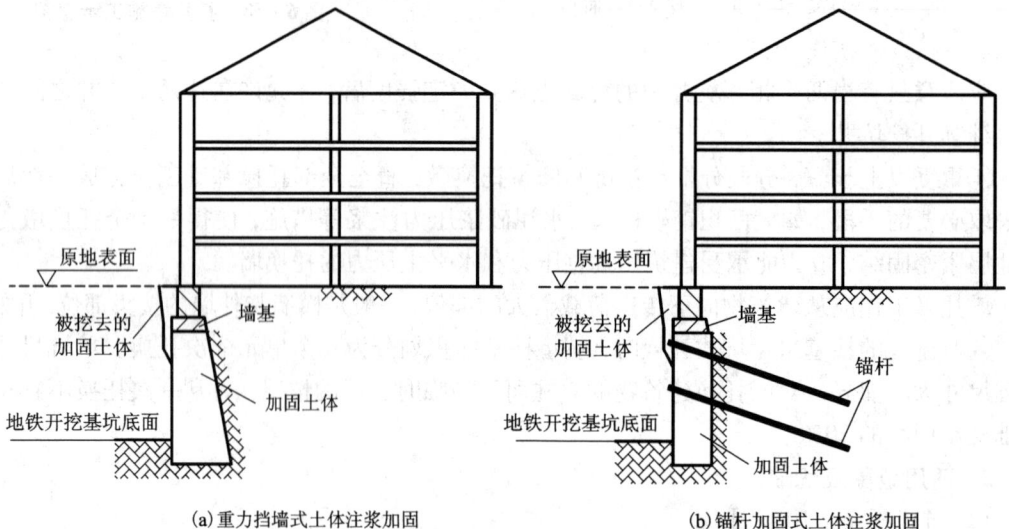

(a)重力挡墙式土体注浆加固   (b)锚杆加固式土体注浆加固

图 6 - 59　注浆加固施工示意图

不管是重力式挡土墙还是锚固式挡墙，加固土体都必须满足力学强度上的要求。通过强度检算，将加固土体设计成一定的形状和尺寸，并由此确定注浆孔的数量、位置、深度、角度及注浆材料、注浆压力等，并且要在施工现场进行试验，予以验证。

为了避免固化土体的位置或尺寸产生大的偏差，压浆必须精心施工，并要经常进行检查。每个注浆孔的注浆都必须按注浆工作的规范要求进行。此外，对被加固建筑物是否会在注浆过程中产生抬高或沉降，均需进行监测。在地铁基坑开挖以前，要对注浆效果进行检验。

2. 适用范围

当土层为无黏性土，同时遇到下列情况时，可考虑采用注浆法加固地基：

①对地下水不允许采取降水措施时；

②地层的层理倾斜度较大，且相对于基坑为不利的倾斜，地铁明挖施工时，可能导致建筑物基础下的土体流动时；

③建筑物的地基土有软弱夹层等局部不良状况时；

④当受地铁施工影响的建筑物内安装有对沉降要求极为灵敏的机(仪)器，要求严格控制地面沉降时。

通过注浆加固的方法将建筑物基础适当加深，将地铁施工的影响降低到可以接受的程度，就仍然能采用明挖法进行地铁施工。

3. 注浆法加固地基的优缺点

(1)优点

①由于事先采取了注浆加固措施，因而在地铁穿越期间，在基坑的整个施工过程中，建筑物产生的变形与沉降都很小；

②如果建筑物基础下有流动土层，在地铁基坑开挖前通过地层注浆，在地下形成封闭的注浆墙，使土层不致流动，从而确保了建筑物的安全；

③注浆加固工作可在建筑物的外面进行，建筑物本身的使用可不因地铁施工而受影响。

(2)缺点

①注浆加固工作的机具设备和材料要占用较大的场地；

②注浆加固效果的好坏与施工经验有很大的关系，所以它要求施工队伍有很强的专业技能；

③注浆误差可能导致地铁基坑开挖轮廓线以内的土体也被固化，由于固化硬结相当坚实，会给基坑开挖增加麻烦，甚至不得不采用可能产生振动噪音的机械进行开挖，从而给周边环境造成不良影响。

6.7.4　地下连续墙托换技术

1. 施工方法

地下连续墙是适合于基础托换的结构。为了能让连续墙挖槽机进行施工，先要在建筑物的墙身上开工作洞，以便设置一个工作空间。按照挖槽机开挖地下连续墙沟槽的需要，临时工作空间一般高为 5.5 ~ 7 m，工作宽度约为 4 m。在临时性的基础上施作一种临时性的门式钢结构，用其托住开洞墙身上部建筑物的荷载，然后才能在墙的位置处开挖地下连续墙的槽沟。当地下连续墙施作完成以后，拆移门式结构，将被挖空的墙重新充填修复好，从而将建筑物的荷载转移到地下连续墙上。沿墙基逐段施工，直至将整个墙基础都托换完毕。

托换施工示意图如图 6 - 60 所示，临时门式钢结构的大小以能容纳下挖槽机正常施工为准，采用型钢焊接，其顶部承托墙的荷载，其两侧的立柱支承在液压千斤顶上，千斤顶则安放在钢筋混凝土临时基础上。千斤顶的作用是进行变形补偿，即通过液压千斤顶的顶升来调整门式结构以及临时基础受力后的变形和沉降，将建筑物的荷载转移到临时基础以及最终转移到地下连续墙上，从而使建筑物保持原有的稳定状态而不受损害。这种方法可以使得整个托换工程引起的沉降量很小，一般仅在 5 ~ 12 mm 之内。

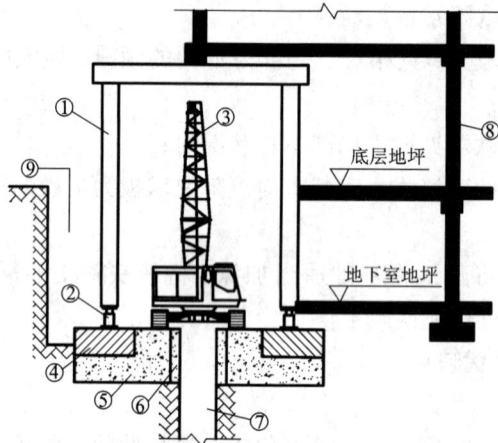

图 6 – 60　地下连续墙托换基础施工示意图

1—临时托换门式钢结构；2—千斤顶；3—挖槽机；4—临时加固基础(配筋)；5—临时加固基础(素混凝土)；6—导墙；7—地下连续墙；8—既有建筑物；9—屋前辅助基坑

2. 适用范围

原则上适用于能采用地下连续墙施工的所有地层。由于地铁基坑开挖都较深，采用地下连续墙托换，则墙体不仅可作为建筑物向下延伸的新基础，且可作为基坑的侧向支护结构，从而减少地层的变形与沉降。从目前城市地铁的施工方法来看，由于地下连续墙本身所独有的优点，使用得比较多，这就使得用地下连续墙进行基础托换成了顺理成章的事情。

但是，采用地下连续墙托换要考虑施工条件，因地下墙挖槽机所需的工作空间较大，给托换工作带来不少麻烦，即使是通过努力可以减小工作空间(如国外采用绞车式挖槽机，工作空间的高度仅为 3.5 m，宽度仅为 1.6 m)，但这样窄小的工作空间势必会给施工带来很大的不方便，这是在选择是否采用这种方法时所应该慎重考虑的。因此，只有当建筑物本身具备能设置临时工作空间的条件时，才能考虑采用这种方法。

6.7.5　垂直灌注桩托换技术

1. 施工方法

城市建筑物托换工程常常处于四周房屋密集和场地狭窄地段，地下管网纵横密布，人们活动频繁，而且往往要求尽量在厂房不停工或住户不搬迁的条件下进行基础托换，这就给钻孔工作带来了很高的要求。灌注桩托换是靠搁置在桩上的托梁或承台系统来支承被托换的建筑物基础的，图 6 – 61 表示出了施作桩、梁以托换基础的设置方式。如果基础上的墙体在托换前已经出现裂缝，或担心在基础托换过程中产生裂缝，可照图中方式加设壁柱并用锚固钢筋将其与二楼圈梁紧紧相连以支承二楼以上荷载。

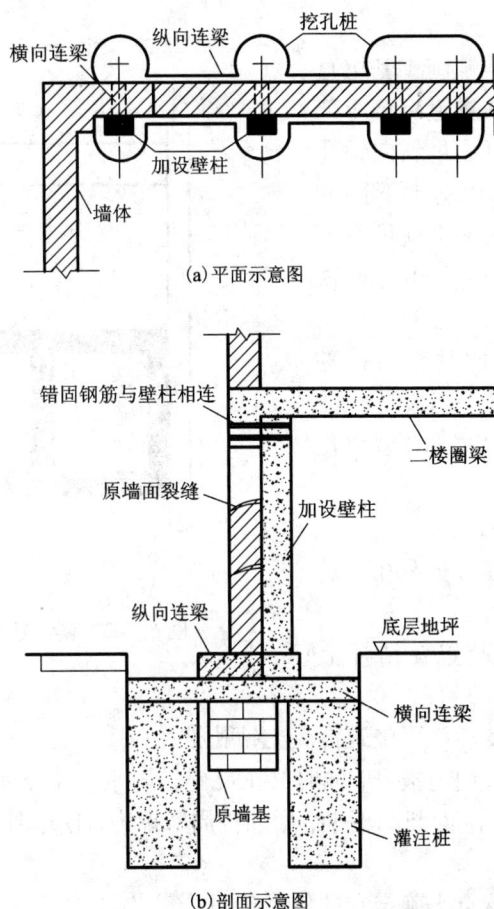

(a) 平面示意图

(b) 剖面示意图

图 6 - 61　桩、梁联合进行基础托换示意图

灌注桩按成孔方式有多种类型，其中以钻孔灌注桩和挖孔灌注桩应用最为普遍。

(1) 钻孔灌注桩

成孔直径可达 300 ~ 400 mm。成孔后，置放钢筋笼、浇筑混凝土成桩。

优点：①施工时无冲击荷载，因而振动很小，对被托换的建筑物以及邻近建筑物都无大的影响；②适合在密集建筑群内施工；③不会影响被托换建筑物的正常使用；④占地面积较小，操作灵活，根据实际需要可变动桩径和桩长。

其缺点主要是需要进行泥浆的处理和回收。

(2) 挖孔灌注桩

挖孔桩采用人工挖孔，其成孔方法见前述有关章节。挖孔桩与加设的纵、横梁结合起来，就能对建筑物基础进行安全的托换。

优点：①施工用具简单；②灵活机动，施工方便；③不需多大的施工场地；④可随时直接观察到孔底土质，便于采取必要的措施；⑤单桩承载能力大，易于保证质量；⑥造价低。

缺点：不能用于地下水位以下的施工。

6.7.6 斜向钻孔桩托换技术

1. 施工方法

如图 6 - 62 所示，当地铁施工基坑直接紧靠既有建筑物，或地铁隧道有一小部分位于建筑物的下面时，可通过斜向钻孔桩组成一排斜着伸入建筑物基础下部的基坑支护桩墙，在桩墙的保护下就可在不改变现有建筑物的使用条件下实施地铁施工。

斜向钻孔和浇筑桩体比垂直钻孔桩要困难，国外采用的一般是专门设计的钻孔设备，如德国的彼诺托（Benoto）型钻孔设备，它的特点是：

①最大倾斜角度可达 12°；

②直接下套管，在下套管过程中，套管可以正反旋转和竖向加压；

③套管内的渣土通过装置在钻杆上的特殊抓斗抓取；

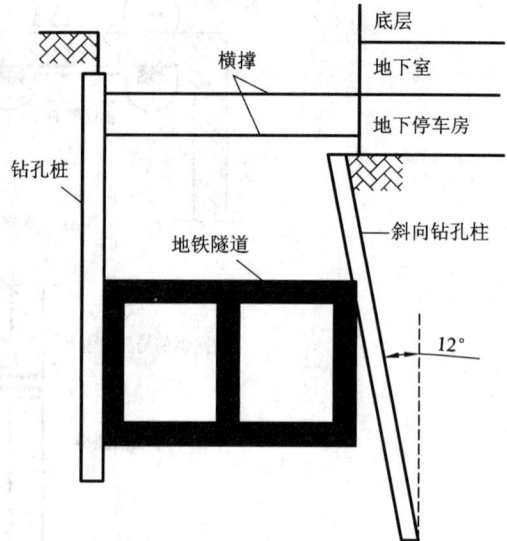

图 6 - 62 斜向钻孔桩托换示意图

④当套管下到预定深度后就可浇筑混凝土钻孔桩；

⑤在浇筑混凝土时套管向上拔升，同时又正反旋转与垂直上下运动，使得灌入钻孔内的混凝土受压密实，并使钻孔壁面凹凸不平，增加桩周摩擦力，使桩具有较高的承载能力。

2. 适用范围

可根据斜向桩的使用特点来确定它的使用范围：

①斜孔桩的钻孔深度不宜超过 25 ~ 30 m。

②斜孔桩质量的优劣与下套管、起拔套管的困难程度有很大的关系，这取决于地质条件的好坏，当地质条件不利时，不要使用。

③当地层中有软弱互层时，对制桩不利，容易使桩的中段形成缺陷。

④应及时对斜钻孔桩墙进行锚杆加固，必要时还可施加对侧支撑。锚杆加固要施加预应力，预应力的大小应达到预计所受侧向土压力的 80% ~ 90%，这样可以有效地减少建筑物的沉降。一般而言，采用这种托换方法，可将建筑物的沉降控制在 10 mm 以内。

⑤斜钻孔桩墙比垂直钻孔桩墙的施工造价要高。

6.7.7 树根桩托换技术

1. 施工方法

树根桩是一种小钻孔灌注型桩，直径在 100 ~ 300 mm 范围内，桩长不超过 30 m，因为经常是利用一束同方向或不同方向的小桩来承载，故称之为树根桩。做法是利用小型钻机钻进至设计深度，然后放入钢筋笼，同时放入灌浆管，通过灌注管由下而上灌筑水泥浆或水泥砂浆，结合碎石骨料成桩。钻孔时可用泥浆护壁或清水护壁。如果钻机的钻进工艺许可，也可以边钻边直接下套管护壁。不用套管时应在孔口附近下一段套管，以保护孔口。

树根桩可以根据需要，做成垂直的，也可以是倾斜的，可以是单根的，也可以是成束的，可以是端承桩，也可以是摩擦桩，但摩擦桩居多。

对于一般建筑物的托换，图 6-63 表达了应用垂直的和斜向的树根桩实施托换的方案。采用斜向树根桩进行托换时[图 6-63(a)]，树根桩进行交叉式布置，并加置两根条形纵梁，以保证树根桩对墙体的支承作用。在采用垂直树根桩托换时[图 6-63(b)]，如果墙体荷载较大，可加置条形横梁和纵梁，并要求树根桩对称布置，从而起到加深和加宽基础的作用，保证了托换的可靠性。如果墙体荷载不很大，则可直接在墙上开洞[图 6-63(c)]，再在原有的条形基础上加置树根桩。建桩后要及时将墙体回填好。上述不同的布置方案中，树根桩都密布为桩墙或桩群，桩与被托换墙之间水平距离仅为 25 cm 左右，相邻桩轴心间距一般大于 35 cm。

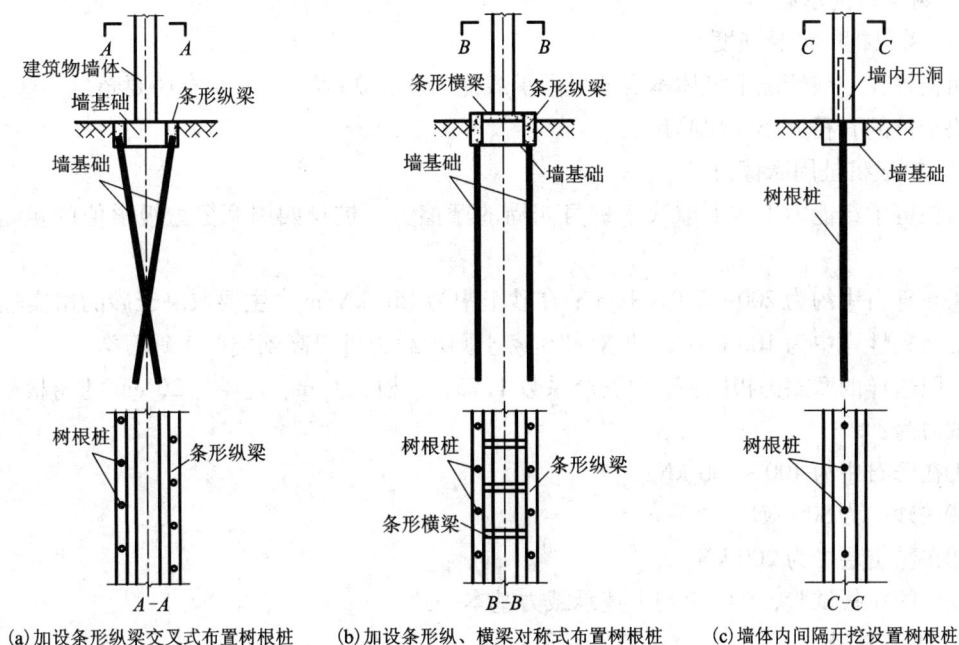

(a)加设条形纵梁交叉式布置树根桩　　(b)加设条形纵、横梁对称式布置树根桩　　(c)墙体内间隔开挖设置树根桩

图 6-63　树根桩设置方式示意图

当地铁从建筑物旁侧穿越时，采用树根桩托换的基本方式是：树根桩沿墙身平行布置，它们不仅可将建筑物的荷载向下传递，而且当地铁基坑开挖时，它们又可作为基坑侧壁的支护。为了保证它们有良好的传递建筑物荷载的功能，在建筑物基础与树根桩相交部位，用钢筋混凝土灌筑成条形基础梁(条形纵梁)，使得所有树根桩与基础紧密结合在一起。从地铁基坑侧壁方面来看，这个条形纵梁起到了腰箍梁的作用。

具体施作：确定树根桩设置方式，沿被托换建筑物的墙基，相隔一定孔距用钻机逐个钻孔，然后在孔内插入由纵向钢筋和箍筋所组成的钢筋笼，浇灌混凝土后形成树根桩。将要托换的墙与桩体进行联结，使得墙体基础所承受的荷载转由树根桩承受。当地铁基坑开挖时，树根桩靠基坑的一侧被挖空，暴露于基坑边坡上，要及时用喷射混凝土将暴露的基坑面覆盖起来,使得桩与桩之间通过喷射混凝土连接形成桩墙,必要时还可采用锚杆加固。

可采用的钻孔方法有冲孔法、岩芯钻进法等。实际中,冲孔法使用较为普遍,它用水或泥浆冲孔,在特殊情况下也可采用压缩空气冲孔。

采用树根桩进行基础托换时,需经常在建筑物的地下室内进行钻进和制桩。由于地下室内空间狭小,高度又受到限制,为了适应这样的施工条件,就要求钻孔机具体型小、重量轻、便于手工操作和搬运移位。要求的工作空间宽度必须大于 1.5 m,根据设计需要,还需能钻最大倾斜角达 30°的斜孔。

如果孔内设置了套管,则在起拔套管时,用压缩空气或机械振动使混凝土致密。而多余的水泥砂浆则向四周的土层中压渗。灌注压力必须按不同的土层性质和类型相应调整。水泥浆的稠度也要与相应的土层有合适的可渗性。例如,由于粗颗粒土层中水泥浆易于流失,所以水泥浆的稠度要大,水泥用量也就很大(超过 500 kg/m³)。

2. 树根桩的承载力

(1)树根桩的桩身强度

树根桩在一般情况下桩体本身的极限承载能力在 500 kN 左右,甚至还要超过一些,这主要取决于桩的直径大小及配筋量。

(2)树根桩桩周摩擦力

树根桩承载能力本质上取决于桩身四周的摩擦力。桩身四周摩擦力极限值的粗略估计值为:

①在砾石中约为 200 ~ 250 kN/m²;在砂土中为 150 kN/m²,主要取决于砂的密实程度;

②在黏性土中为 100 kN/m,但对超压密土则承载力可提高到类似于砾石类土。

按照这样的摩擦力极限值,取安全系数 1.75,一根长 6 m、直径为 20 cm 的树根桩的极限承载力为:

①在砾石中为 400 ~ 500 kN;

②在砂中为 300 kN;

③在黏土层中为 200 kN。

经桩的拉拔试验,其结果与上述承载力基本一致。

3. 适用范围

树根桩适用范围较广,这是因为:

①基础托换后建筑物的沉降量很小,大多数情况下小于 1 ~ 2 mm。

②它是一个多方面都能照顾到的托换技术措施。例如,当建筑物基础下的地基土承载力很小而又存在着流动性土,建筑物的荷载较大,同时又要求沉降量很小,在这样的情况下应用树根桩一般可满足设计要求。

③桩的深度可按照地基土各土层的具体性状进行调整。从而达到对承载力和沉降量的托换加固要求。

④对于各种类型的土以及不论有无地下水的各种情况,通过试验都可应用。

⑤可简单地对建筑物内墙进行托换加固。

由于应用树根桩实施托换的优点明显,所以国外采用树根桩托换很普遍,经常还与其他托换方法综合应用。

6.7.8　基坑法全穿越技术

在基础托换技术中，基坑法又称为"敞开式施工法"。这是一种将基坑开挖与基础托换结合起来，使整个地铁隧道在既有建筑物下全穿越的方法。与上述各种单一的托换方法相比，基坑法的复杂性和困难程度是大大增加了，它是一项综合性很强的托换工程，大致有以下两种方式：

①如图 6-64(a)所示，利用前述方法在建筑物底下修筑地下连续墙，然后从室内地坪往下开挖至一定深度，修筑顶部支承梁，建筑物荷载转移至梁和地下连续墙上，此时可安全地开挖基坑，完成地铁结构的修筑。基坑开挖的过程类似于盖挖法。

这种方法的前提是在建筑物内必须有足够的空间施作地下连续墙。

②如图 6-64(b)所示，用上述树根桩的方法承托建筑物的承重墙基础，为了抵抗基坑开挖后产生的土体水平压力，必要时，仍应修筑地下连续墙，然后用明挖方法开挖基坑，完成地铁结构的修筑。

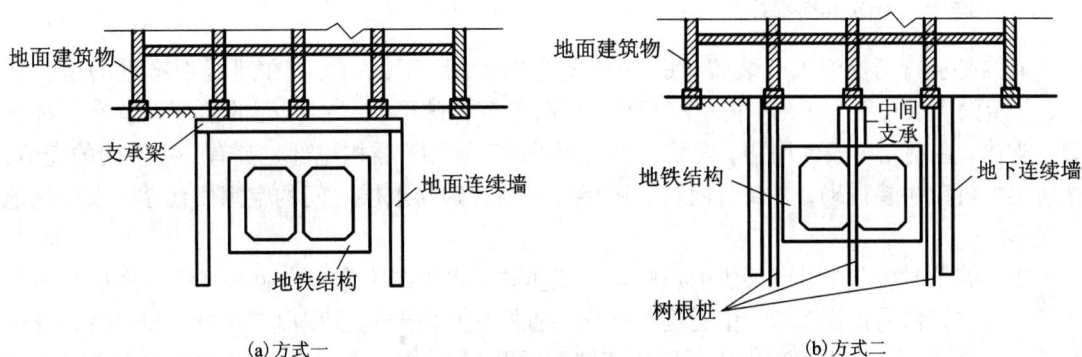

(a)方式一　　　　　　　　　　(b)方式二

图 6-64　基坑法全穿越示意图

思考与练习

1. 简述明挖法(基坑法)施工的类型。
2. 简述有围护结构(坑壁支护)基坑法的主要施工过程。
3. 软弱地层基坑有哪几种主要失稳现象？
4. 地下连续墙与地下主体结构的结合形式有哪些？
5. 简述地下连续墙类型与主要施工过程。
6. 地下连续墙稳定性分析方法
7. 盖挖法施工有哪几种类型？
8. 浅埋暗挖法有哪几种类型？
9. 地下铁道辅助施工有哪几种主要方法？
10. 基础托换有哪几种技术？

第7章

盾构法隧道

7.1　概　述

7.1.1　盾构法的基本概念

　　盾构是进行暗挖施工的装置，是一种既能支承地层压力，又能在地层中推进的钢壳结构，其断面形状一般为圆形，但也有矩形、椭圆形等特殊形状。在钢壳的前部设置有各种类型的支撑，在钢壳中段的周边，安装有顶进所需的千斤顶，盾构尾部是具有一定空间的壳体，在盾尾内可以拼装衬砌，并及时向紧靠盾尾后面的衬砌与地层之间的空隙中注浆，以控制地层变形。

　　盾构施工时，先在隧道某段的一端建造工作井，盾构在工作井内组装完成。然后利用工作井的后靠壁作为推进基座，由盾构千斤顶将盾构从井壁开孔处顶出工作井，开始沿着隧道设计路线推进。在推进过程中不断地从开挖面排出土体，推进中所受到的地层阻力通过千斤顶传至盾构尾部已拼装好的预制衬砌管片上，如图7-1所示。

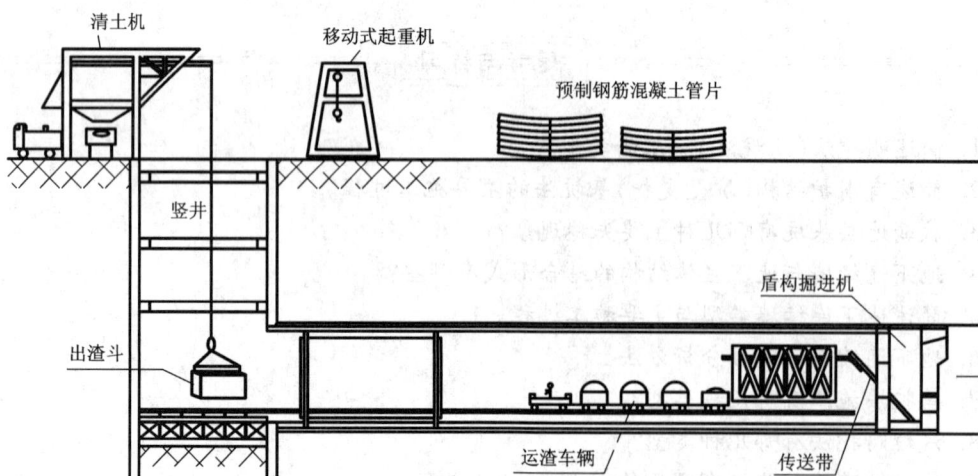

图7-1　盾构法施工工序示意图

7.1.2　盾构法的发展历史

盾构问世至今已有 180 多年，从最开始简单的隧道开挖防护壳体到目前高度现代化的盾构掘进机，盾构已经在地下工程中占有越来越重要的地位。

（1）国外发展简介

1818 年，英国工程师布鲁诺（M. I. Brunel）发现有一种蛀虫在船的木板中钻出孔道，并用它自己分泌的液体覆涂在孔壁上来防止碎屑落下，在这一启示下，他提出了用盾构修建隧道的方法。1825 年，他第一次在伦敦泰晤士河下用一个断面高 6.8 m、宽 11.4 m 的矩形盾构修建一条隧道，由于起初未能掌握抵制泥水涌入隧道的方法，隧道施工中两次被淹，后来在东伦敦地下铁道公司的合作下，经过对盾构施工的改进，用气压辅助施工，才于 1843 年完成了全长 458 m 的第一条盾构法隧道。1865 年巴尔费（B. W. Barlow）首次采用圆形盾构，并用铸铁管片作为隧道衬砌。1869 年，他用圆形盾构在泰晤士河底下建成了外径为 2.21 m 的隧道。1830 年，劳德口切兰斯（LordCochrance）发明了气压法盾构，用以穿越饱和含水地层，并且首创了在盾尾后面的衬砌外围环形空隙中压浆的施工方法。

20 世纪初，盾构施工法开始在发达国家中推广。到 20 世纪三四十年代，在美、英、德、法及苏联等国，已成功地使用盾构建成内径从 3.0 m 至 9.5 m 的多条地下铁道及过河公路隧道。仅在美国纽约就采用气压法建成了 19 条重要的水底隧道。盾构施工的范围很广泛，有公路隧道、地下铁道、上下水道以及其他市政公用设施管道等。从 20 世纪 60 年代起，盾构法在日本得到迅速发展，大量用在东京、大阪、名古屋等城市的地下铁道建设中。70 年代，针对松软含水地层中由于盾构施工所引起的地表沉陷，日本及德国研制成了泥水加压盾构、土压平衡盾构和插刀盾构等新型盾构，使盾构发展进入了新阶段。

特别是 20 世纪 90 年代建成的英法海峡隧道、日本东京湾公路隧道、丹麦斯多贝尔特大海峡隧道等，成为盾构隧道工程史上的奇迹。英法海峡隧道于 1993 年建成的，全长 48.5 km，海底段 37.5 km，隧道最大埋深 100 m，由 2 条外径 8.6 m 的铁路隧道和 1 条外径 5.6 m 的服务隧道组成。该隧道掘进施工共采用 11 台盾构掘进机，创造了单向掘进 21.1 km 的最长纪录，同时又创造了月掘进 1487 m 的纪录。英、法两侧的 6 台盾构在海底实现对接，盾构在深层高水压下的密封防水技术、钢筋混凝土管片衬砌的结构和防水、长距离掘进的运输等技术难题的解决，体现了盾构隧道施工技术的最新水平。丹麦斯多贝尔特大海峡隧道是跨海工程的一部分，长 7.9 km，由 2 条外径 8.5 m 的铁路隧道组成，隧道最大埋深 75 m，采用 4 台直径 8.78 m 的混合型土压平衡盾构掘进机施工。由于隧道穿越的地层为冰碛和泥灰岩，均为含水层，渗透水量大，因而比英法海峡隧道的掘进施工更为困难。工程中曾发生涌水险情，采用了海底井管降水、冻结、气压等辅助施工法解决了困难，为隧道建设提供了宝贵的经验。日本 1998 年建成通车的横穿东京湾的公路隧道，长 9.4 km，由 2 条外径 13.9 m 的单向公路隧道组成，最大埋深 50 m，采用 8 台直径 14.14 m 的泥水平衡盾构施工。该盾构设计采用最先进的自动掘进管理系统、自动测量管理系统和管片自动拼装系统，8 台盾构在海底实现了对接，体现了高新技术在隧道工程中的应用。日本在新颖盾构掘进机的研究方面，取得了一系列成果，各种异形断面的盾构掘进机层出不穷，矩形、椭圆形、多圆形等盾构已在铁路和公路、地铁隧道等工程中应用。

（2）我国盾构技术的发展

我国盾构掘进机的制造和应用始于 1963 年，上海隧道工程公司根据上海软土地层的特点，对盾构掘进机、预制钢筋混凝土衬砌、隧道掘进施工参数、隧道接缝防水等关键技术进行了系统的试验和研究。研制了我国第 1 台直径 4.2 m 的手掘式盾构，并进行了掘进试验，隧道掘进长度 68 m。1965 年，由上海隧道工程设计院设计，江南造船厂制造了直径 5.8 m 的网格挤压型盾构，盾构掘进时，辅以气压稳定开挖面，在黄浦江底顺利掘进隧道，掘进总长度 1322 m。1980 年，上海市进行了地铁 1 号线试验段施工，研制了一台直径 6.41 m 的刀盘式盾构，后改为网格挤压型盾构，在淤泥质黏土地层中掘进隧道 1230 m。1987 年上海隧道股份公司研制成功了我国第一台直径 4.35 m 的加泥式土压平衡盾构，穿越黄浦江底粉砂层，掘进长度 583 m。

我国盾构隧道施工技术在 90 年代得到了较大发展，上海地铁 1 号线和 2 号线施工采用 10 台土压平衡盾构完成了约 40 km 的区间隧道施工。1990 年，上海地铁 1 号线工程全线开工，18 km 区间隧道采用 7 台由法国 FCB 公司、上海隧道股份、上海隧道工程设计院、沪东造船厂联合制造的直径 6.34 m 的土压平衡盾构。每台盾构月掘进 200 m 以上，地表沉降控制值在 −30 mm ~ +10。1996 年，上海地铁 2 号线再次使用原 7 台土压盾构，并又从法国 FMT 公司引进 2 台土压平衡盾构，掘进 24 km 区间隧道。2 号线的 10 号盾构为上海隧道公司自行设计制造。1996 年，上海延安东路隧道南线工程 1300 m 圆形主隧道采用了从日本引进的直径 11.22 m 泥水加压平衡盾构施工。

广州地铁 1 号线用 1 台土压平衡盾构和 2 台泥水加压盾构完成了 8.8 km 区间隧道的施工，掘进地层为粉细砂、中砂、粗砂、粉质黏土和风化岩。2 号线海珠广场至江南新村区间隧道采用上海隧道股份改制的 2 台直径 6.14 m 的复合型土压平衡盾构，隧道埋深 16 ~ 28 m，顺利从珠江底穿越，掘进地层主要为全风化岩。北京地铁 5 号线引进 1 台土压平衡盾构掘进机，南京地铁 1 号线区间隧道也选用了 3 台土压平衡盾构掘进机。近年来，盾构在城市地铁施工中所占的比例越来越高，长沙地铁二号线 90% 以上的区间隧道采用盾构施工。

在盾构装备方面，我国盾构技术的发展采取的是自行开发和适当引进相结合的方式。尤其是自 90 年代以来，发展的趋势加快，有些研究已接近国际先进水平，特别是在隧道导向技术、监控技术方面的研究已达到了国际先进水平。目前国产盾构机已在韩国、新加坡等多个国外地铁工程中得到应用。

7.1.3 盾构法的适用条件

一般来说，盾构法的费用是比较高的，如单纯从经济的角度考虑，只有在不宜用明挖法或矿山法施工的地段，采用盾构法才比较划算。但若全面的衡量，盾构法的优势是十分明显的，它的适用条件如下：

（1）地质条件

盾构是一种适用于软土或软岩的施工机械，概略地说，将盾构法应用于不稳定地层，特别是在饱和含水的软弱地层中才是比较合理的。当然，在具体确定之前应该对隧道长度、地质情况、工程造价进行综合分析，特别是应该与明挖法和矿山法进行比较，因为后两种方法的直接造价都比盾构法低。

（2）盾构埋深

为了不至于对地面产生较大的影响，对盾构的埋深有一定的要求，一般埋深应大于 $1.0D$（D 为盾构的直径）。

（3）地铁区间

盾构法主要用于修建地铁区间隧道，虽然造价比较高，但因其对地面基本无干扰，且进度较快，特别适合在城市中心区施工，其间接带来的效益是十分突出的。

（4）地铁车站

可以用盾构法修建地铁车站，既可以直接采用三圆形盾构，也可以利用区间盾构扩挖，其造价可能比用地下连续墙法明挖法修建要高，但在不能开挖地面的条件下，是一种行之有效的方法。

可以说，只要地质条件与埋深条件符合要求，就可以用盾构法修建包括地铁车站在内的主要地铁结构。

7.1.4　盾构法的优缺点

1. 优点

①在盾构的掩护下进行开挖与衬砌作业，施工安全；

②除工作井外，几乎无地面作业，不影响地面交通；

③施工操作不受气候条件的影响；

④产生的振动、噪声等环境危害较小；

⑤对地面建筑物及地下管线的影响较小；

⑥隧道的施工费用基本不受埋深的影响；

⑦开挖、拼装管片、盾构推进等作业有序进行，循环性强，便于施工管理；

⑧在地质差、地下水位高的地段，与明挖法相比，盾构法在经济性、施工进度以及技术上都有着较大的优势。

2. 缺点

①对埋深有一定的要求，当覆土太浅时，开挖面难以稳定；

②当隧道曲线半径过小时，盾构转弯较为困难，给施工带来难度；

③盾构施工时，在地面一定影响范围内，将引起地表隆起和沉陷，需要采取严格的技术措施来控制沉陷；

④盾构法采用的装配式衬砌，由于拼缝的存在，易漏水，故在饱和含水地层中，对其防水性能要求高。

7.2　盾构的基本组成与类型

盾构是一种封闭结构，虽然可以是矩形或马蹄形等多种形状，但应用得最多的还是圆形，这是因为圆形结构具有受力状态合理、推进阻力小的优点。盾构有多种类型，沿长度基本上可分为三部分：前部（切口环或切削刀盘）、中部（支承环）、后部（盾尾），如图 7 - 2 所示。盾构的内径应比隧道衬砌外径略大，其空隙一般为衬砌外径的 0.8% 左右。

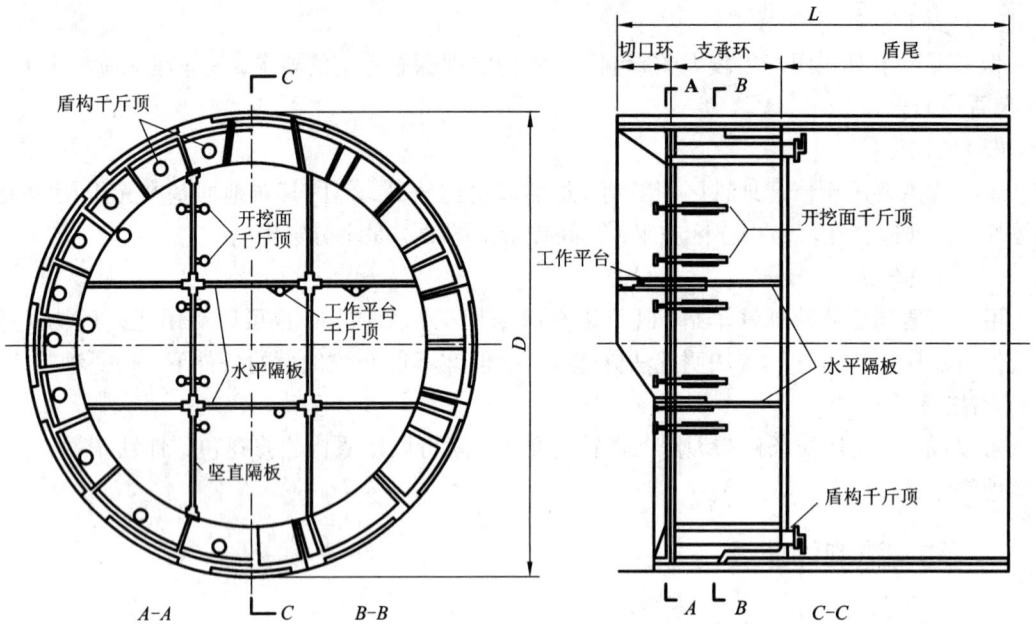

图 7-2 盾构的基本组成图

7.2.1 盾构的基本组成

（1）切口环

切口环位于盾构的前端，其作用是保护开挖和挡土。在施工时，切口环最先切入地层并掩护开挖作业，保持着工作面的稳定。切口环的长度取决于盾构的类型。

在人工开挖的盾构中需用切口环来保护掘进面上开挖人员的安全，切口环的顶部为一突出的前檐，前檐周边可以上下一样长，也可以做成上长下短的坡形，设有刃口，插入土中形成一个防护顶棚，支撑着开挖面上方的土压力。因往往需要按照地层的性质来改变前檐的长度，所以有可拆换式的或可伸缩式的前檐。

对于机械化盾构，切口环不需提前插入土层，因在掘进面上是无人的，不需要保护。切口环内按不同的需要安装各种不同的机械设备，这些设备是用于正面土体的支护及开挖的，这些设备依盾构种类而定。大致情况如下：

①泥水加压盾构，安置有切削刀盘、搅拌器和吸泥口；

②土压平衡盾构，安置有切削刀盘、搅拌器和螺旋输送机；

③网格式盾构，安置有网格、提土转盘和运土机械的进口；

④棚式盾构，安置有多层活动平台、储土箕斗；

⑤水力机械盾构，安置有水枪、吸口和搅拌器。

在局部气压、泥水加压、土压平衡等盾构中，因切口内压力高于隧道内常压，故切口环处还需布设密封隔板及人行舱的进出闸门。

（2）支承环

支承环是盾构的主要受力机构，盾壳的外荷载均由其承受，在小型盾构中是一个刚度较大的圆环结构，在大中型盾构中是一个刚度较大的钢制构架。推动盾构前进的千斤顶均设置在支承环的内周，液压动力设备、配电盘、盾构操纵台等也都安装在支承环的空间内。支承环的长度应不小于固定盾构千斤顶所需的长度,对于有刀盘的盾构还要考虑切削刀盘的轴承装置、驱动装置和排土装置的空间,支承环的后部连接盾尾。

(3)盾尾

盾尾是用于掩护用的壳体,它由盾构壳体钢板延长构成,在其保护下进行隧道衬砌环段的装配工作。在装配下一衬砌环段时,前一环段衬砌至少应有 1/3 的长度(沿隧道纵向)被盾尾钢壳遮盖住,以策安全。因此,盾尾的长度基本上是由衬砌环段的宽度来决定的,在中等尺寸的盾构中,其长度约为 2~2.5 m。盾尾钢壳由厚度为 40~50 mm 的钢板组成,可以是一层钢板也可以是两层钢板。盾尾末端设有密封装置,以防止泥水和注浆材料从盾尾与衬砌之间的空隙内流入。目前,普遍采用的盾尾密封装置有钢丝刷型和橡胶型两种。盾尾长度应保证盾构千斤顶活塞杆缩回后,能掩护 1.5~2.5 环衬砌宽度加千斤顶的顶铁厚度和 0.1~0.2 m 的余量。

7.2.2 盾构的基本设备

1. 推进设备

推进设备由千斤顶和液压装置组成。千斤顶是盾构推进和调整方向的主要设备,它们必须具有足够的顶进能力,以克服盾构推进时所遇到的阻力,阻力主要是盾构外表面与地层间的摩擦力以及盾构正面的地层阻力。千斤顶由缸体、活塞和活塞杆、支承顶铁等部分组成。推进千斤顶沿支承环内周均匀分布,其数量与管片或砌块的分块有关,一般至少为管片数目的两倍或按管片的偶数倍增加,以便在盾构推进时保证管片均匀受压。千斤顶顶推时,由液压装置的高压油泵通过管路和操纵阀体使高压油进入千斤顶缸体,使活塞杆根据需要伸出或缩回。盾构千斤顶使用的油压一般为 30~40 MPa,每只千斤顶顶力约为 1000~2000 kN。

盾构除推进千斤顶外,还可根据需要设置正面支撑千斤顶和工作平台伸缩千斤顶。

液压装置由输油泵、高压油泵、控制油泵及一系列管路和操纵阀件构成。盾构的液压装置除了对这三种千斤顶供油之外,同时为管片拼装机的油马达和液压提升设备供油。

2. 衬砌拼装机

用于管片的拼装,其形式由盾构直径的大小、管片的材质和形式、出土方式等因素决定。拼装机具有抓住衬砌管片后能在盾构内作环向转动、径向伸缩和纵向前后移动的功能,可以方便地使管片就位,其动力有液压、电动和手动。常用的拼装机有下列几种:

①杠杆式拼装机:由举重臂和驱动机构组成。举重臂的一端是钳住构件的装置,另一端是平衡重,借以平衡衬砌管片的重量,使举重臂易于环向转动。举重臂的中间是液压伸缩杆,可作径向伸缩。拼装机的旋转一般采用油马达直接传动。根据盾构直径的大小,可安装单臂式或双臂式的拼装机,后者主要用于大型盾构。

②中空轴回转式拼装机:举重臂安装在盾构中心的空心筒体上,筒体内可安装刮板运输机,供开挖面出土之用。回转部分采用油马达或变速电机驱动。举重臂的伸缩由千斤顶来推动。此种拼装机能在拼装衬砌的同时进行开挖面的出土工作。

③环向回转式拼装机:在支承环的环梁上或盾构千斤顶顶铁附近的盾尾壳体上装设支承托辊,在托辊上装设环形大转盘,转盘上设举重臂。拼装衬砌时,环形转盘用油马达使之回转,举重臂的径向伸缩和纵向前后移动由千斤顶推动。这种拼装机工作面宽敞,中间可安装出土设备,衬砌拼装和出土可同时进行。

7.2.3 盾构的基本参数

1. 盾构直径

盾构直径指盾壳的外径，而与刀盘、同步注浆用配管等凸出部分无关。盾构直径的确定可按下式进行：

如图7-3所示，有：

$$D = d + 2(x + \delta) \quad (7-1)$$

式中：D 为盾构直径，mm；d 为管片衬砌外径，mm；x 为盾尾空隙，mm；δ 为盾尾钢板厚度，mm。

盾尾空隙是指盾壳钢板内表面与管片衬砌外表面之间的空隙。为了满足盾构曲线段施工或推进施工时纠偏所需要间隙，盾尾空隙可由下式计算（图7-3）：

$$x = ML/d \quad (7-2)$$

式中：M 为盾尾和管片的搭接长度，mm；

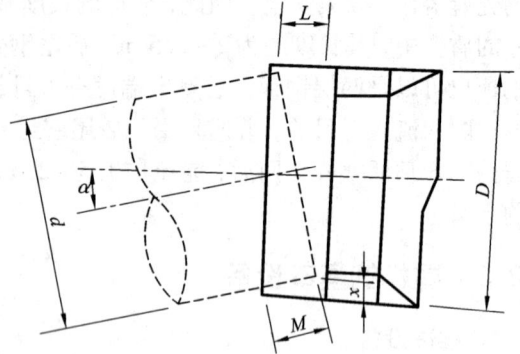

图7-3 盾构直径计算图

L 为衬砌环顶端能够在盾尾内转动的最大水平距离，mm；x、d 含义同前。

而根据实际经验，盾尾空隙一般取 20～40 mm。

2. 盾构长度和灵敏度

盾构长度与直径之比（L/D）称为盾构灵敏度，它对盾构操纵的灵活性有着很大的影响，其值越小，盾构操作越灵活，一般小盾构（$D = 2～3$ m）的灵敏度约为1.5左右，中型盾构（$D = 3～6$ m）约为1.0左右；大盾构（$D > 6$ m）约为0.75左右。

盾构总长度由切口环、支承环和盾尾三部分组成，它不包括盾构内部设备超出盾尾的部分，如后方平台、螺旋输送机等。

（1）切口环长度 L_q

机械化盾构仅考虑能容纳开挖机具即可。一般而言，从与支承环交界处算起为75～125 cm。在手掘式盾构中因要考虑到人工开挖的方便，L_q 可以较长些，但一般也不大于2 m。

（2）支承环长度 L_z

该部分长度取决于盾构千斤顶、切削刀盘的轴承和驱动装置、排土装置等空间，而盾构千斤顶的长度又与每环管片衬砌的宽度有关。

$$L_z = W_c + l_c \quad (7-3)$$

式中：W_c 为管片最大宽度，包括楔形环、加宽环等，mm；l_c 为余裕量，一般取200～300 mm，主要考虑到盾构千斤顶的修理因素。

此外，支承环长度还必须满足刀盘的轴承或驱动装置的安装。

（3）盾尾长度 L_w

盾尾长度取决于管片的形状和宽度：

$$L_w = k \cdot W_c + l_d + l_c \quad (7-4)$$

式中：k 为常数，一般取1.5～2.5。这与是否需调换损坏的衬砌及盾尾密封装置有关；l_d 为千斤顶顶块厚度，mm；l_c 为施工余裕量，mm；W_c 含义同前。

因而,盾构的总长度 L 等于上述三段长度之和,即:

$$L = L_q + L_z + L_w \qquad\qquad (7-5)$$

7.2.4　盾构的类型

盾构的类型比较多,按开挖方式分类有手掘式、半机械式和机械式三种基本类型。按开挖面挡土方式分类有开胸式和闭胸式(又称"密封式")两种类型。所谓开胸式是能直接看到开挖面进行开挖,而闭胸式不能看到开挖面,靠各种装置间接地掌握开挖面情况来进行开挖。表7-1给出了盾构的分类。下面主要按开挖方式来介绍盾构类型。

表 7-1　盾构分类

按开挖方式分类	盾构类型	按挡土方式分类	盾构类型
手掘式	手掘式	开胸式	手掘式
	挤压式		半机械式
	半机械式		开胸式机械
机械式	开胸式机械	闭胸式	局部气压
	局部气压		挤压式
	泥水加压		泥水加压
	土压平衡		土压平衡

1. 手掘式盾构

这是一种在工作面采用鹤嘴锄、风镐等工具,用人工开挖土体的盾构,现在仍然在使用。图7-2表示的就是这种盾构,它没有复杂的开挖和出土的机械设备,采用敞胸方式开挖。使用这种盾构的基本条件是:由于盾构前方是敞开的,所以开挖面至少在挖掘阶段应能稳定,否则是不安全的。

手掘式盾构的优点是构造简单,配套设备较少,造价低;缺点是工人劳动强度大,进度慢。

2. 挤压式盾构

在软弱黏性土层中不适于人工开挖,可在盾构的前端用胸板封闭以挡住土体,使不致发生地层坍塌和水土涌入盾构内部的危险。盾构向前推进时,胸板挤压土层,土体从胸板上的局部开口处挤入盾构内,因此不需要开挖,使掘进效率提高,劳动条件改善,这就是挤压式盾构。这种盾构有半挤压和全挤压之分,图7-4表示的是半挤压式盾构。在盾构推进挤压的过程中,要特别注意出土口的开口率,当出土量偏大时,会引起周围地层的沉陷;反之,会增大盾构的推进阻力,使地面隆起,因此控制出土量十分重要。

在一定的地质条件下,如淤泥质地层中,甚至可以不出

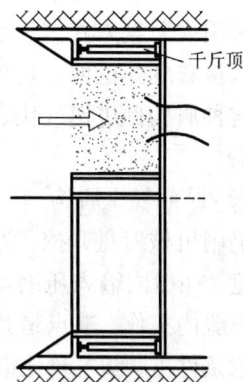

图 7-4　半挤压式盾构示意图

土只推进，称为"全挤压盾构"。虽然这会引起地表隆起，但在特殊的工程条件下是可以的，如在河床下的软弱地层中推进时，河底表土的隆起不会造成什么危害。

3. 网格式盾构

在挤压式盾构的基础上加以改进，可形成一种胸板呈网格状的网格式盾构，如图7-5所示。其构造是在盾构切口环的前端设置网格梁，与隔板组成许多小格子的胸板，借助土的凝聚力，用网格胸板对开挖面土体起支撑作用。当盾构推进时，土体克服网格阻力从网格内挤入，把土体切成许多条状土块，在网格的后面设有提土转盘，将土块提升

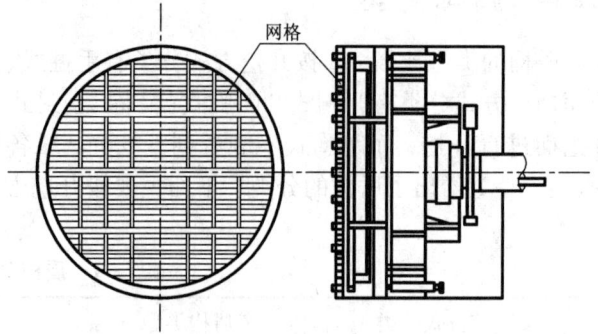

图7-5　网格盾构示意图

到盾构中心的刮板运输机上运出盾构，然后装箱外运。这种盾构虽然不需人工开挖，但也没有采用机械开挖，仅仅是推进就可以了，所以还是归于手掘式盾构范畴，是一种适合在饱和含水的软塑土层中施工的盾构，具有出土效率高、劳动强度低、安全性能好等优点。

4. 半机械式盾构

在手掘式盾构的前端，装上反铲等挖掘机械以代替人工开挖，就形成了所谓的半机械式盾构。从工作形态上来说，它更接近于手掘式盾构。

5. 机械式盾构

在盾构的前端，装上与盾构直径相当的切削刀盘，就成为全断面掘进的机械式盾构，如图7-6所示。如地层能够自立，或采取辅助措施后能够自立，可用开胸式机械盾构；如地层较差，又不采取辅助措施，则需采用闭胸式机械盾构。

图7-6　机械式盾构

（1）开胸式机械盾构

采用大刀盘方式掘进是它的主要特点，无胸板（即在刀架间无封板），透过刀架间的空隙可以直接看到开挖面。切削下来的渣土由设在刀盘后边的输送带运走。土压由盾构大梁承受。这种盾构掘进速度快、工效高，但对地面变形的控制能力不强，且不能用于自稳能力低的地层。

（2）局部气压盾构

仍用机械刀盘开挖，为了稳定开挖面，在盾构的刀盘和支承环之间设密封隔板，使形成密封舱，往舱内输入压缩空气，用气压稳定开挖面土体。局部气压盾构的优点是工作人员不在高压舱内工作，缺点是其出土装置、盾尾密封装置和衬砌接缝间容易漏气，在同样压力差和空隙条件下，漏气量比漏水量大80倍之多，因而大大制约了它的推广使用。

（3）泥水加压盾构

20世纪70年代初，英国开发了一种新颖的盾构掘进机，它带有切削刀盘和密封舱，可平

衡开挖面水土压力，这就是泥水加压盾构，或称泥水加压平衡盾构，是一种闭胸式盾构，它的出现使盾构掘进技术发生了重要的飞跃，如图 7－7 所示。

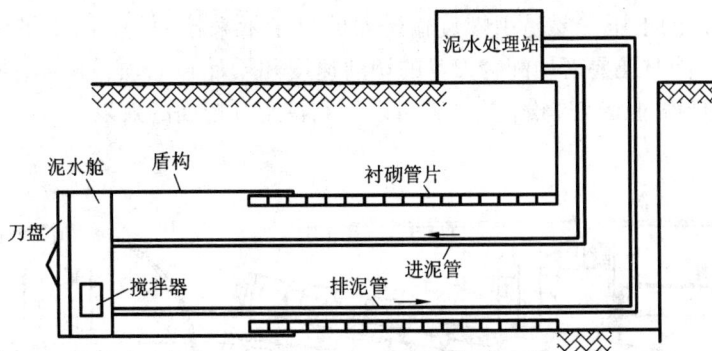

图 7－7　泥水加压盾构示意图

　　这是在局部气压盾构的基础上发展而成的一种盾构。它的基本思路是以加压泥水来取代压缩空气。这是研究人员为了解决局部气压盾构的漏气问题，经过反复探索后的结果，即在局部气压盾构的密封舱内注入泥水，利用泥水的压力来稳定开挖面土体，从而不再需要压缩空气，这就从根本上解决了漏气问题。由于采用了泥水技术，盾构掘进时开挖下来的渣土与泥水混合在一起，可以由管道送往地面处理，这就解决了连续出土的难题。送到地面的泥水经处理后可以将一部分合格的泥水返回密封舱重新使用，其余的则作为弃土运走。可见，泥水加压盾构的优点是既能抵抗掘进工作面的水土压力，又无压缩空气的泄漏问题，因而对地表沉陷的控制能力大为增强；弃土采用管道输送，安全可靠，效率高。缺点是配套设备较多，施工费用和设备投资较高。

　　由于泥水舱的存在，使得无论是在推进阶段还是在衬砌拼装阶段，开挖面都始终保持着一层泥膜，当切削刀盘将旧的泥膜削掉后，新的泥膜就会很快形成，周而复始，这层泥膜始终保持着开挖面的稳定。

　　泥水加压盾构的工艺流程为：施工准备（包括泥水系统、同步注浆、中央控制室等设备安装）→盾构就位、调试→系统总调试→盾构推离拼装工作井→盾构推进、同步注浆（施工参数的采集与调整）→管片拼装→隧道区段掘进完成，盾构进入工作井→拆除盾构、车架及其他设备→竣工。

　　泥水加压盾构设置了掘进管理系统、泥水输送系统以及泥水分离和同步注浆系统，能及时反映盾构开挖面的水压、送泥流量、排泥流量、送泥密度、排泥密度、千斤顶顶力和行程、刀盘扭矩、盾构姿态、注浆量和压力等参数。

　　上海延安东路南线隧道工程采用了 $\phi 11.22$ m 泥水加压盾构施工，穿越地段分布有防汛墙、地下人行道、厂房和高层等多种建筑，盾构掘进对周围地层影响很小，地面沉降量小于 20 mm，平均掘进速度为 6 m/d，最高速度达到 12 m/d。

　　（4）土压平衡式盾构

　　20 世纪 70 年代中期，日本在泥水加压盾构法基础上研制开发出了土压平衡盾构，并得到了广泛的应用。土压平衡盾构也称泥土加压式盾构，它的基本构成如图 7－8 所示。在盾构切削刀盘和支承环之间有一密封舱，称为"土压平衡舱"，在平衡舱后隔板的中间装有一台长筒形螺旋输送器，进土口设在密封舱内的中心或下部。用刀盘切削下来的土充填整个平衡舱，使其达到一定的密度，以保持足够的压力去平衡开挖面的土压力，这就是所谓的土压平衡作用。平衡舱内的土压主要是由螺旋输送器的出土量来控制的，出土量多则平衡土压下降，反之则上升，同时还要密切配合刀盘的切削速度和千斤顶的顶进速度，使平衡舱内始终充满泥土而不致挤得过密或过松，这样就可以达到稳定开挖面的效果。

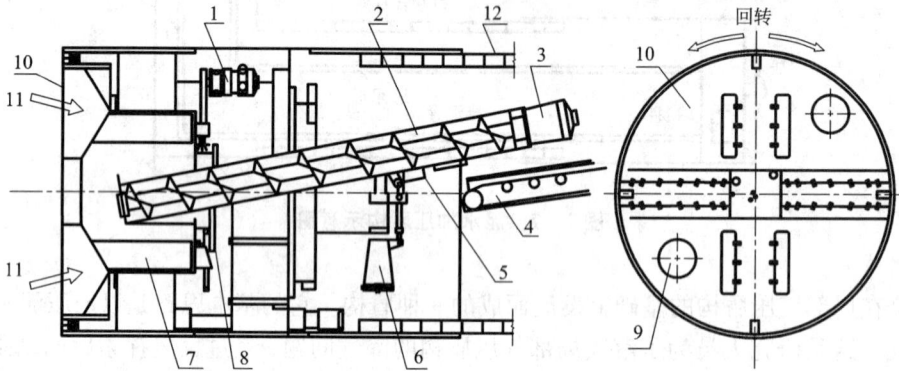

图7－8　土压平衡盾构示意图

1—刀盘油马达；2—螺旋运输机；3—螺旋运输机马达；4—皮带运输机；5—闸门千斤顶；6—管片拼装器；
7—刀盘支架；8—隔板；9—排障用出入口；10—刀盘；11—泥土进入盾构；12—管片

　　土压平衡式盾构既避免了局部气压盾构漏气的缺点，又省去了泥水加压盾构的泥水输送和地面处理设备，已广泛应用于地下铁道的施工中。

　　但值得指出的是，像泥水加压盾构与土压平衡盾构这类机械式盾构，由于全断面切削刀盘的存在，使得在遇到较大直径的砾石时，处理会存在一定的困难。

　　6. 特殊盾构

　　由于圆形隧道的断面空间利用率低，为弥补这一缺陷，又相继出现了多种非圆形的特殊盾构，又称异形盾构。日本在20世纪80年代开发应用了矩形盾构，在90年代开发应用了任意截面盾构和多圆盾构，并用这些盾构完成了多条人行隧道、公路隧道、铁路隧道、地铁隧道、排水隧道、市政共同沟隧道等，使异形盾构技术日益成熟，异形断面隧道工程日益增多。

　　上海隧道股份公司于1995年开始研究矩形隧道技术，1996年研制1台2.5 m×2.5 m可变网格矩形顶管掘进机，修建了60 m长的矩形隧道，解决了推进轴线控制、纠偏技术、沉降控制、隧道结构等技术难题。1999年5月，上海地铁2号线陆家嘴车站过街人行地道采用1台3.8 m×3.8 m组合刀盘矩形顶管掘进机施工，掘进距离124 m。其后，上海又开展了对双圆隧道和多圆隧道掘进工程的可行性研究，进行了双圆隧道结构的模拟试验，为我国异形隧道的发展做了技术储备工作。近年来，大断面矩形盾构机也在我国开始得到应用，郑州中州大道施工中采用了世界最大断面的矩形盾构机，其断面为10.12 m×7.27 m。

　　（1）MF盾构

　　MF（Multi Face）盾构是由2个或3个圆形断面组合而成，主要用于地铁车站。图7－9所示为两例MF盾构工程实例。其中，双圆断面的开挖总宽度为12.19 m，单圆直径为 ϕ7.42

m，施工长度为 619 m。三圆断面的开挖宽度为 17.44 m，中间圆的直径为 ϕ8.85 m，两侧圆直径各为 ϕ8.14 m，施工长度为 275 m。

图 7 – 9　MF 盾构

MF 盾构法的特点：

①MF 盾构隧道基本结构形式为圆形，所以它基本保持了圆形断面的力学特性；

②隧道可由多个小型圆断面叠合形成，断面利用率高；

③根据土质情况、施工条件以及对周围环境影响的需要，采用泥水加压盾构或土压盾构；

④盾构由几个独立控制的圆形断面组成，可根据不同地质条件进行土体开挖管理。

（2）偏心多轴盾构

偏心多轴盾构采用多根主轴，垂直于主轴方向固定一组曲柄轴，在曲柄轴上再安装刀架。运转主轴刀架将在同一平面内作圆弧运动，刀架的形状决定了被开挖面的形状，如图 7 – 10、图 7 – 11 所示。因此，可根据隧道断面形状要求来设计刀架的形状，可以是矩形、圆形、椭圆形或马蹄形。

偏心多轴盾构特点：

①可根据需要通过设计刀架形状来开挖任意断面的隧道；

②因采用多个转动轴同时驱动刀架，所以盾构掘进机具有紧凑、易装、易拆、易运等特点，适用于大断面隧道开挖；

③刀架转动半径小，所需驱动扭矩较小，刀具的行走距离也小。从刀片的磨损角度上来说，比一般盾构至少可多开挖 3 倍以上的距离，适合于长距离隧道的开挖；

④刀架驱动装置小，盾构掘进机内施工操作空间大，可根据需要在盾构掘进机内配置土体改良设备，向整个隧道断面的任何位置进行土体改良，适合于曲率半径小、隧道间隔小、

(a)圆形断面 　　　　(b)矩形断面

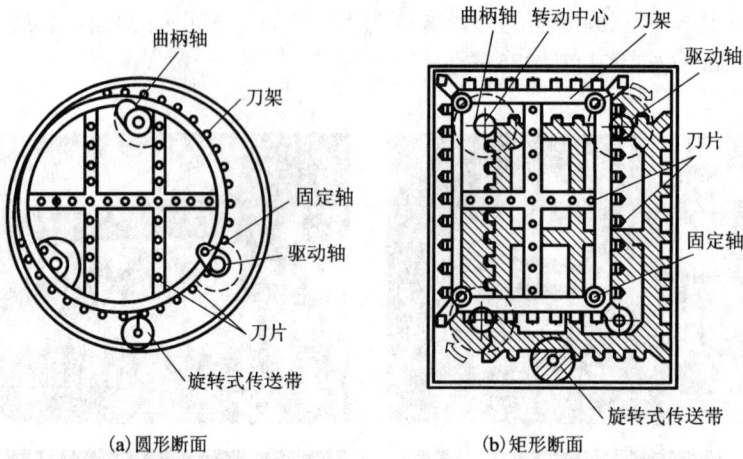

图 7 – 10　偏心多轴盾构的刀架示意图

(a)矩形：高10.12 m，宽7.27 m 　　　　(b)圆形：φ7.15 m

图 7 – 11　偏心多轴盾构图片

土质差等条件下的施工。

（3）自由断面盾构

如图 7 – 12、图 7 – 13 所示，自由断面盾构是在一个普通圆形盾构主刀盘的外侧设置数个规模比主刀盘小的行星刀盘，随着主刀盘的旋转，行星刀盘在外围作自转，同时绕主刀盘作公转。行星刀盘公转的轨道由行星刀盘扇动臂的扇动角度确定，通过对行星刀盘扇动臂的调节可开挖各种非圆形断面的隧道，如矩形、圆形、马蹄形等。

自由断面盾构的特点：

①可开挖多种非圆形断面隧道；

②隧道断面的最大纵横尺寸之比为：

椭圆形 1.5∶1，矩形 1.2∶1，马蹄形 1.35∶1；

③扇动臂采用计算机自动控制。

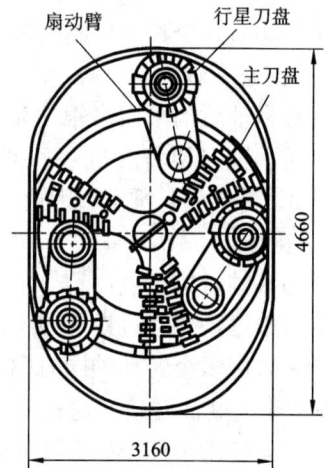

图 7 – 12　自由断面盾构刀盘示意图

图 7 – 13　自由断面盾构图片

7.2.5　盾构的选型

所谓盾构选型就是指采用何种盾构来施工。盾构选型是否合理直接关系到地铁隧道的顺利施工,选型不当会导致施工停顿、地表变形过大、工程造价严重超支等不良后果,所以必须认真对待。应该认识到,选型的过程是技术性与经济性等条件综合评判的过程,盾构越复杂、操作要求就越高、造价也会越高;反之,盾构简单、制造使用方便,造价也就低。选型的目的就是要选出既安全可靠,又能保证合理进度与造价的盾构。

在地铁盾构选型时,要考虑的因素可分为两类,一是工程地质与水文地质条件,二是工期、造价、环境等综合条件。

1. 地质条件

所选的盾构必须能适用地质条件。简而言之,砂质土类自立性能较差的地层,应尽量使用闭胸式盾构;地下水较丰富且透水性较好的砂质土,应优先考虑泥水加压盾构;对黏性土,可首先考虑土压平衡盾构;砂砾和软岩等强度较高的地层,因自立性能较好,应考虑开胸式盾构。对于地下水条件,若其压力值较高(大于 1.0 MPa),应优先考虑闭胸式盾构,条件许可时,当然也可结合降水措施,而考虑其他类型的盾构。

地质条件是影响开挖面稳定的最关键因素,而如果开挖面不能稳定,则施工失败,必须换其他盾构,或其他施工方法,造成的代价是巨大的。

图 7 – 14 可供按地质条件选型时参考。

2. 综合条件

(1)工期条件

开胸式盾构使用人工较多,机械化程度低,施工进度慢。在工期紧张的条件下,可以考虑改选机械式盾构。

(2)造价条件

一般而言,开胸式盾构的造价比闭胸式盾构低,主要原因是闭胸式盾构有复杂的后配套系统。在地质条件许可的前提下,从降低造价的角度考虑,宜优先选用开胸式盾构。

(3)环境条件

城市地铁施工必须控制地表变形,一般要求地表的变形范围为 - 30 mm ~ + 10,而闭胸

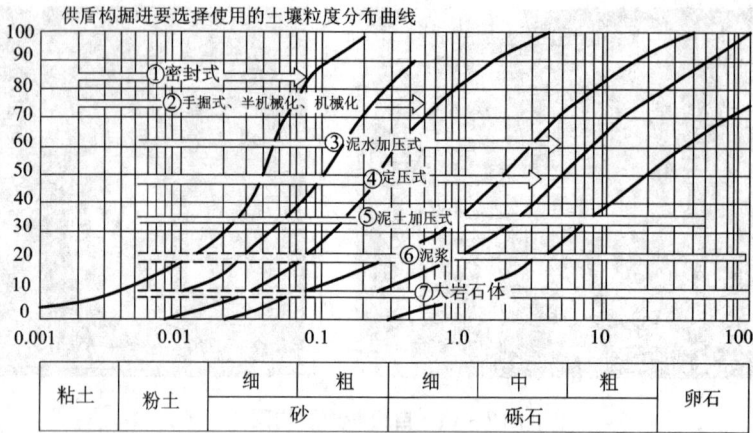

图 7 – 14　不同地质条件下的盾构选型

式盾构在这一点上要优于开胸式盾构。

（4）地面空间条件

泥水加压盾构必须配套大型的泥浆处理和循环系统，因而需要较大的地面空间作为泥浆处理场地，这在选型时是需要认真考虑的。如不具备这一条件，则改选其他盾构，如土压平衡盾构等。

（5）线路条件

若隧道转弯半径太小，就应考虑使用中间铰接的盾构，例如直径 6 m 的盾构，其长度有 6 ~ 7 m，如将其分为前后铰接的两段，显然可以增加它的转弯灵活性。

盾构选型流程参如图 7 – 15 所示。

7.3　盾构隧道衬砌结构类型与设计

7.3.1　盾构隧道衬砌类型及特点

盾构法隧道的衬砌可以是单层，也可以是双层，单层衬砌由装配式衬砌构成，也可以采用挤压混凝土衬砌，但目前大多采用的是装配式衬砌。二次衬砌均采用现浇混凝土，主要用来加强管片防水、防锈的能力，以及达到光滑内表面、减少通风阻力的效果，同时还能提高结构的刚度、降低列车行驶振动。

1. 单层衬砌

（1）装配式衬砌

圆形隧道的装配式衬砌（通称管片）材料有钢筋混凝土、铸铁、钢材等。钢衬砌和铸铁衬砌重量轻、强度高、防水效果好，但因其制造复杂、造价高昂，仅在受力复杂的缺口圆环等部位才使用，在我国地铁建设中，一般情况下是不采用的，故不作介绍。钢筋混凝土管片只要使用高精度钢模板就可保证所需的工程精度，具有制作方便、刚度大、耐久性和耐压性好、造价不高等特点，故为广泛采用，有箱形管片和板形管片两种类型，这两种管片的主要区别

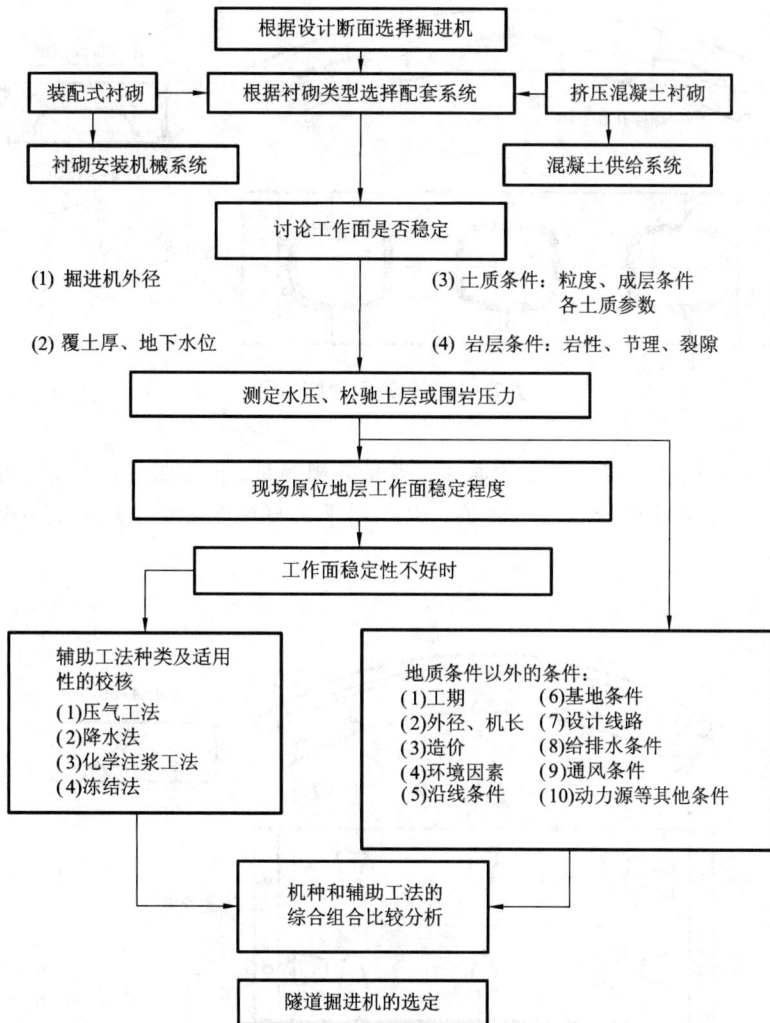

根据设计断面选择掘进机

装配式衬砌 → 根据衬砌类型选择配套系统 ← 挤压混凝土衬砌

衬砌安装机械系统　　　　　　　　　　混凝土供给系统

讨论工作面是否稳定

(1) 掘进机外径　　　　　　　　(3) 土质条件：粒度、成层条件
　　　　　　　　　　　　　　　　　　　　各土质参数

(2) 覆土厚、地下水位　　　　　(4) 岩层条件：岩性、节理、裂隙

测定水压、松驰土层或围岩压力

现场原位地层工作面稳定程度

工作面稳定性不好时

辅助工法种类及适用
性的校核
(1)压气工法
(2)降水法
(3)化学注浆工法
(4)冻结法

地质条件以外的条件：
(1)工期　　　　(6)基地条件
(2)外径、机长　(7)设计线路
(3)造价　　　　(8)给排水条件
(4)环境因素　　(9)通风条件
(5)沿线条件　　(10)动力源等其他条件

机种和辅助工法的
综合组合比较分析

隧道掘进机的选定

图 7 - 15　盾构选型流程图

在于手孔的大小不同。

1）箱形管片

如图 7 - 16 所示，箱形管片主要用于大直径的隧道。为了使管片与管片之间进行连接，在管片的环向和纵向都设有螺栓孔，为了便于穿螺栓，必须在管片上设置工作手孔。箱形管片的特点是手孔较大，呈空腔状。由于空腔较大，故可采用直螺栓连接。这种管片的优点是：方便螺栓的连接操作；节省混凝土材料；在等量材料的条件下，箱形管片比板形管片的抗弯刚度要大。缺点是：因空腔背部的衬砌厚度有限，在盾构千斤顶的压力作用下，有可能使管片混凝土剥落，甚至压碎；由于空腔的存在，需要将管片设计得较厚，因而使得开挖断面加大，对节省造价不利。

2）板形管片

板形管片呈弯曲的板状，它的手孔较小，如图 7 - 17 所示。这种管片的优点是：由于没有大的空腔，基本上是实心结构，故能承受盾构千斤顶的较大压力；其内表面比箱形管片平

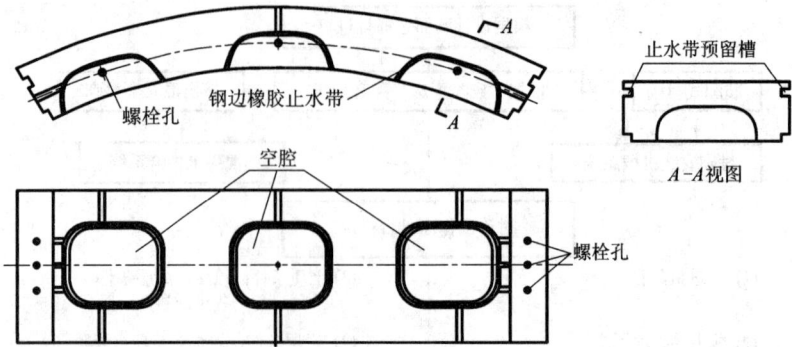

图7-16 箱形管片结构图

整、光滑，通风阻力较小，有利于运营通风；当厚度相等时，板形管片的抗弯刚度及强度均大于箱形管片；它既能用于中小直径的隧道，也能用于大直径的隧道。缺点是：必须采用弯螺栓，施工操作不方便。

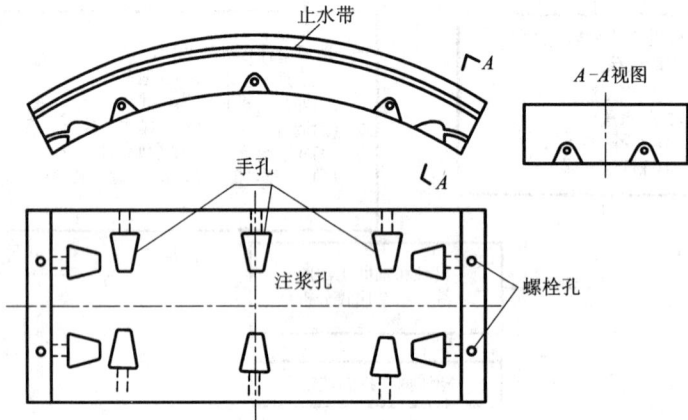

图7-17 板形管片结构图

3）复合管片

复合管片衬砌常用于普通隧道的特殊区段，如隧道与工作井的交界处、旁通道连接处，以及有特殊要求的区段（如泵房）等。它的外部弧面采用钢板焊接成为钢壳，在钢壳内部用钢筋混凝土浇灌而成，形成由钢板和钢筋混凝土复合而成的管片。它的优点是强度大于钢筋混凝土管片，抗渗性特别好，抗压性与韧性比铸铁管片高。缺点是耐腐蚀性差，造价也较高，如无特殊要求时，不宜大量采用。

4）铸铁管片

有灰口铸铁和球墨铸铁二种铸铁管片。多数采用以镁作为球化剂的球墨铸铁管片。这种管片重量轻、耐腐蚀性好、材质均匀、强度高、机械加工后的精度也高、接头刚度大、拼装准确，因此防水效果也好。但是造价非常高，因此只限于用在建筑物下面需要高强度管片的部位或盾构法施工的车站、通风口、泵站等特殊位置。

（2）挤压混凝土衬砌

用挤压混凝土衬砌代替预制管片是盾构法隧道的一种重要支护形式，如图 7 - 18 所示。这种衬砌在苏联等东欧国家应用较早，目前许多国家都在逐渐推广使用，近年来在我国也开始了研究与应用。

其主要工艺是：拌制混凝土由输送管道直接注入盾构尾部，当混凝土注满模板与盾尾之间的空间以后，盾构千斤顶尾端顶住挤压环，随着盾构的向前推进，挤压环开始挤压混凝土，使之密实成为衬砌。

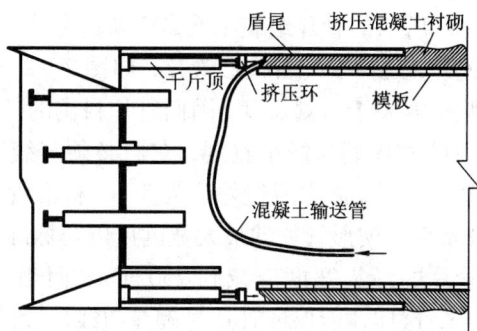

图 7 - 18　挤压混凝土衬砌施工示意图

作用在挤压混凝土上的盾构挤压力一般不超过 1.5 MPa。盾构在推进过程中不产生建筑空隙，因空隙已由注入的混凝土直接填充，因此地表沉降很小。为了加强混凝土的强度及提高韧性，往往在混凝土中加入钢纤维。

它的主要特点是：自动化程度高，施工速度快；衬砌质量好，其整体性能、防水性能都比较理想；能有效地充填盾尾间隙，防止地表沉陷；造价较低；可以方便地采用钢纤维混凝土，以提高衬砌的抗裂性能。但对衬砌钢模板的防渗性和刚度都有较高的要求。

2. 双层衬砌

双层衬砌即采用两层衬砌，设置第二层衬砌的目的，一是为了更有效地防止渗漏水；二是为了加大结构刚度，减少列车振动和噪音。目前，双层衬砌已逐渐在减少，这是因为随着高效接头防水材料的推广使用，单层衬砌的防水能力已得到很大的提高。至于列车的振动和噪音，可以采用其他更经济的方法来处理，这样就可以节省二次衬砌的开挖断面积而降低造价。

7.3.2　管片的分块与拼装

（1）管片的分块

装配式衬砌的管片有三种基本形状，它们是标准块（A 型）、邻接块（B 型）和封顶块（K 型）。标准块的尺寸是固定的，与封顶块相邻的邻接块的大小与标准块接近，但必须满足与封顶块衔接的形状要求，而封顶块较小，一般为楔形块，大小约为标准块的 1/3，如图 7 - 19 所示。

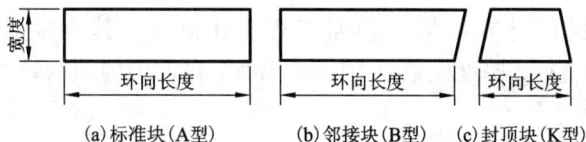

（a）标准块（A型）　　　（b）邻接块（B型）　　（c）封顶块（K型）

图 7 - 19　管片（平面）基本形状图

整个圆环的环向分块数目的多少应根据隧道的直径大小、管片制作与运输的条件、拼装机械的抓举能力等因素来综合确定。一般情况下，小断面分 4 块，大断面分 8 块，而地铁隧道圆环常用的分块数是 7 块(4A + 2B + K)或 6 块(3A + 2B + K)，上海和广州地铁均为 6 块，图 7 – 20 所示的管片组装图就是 7 块的分法。

此外，还需要配备楔形管片，如图 7 – 21 所示，用于盾构隧道的转弯。当转弯时，隧道的外侧长度大于内侧长度，因而管片衬砌的外侧宽度大于内侧宽度，反映到楔形管片上就有所谓的最大宽度与最小宽度，它们必须与线路曲线的情况相适应，以便让管片衬砌顺利转弯。举例来说，假定隧道外径为 5 m，标准管片沿隧道纵向的宽度为 900 mm，当弯道半径 R =250 m 时，楔形管片的最大宽度可以与标准管片宽度相同，也为 900 mm；当 R = 150 m 时，楔形管片的最大宽度应减到 750 mm；而当 $R \le 100$ m 时，楔形管片的最大宽度应缩小到 450 mm，这样才能保证管片衬砌在曲线地段的顺利过渡。此外，因为在一环管片衬砌中有三种管片，它们各自的楔形尺寸与其所在的位置有关，必须事先设计好。

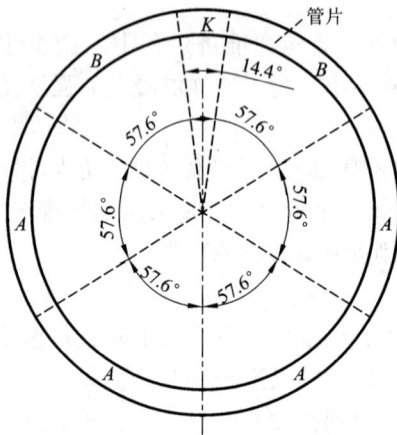

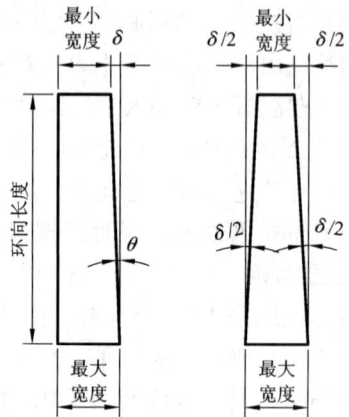

图 7 – 20　管片组装图　　　　　　　图 7 – 21　楔形管片(平面)示意图

楔形管片的楔形量 δ、楔形角 θ 由标准管片的宽度、隧道的外径、线路曲线的半径等因素确定。

盾构前进过程中会出现偏离线路中线的情况，此时就需要纠偏，也要用到楔形块，楔形块的形状视具体偏转情况而定。

就制作、运输、拼装及小半径曲线隧道施工等的要求而言，希望管片的宽度要小，而从减少管片连接件、提高施工速度、降低隧道工程费用而言，希望管片宽度要大。实际工程中应对各条件综合分析后再决定管片的宽度。早期地铁管片的宽度范围在 900 ~ 1200 mm 之间为多，近年来管片厚度有增大的趋势，目前一般为 1200 ~ 1500 mm。

管片的厚度应以结构计算结果并参照工程类比确定，其厚度的取值范围为 0.04 ~ 0.06D，D 是隧道的外直径，厚度模数以 50 mm 为宜，目前国内地铁管片的厚度一般为 300 ~ 350 mm。

(2)管片的拼装方式

圆形管片衬砌的拼装有两种方式，即错缝方式和通缝方式。

错缝拼装方式是使相邻衬砌圆环的纵缝错开管片长度的 1/2 ~ 1/3，如图 7 – 22、图 7 – 23 所示。错缝拼装的衬砌整体性好，能使圆环接缝刚度均匀分布，结构受力状态较优；此外，由于错缝呈丁字形，比通缝的十字形，在防水上更为有利。当管片环面不平整时，容易引起较大的拼装施工应力，使得纵向螺栓的连接有困难，但环向螺栓比较容易安装。一般地铁区间隧道都采用错缝式拼装。

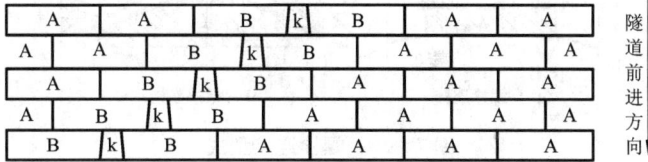

图 7-22　管片拼装平面示意图
A—标准块；B—邻接块；k—封顶块

通缝拼装方式是使管片的纵缝对齐。它拼装方便，容易定位，衬砌圆环的拼装施工应力较小。但因通缝沿隧道纵向贯穿，使得衬砌整体性受影响，结构受力状态不如错缝方式。而且环面不平整的误差容易积累，导致环向螺栓不太容易穿，但纵向螺栓比较容易穿。主要是用在某些特殊场合，如在隧道的某一段，以后需要拆除管片修建旁侧通道时，则采用通缝方式较为方便。在弯道时，为方便楔形块的统一制作，也可考虑采用通缝方式。

衬砌拼装方法按拼装顺序，又可分为先环后纵和先纵后环两种。先环后纵法是先将管片拼成圆环然后用盾构千斤顶将衬砌圆环纵向顶紧。这种方式在拼装时须使千斤顶活塞杆全部缩回，以腾出整个新段的拼装空间，因而极易产生盾构后退，故不宜采用。先纵后环法是将管片逐块先与上一环管片拼接好，最后封顶成环。这种拼装顺序，可轮流缩回和伸出千斤顶活塞杆以防止盾构后退，减少开挖面土体的走动，因而是拼装中采用的主要方式。

图 7-23　现场完成的板形管片衬砌

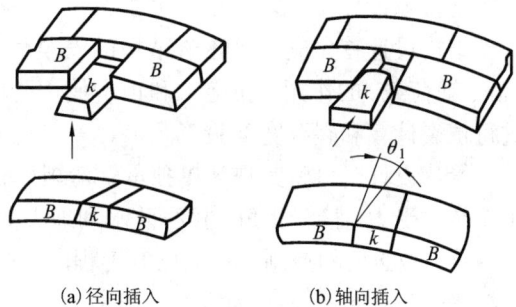

(a)径向插入　　(b)轴向插入

图 7-24　封顶块的拼装方式

封顶块的拼装方式如图 7-24 所示，有径向楔入和轴向楔入两种。径向楔入时，封顶块的两个径向边必须呈内八字形，受载后有向下滑动的趋势，受力不利；采用轴向插入时，封顶块不易向内滑动，受力较好，但在拼装封顶块时，需加长千斤顶行程。

(3)管片螺栓的接头形式

管片通过环向接头与纵向接头连接在一起，基本的接头形式有直螺栓接头和弯螺栓接头，如图 7-25 所示。通常环向接头需作设计计算，纵向接头省略计算，只作构造处理。

①直螺栓接头

直螺栓接头是最普通的接头形式，它的衔接效果好，操作方便，主要用于箱形管片的纵、环向连接，也可用于板形管片的纵向连接，但需要较大的手孔。

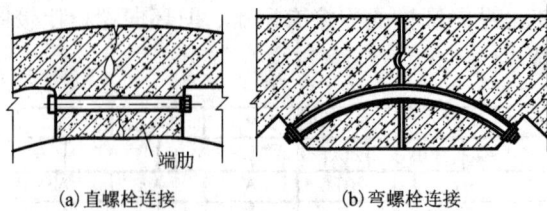

(a) 直螺栓连接   (b) 弯螺栓连接

图 7 – 25   螺栓连接型式

②弯螺栓接头

用于板形管片的环向连接。在管片上预留出供弯螺栓穿过的弓形孔道，手孔应适当配筋加强。弯螺栓穿过弓形孔道与相邻管片连接。这是一种较为经济的接头形式，在我国地铁工程中使用较多，但与直螺栓接头相比，操作上要麻烦一些。

由于接头部位的正、负弯矩差异，特别是钢筋混凝土管片的接头螺栓偏于圆环的内侧（因手孔靠内侧），使得接头螺栓承受负弯矩的能力远远小于承受正弯矩的能力，同时还由于一些因素，如螺栓孔的止水密封圈、接头端面的摩擦系数等的影响还难以确定，故目前要精确地设计接头还存在一定困难，还需要依据实际经验和实验数据来修正计算结果。

7.3.3   盾构管片衬砌结构设计与计算

1. 设计原则与流程

盾构法隧道宜采用荷载结构模型和地层结构模型进行结构计算，前者用于常规设计，后者用于特殊设计。

结构设计首先应确保隧道结构的安全性，即能够承受从开工到竣工后的长期使用荷载（静、动荷载）的作用，在施工和正常使用阶段，进行结构强度的计算，对于混凝土结构，应进行抗裂计算和裂缝宽度验算。

管片设计时可将其视为单独承受弯矩、轴力及剪力的曲梁来处理。圆形衬砌环变形的大小对结构受力、接缝张角、接缝防水和地表变形等均有影响，设计时需对衬砌结构的变形进行验算，做必要的控制。根据已有工程的实际经验，控制衬砌环的直径变形在 $(4‰ \sim 6‰)D$、纵缝张开量在 $1 \sim 2$ mm 为宜。

管片结构尺寸主要根据隧道的横断面进行设计，特殊情况下需要根据地震及地基沉降的影响等来研究隧道纵断面结构的合理性。

2. 管片衬砌横断面内力计算

盾构管片衬砌的特点在于接头的存在，对管片接头的不同力学处理方法导致了不同的内力计算模型。目前，单圆盾构隧道衬砌有以下几种主要的管片环结构计算模型和方法。

（1）均质圆环模型

均质圆环模型是将管片衬砌圆环视作弹性匀质圆环进行分析，惯用法和修正惯用法均采用此种模型。

惯用法不考虑接头的柔性特征，将其作为混凝土截面进行计算，对均质圆环没进行刚度折减，即没考虑接头对整体刚度的折减和对局部弯矩的分配作用。梁体与地层相互作用基于 Winkler 理论。

　　修正惯用法采用小于 1 的刚度有效系数 η 来体现环向接头对整环刚度的影响, 不具体考虑接头的位置, 仅降低衬砌圆环的整体抗弯刚度, 当采用错缝拼装方式时, 由于环与环间的刚度不一和接头咬合作用, 出现了弯矩传递现象(图 7 – 26), 混凝土管片处出现了附加弯矩, 在设计中又采用弯矩增大系数 ξ 来考虑, 即用于管片设计的弯矩为 $(1+\xi)M$, 用于接头设计的弯矩为 $(1-\xi)M$, 而设计的轴力值仍为计算轴力值 N, 当采用通缝拼装方式时, $\xi=0$。

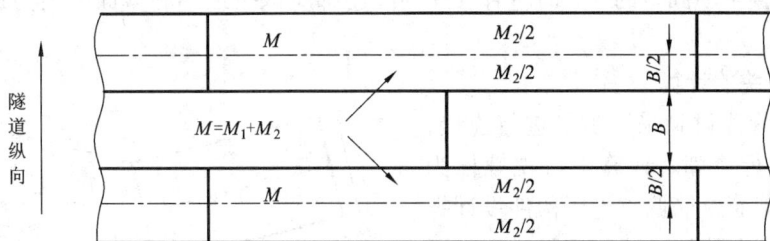

图 7 – 26　修正惯用法中环间接头弯矩传递示意图

　　对于错缝拼装, 按经验, η 一般取 $0.7 \sim 0.8$, 相应的附加弯矩增大系数 ξ 一般取 $0.2 \sim 0.5$。而对于通缝拼装时, η 一般取 $0.6 \sim 0.7$, 相应的附加弯矩增大系数 ξ 取 0。早期由于计算手段的限制一般较多地采用这种模型, 目前已经逐渐被梁—弹簧模型代替, 采用匀质圆环模式的计算结果可为接头刚度计算提供初步的内力参数, 并对进一步精确分析的计算结果进行检验。

　　均质圆环模型具体计算可将管片离散为梁单元, 按第 3 章的矩阵位移法进行计算分析。

　　(2) 多铰圆环模型

　　多铰圆环模型刚好和均质圆环模型相反, 它将接头视为铰连接, 其抗弯刚度为 0。这类模型比较适合于无螺栓连接的由砌块组成的衬砌环, 这种衬砌坏只有在良好地基中, 依赖于周围地层的反力才能形成稳定的结构, 这在具有围压且地层条件较好, 拼装完成后拆除接头螺栓的欧洲盾构(或 TBM)隧道中使用较多, 在装配式管片环计算中采用这种模型计算将使变形量偏大, 而截面内力偏小。

　　(3) 梁 – 弹簧模型

　　梁 – 弹簧模型是介于上述两种模型之间的一种方法, 它是在使用曲梁或直梁单元模拟管片的同时, 也具体考虑接头位置和接头刚度的一种计算模型(图 7 – 27), 该模型采用接头抗弯刚度 K_θ 来体现环向接头的实际抗弯刚度。当采用通缝式拼装时, 在理想情况下各环的受力情况相同, 采用 1 环进行分析即可; 当采用错缝式拼装时, 因纵向接头将引起衬砌圆环间的相互咬合或位移协调作用, 此时根据错缝拼装方式, 除考虑计算对象的衬砌圆环外, 还需将对其有影响的前后衬砌圆环也作为计算对象, 采用空间结构模型进行分析, 并用径向抗剪刚度 K_r 和切向抗剪刚度 K_t 来体现纵向接头的环间传力效果。由变形引起的地层被动抗力则通过径向和切向的"地层弹簧"进行模拟。这种模型的关键是如何合理

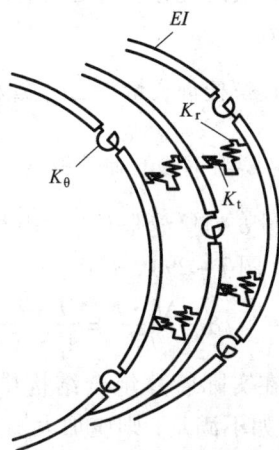

图 7 – 27　梁 – 弹簧模型

的确定各种弹簧系数,目前多依赖于接头受力试验来确定。

此外,国内外学者在以上模型的基础上,又提出了梁—接头模型,壳—弹簧模型等多种计算模型,并在实践中进行了应用和完善。

由以上方法计算出的力,判断出最不利截面(偏心最大处一般为最不利),然后用这一截面上的内力按极限状态法进行矩形截面对称双筋结构配筋。由于管片基本上都是错缝拼装,各种管片的位置是不固定的,因而所有管片的配筋都应该按最不利截面的内力进行,即各管片的配筋相同。

3. 螺栓接头的计算

盾构隧道管片衬砌采用螺栓进行连接,需对其强度进行检算。计算中可视螺栓为钢筋,按矩形截面单筋偏心受压构件设计螺栓的直径和个数(图7-28)。仍然应取最不利截面的内力计算,计算方法如下:

(1)螺栓强度条件

设 $T_允$ 为螺栓的设计允许拉力,T 为螺栓实际承受的拉力,$R_拉$ 为螺栓钢筋的设计抗拉强度,A_g 为螺栓钢筋截面积,则有

$$T_允 = A_g \times R_拉 \tag{7-6}$$

取两管片内缘接触点的合力矩为0的静力平衡条件,即 $\sum M = 0$,有

$$T = \frac{N(h/2 + e)}{h/2 - b} \tag{7-7}$$

式中:e 为轴力偏心距,b 为螺栓至管片轴线的距离。

由 $T_允 \geqslant T$,得

$$A_g \geqslant \frac{T}{R_拉} = \frac{N(h/2 + e)}{(h/2 - b) R_拉} \tag{7-8}$$

(2)接缝张开量条件

钢筋的配置应满足接缝张开量条件,否则张开量过大,会导致橡胶止水带松弛、不密实而失效。

设螺栓伸长量为 ΔL,螺栓长度为 L,由 $\varepsilon = \dfrac{\sigma}{E} = \dfrac{\Delta L}{L}$,有 $\Delta L = \dfrac{\sigma L}{E}$。

其中:E 为钢筋的弹性模量,A_g 为螺栓截面积,$\sigma = \dfrac{T}{A_g}$。

设 δ 为接缝张开量,由相似比 $h_3/h = \Delta L/\delta$(图7-29),有:

$$\delta = \frac{\Delta L \cdot h}{h_3} = \frac{T \cdot L \cdot h}{A_g \cdot E \cdot h_3} \quad (7-9)$$

在实际管片组合结构中,应有 $\delta \leqslant 3$ mm,如不满足,则应加大螺栓截面积,重新检验。

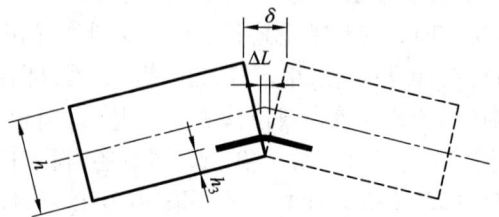

图7-29 管片接缝张开量计算

4. 抗浮验算

在地下水的作用下,盾构需考虑抗浮,否则,在推进时由于浮力的作用,盾构会发生"上

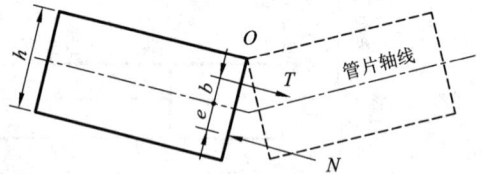

飘"。验算能否抗浮的方法是：取 1 m 环段隧道衬砌结构，视其为封闭体，则浮力 F＝体积 V ×水容重 γ（即：浮力等于物体体积排开的水的重量）。抗浮力 W＝1 m 环段衬砌结构自重 + 上覆地层压土重。

抗浮安全系数 K＝W/F，一般取 $K \geqslant 1.5$。

7.4　盾构法施工

7.4.1　盾构法隧道施工过程

1. 盾构掘进的主要施工步骤

盾构法隧道施工主要由开挖面的平衡、挖掘及出渣、衬砌及其壁后注浆三大要素组成。其主要施工步骤为：

①在隧道的起始端和到达端各建一个工作井，起始端为盾构始发井，到达端为盾构接收井；

②盾构机在始发井内安装就位；

③依靠盾构机上安装的千斤顶将盾构从始发井的开孔处推出，千斤顶的反力施加在已拼装好的衬砌环和始发井后壁上；

④盾构机在地层中沿着设计轴线推进，在推进的同时不断出土和拼装衬砌管片；

⑤及时向衬砌背后的空隙注浆，防止地层发生过大的变形并固定衬砌管片；

⑥盾构机进入接收井后被拆卸或调头，也可过站再向前推进。

2. 施工准备

考虑到运输和起吊设备的能力，通常都是将盾构拆成三节，即切口环、支承环和盾尾运往工地，然后在工作井内拼装就绪，经运转调试后，拆除进洞口的封板，将盾构推出，开始掘进，图 7 - 30 是现场在工作井中拼装盾构的情况。

因此，盾构机掘进前，必须先在地下建造一个足够大的空间来满足拼装盾构机、附属设备和后续车架以及出土、运料、测量投点等工作，叫做始发井。盾构隧道施工结束后，同样需要一个足够大的地下空间用来拆卸盾构机，这样的一个空间叫做接收井。盾构工作井的平面形状多数为矩形的，净空尺寸要根据盾构直径、长度、需要同时拼装的盾构机数目及运营功能而定。根据实践经验，一般盾构始发井(到达井)宽度比盾构机直径大 1.5 ~ 2.0 m，长度比盾构管片长三环以上，深度比隧道底板低 0.7 m 以上。

盾构工作井一般建于隧道轴线上，为方便施工、降低工程造价，多在明挖车站两端头修建。这样既满足区间隧道盾构施工需要，又可作为车站结构的一部分，以充分利用。目前，盾构工作井的围护结构方式与明挖车站一致。工作井常与车站结构一起施工，但这部分结构暂不封顶和覆土，留作盾构施工时的运输井。

在盾构工作井内的端墙上应预留出盾构机通过的开口结构，又称为洞门(包括开口及封门)，如图 7 - 31 所示。封门主要起挡土和防止渗漏的作用，一旦盾构机安装调试结束，盾构刀盘抵住端墙，要求封门能尽快拆除或打开。封门材料的选择应根据工作井周围的地质条件、水文条件综合考虑。若封门材料强度低，抗渗能力差，不能起到挡土止水及保证始发井(到达井)内工作空间的效果；若封门材料太硬，洞周土体加固太高，会造成盾构大刀盘切削困难。目前,常采用现浇钢筋混凝土、钢板桩、预埋 H 型钢、素混凝土、玻璃纤维钢筋混凝土及其他材料封门。

图 7 – 30　工作井中拼装盾构

图 7 – 31　洞门照片

3. 盾构始发流程

盾构始发之前先做好洞门土建工作,如端头加固、洞门破除、安装洞口密封、基座安装及反力架安装等。盾构机在始发井内完成盾构机组装、空载调试。之后,就可以进行盾构向前推进,逐步进入正常工序了,如图 7 – 32 所示。

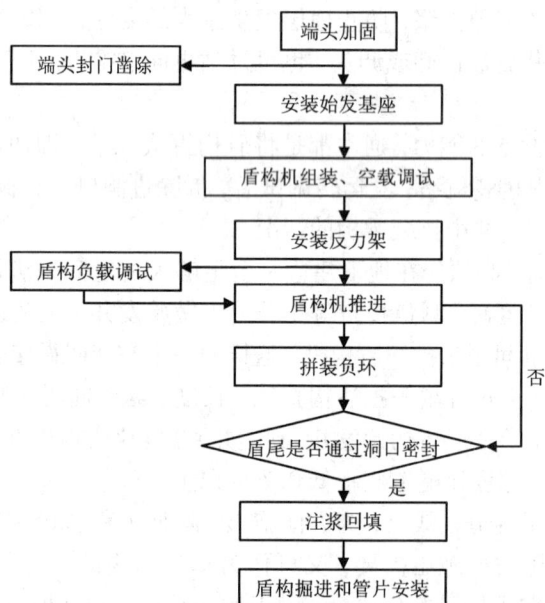

图 7 – 32　盾构始发流程框图

4. 盾构法隧道施工的作业过程

设置选择好各掘进参数,做好盾构掘进准备工作,开始掘进,盾尾进行同步注浆,当达到一个循环的掘进进尺时,即进行管片拼装。同时,洞内渣车出洞,洞外装材料车进洞。当掘进达到一定长度(如 6 m),即跟着掘进向前延伸列车轨道。具体掘进流程如图 7 – 33 所示。

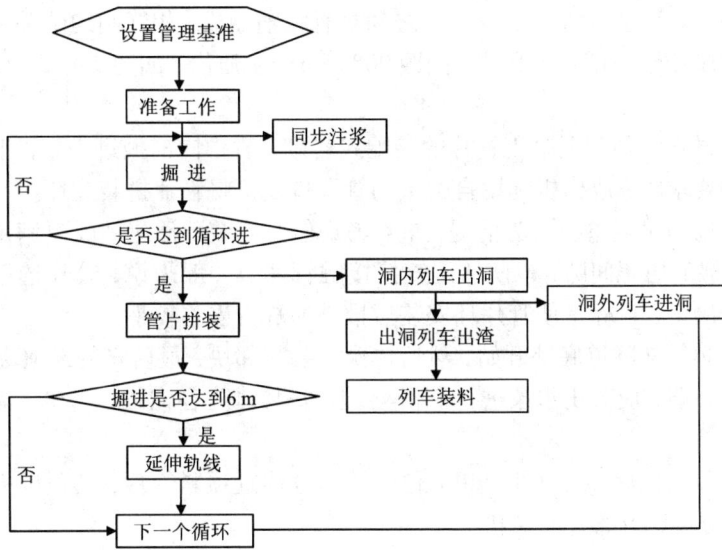

图 7 - 33　盾构施工作业工序流程图

5. 盾构同步注浆

盾构机掘进时，盾尾与拼装好的管片之间存在开挖空隙，如图 7 - 34(a)所示。当盾尾脱出后，土体瞬时失去支撑，将发生向管片方向的位移，形成地层松动、超孔隙水压力降低和近管片区域土体强度下降等现象。若不及时回填该空隙，则势必造成地层变形，进而对邻近的建筑物、构造物产生破坏性的影响。如建筑物的基础倾斜开裂，地中各种管道发生裂口或断裂，地表路面坍塌，交通中断等。

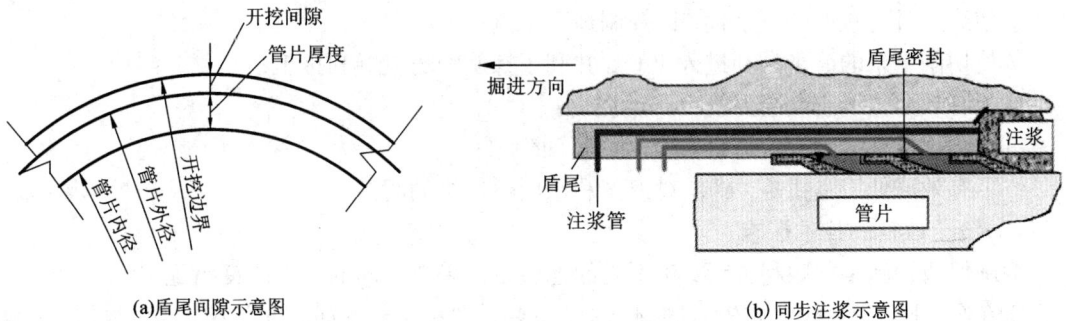

(a)盾尾间隙示意图　　　　　　　　　　(b)同步注浆示意图

图 7 - 34　盾尾同步注浆示意图

盾构一边向前推进，一边不停地向盾尾空隙加压注浆材料(图 7 - 34)。不间断地加压，可使注浆材料在充入建筑空隙后、没有达到土体相同强度前，能保持一定的和土体相当的压力，从而使地面沉降控制在最小的范围。

盾构施工中背后注浆的目的有三点：防止地层变形，提高隧道的抗渗性，确保管片衬砌的早期稳定(外力均匀)。同步注浆的必要条件由填充性、限定范围、

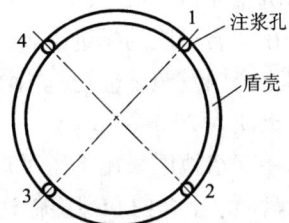

图 7 - 35　盾尾同步注浆孔分布示意图

固结强度(早期强度)三要素组成,这三者之间具有相辅相成、相互制约的关系。一般盾构设备配备的盾尾同步注浆采用4个孔位,间距90°分布于尾盾内,如图7-35所示。

6. 管片拼装

盾构法隧道衬砌为预制混凝土管片的装配式衬砌,盾构向前掘进一定的长度,满足一环管片拼装宽度的要求时,盾构机利用自配备的管片拼装机将管片拼装成环。

①管片选型以满足隧道线形为前提,重点考虑管片安装后盾尾间隙要满足下一掘进循环限值,确保有足够的盾尾间隙,以防盾尾直接接触管片。一般来说,管片选型与安装位置是根据推进指令先决定,目标是使管片环安装后推进油缸行程差较小。

②管片安装必须从隧道底部开始,然后依次安装相邻块,最后安装封顶块。

③封顶块安装前,应对止水条进行润滑处理,安装时先径向插入2/3,调整位置后缓慢纵向顶推。

④管片块安装到位后,及时伸出相应位置的推进油缸顶紧管片,其顶推力应大于稳定管片所需力,然后方可移开管片安装机。

⑤管片拼装完后及时安装连接螺栓,在管片环脱离盾尾后要对管片连接螺栓再次进行紧固。

7. 掘进中的渣土改良

(1)渣土改良的作用

土压平衡盾构所适应的地层为流塑性较好的软土地层,当地层条件不适合时,容易出现渣土离析、结块、排土不畅、刀盘扭矩过大等问题,此时需要必要的渣土改良措施。渣土改良是保证盾构施工安全、顺利、快速的一项重要技术手段,主要作用如下:

①使渣土具有较好的土压平衡效果,有利于稳定开挖面,控制地表沉降;

②使渣土具有较好的止水性,以控制地下水流失;

③使切削下来的渣土顺利进入土仓,并利于螺旋输送机顺利排土;

④可有效防止渣土黏结刀盘而产生泥饼;

⑤可防止或减轻螺旋输送机排土时的喷涌现象;

⑥可有效降低刀盘扭矩,降低对刀具和螺旋输送机的磨损。

(2)渣土改良的技术措施

为确保盾构施工的顺利进行,对不同的地层条件采取不同的渣土改良措施。

①在全、强、中风化泥质砂岩的掘进中,主要是要稳定开挖面,防止刀盘产生泥饼,并降低刀盘扭矩。可采取分别向刀盘面和土仓内注入泡沫的方法进行渣土改良,必要时可向螺旋输送机内注入泡沫。同时,采用滚刀与齿刀混合破岩削土或全齿刀削土、增大刀盘开口率等方法来防止泥饼形成。

②在硬岩地段的掘进主要是要降低对刀具、螺旋输送机的磨损,防止涌水,可采取向刀盘前和土仓内及螺旋输送机内注入膨润土泥浆的方法来改良渣土。泥浆的注入量一般为每立方米渣土注入20%~30%。

③在富水地层采用土压平衡模式掘进时,主要是要防止涌水、防止喷涌、降低刀盘扭矩,可向刀盘面、土仓内和螺旋输送机内注入膨润土,以利于螺旋输送机形成土塞效应,防止喷涌。膨润土添加量应据具体情况确定。

7.4.2　盾构掘进施工参数

影响盾构掘进的主要施工参数有：土仓压力、刀盘扭矩、刀盘转速、推进力、推进速度、螺旋输送机扭矩、泡沫注入率、同步注浆压力、同步注浆量等。掘进参数的选择依据有：地质情况判断；盾构机当前姿态；地面监测结果反馈；盾构机状况。地质情况的判断依据：地质资料及补勘资料；掘进参数变化；渣土状态等。

1.　参数控制流程与方法

盾构的掘进是通过盾构参数的控制实现的。盾构施工的参数类型众多、复杂，如果施工参数选择控制较好，盾构就能顺利进行。如果控制不当，掘进就易出现问题。因此，应通过合理的参数选择，找到施工参数和掘进控制目标值的合理关系，为施工做指导。

盾构开始掘进，应根据地层情况计算出土仓应设定的控制压力，根据围岩条件设定刀盘扭矩、转速及渣土改良、推进速度、螺旋机转速等。向前推进的过程中，再根据扭矩、土仓压力等的反馈值，调整各施工参数。图 7 - 36 为土压平衡盾构掘进过程中参数控制的主要流程。

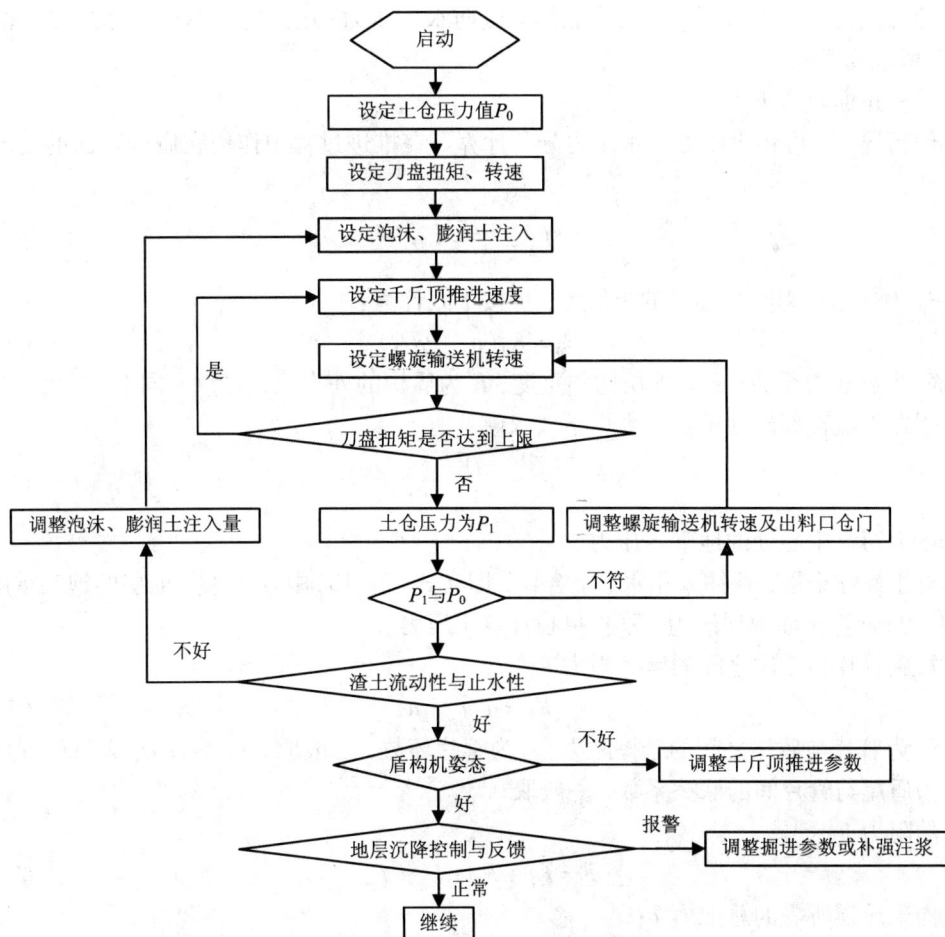

图 7 - 36　盾构掘进过程中参数控制的主要流程

由于盾构机的可操作性很强,掘进参数的选择不能一概而论,需根据不同的实际情况选择相应的掘进参数。例如,在地质条件较破碎的情况下应采用低速掘进,在刀具磨损较快时,应考率调整刀盘转速和掘进速度以获得最佳的贯入度。又如,盾构机在栽头且偏离中线较大时,应考虑蛇形纠偏,防止过急纠偏造成管片开裂、错台或渗水等问题。所以,掘进中一定要根据现场实际情况,灵活正确地选择掘进参数。以下以土压平衡盾构和泥水加压盾构为例,对相关施工参数的确定方法作一简单介绍。

2. 土压平衡盾构

(1)盾构千斤顶总推力

①盾构外表面与土体的摩擦阻力 F_1

该阻力由下式求得:

$$F_1 = \mu \frac{\pi DL}{4}(p_0 + p_0' + p_1 + p_2) \qquad (7-10)$$

式中:D、L 为盾构外径和长度;p_0 为盾构拱顶处的垂直匀布地层压力,一般按全土柱计算,深埋时可按泰沙基公式计算;p_0' 为盾构底部的匀布反力,$p_0' = p_0 + \dfrac{W}{DL}$,$W$ 为盾构重量;p_1 为盾构拱顶处的侧向水土压力;p_2 为盾构底部的侧向水土压力;μ 为盾构钢板与地层之间的摩擦系数(一般取 0.3~0.5)。

②盾构正面阻力 F_2

一般情况下,可将土压力与水压力分开计算。在推进过程中作用在盾构正面的土压力由下式求解:

$$F_2 = \frac{\pi D^2}{4} \cdot p_d \qquad (7-11)$$

式中:P_d 为作用在刀盘中心处的土压力,可按下式计算:

$$P_d = K_0(p_0 + \gamma' R) \qquad (7-12)$$

式中:K_0 为侧压力系数;γ' 为地层的浮重度;R 为盾构的外半径;p_0 意义同上。

作用在刀盘正面的地下水压力由下式求解:

$$F_3 = \frac{\pi D^2}{4} \cdot p_w \qquad (7-13)$$

式中:p_w 为刀盘中心处的地下水压力。

但对于黏性土层,往往采用水、土合算,即在式(7-10)中直接采用地层的饱和重度,并由式(7-9)计算正面地层压力,不再单独计算水压力。

③衬砌管片与盾尾之间的摩擦阻力

$$F_4 = \mu_c w_s \cdot n \qquad (7-14)$$

式中:F_4 为管片与盾尾之间的摩擦阻力;n 为管片环数,一般取 2~3 环;w_s 为每环管片的重量;μ_c 为盾尾与管片间的摩擦系数,一般取 0.3。

总的阻力 F:

$$F = F_1 + F_2 + F_3 + F_4 \qquad (7-15)$$

盾构千斤顶所需的总推力 T:

$$T = F \cdot K_c \qquad (7-16)$$

式中:K_c 为安全系数,一般取 1.5。

（2）切削刀盘的扭矩

切削刀盘的扭矩组成主要有以下几条：

①刀盘切削土体所需的扭矩 T_1

$$T_1 = \int_0^{r_0} q_u \cdot h \cdot r \cdot dr = \frac{1}{2} q_u \cdot h \cdot r_0^2 \qquad (7-17)$$

式中：h 为刀盘的穿透深度，$h = \dfrac{v}{N}$；v 为开挖速度；N 为刀盘转速；q_u 为地层单轴无侧限抗压强度；r_0 为刀盘的外半径。

②由于刀盘自重所产生的抵抗旋转的扭矩 T_2

$$T_2 = GR_1\mu_2 \qquad (7-18)$$

式中：G 为刀盘自重；R_1 为自重抵抗旋转的半径；μ_2 为转动摩擦系数。

③刀盘正面阻力所产生的抵抗旋转的扭矩 T_3

$$T_3 = W_r R_2 \mu_2 \qquad (7-19)$$

式中：W_r 为刀盘正面的抵抗阻力，可按下式计算：

$$W_r = x\pi r_0^2 \cdot p_d + \frac{\pi}{4}(d_2^2 - d_1^2)p_w \qquad (7-20)$$

式中：x 为刀盘的开胸率；p_d 为刀盘中心处的土压力；d_1 为刀盘上设置刀具的内环直径；d_2 为刀盘上设置刀具的外环直径；p_w 为刀盘中心处的地下水压力；R_2 为正面阻力抵抗刀盘旋转的半径。

④刀盘密封装置抵抗旋转的扭矩 T_4

$$T_4 = 2\pi\mu_3 F(n_1 R_{S1}^2 + n_2 R_{S2}^2) \qquad (7-21)$$

式中：μ_3 为密封材料与钢的摩擦系数；F 为密封压力；n_1、n_2 为第 1、2 道的密封条数；R_{S1}、R_{S2} 为相应的密封装置的平均回转半径。

⑤刀盘正面的摩擦扭矩 T_5

$$T_5 = \frac{2}{3} x\pi\mu \cdot r_0^3 \cdot p_d \qquad (7-22)$$

式中：μ 为刀盘与地层的摩擦系数，由于刀盘与地层之间充满含水的渣土，故摩擦系数较低，一般取 $\mu = 0.15$。

⑥刀盘周边的摩擦扭矩 T_6

$$T_6 = 2\pi \cdot r_0^2 \cdot l_k \cdot p_r \cdot \mu \qquad (7-23)$$

式中：l_k 为刀盘厚度；p_r 为作用在刀盘周边上的平均压力，一般取 $p_r = (p_0 + p_0' + p_1 + p_2)/4$。其中 p_0、p_0'、p_1、p_2 见式（7-5）。

⑦刀盘背面的摩擦扭矩 T_7

$$T_7 = \frac{2}{3} x \cdot \pi \cdot \mu \cdot r_0^3 \cdot k \cdot p_d \qquad (7-24)$$

式中：k 为密封舱内渣土压力值与刀盘正面土压力值之比，一般可取 0.8。

⑧刀盘开口处切削渣土所需的扭矩 T_8

$$T_8 = \frac{2}{3} \tau \cdot \pi \cdot r_0^3 (1-x) \qquad (7-25)$$

式中：τ 为渣土的抗剪强度，因渣土饱和含水，故抗剪强度较低，可近似地取其 $c = 0.01$ MPa，

$\varphi = 5°$。

⑨刀盘在密封舱内搅拌渣土所需的扭矩 T_9

$$T_9 = 2\pi(r_1^2 + r_2^2)l \cdot \tau \tag{7-26}$$

式中：r_1、r_2 为刀盘梁的内、外半径；l 为刀盘梁的长度。

r_1、r_2 及 l 的含义如图 7-37 所示。

驱动切削刀盘所需的总扭矩即为：

$$T = \sum_{i=1}^{9} T_i \tag{7-27}$$

（3）土仓压力的设定

土压平衡盾构的特点为实现盾构掘进面的土压力平衡，即盾构提供的开挖面土压与地层原土压力的平衡。盾构掘进前根据地层的物理力学参数及盾构隧道埋深计算得到开挖面的原始水平应力 P_0，土压平衡盾构按此目标值进行掘进中的土压控制。P_0 的计算是根据盾构隧道埋深、地层特性等不同情况按照土柱法、荷载等效高度等计算法得到。一般计算方法为计算在深度 z 处竖直面的水平应力，即静止土压力：

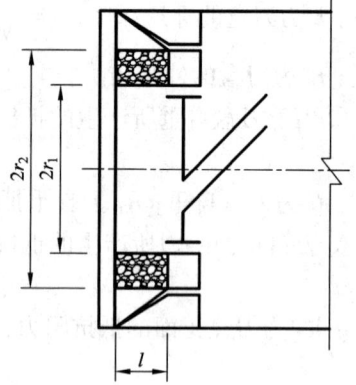

图 7-37 刀盘梁参数示意图

$$\sigma_z = k_0 \gamma z \tag{7-28}$$

式中：k_0 为土的静止侧压力系数；γ 为土的重度，kN/m^3；z 为计算点的深度，m。

静止侧压力系数 k_0 的数值可通过室内或原位静止侧压力试验测定，也可按经验确定：砂，$k_0 = 0.34 \sim 0.45$；硬黏土、压密砂性土，$k_0 = 0.5 \sim 0.7$；极软黏土、松散砂性土，$k_0 = 0.5 \sim 0.7$。

（4）同步注浆参数

①注浆压力。国内外对盾构注浆压力与地表沉降量之间关系进行的研究表明，当注浆压力相当于隧道埋深处的地层应力时，对减少地层损失和地表沉降量效果最为显著。地铁隧道一般埋深在 10 ~ 20 m 之间，采用泰沙基的土压力计算方法较为合理。

$$P_e = \frac{B \cdot (\gamma - c/B)}{K_0 \tan\varphi} \cdot (1 - e^{-K_0 \tan\varphi \frac{H}{B}}) + W_0 \cdot e^{-K_0 \tan\varphi \frac{H}{B}} \tag{7-29}$$

$$B = \frac{D}{2}\cot\left[\frac{45° + \varphi/2}{2}\right] \tag{7-30}$$

式中：P_e 为土压，kN/m^2；D 为隧道外径，m；B 为隧道顶部松动圈幅，m；K_0 为水平土压和垂直土压之比；γ 为土体的重度，kN/m^3；c 为土的内聚力，kPa；φ 为土的内摩擦角，$(°)$；H 为覆土深度，m；W_0 为地面荷载，kPa。

②注浆量。注浆量的确定是以盾尾开挖空隙量为基础并结合地层、线路及掘进方式等来确定的，以达到充填密实的目的。注浆量为理论间隙量乘以充填系数得到。

$$Q = \left[\frac{\pi}{4}(D_1^2 - D_2^2)\right]m\alpha \tag{7-31}$$

式中：Q 为一个行程的注浆量；D_1 为理论开挖直径；D_2 为管片外径；m 为行程长度；α 为充填系数，主要和以下因素有关：注入压力决定的压密系数、土质系数、施工损耗系数和超挖系数。

因此，在实际工程中的注浆量的充填系数(注浆量/理论开挖空隙)一般控制在 1.3 ~ 1.8 之间。在裂隙比较发育或地下水量大的岩层地段充填系数一般取 1.5 ~ 2.5。

3. 泥水加压平衡盾构

(1)千斤顶总推力

泥水加压盾构千斤顶总推力的计算方法与土压平衡盾构基本相同，只是在计算刀盘正面土压力(F_2)时，要增加泥浆充填压力 Q_3(可取 0.0015 MPa)，即：

$$F_2 = \frac{\pi D^2}{4}(p_d + Q_3) \tag{7-32}$$

(2)刀盘扭矩

泥水加压盾构刀盘扭矩比土压平衡盾构小，只需克服：刀具切削土体的抵抗扭矩(T_1)、刀盘正面阻力所产生的抵抗旋转的扭矩(T_3)、刀盘密封装置抵抗旋转的扭矩(T_4)以及刀盘旋转时所产生的摩擦阻力扭矩(T_5、T_6)。

《日本隧道标准规范(盾构篇)》(1986 年 6 月)根据大量工程实践的统计资料，推荐下列经验值为设计闭胸式盾构推力和扭矩的控制标准：

千斤顶总推力：$F = 1000 \sim 1300 \text{ kN/m}^2$

刀盘扭矩：$T = \beta \cdot D^2 (\text{kN} \cdot \text{m})$

式中：D 为盾构直径；β 为刀盘的扭矩系数，依盾构类型和土质条件而变，土压平衡盾构可取 $\beta = 14 \sim 23$，泥水加压盾构可取 $\beta = 9 \sim 15$。

7.4.3　始发与到达的安全措施

盾构始发与到达是盾构法隧道施工过程中两个重大的工序转换阶段，易出现诸如洞门涌水、地面坍塌、洞门失稳、盾构机姿态失控等事故。影响盾构安全始发与到达的几个关键的问题有：始发与到达井的端头加固、洞门密封、盾构始发的参数控制、始发托架与反力架等。盾构始发结构如图 7 – 38 所示。

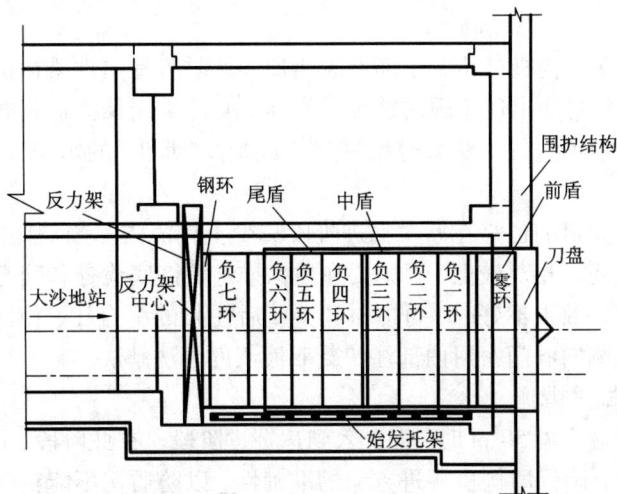

图 7 – 38　盾构始发结构示意图

（1）端头加固

当盾构始发井（到达井）周围地层为自稳能力差、透水性强的松散砂土或饱和含水黏土时，应对其进行加固处理（图7-39），加固的主要目的是降低渗透系数和提高土体强度。加固范围一般为隧道边线外两侧及上下3 m之内。常用的加固方法有：注浆、旋喷、深层搅拌、井点降水、冻结法等，可根据土体种类（黏性土、砂性土、砂砾土、腐殖土）、渗透系数和标贯值、加固深度和范围、工程规模和工期、环境要求等条件进行选择。加固后的土体，应有一定的自稳性、防水性和强度，一般以单轴无侧限抗压强度q_u = 0.3 ~ 1.0 MPa为宜。

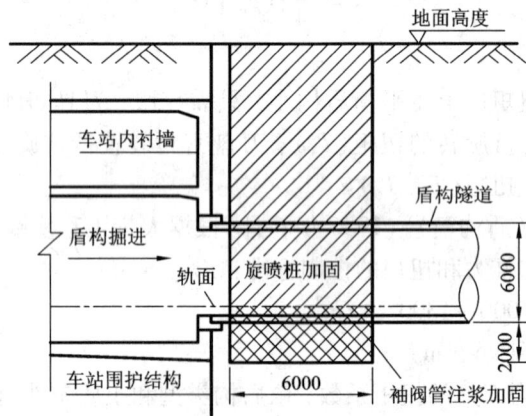

图7-39　盾构井端头加固示意图

端头土体加固的效果不好是在始发过程中经常遇到的问题。因此，必须根据端头土体情况选择合理的加固方法，而且要加强过程控制，特别是要严格控制一些基本参数。

（2）始发台两侧的加固

由于始发台在盾构始发时要承受纵向、横向的推力以及约束盾构旋转的扭矩，所以在盾构始发之前，必须对始发台两侧进行必要的加固。

（3）始发后盾构机姿态控制

始发推进后，在盾构机抵达掌子面及脱离加固区时容易出现盾构机"叩头"的现象，根据地质条件不同，有些可能出现超限的情况。为此，通常采用抬高盾构机的始发姿态、合理安装始发导轨以及快速通过的方法来避免"叩头"或减少"叩头"的影响。

（4）洞门密封

洞门密封的主要目的也是在始发掘进阶段减少土体流失。当洞门加固达到预期效果时，对于洞门环的强度要求相对较低，否则要在盾构推进前彻底检查和确定洞门环的状况。在始发过程中若洞门密封效果不好时，可即时调整壁后注浆的配合比，使注浆后尽早封闭，也可采用在洞门密封外侧向洞门密封内部注快凝双液浆的办法解决。

（5）盾构到达掘进措施

在盾构机距离端头墙50 m时，即进入到达掘进阶段。在此阶段，增加测量次数，不断校准盾构机掘进方向，确保盾构机掘进方向的准确性，以防盾构不能精确到达接收洞门。盾构到达时，由于正面土体压力降低，千斤顶推力逐渐减小及盾尾密封刷与管片之间的摩擦，将管片带动使管片之间的纵缝变大。为保证已安装的管片环与环之间连接紧密，盾构机到达掘进阶段时,及时紧固螺栓,并在管片环间加型钢将管片拉紧,用角钢固定。

盾构机到达前的准备工作与始发的类似,凿除洞门处的围护结构混凝土,凿除方法与盾构始发洞门凿除方法相同,靠近隧道的一排钢筋暂不割除,以防洞口坍塌,直到盾构机刀盘到达洞口靠近钢筋时,再将其割除。安装洞门密封橡胶带。为了防止盾构机到达掘进时土体或水从间隙处流失,在车站施工时在洞圈预埋环状钢板,盾构机进洞前在洞圈安装止水橡胶帘布、压板等组成的密封装置,作为盾构进洞施工阶段临时的防水措施。

7.4.4　姿态控制与纠偏

盾构法隧道采用自动导向系统和人工测量辅助进行盾构姿态监测。隧道自动导向系统(图 7 – 40)配置了导向、自动定位、掘进程序软件和显示器等,能够实时在盾构机主控室动态显示盾构机当前位置与隧道设计轴线的偏差以及趋势,据此调整控制盾构机掘进方向,使其始终保持在允许的偏差范围内。

1. 盾构掘进方向的控制

根据线路条件所做的分段轴线拟合控制计划、导向系统反映的盾构姿态信息,结合隧道地层情况,通过推进油缸的分区操作来控制掘进方向。

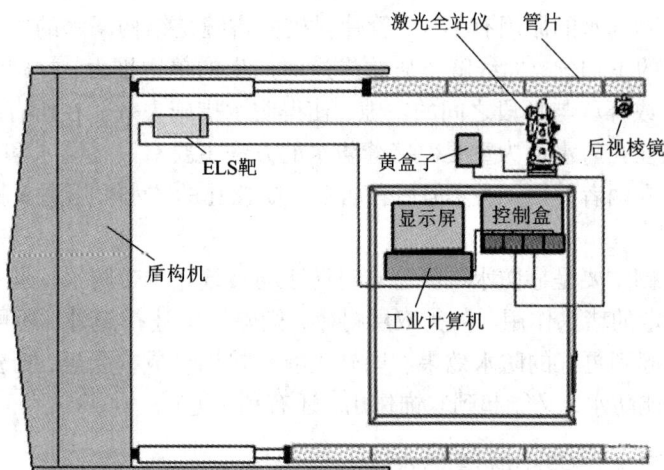

图 7 – 40　盾构激光导向系统

①在上坡段掘进时,适当加大盾构机下部油缸的推力和速度;在下坡段掘进时,适当加大上部油缸的推力和速度;在左转弯曲线段掘进时,适当加大右侧油缸推力和速度;在右转弯曲线掘进时,适当加大左侧油缸的推力和速度;在直线平坡段掘进时,应尽量使所有油缸的推力和速度保持一致。

②在均匀的地质条件时,保持所有油缸推力与速度一致;在软硬不均的地层中掘进时,应根据不同地层在断面的具体分布情况,遵循硬地层一侧推进油缸的推力和速度适当加大、软地层一侧油缸的推力和速度适当减小的原则来操作。

③在较稳定的硬岩段掘进时,可采用加大刀盘转速,减小刀具入岩深度,以减小推进时盾构震动,采用刀盘正反转,以控制盾构机滚动偏差。

2. 盾构纠偏

（1）滚动纠偏

刀盘切削土体的扭矩主要是通过盾构壳体与洞壁之间形成的摩擦力矩来平衡。当摩擦力矩无法平衡刀盘切削土体产生的扭矩时，将引起盾构本体的滚动。盾构滚动偏差可通过转换刀盘旋转方向来实现。

（2）竖直方向纠偏

控制盾构机方向的主要因素是千斤顶的单侧推力，它与盾构机姿态变化量间的关系非常离散，需靠经验来掌握。当盾构机出现下俯时，则加大下侧千斤顶的推力；当盾构机出现上仰时，则加大上侧千斤顶的推力来进行纠偏。同时，考虑刀盘前面地质因素的影响综合来调节，从而达到一个比较理想的控制效果。

（3）水平方向纠偏

与竖直方向纠偏的原理一样，左偏时，加大左侧千斤顶的推进压力；右偏时，加大右侧千斤顶的推进压力，并兼顾地质因素。

7.5　衬砌管片防水

导致装配式衬砌漏水的原因有不少，管片衬砌的拼缝是结构漏水的主要原因，除了拼缝以外，千斤顶反力的不均匀、曲线隧道盾构推进时产生的单边推力、衬砌圆环的变形等，都会加大管片与管片或环段与环段之间的空隙，使得防水措施失效。在所有的防水措施中，以管片接缝防水和螺栓孔防水最为重要。接缝防水的方法主要有嵌缝防水和弹性条（带）防水，实用上有单独使用和两者并用二种，但后者居多。螺栓孔的防水可用遇水膨胀橡胶制成螺栓密封圈防水。

单层装配式衬砌主要是靠防水混凝土自身防水与接缝止水带防水，因一般都要进行地层注浆，也能起到一定的堵水作用。如为双层衬砌，则除了上述措施外，还可在两层之间设置夹层式防水层，能起到更好的防水效果。国外也有直接用合成树脂板、搪瓷钢板等材料做成内层防水层的，既能防水，又能起到装饰作用，还有利于通风。

7.5.1　弹性橡胶止水带和嵌缝防水

1. 弹性密封垫的防水机理与技术指标

管片的接缝分环缝和纵缝两种。采用密封垫防水是接缝防水的主要措施。密封垫要有足够的承压能力、弹性复原力和黏着力，使其在盾构千斤顶的往复作用下仍然能保持良好的弹性变形性能。因此，一般均采用弹性密封垫。弹性密封防水主要是利用接缝弹性材料的挤密来达到防水的目的。弹性密封垫通常使用的是采用各种不同硬度的固体氯丁橡胶、泡沫氯丁橡胶、丁基橡胶、天然橡胶、乙丙胶改性的橡胶、遇水膨胀橡胶等加工制成的各种不同断面的带形制品。嵌缝防水是对密封垫防水的补充措施，即在管片环缝和纵缝中沿管片内侧设置的嵌缝槽内，采用嵌缝止水材料填嵌密实来达到防水目的一种接缝防水方法。

弹性橡胶密封垫密封的过程就是橡胶体在密封力（弹性复原力或膨胀力）作用下，在接触表面产生较大的变形，从而填充了接触面微观上的凸凹不平，阻止液体在接触间隙中的流动，达到密封的目的。弹性密封垫的设计应采用动态的设计方法，即考虑施工与运营时水压的差别,同时考虑密封垫接触应力的发展规律。

弹性橡胶密封垫的设计指标如下。

(1)设计防水压力

按照国内外盾构隧道设计经验,密封垫须在考虑到设计年限(100 年)内的应力松弛、材料老化等影响下,仍能抵抗隧道外最大外水压力。因此,密封垫防水压力设计值通常在最大外水压力的基础上,再乘以一定安全系数。《盾构法隧道防水技术规程》(DG/TJ08 - 50—2012)规定:设计水压应等于实际承受最大水压的 2 ~ 3 倍。国内外类似工程的设计水压及安全系数取值如表 7 - 2 所示。

表 7 - 2　国内外类似工程设计防水压力及安全系数

类比工程	埋深/m	设计水压/MPa	安全系数
日本东京湾横断道路隧道	50	1	2
上海地铁区间隧道	10 ~ 20	0.6	3
埃及艾哈迈德隧道	40	0.4	1
武汉长江越江盾构隧道	60	1.5	2.5
上海延安东路隧道 上海大连路隧道 上海翔殷路隧道	35 ~ 40	0.8	2 ~ 2.2
上海青草沙输水隧道	30	0.85	2.8

(2)张开量指标

密封垫在设计水压力下允许张开值一般应满足式(7 - 33):

$$\delta \leqslant BD/(\rho_{min} - 0.5D) + \delta_0 + \delta_s \tag{7 - 33}$$

式中:δ 为环缝中弹性密封垫在设计水压力下允许的张开值,mm;ρ_{min} 为隧道纵向挠曲的最小曲率半径,mm;D 为衬砌外径,mm;B 为管片宽度,mm;δ_0 为生产、施工中可能产生的环缝间隙,mm;δ_s 为邻近建筑物引起的接缝张开值,mm。

(3)错缝量指标

错缝量主要来源于施工误差以及长期不均匀沉降两方面。施工误差方面,按照《盾构法隧道施工与验收规范》(GB 50446—2008)规定,管片在盾尾内拼装完成时,每环相邻管片高差允许值为 5 mm,纵向相邻环管片高差允许值为 6 mm。长期不均匀沉降方面,可根据类似工程实测值或有限元计算得到。

(4)闭合压缩力指标

盾构机环缝拼装的最大拼装能力是受其千斤顶的量程所限制的,纵缝依靠管片的自身质量压紧及螺栓紧固力拼装。如果单纯考虑接缝的防水能力,导致闭合压缩力过大,直接影响到管片的拼装,进而直接影响防水效果。惰性密封垫应满足管片拼装要求,即管片拼装机应能将管片密封垫完全压缩至接缝完全闭合(张开量为 0),并且在千斤顶推力和管片拼装的作用力下,应当不致使管片端面和角部损伤等弊病发生。因此,闭合压缩力,即弹性密封垫完全压入密封沟槽时，每单位长度密封垫上需要施加的压力应为一个合理适中的值。根据上海地铁及成都地铁施工经验，当橡胶密封垫闭合压力小于 60 kN 时，管片均能较好拼装。

2. 弹性密封垫的选型

国际上常用的弹性密封垫主要有两大类型：一种是以欧洲为代表的谢斯菲尔德型非膨胀合成橡胶，靠弹性压密，以接触面压应力来止水，以耐久性见长；另一种是以日本为代表的遇水膨胀橡胶，靠其遇水膨胀后的膨胀压力来止水。上海地铁经过长期实践，在接缝防水上主要采用两者相结合的复合型弹性密封垫形式。

（1）非膨胀型橡胶密封垫

非膨胀橡胶主要利用橡胶本身的弹性复原力密封止水。在欧洲，盾构隧道接缝防水是以非膨胀橡胶为主流，其材质有氯丁橡胶和三元乙丙橡胶等。这些橡胶作为防水密封材料已有几十年的历史，对其应力状态和长期耐水性已有充分的研究评价，如图 7 - 41 和图 7 - 42 所示。

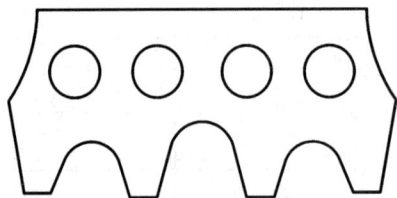

图 7 - 41　非膨胀型橡胶密封垫示意图

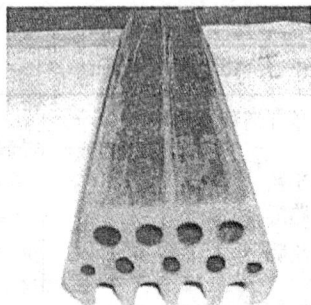

图 7 - 42　非膨胀型橡胶密封垫

（2）遇水膨胀橡胶密封垫

遇水膨胀橡胶密封垫是近年来开发应用的新型防水材料，是在橡胶或弹性塑料的基础上引入吸水组分制备的新型防水止水材料。其特点是保持了原有弹性止水材料的力学和弹性性能，增加吸水膨胀功能，如图 7 - 43 和图 7 - 44 所示。

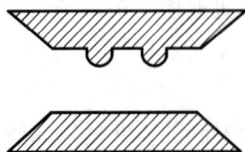

图 7 - 43　遇水膨胀橡胶密封垫示意图

图 7 - 44　遇水膨胀橡胶密封垫

（3）复合型密封垫

常见的复合型密封垫是在非膨胀橡胶密封垫表面加覆膨胀橡胶，即在橡胶生产过程中，非膨胀橡胶与膨胀橡胶经过相同的工艺流程，硫化挤出成型。主要采用两种方式来达到两者之间的复合：一种是采用特殊的弹性橡胶密封垫的构造形式，将水膨胀橡胶直接嵌入非膨胀的弹性橡胶密封垫表面；另一种是以模压的形式，将水膨胀橡胶与非膨胀橡胶同时硫化成型，从而构成复合型弹性橡胶密封垫，如图 7 - 45 和图 7 - 46 所示。

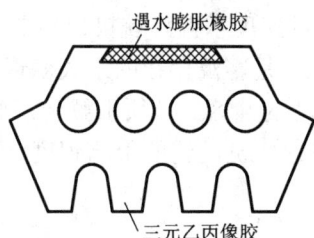

图 7 - 45　复合型密封垫示意图

图 7 - 46　复合型密封垫

3. 弹性密封垫的安装

在管片的接缝面设有沟槽，在槽内粘贴橡胶条，管片拼装后，依靠橡胶条的弹性和黏结达到防水的效果。防水带嵌缝槽绕管片一周，缝槽宽度一般为 20 ~ 80 mm、深度 2 ~ 3 mm，如图 7 - 47 所示。

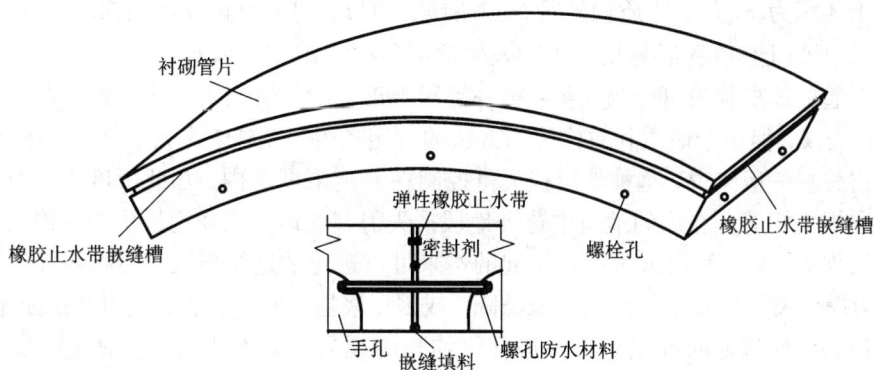

图 7 - 47　盾构管片防水

7.5.2　螺栓孔防水

管片拼装完成后，一般渗水较多的部位是顶部管片接缝和螺栓孔，因此螺栓孔的防水是很重要的，其防水方法是在垫圈和管片之间，放入合成树脂类或合成橡胶类的圆形密封垫圈，以合成树脂类（聚乙烯和醋酸尼龙）为多，充填螺孔壁与垫圈之间的空隙，如图 7 - 48 所示。还可以采用一种套在螺栓上的塑料套管，管片预制时浇捣在混凝土中，与密封圈结合起来用，效果更佳。

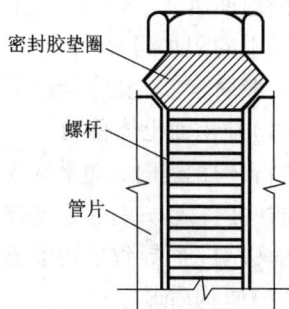

图 7 - 48　螺栓孔防水

7.6　盾构施工引起的地表隆起与沉降

采用盾构法在软土地层中进行隧道施工，会引起地层移动而导致不同程度的地表隆起与沉降，即使采用当前先进的盾构技术，也难完全防止这种地表变形。地面变形达到一定程度时，就会影响周围的地面建筑、地下设施和隧道本身的正常使用。盾构推进时挤压地层，从而引起地表隆起，随着盾构的前进，对地层的挤压力消失，则隆起平伏，转而发生地表沉降。一般来说，隆起值比沉降值要小，且是暂时的，只要对推进速度掌握好就可以控制住隆起的程度，而沉降是由于盾尾间隙、土体性质等原因所产生的，是客观存在的永久变形，控制的难度较大，因而是关注的主要对象。在需要控制地层移动的地区，必须了解地层移动的规律，尽可能准确地预测沉降量与沉降范围，判断沉降对附近建筑设施的影响程度，并分析影响沉降的各种因素，以求采取正确的工程对策。

7.6.1　地表沉降的原因

盾构施工引起的地层损失和隧道周围受扰动土体的固结沉降是引起地表沉降的主要原因。

1. 地层损失

地层损失是盾构施工中实际开挖土体体积和竣工隧道体积之差。竣工隧道体积包括隧道外围压注的浆体体积。地层损失率以占盾构理论排土体积的百分比 $V_l(\%)$ 来表示。圆形盾构理论排土体积为 $\pi r_0^2 l$（r_0 为盾构外径，l 为推进长度），则单位长度地层损失 $V_0 = V_l(\%) \times \pi r_0^2$，隧道周围的土体在弥补地层损失中发生地层移动，引起地面沉降。

施工引起的地层损失可分为三类：第一类属于正常的地层损失，虽然盾构在施工中操作精心，没有失误，但由于地质和盾构施工方法的特定条件，在施工中总会不可避免地引起一定的地层损失。一般来说，这种地层损失可控制在一定限度之内，在此限度内，施工沉降槽体积与地层损失相等。在均匀地质中这种地层损失引起的地面沉降比较均匀。第二类属于不正常的地层损失，是一种由人为因素引起的本来可以避免的地层损失，如局部气压盾构施工时，因盾构操作失误导致工作面上气压骤降，或因压浆拖后时间较长，或因开挖面超挖等等。这种地层损失将导致地面沉陷槽出现局部不均匀的现象。如不严重，一般还可认为是正常的。第三类属于灾害性的地层损失，盾构开挖面发生土体急剧流动或暴发性的崩坍，引起灾害性的地面沉降。这经常是由于遇到了很大的水压、透水性高的颗粒状土的透镜体，或遇到了地层中的积水洞穴，这是一种不正常的地层损失。

一般而言，在正常情况下引起地层损失的主要因素有：

（1）开挖面土体移动

当盾构掘进时，如果开挖面土体受到的正面支护应力小于原始侧向应力，则开挖面土体会向盾构内移动，引起地层损失。反之，如正面支护应力大于原始侧向应力，则正面土体向上向前移动，而导致盾构前方土体隆起，这称为负地层损失。

（2）盾构后退

在盾构暂停推进中，由于盾构推进千斤顶漏油回缩而可能引起盾构后退，使开挖面土体坍落或松动，造成地层损失。

（3）土体挤入盾尾空隙

当盾尾离开衬砌时，在衬砌上方形成所谓的"建筑空隙"，由于向建筑空隙中压浆不及时，压浆量不足，注浆压力不适当，使得盾尾后的隧道周边土体失去原始三维平衡状态，而向这一建筑空隙中移动，引起地层损失。在含水不稳定地层中，这往往是引起地层损失的主要因素。特别是当盾构在黏性土层中推进时，盾构外围会粘附一层黏土，将使得盾尾后的隧道外围圆形空隙进一步增加，如不有效增加压浆量，地层损失就会加大，这在设计和施工中应予以充分的重视。

（4）推进方向发生变化

盾构在曲线上推进或纠偏、抬头推进和叩头推进过程中，实际开挖断面不是圆形而是椭圆，由此而引起地层损失。盾构轴线与隧道轴线的偏角越大，则对土体扰动和超挖程度及其引起的地层损失也越大。

地层损失引起的沉降称为施工沉降，一般在 1~2 个月的时间内完成。

2. 受扰动土体的固结沉降

固结沉降分为主固结沉降和次固结沉降两种。盾构推进中的挤压作用和盾尾后面的注浆作用会使得隧道周围的地层中形成超孔隙水压力，这种压力在盾构施工后的一段时间内就会消失，在此过程中地层发生排水固结变形，引起地表沉降，这种因孔隙水压力变化而产生的地表沉降，称为主固结沉降。土体受到扰动后，土体骨架还会继续发生压缩变形，这是一种蠕变，在这种变形过程中产生的地面沉降称为次固结沉降，它的持续时间比较长，长的可持续几年以上。

7.6.2　地表沉降的预测

随着地下铁道在我国大中城市中的发展步伐加快，盾构法施工越来越受到重视，对盾构法施工引起地面沉陷的研究也日益深入。最初对于地表沉降的研究是沿用矿山开采中引起地面位移的分析方法，其中随机介质理论占有很重要的地位，即把地层移动看成是一个随机过程加以研究。美国学者派克（Peck，1969）将这一研究理论运用于盾构施工，提出了地层损失的概念和估计地面沉降的实用方法。此后不少学者做了大量的工作，使之不断地完善，成为一种最常用的估算盾构法正常施工引起地面沉降的方法。地表沉降的结果是沿盾构前进路线的地表形成沉降槽，可以从沉降槽的横向和纵向两个方面来研究它的影响范围。

（1）地表横向沉降槽

派克（Peck）认为，施工引起的地面沉降是在不排水情况下发生的，所以沉降槽的体积应该等于地层损失的体积。根据这个假定并结合采矿引起地面位移的一种估算方法，派克提出了盾构施工引起施工阶段地面沉降的估算方法。该法假定地层损失在隧道长度上均匀分布，沿地表纵向形成一条沉降槽，该槽沿横向来看呈正态分布曲线，也称为地表横向沉降槽，这已为量测数据所证实，如图 7-49 所示。

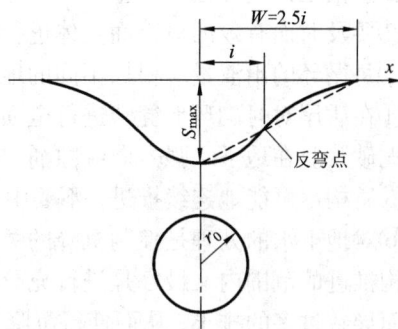

图 7-49　地表横向沉降曲线

横向分布的地表沉降量估算公式（派克法）：

$$S_{(X)} = \frac{V_0}{\sqrt{2\pi}i}\exp\left(-\frac{x^2}{2i^2}\right) \qquad (7-34)$$

$$S_{\max} = \frac{V_0}{\sqrt{2\pi}i} \approx \frac{V_0}{2.5i} \qquad (7-35)$$

式中: $S_{(X)}$ 为地表沉降量, m; V_0 为盾构隧道单位长度地层损失量, m^3/m; x 为距隧道中心线的距离, m; $S_{\max}$ 为隧道中心线处的最大沉降量, m; i 为沉降槽宽度系数(图7-49), 即隧道中心线至沉降曲线反弯点的距离, m。

式(7-32)表示的沉降曲线, 其反弯点在 $x=i$ 处, 该点出现最大沉降坡度 $S'_{\max}$。在 $x=\sqrt{3}i$ 及 $x=0$ 处, 出现最小曲率半径 $\rho_{\min}$, 这两处沉降量分别为 $0.22S_{\max}$ 及 $S_{\max}$。

(2)盾构附近地表纵向沉降槽

通常盾构前方的土体受到挤压时可能会发生向上的移动, 从而使地表有一定程度的隆起, 而当盾构继续向前推进后, 导致土体隆起的挤压力消失, 再加上前述有关因素使得地表下沉, 因而沿隧道纵向轴线的地表沉降曲线如图7-50所示。当然盾构地表前方不隆起而下沉的情况也存在。派克也给出了盾构工作面前后地表纵向沉陷曲线的

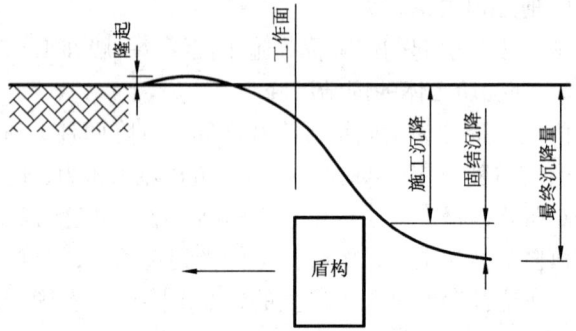

图7-50　地表纵向沉陷槽

估算公式, 但它只对盾构工作面前后一定范围有意义, 因一般都认为当距工作面一定距离后, 纵向沉陷槽的深度就恒定为横向沉降槽的最大深度 $S_{\max}$。纵向沉降曲线估算公式比较复杂, 为方便使用, 派克还制定了相应的数据表供采用, 在此就不作介绍了。

此外, 还可以采用有限元等方法分析地表沉陷, 可参阅与此相关的专业书。

7.6.3　减少地表沉降的措施

施工参数中对地表沉降起控制因素的参数主要有: 土仓压力、每环出渣量、每环同步注浆量。盾构施工时, 为了减少地表沉降, 可采取的措施有:

①谨慎地控制开挖土体量, 不要为了抢进度而过多地开挖;

②要及时而有效的对正面土体进行支撑;

③每循环的出渣量应根据不同的地质情况计算得出或根据经验确定;

④在盾尾对衬砌环形缝隙进行全面压浆。压浆材料用砂、水泥、石灰岩岩粉和水混合成的水泥砂浆。在地下水强烈向缝隙涌水的条件下, 用水泥和水玻璃双液浆;

⑤盾构尽可能地连续推进, 不要中途停顿;

⑥对地下水的处理是控制沉降的关键之一。一般而言, 排除地下水会导致地表下沉, 但在盾构推进的范围内又最好是进行充分的排水, 因在排水不完全的情况下, 土可能随水进入隧道而导致过多的排土, 从而使得沉降加大, 如何决断取决于盾构的类型;

⑦在盾构推进过程中要布置足够的仪器进行监测工作, 密切监视土体的变形情况, 以便及时采取工程措施。

思考与练习

1. 盾构法隧道施工有哪些优缺点？其对地质环境条件有什么要求？
2. 简述盾构机的种类及选型配套原则。
3. 土压平衡盾构和泥水平衡盾构的工作原理分别是什么？有何异同点？
4. 装配式衬砌和现浇结构的优缺点分别是什么？
5. 盾构隧道结构的主要计算模型？其各自特点是什么？
6. 简述盾构法施工的主要工序。

第8章

沉管隧道

8.1　概　述

铁路、公路、地下铁道等交通线遇到江河、港湾时，跨越的方法主要有轮渡、桥梁、水底隧道等。前者不能适应较大的交通量。桥梁的主要优点是单位长度造价低，所以不通过大型船只的江河，一般优先考虑建桥。在海轮通行的江河、海湾，由于要求航道宽和净空高，所以桥梁的跨径较大，桥面标高较高，引桥长度亦大，因而桥梁的总造价必然大；在市区，长引桥则对城市环境的干扰和影响大。因此水底隧道有可能成为经济和合理的跨越方案。

水底隧道主要施工方法有：盾构法、矿山法、围堰明挖法、气压沉箱法及沉管法。盾构法一般适用于软土地层；矿山法适用于岩石地层；气压沉箱法仅适用于水面较窄、深度较小的河道水底隧道；围堰明挖施工对水路交通干扰较大，常常难以实施；而采用沉管法修建水底隧道时，则在技术上和经济上有较大的优越性。因此，目前沉管法在世界各国水底隧道建设中得到了较多的应用。

8.1.1　基本概念

沉管法亦称预制管段沉埋法或沉放法。沉管法施工时，先在隧址以外的预制场（干船坞或船台设备）制作隧道管段，两端用临时封墙密封，制成后拖运到隧址指定位置上。待定好位后，灌水压载，使管段沉放到预先挖好的水底沟槽中，然后与先沉放的邻接管段进行水下连接，全部沉放和连接好后，再覆土回填，完成隧道的修建。每节管段的长度一般为60～140 m，多数在100 m左右，最长的已达268 m。

沉管隧道一般由敞开段、暗埋段、岸边竖井及沉埋段等部分所组成，如图8-1所示。

在沉埋段两端，通常设置竖井作为沉埋段的起讫点，竖井是沉埋隧道的重要组成部分，它可作为通风、供电、排水、运料及监控等通道。根据两河岸的地形、地物及地质条件，也可将沉埋段与暗埋段直接相连接而不设竖井。

沉管隧道的使用历史始于1910美国的底特律河水底铁路隧道，由10节长80 m的钢壳管段组成。迄今为止，世界上已有100多条沉管隧道，其中横截面宽度最大为比利时伊珀尔亚珀尔隧道，宽53.1 m；沉埋长度最长的是美国旧金山BART隧道，长达5825 m。自1959年加拿大迪斯（Deas）隧道成功的使用水力压接法进行管段水下连接后，用沉管法修筑水底隧道变得更为优越，并很快为世界各国普遍采用。

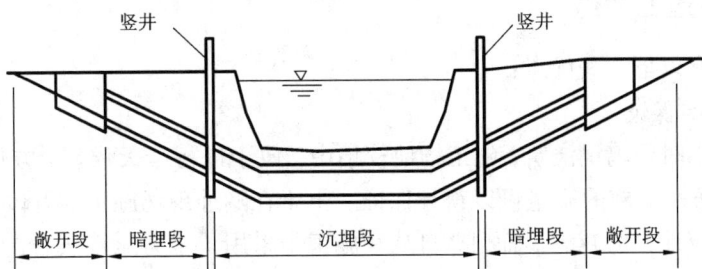

图 8-1　沉管隧道纵断面

我国于 20 世纪 70 年代初期，在上海、广东等地用沉管法修建了多条人工隧道。1993 年建成的广州地铁 1 号线芳村—黄沙段珠江水底隧道，属我国第一条采用沉管法修建的交通隧道(地铁与公交、市政管道共用，长 1.23 km)，1995 年又在宁波甬江建成了第二条沉管隧道(高速公路，长 1.019 km)。2004 年建成的上海外环线穿越黄浦江的沉管隧道，为上海市外环线两个过江通道之一，共有 7 节管段，全长 2880 m，设计为 8 车道，是亚洲目前最大的沉管隧道。此外，香

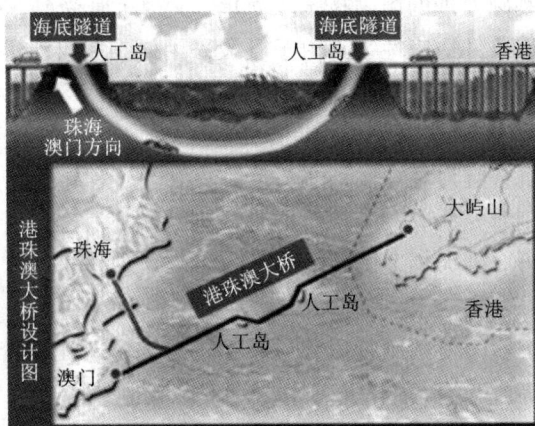

图 8-2　港珠澳大桥沉管隧道

港地铁从九龙到香港岛亦是用沉管隧道连接。我国台湾高雄市 1984 年建成通车的过港隧道采用 6 节 120 m 的沉放管段组成主隧道的水下段。目前在建的港珠澳大桥全长 55 km，是在建的世界上最长的跨海大桥，其主体工程包括桥、人工岛和总长 5664 m 的海底沉管隧道，如图 8-2 所示，其中海底沉管隧道由 33 节巨型沉管对接而成(图 8-3)，先后穿越伶仃航道和龙鼓西航道，是世界首条深埋式深水沉管隧道。

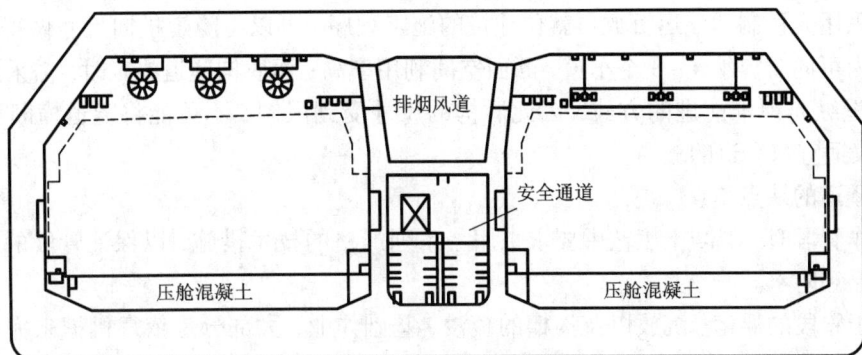

图 8-3　港珠澳大桥沉管隧道横断面

8.1.2　沉管隧道的特点

沉管隧道具有以下一些优点：

1. 施工质量有保证

预制管段在临时干坞里浇筑，施工场地较集中，便于进行全天候、全方位的工程质量管理，管段结构和防水措施的质量可以得到保证。由于在隧址现场施工的管段接缝非常少，漏水的可能性亦相应地大大减少。而且，自从在施工中采用了水力压接法后，管段接缝实际施工质量几乎达到了"滴水不漏"的程度。

2. 对地质水文条件适应性强

能在流砂层中施工而不需特殊设备或措施。因为沉管法在隧址的基槽开挖较浅，基槽开挖和基础处理的施工技术较简单，又因沉管受到水浮力，作用于地基的恒载较小，因而对各种地质条件适应性强。由于管段采用先预制再浮运沉放的方法施工，避免了难度很大的水下作业，故可在深水中施工，而且对于潮差和流速大小的适应性也较强。

3. 埋深浅，便于两岸接线

沉管隧道埋深浅，可以做到零覆土或者局部突出河床，因此，对于隧道两岸接线条件比较苛刻时尤为有利。沉管隧道浅埋条件下，比相对深埋的盾构隧道要短很多，所以工程总造价也可有较大幅度的降低。

4. 施工工期短

沉管每节预制管段很长，如广州芳村珠江沉管隧道只用 5 节预制管段，每节长 22 ~ 120 m 不等，一条沉管隧道只需要用几节预制管段就可完成，而且管段预制和水底基槽开挖可同时进行，管段浮运沉放就位也很快，这就使沉管隧道施工的工期比其他施工方法的工期要短得多；尤其是在水上运输繁忙的航道上建设水底隧道，因隧址现场施工作业而受干扰和影响的时间，以沉管法施工工期为最短。

5. 施工作业条件比较好

基本上没有地下作业；完全不用气压作业；管段预制、浮运及沉放等主要工序大部分在水上，水下作业极少，只需少数潜水员在水下作业，工人们都在水上作业，因此沉管隧道施工作业条件比较好，施工很安全。

6. 可建成大断面多车道

因为采用先预制后浮运沉放再就位连接的施工程序，可以将隧道横向尺寸做得较大，一个横断面内可同时容纳 4 ~ 8 个车道，断面空间利用率高；而盾构隧道施工时，需采用在水底地下土层里纵向顶推前进的方式，因此盾构的尺寸受到限制，不可能将隧道横断面建得很大，一般仅适宜双车道的隧道。

沉管隧道的缺点是：

①制作管段时，混凝土工艺中要求采用一系列严格的技术措施，以保证管段的浮运、沉放后的抗浮和防水。

②由于管段的浮运、沉放以及沟槽的疏浚、基础作业，大部分是依靠机械来完成，对于平静的波浪，在流速较缓的情况下施工是不成问题的。可是如果情况相反，而且隧道截面较大时，就会带来一系列的问题，诸如管段的稳定、对航道的影响等。

8.1.3　沉管隧道的类型

沉管法施工的水底道路隧道有两大类型，即圆形与矩形。其设计、施工以及所用材料均不相同。圆形沉管隧道，多半要用钢壳作为防水层。在早期的沉管隧道工程中，采用这种类型的较多。20 世纪 50 年代以后，各国的水底道路隧道，多改用矩形断面。

1. 圆形沉管

施工时多数利用船厂的船台制作钢壳，制成后沿着船台滑道滑行下水，然后系泊于船装码头边上，进行水上钢筋混凝土作业。这类沉管的横断面，内边为圆形，外边则有圆形、八角形和花篮形三种，如图 8 - 4 所示。

这类圆形沉管的断面布置，基本上是从盾构隧道演化而来，故通常只能安置两个车道。圆形沉管隧道的优点是：

①圆形断面的衬砌弯矩较小，在水深较大时，比较经济、有利。

②沉管的底宽较小，基础处理比较容易。

③钢壳既是浇筑混凝土的外模，又是隧道的防水层，它不会在浮运过程中被碰损。

④当具备利用船厂设备的条件时，工期较短。在管段需用量较大时，更为明显。

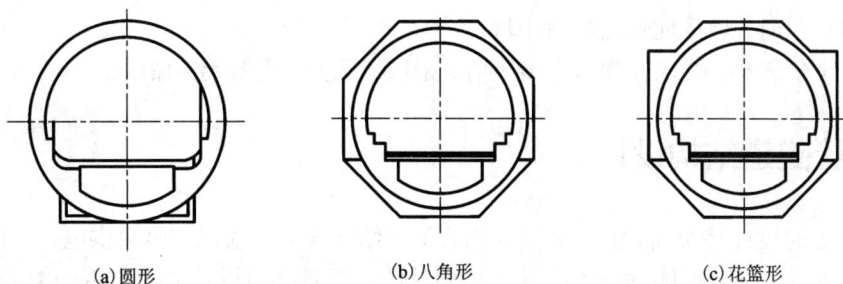

(a) 圆形　　　　　　(b) 八角形　　　　　　(c) 花篮形

图 8 - 4　圆形管段横断面图

其缺点是：

①圆形断面的空间常不能充分利用。

②车道上方必定余出一个净空限界以外的空间，使车道路面高程压低很多，从而增加了隧道全长，亦增加了挖槽土方数量。

③钢壳下水时，以及浮在水面进行灌注混凝土时，整个钢结构受力复杂，应力很高，必须予以加筋、加强，故耗钢量巨大，沉管造价甚高。

④钢壳制作时，手焊不可避免。其防水质量不能充分保证。如于沉埋完毕后发现有渗漏，届时将难以弥补、截堵。

⑤钢壳本身的防锈问题，尚未得到完善、可靠的解决办法。

⑥圆形断面内只能容纳两个车道，对 4 ~ 8 车道的隧道，必须平行地沉埋 2 ~ 4 条沉管。

2. 矩形沉管

自荷兰的玛斯隧道(Mass, 1942 年建成)首创矩形沉管以来，目前世界各国几乎都采用矩形沉管。这类沉管的管段，多在临时干坞中用钢筋混凝土灌注制成。矩形管段可以在一个断面内同时容纳 2 ~ 8 个车道，如图 8 - 5 所示。

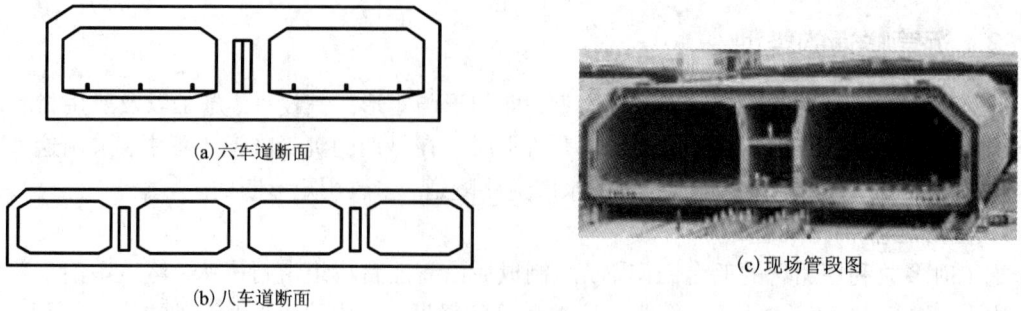

(a)六车道断面

(b)八车道断面

(c)现场管段图

图 8 – 5　矩形管段横断面图

矩形沉管的优点是：

①不占用造船厂设备，不妨碍造船工业生产。

②断面空间利用率较高，车道最低点的高程较高，隧道全长较短，挖槽土方量亦较少。

③建造多车道隧道时，工程量与施工费用均较省。

④一般不需钢壳，可大量地节省钢材。

其缺点是：

①制作管段时，须觅址建造临时干坞。

②由于干舷较小，要求在灌筑混凝土时，采取一系列的严密控制措施。

8.2　沉管隧道结构设计

沉管隧道的设计涉及面较广，其主要内容有：结构设计、通风、照明供电、给排水设计、内装设计、运营与安全设施设计等。其中结构设计属沉管隧道设计成功与否的关键。

8.2.1　横断面设计

与常规地下工程不同，沉管隧道横断面设计除了考虑建筑限界、设备安装空间、结构承载能力计算外，还需进行浮力设计。一般首先根据使用要求确定管段内的净空尺寸，而沉管结构的外轮廓尺寸则应按满足浮运要求，同时还应满足截面应力的要求确定。在考虑以上综合条件的情况下，才能确定管段横断面的几何尺寸和形状。

沉管隧道纵断面设计主要包括埋深设计以及纵坡设计，在满足航道、防洪、冲刷前提下沉管隧道应尽量浅埋。在 20 世纪 80 年代以前要求最小覆盖厚度为 2 ~ 3 m，1983 年 4 月在法国召开的国际隧协(ITA)第 9 届年会上建议最小覆盖厚度为 0 ~ 0.5 m。在特殊情况下甚至可使管节局部露出河床底面，当然，此时必须论证管节在水流冲刷下是否稳定，而且露出的管节不能改变水流特性或河床的稳定性。

沉管隧道的纵坡设计应结合管段的长度进行，管段的长度则需要考虑经济条件、航道条件、管段横断面形状、施工及技术条件等。一般情况下，沉管隧道管节长度为 100 ~ 150 m 时比较经济合理，沉管隧道沉管段的长度一定时，不同管节长度，即可得到不同的管节数，就有不同的纵断面设计。纵断面变坡点的位置考虑尽量在管段分节处，可以减小竖曲线的不利影响。

8.2.2 浮力设计

在沉管结构设计中必须处理好浮力与重量间的关系，这就是所谓的浮力设计。浮力设计的内容包括干舷的选定和抗浮安全系数的验算，通过浮力设计，可以最终确定沉管结构的高度和外廓尺寸。

1. 干舷

管段在浮运时，为了保持稳定，必须使其管顶露出水面，露出的高度就称为干舷。具有一定干舷的管段，遇到风浪而发生倾侧后，它就会自动产生一个反倾力矩 M_t（图 8-6），使管段恢复平衡。

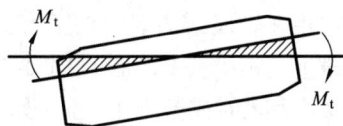

图 8-6　管段干舷与反馈力矩

一般矩形断面的管段，干舷多为 $10 \sim 25$ cm，圆形、八角形或花篮形断面的管段，则因顶宽较小，故干舷高度多采用 $40 \sim 50$ cm。干舷高度不宜过小，否则稳定性差。但亦不宜过大。因为管段沉放时，首先要灌注一定数量的压载水，以消除上述干舷所代表的浮力。干舷越大，所需压载水罐或水柜的容量越大。因此，干舷过大就不经济。

在极个别的情况下，由于沉管的结构厚度较大，无法自浮，即没有干舷时，则必须在顶部设置浮筒助浮，或在管段上设置钢围堰，以产生必要的干舷。

制作管段时，混凝土的容量和模壳尺寸，虽然都采取了严密措施来加以严格控制，但总不免有一定的幅度变化和误差，其制作允许误差如表 8-1 所示。同时，在涨潮、落潮以及各不同施工阶段中，河水比重也会有一定幅度的变动。所以，在进行浮力设计时，应按最大的混凝土容重，最大的混凝土体积和最小的河水比重来计算干舷。

表 8-1　管段制作几何尺寸允许误差

名称	管段外包宽度	管段外包高度	管段长度	顶、底板厚度	内孔净宽	内孔净高	外墙、内墙厚度
允许误差	$+5 \sim$ -10 mm	$+5 \sim$ -10 mm	$+30 \sim$ -30 mm	$+0 \sim$ -5 mm	$+0 \sim$ $+10$ mm	$+0 \sim$ $+5$ mm	$+0 \sim$ -10 mm

2. 抗浮安全系数

在管段沉埋施工阶段，应采用 $1.05 \sim 1.1$ 的抗浮安全系数。由于在管段沉放完毕，进行覆土回填时，周围的河水会一时混浊起来，其比重将大于原来的河水比重，浮力亦即相应增加。因此，施工阶段的抗浮安全系数，务必确保在 1.05 以上，否则很易导致"复浮"，使施工遭受麻烦。施工阶段的抗浮安全系数应针对覆土回填开始前的情况进行计算。因此，临时安设在管段上的施工设备（如索具，定位塔，出入筒，端封墙等）的重量，均应不计。

在覆土完毕后的使用阶段，应采用 $1.1 \sim 1.2$ 的抗浮安全系数。计算使用阶段的抗浮安全系数时，可考虑两侧填土的部分负摩擦力作用。

抗浮安全系数的计算公式可表示为：

$$抗浮安全系数 = \frac{管体重量}{管体所占空间 \times \gamma_{wmax}} \quad (8-1)$$

式中的管体重量已包括内部压载的混凝土重量，γ_{wmax} 为最大河水密度。

8.2.3 沉管结构所受荷载

作用在沉管结构上的载荷计有：结构自重、水压力、土压力、浮力、施工荷载、波浪和水流压力、沉降摩擦力、车辆活载、沉船荷载、地基反力、混凝土收缩影响、不均匀沉陷影响、地震影响等。在这些荷载中，只有结构自重及其相应的地基反力是恒载。

作用在管段结构上的水压力，是主要荷载之一。在覆土较小的区段中，水压力常是作用在管段上的最大荷载。设计时要按各种荷载组合情况分别计算正常的高、低潮水位的水压力，以及台风时或若干年一遇(如100年一遇)的特大洪水位的水压力。

土压力是作用在管段结构上的另一主要荷载，且常不是恒载。例如，作用在管段顶面上的垂直土压力，一般为河床底面到管段顶面之间的土体重量。但在河床不稳定的场合下，还要考虑河床变迁所产生的附加土荷载。作用在管段侧边上的水平土压力，也不是一个常量。在隧道刚建成时，侧向土压力往往较小，以后逐渐增加，最终可达静止土压力。设计时应按不利组合分别取用其最小值和最大值。

作用在管段上的浮力，也不是个常量。一般来说，浮力应等于排水量，但作用于沉放在黏性土层中的管段上的浮力，有时也会由于"滞后现象"的作用而大于排水量。

施工荷载主要是端封墙、定位塔、压载等重量。在进行浮力设计时，应考虑施工荷载。在计算浮运阶段的纵向弯矩时，施工荷载将是主要荷载。如果施工荷载所引起的纵向弯矩过大，则可调整压载水罐或水柜的位置来抵消一部分弯矩。

波浪力一般不大，不致影响配筋。水流压力对结构设计影响亦不大，但必须进行水工模拟实验以确定，以便据以设计沉放工艺及设备。

沉降摩擦力是在覆土回填之后，沟槽底部受荷不均而引起的。如在沉管侧壁防水层之外再喷涂一层软沥青，则可使此项沉降摩擦力大为减少。

车辆活载在进行结构横断面和纵断面分析时，一般可略去不计。但在基础设计时应予以考虑。

沉船荷载是指船只失事后恰巧沉在隧道顶上时，所产生的一种特殊荷载。这种荷载需视船只的类型、吨位、装载情况、沉放方式、覆土厚度、隧顶土面是否突出于两侧河床底面等等许多因素而定，因而设计时只能作假设的估定，而不能作统一规定。在以往的沉管设计中，常假定为50～130 kPa左右。因发生的概率极小，近年来对计算这项荷载的必要性，已有不同的看法，犹如设计地上建筑时没有必要考虑飞机失事荷载一样。

地基反力的分布规律，有不同的假定：

①反力按直线分布；

②反力强度与各点地基沉降量成正比(文克尔氏假定)；

③假定地基为半无限弹性体，按弹性理论计算反力。

在按文克尔氏假定设计时，有采用单一地基系数的，亦有采用多种地基系数的。日本东京港第一航道水底道路隧道，在设计时考虑到沉管底宽较大(37.4 m)，基础处理会有不匀之处，因而既采用了单一地基系数计算，亦采用了不同组合的多地基系数计算，然后做出内力包络图进行配筋。

混凝土收缩影响系由施工缝两侧不同龄期混凝土的收缩差所引起，因而应按初步的施工计划，规定龄期差并设定收缩差。

　　变温影响主要由沉管外壁的内外侧温差所引起。沉管四壁外侧壁面温度也可视作四季恒温。沉管内侧的壁面温度和通风有关，并会随季节变化，冬天外高内低，夏天转为外低内高，设计时可按持续 5~7 天的最高或最低日平均气温计算。计算变温应力时，还应考虑徐变影响。

　　结构自重则取决于几何尺寸和所用材料，在隧道使用阶段还应考虑内部各种管线重量。

8.2.4　结构分析与配筋

1. 横向结构分析

　　沉管的横截面结构形式多是多孔箱形框架。由于荷载组合的配筋种类较多，因此计算工作量一般都非常大。与其他超静定结构一样，箱形框架结构的分析也必须经过"假定结构截面尺寸、分析内力、修正尺寸、重算内力和截面配筋"的多次循环。沉管隧道的沉管段一般纵向较长，而横向较短，计算时可沿纵向截取单位长度 1 m 的管节，采用一般平面杆系结构分析的通用计算机程序，按弹性地基上平面应变状态的闭合框架进行计算，其计算和第 3 章的明挖矩形框架结构一致，具体计算模型及计算过程参见 3.3 节。由于即使在同一节管段中，因隧道纵坡和河底标高变化的关系，各处断面所受水、土压力不同，计算横断面内力时必须考虑单一地基系数与不同组合的地基系数的情况。在横断面配筋时也不能只按一个横断面的结构分析结果来进行整节管段，甚至整个沉管隧道的横向配筋。

2. 纵向结构分析

　　主要是进行施工阶段的沉管结构纵向受力分析，包括计算浮运、沉埋时施工荷载（定位塔、端封墙等）、波浪力所引起的结构内力。使用阶段的纵向受力分析，一般按弹性地基梁理论进行计算，具体参见相关文献。

3. 配筋

　　沉管结构的截面和配筋设计，应遵照《钢筋混凝土结构设计规范》进行。

　　沉管隧道结构应采用 C35 以上的混凝土材料。采用较高的强度标号，主要是为了抗剪的需要。设计时可根据施工进度计划的安排，尽量充分利用后期强度。在干坞规模较小，需分批浇注时，尤需按更长的龄期计算。沉管结构的纵向钢筋配筋率，一般不应少于 0.25%。

　　沉管结构在外防水层保护下的最大容许裂缝宽度为 0.15~0.2 mm，因此不宜采用Ⅲ级或Ⅲ级以上的钢筋。因此不宜采用 HRB400 或以上级别的高强度钢筋，钢筋的容许应力一般限于 135~160 MPa。

　　设计时采用的容许应力可按不同的荷载组合条件，分别加以相应的提高率如表 8-2 所示。

表 8-2　不同荷载组合条件相应提高率

荷载组合条件	提高率
A——结构自重 + 保护层、路面、压载重量 + 覆土荷载 + 土压力 + 高潮水压力	0%
B——结构自重 + 保护层、路面、压载重量 + 覆土荷载 + 土压力 + 低潮水压力	0%
C——结构自重 + 保护层、路面、压载重量 + 覆土荷载 + 土压力 + 台风时或特大洪水位水压力	30%
D——A 或 B + 变温影响	15%
E——A 或 B + 特殊荷载（如沉船、地震等）	30%

8.2.5　预应力的应用

在一般情况下,沉管隧道多采用普通钢筋混凝土结构,这是因为沉管的结构厚度往往不是由强度决定,而是由抗浮安全系数决定,预应力的优点未能充分发挥。预应力混凝土亦有提高抗渗性的长处,但由于结构厚度大,所施预加应力混凝土结构也不经济。

然而当隧孔跨度较大,而且水土压力又较大(例如达到 300～400 kPa)时,沉管结构的顶、底板受到的剪力相当可观,这时如不采用预应力,便只能相应地增加沉管结构的全高度,常需为此而增加 1～1.5 m。而增加沉管高度的结果,必然导致:①增加沉管的排水量。但为保证规定的抗浮安全系数,又要相应地增加压载混凝土的数量;②增加水底沟槽的开挖深度,亦即增加浚挖土方量;③增加引道深度;④增加隧道全长、总工程量和总造价。

在这种情况下,采用预应力混凝土结构就可得到较经济的解决。在有的沉管隧道中,仅在河中水深最大处的部分管段中采用了预应力混凝土结构,其余的管段仍用普通钢筋混凝土结构,这样可以更经济地发挥预应力的优点。在已建成的预应力混凝土沉管隧道中,比较多的是采用部分预应力。

8.3　沉管隧道的防水

沉管隧道的防水包括混凝土管段的防水以及管段接头的防水。

8.3.1　管段结构防水

管段防水包括混凝土自防水、施工缝防水与附加防水层,沉管隧道混凝土管段以结构自防水为主、外防水为辅,也可不做外防水处理。

1. 管段结构自身防水

管段自身防水以管段混凝土自身防水为主,主要靠两方面来提高其自身防水能力:一方面采用防水混凝土灌注管段,其抗渗标号应根据最大水深与管段边墙厚度所决定的水压力梯度值来选用;另一方面要防止管段混凝土由于温差和干缩造成的裂缝。施工中采用以下防止管段裂缝的措施:

①控制节段长度。将每片预制管段分成几个节段施工,每个节段长度宜为 15～20 m。

②控制混凝土内外的温差。采用隔热性能良好的木模板,推迟拆模时间,加强养护工作。

③降低混凝土灌筑温度。采用低水化热的矿渣水泥等品种;降低水灰比;减少水泥用量(如掺用粉煤灰);夏天掺冰水拌和混凝土;选择气温较低的夜间或阴天灌筑混凝土等措施。

④减少施工缝两侧混凝土温差。在灌筑边墙混凝土时,在边墙中设置蛇形冷却水管,降低边墙混凝土温度,使先浇筑的底板混凝土与后浇筑的边墙混凝土温差减小。

2. 管段外侧附加防水层

管段外侧附加防水层,国内最常用的措施是防水底钢板加墙、顶防水涂料。附加防水层必须满足以下要求:不透水性、耐久、耐压、耐腐蚀性好,不必修补,并能适应管段温差变化而延伸与收缩,便于施工,较经济等。外侧防水的技术措施如下:

(1)采用钢壳、钢板防水

圆形管段,采用钢壳(厚 12 mm)作模板兼作永久性防水层,但采用钢壳防水耗钢量大,焊缝防水的可靠性低,并且钢材防锈问题不易解决。矩形管段采用在管底与侧边墙下部以 6 mm 厚的钢板作钢筋混凝土板的外侧防水层。防水钢板的拼接一般采用焊接,用 $\phi 8 \times 100$ mm 的锚固钢筋焊的钢板上,一般每 1 m^2 焊一根,在隅角钢板处加密至每 1 m^2 焊 2 根,使钢板牢靠地黏结在混凝土上。底部钢板还可以在浮运、沉放时起到保护管段的作用。

(2)采用卷材、保护层防水

管段边墙及顶板,可采用柔性防水层和保护层防水。柔性防水层常选用沥青类卷材与合成橡胶卷材。

沥青类卷材一般用浇油摊铺法粘贴,顶板要中间向两边摊铺,边墙则自下而上摊铺,搭接相叠宽度 10 ~ 15 cm,要求搭口不翘。异丁合成橡胶卷材的层厚 2 mm,采用层数视水头大小而定。例如:当水深 20 mm 左右时,可用 3 ~ 5 层。卷材防水一般须在外面再设一保护层,其构成视管段具体部位,管段边墙外面可采用木板或混凝土作保护层,有的管段不设保护层,而是将顶板的保护层延伸到边墙上,以形成护弦。管段顶上一般设 10 ~ 15 cm 厚的钢筋混凝土保护层,同时起到防锚作用。

合成橡胶卷材的主要缺点是:施工工艺复杂,施工中操作稍有不慎就会"起壳",返工时非常费事,坏了简直无法修补。

(3)涂料防水

可直接将化学涂料涮于管段边墙和顶部防水,其优点是施工工艺较简单,而且在平整度较差的混凝土面上,可直接施工使用,但缺点是延伸率较小。

3. 管段施工缝防水

(1)变形缝的布置与构造

管段在干坞中预制时,一般都是先浇筑底板,后浇筑竖墙和顶板,因此会在边墙下端产生水平纵向施工接缝;在管段长度方向上,需分成几个节段施工,节段之间存在横向施工缝。此外,不均匀沉降、地震影响等都可能导致管段开裂。这些接缝或裂缝,对结构受力和防水很不利。所以在设计与施工中必须采取适当的措施加以处理。

目前最有效的措施除了在管壁的上下端各留一道纵向施工缝外(其中下端的一道应高出底板面 30 ~ 50 cm);主要是将横向施工缝做成变形缝,变形缝间隔也即节段长 15 ~ 20 m,以使管段结构不因隧道纵向变形而开裂(图 8 - 7)。变形缝的构造应满足三个要求:

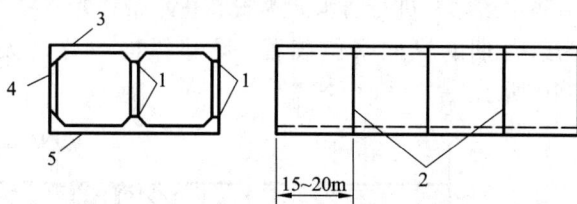

图 8 - 7 管段纵向接缝与变形缝
1—纵向施工接缝;2—变形缝;3—顶板;4—边墙;5—底板

①能适应一定幅度的线变形与角变形;

②施工阶段能传递弯矩,使用阶段能传递剪刀;

③变形前后均能防水。

在管段浮运时,为了保持管段的整体性,变形缝一定要能传递由波浪引起的纵向弯矩。如管段结构的纵向钢筋在变形缝处全部切断,则需安设临时预应力索(或预应力筋),待沉埋完毕后,再行撤去。如不设临时的预应力设施,则可将变形缝处的外侧纵向钢筋切断,而临时保留内侧纵向钢筋,待沉埋完毕后,再予以切断。

为传递横向剪力,宜采用台阶缝,如图8-8所示。为保证变形前后均能防水,一般均于变形缝处设置一至二道止水缝带。

(2)止水缝带

在变形缝的各组成部分中,最为主要的是既能适应变形,又能有效地堵住渗漏的止水缝带,又简称作止水带。

止水带的种类与形式很多,在管段中用得较普遍的是橡胶止水带和钢边橡胶止水带。

橡胶止水带系用天然橡胶或含胶率大于70%的天然橡胶,或合成橡胶(如氯丁橡胶等)制成。橡胶止水带的形式,有平板形的,有带管孔的。带管孔的具有较高的柔度,能承受较大的剪切差动变形。

钢边橡胶止水带系于橡胶止水带的两端夹一扁钢片(图8-9),以提高止水效果并节约橡胶,现在应用比较普遍。

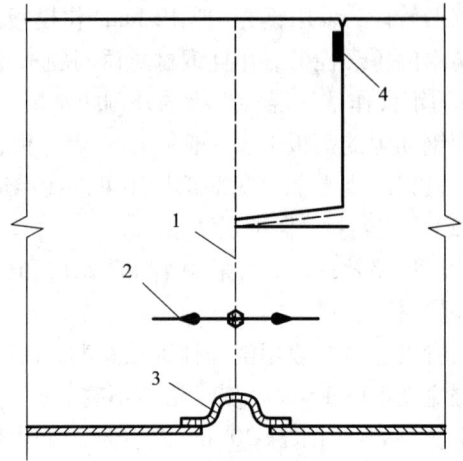

图 8-8　变形缝的构造

1—变形缝;2—钢板橡胶止水带;

3—"Ω"密封带;4—止水填料

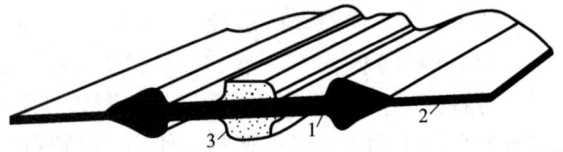

图 8-9　钢边橡胶止水带

1—橡胶带体;2—薄钢板(0.7~0.8 mm);3—塑料

8.3.2　管段接头防水

1. 管段接头构造

目前国内外沉管隧道管段接头多采用柔性接头,由 GINA 止水带和 OMEGA 止水带组成的两道防水线联合进行防水。为安装止水带在管段端部采用端钢壳结构;内侧设置预应力拉索作为运营期的纵向限位装置,防止纵向位移过大而造成止水带失效。其具体结构如图8-10所示。

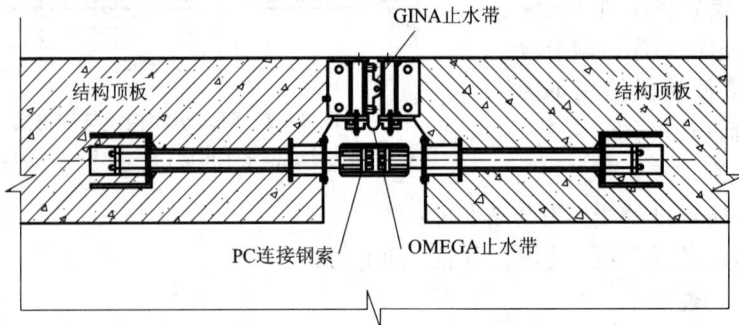

图 8-10　管段接头构造

2. GINA 止水带

管段接头采用的 GINA 止水带，须按沉管周边的外形，在厂里制作成完整环状，然后运到管段制作场整环安装。目前，世界各国普遍采用的胶垫断面形式为尖肋型，如图 8 - 11 所示。尖肋型胶垫由四个部分组成：

①尖肋。胶垫的前端，为一三角形的尖肋，做第一次初步止水用。其高度一般为 38 mm，个别工例亦有用到 50 mm。硬度一般为肖氏橡胶硬度 30°~35°。

②本体。胶垫的本体是承受水压力的主体，一般均为等腰梯形状。其硬度为肖氏 50°~70°。其具体尺度与硬度，应根据设计需要，通过实验确定。

图 8 - 11　尖肋型 GINA 止水带
1—尖肋；2—胶垫木体；3—底翼缘；4—底肋

③底翼缘。为安装方便，胶垫的底部都有两个突出的翼，且多用维织物作局部加强。

④底肋。在胶垫底部的小肋，亦由肖氏硬度 30°~35°的软橡胶制成。其主要作用是解决管段端面不够平整时，可能产生的漏水问题。

GINA 止水带的具体安装如图 8 - 12 所示。

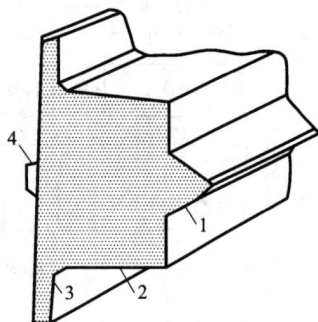

图 8 - 12　GINA 止水带的安装

8.4　沉管隧道的施工

沉管隧道施工的主要内容和工序如图 8 - 13 所示。

8.4.1　管段的制作

1. 干坞修筑

修建水下沉管隧道时，应先修筑专门的预制管段的场地，这个场地既能分节预制管段，又能在管段制成后灌水将其浮起，这样的场地称之为干坞。

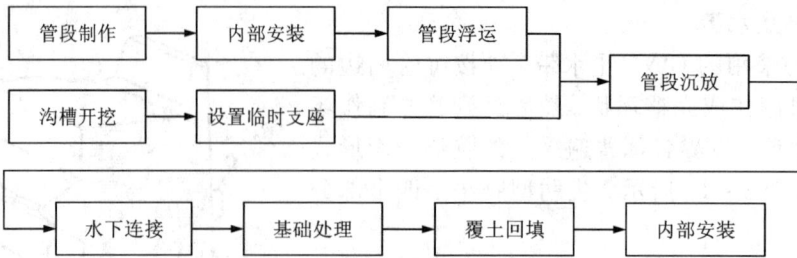

图 8 – 13   沉管隧道主要施工内容流程

干坞主要分普通临时干坞、工厂化干坞、移动干坞三大类。

（1）普通临时干坞

普通临时干坞[图 8 – 14(a)]在沉管隧道建设中应用最为广泛，其构造非常简单，一般由坞墙、坞底、坞首及坞门、车道和排水系统组成。其位置选择在距离隧址较近，地质条件较好且便于浮运的地方。部分隧道(如广州市生物岛至大学城隧道工程、天津海河隧道工程等)直接将沉管隧道轴线的岸上段临时作为临时干坞[图 8 – 14(b)]，待管段全部预制出坞后再进行该岸上段的施工。临时干坞完成管段预制任务后即可拆除。

(a)

(b)

图 8 – 14   临时干坞图

临时干坞的规模，没有统一的规定，主要是与隧道断面的大小和长度以及施工工期有关。在一些沉管隧道工例中，例如日本东京港第一航道水底道路隧道，临时干坞的坞底面积达 8 万多 m^2，可以同时制作 9 节 6 车道大型管段。在 1968 年建成的瑞典延斯达特(Tingstad)水底道路隧道工程中，江中段由 5 节矩形钢筋混凝土管段构成，其中 4 节均为 93.5 m 长，第 5 节为 80 m 长，管段宽度为 30 m，是世界上最早的 2 条 6 车道沉管隧道之一，但它的临时干坞只有 3500 m^2(宽 35 m，长 100 m)的底面积，规模很小，用地很省，造价很低。

临时干坞的深度，应能保证管段制成后能顺利地进行安装工作并浮运出坞。因此坞室深度，或坞底高程，应既能保证管段在低水位时露出顶面，又能保证在高水位时有足够的水深以安设浮箱，在中水位时，能使管段自由浮升。为保证浮运安全，管段浮起时其底部与坞底富余深度以 1.0 m 为宜。

干坞的四周，大多可采用简单的自然土坡为坞墙。在确定干坞边坡坡度时，要进行抗滑稳定性的详细验算。为保证稳定安全，一般多用防渗墙及设井点系统。防渗墙多用钢板桩、塑料板或 1 mm 厚的黑铁皮构成，或在上堤中加设厚度不小于 25 mm 的喷射混凝土，以防地下水渗漏。在多雨地区，边坡坡面可采用敷设一层塑料薄膜，加砂袋固定的保护措施，以防止雨水冲刷边坡引起坍滑。

临时干坞底，常只是在砂层上铺设一层 23~30cm 厚的无筋混凝土或钢筋混凝土。最近在有些工例中，不用混凝土层而仅铺一层 1~2.5 m 厚的黄砂。另于黄砂层的上面再铺 20~30cm 厚的一层砂砾或碎石，以防止黄砂的乱移，并保证坞室灌水时管段能顺利地浮起。在采用混凝土底板时，亦要在管段底下铺设一层砂砾或碎石，以防管段起浮时被"吸住"。

浇筑管段时作用在坞底上的附加荷载并不大。几万吨重的大型管段作用在坞底上的压力亦不超过 80~90 kPa。因此在陆地上开挖出来的干坞中，地基强度一般不成问题。

在把全部管段一批浇制完成的大型干坞中，都不采用闸门，仅用土围堰或钢板桩围堰做坞首。管段出坞时，局部拆除坞首围堰便可将管段逐一托运出干坞。在分批浇制管段的中、小型干坞中，常用双排钢板桩作坞首，而用一段单排钢板桩作坞门。每次拖运管段出坞时，将此段单排钢板桩临时拔除，即可把管段拖出(图 8－15)。

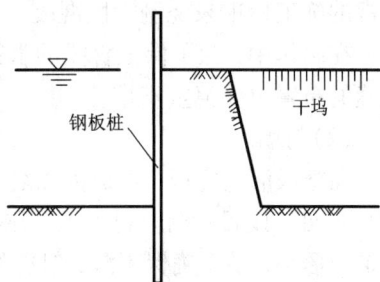

图 8－15　单排钢板桩坞门

从坞外到坞底要修筑车道，以便运输施工机具、设备和混凝土原材料等。干坞的排水系统通常采用井点法降水或在坞底设明沟、盲沟和集水井，用泵将水排到坞外。为增强地基底承载力及保证基底的稳定，应保持坞底干燥无积水；坞外应设截水沟和排水系统。

(2)工厂化干坞

工厂化干坞主要用于长柔性管段的预制。首先把管段分成若干节段，在车间室内控制条件下预制一节段并顶推滑移出厂，再进行下一节段的预制，形成流水线形式的连续预制节段，完成最后节段预制后，将各节段连接成一个整体管段，再采用船闸技术浮运出坞。工厂化干坞主要由室内预制工厂、浅水坞和深水坞组成，室内工厂用于节段的预制，浅水坞用于节段的整体连接，深水坞用于整体管段的浮运出坞。工厂化干坞最早在丹麦的厄勒海峡隧道中得到应用。和普通临时干坞相比，工厂化干坞设计更为复杂，还需考虑浅坞、深坞标高，工厂化流水线设计等。

(3)移动干坞

由于临时干坞和工厂化干坞占地面积较大，近年来移动式干坞开始得到应用。该方法是将半潜驳船靠在岸边码头，在半潜驳船甲板上预制管段。该形式不占用岸边土地面积，但其受到半潜驳船的船型尺寸、吨位、吃水深度等条件的限制，一般用于预制长度较小，横断面面积不大的管段。移动干坞的设计要考虑驳船大小、承载变形能力、浮运稳定性、行深、管段制作码头等方面。广州市仑头－生物岛隧道工程采用了移动干坞预制隧道管段(图 8－16)。

图 8－16　移动干坞图

2. 管段制作

（1）钢筋混凝土管段的制作

在干坞中制作矩形钢筋混凝土管段的基本工艺，与地面上类似的钢筋混凝土结构大体相同。但是由于采用浮运沉放的施工法，而且最终是埋设在河底水中，因此对匀质性与水密性要求特别高，这是一般土建工程中所没有的。

矩形管段在浮运时的干舷只有 10 ~ 15 cm，仅占管段全高 1.2% ~ 2% 左右。如果混凝土容重变化幅度稍大，超过 1% 以上，管段就会浮不起来。此外，如果管段的板、壁厚度的局部偏差较大，或前后、左右的混凝土容重不均匀，管段就会倾斜。因此在管段制作时必须采取一些独特的措施以严格控制模板的变形与走动，严格控制混凝土的密实度和匀质性，不能按通常的施工标准来浇制管段混凝土。

在制作中，为了保证管段的水密性，混凝土的防裂问题也非常突出。因此对施工缝、变形缝的布置也要慎重安排。

（2）封墙

在管段灌筑完成，模板拆除之后，为了使它能在水中浮起，须于管段的两端离端面 50 ~ 100 cm 处，设置封墙。封墙可采用钢板或钢筋混凝土。近年来多采用钢筋混凝土封墙，其优点是变形小，易于确保不漏，但拆除时比较麻烦。根据沉管工程实践，钢封墙仍是比较可取的，其密封性问题不难解决（可用防水涂料封缝，其防漏效果相当可靠），而它的装、拆、均比钢筋混凝土封墙方便得多。

设计封墙时可按最大静水压力，既沉到槽底时的水压力计算。拖运时的动水压力，一般不必考虑。

封墙上须设排水阀、进气阀以及出入孔。排水阀设于下部，进气阀则设于顶端，口径均约为 100 mm 左右。出入孔均应设置防水密闭门扇。

（3）压载设施

由于几乎所有沉管式隧道的预制管段都是自浮的，因此在沉放时，不加压载就沉不下去。加压下沉时，有用石碴、矿渣等物来压载，也有用水箱来压载。用水箱压载比较简单方便，采用的较多。

在封墙安设之前，须先在管段内设置容纳压载水的容器。以前采用小型浮筒充作水箱的较多。近年来多改用木板水箱，取其装拆方便。亦有利用风道，用木板隔成水箱的。

水箱的容量决定于干舷的大小，前后二节管段封墙之间的大小，以及基础处理时"压密"工序所需压重的多少。每节管段至少要设四只水箱，对称地布置在四角。

（4）检漏与干舷调整

管段在制作完成之后，须作一次检漏，如有渗漏，可在浮运出坞之前及时发现，早作处理。一般在干坞灌水之前，先往压载水箱里注水压载，然后再往干坞室里灌水。在有的工例中，于干坞灌水后，还进一步抽汲管段内的空气，使管段中气压降到 0.6 大气压力。灌水 24 ~ 48 h 后，工作人员对管段的所有外壁进行一次仔细的检漏。如无问题，即可排出压载水，让管段浮升出水。如有渗漏，则可将干坞水排干后，进行修补。

经检验合格后浮起的管段，还要在坞中检查四边干舷是否合乎规定，是否有倾侧现象。如有上述现象，可用调整压载的办法来纠正。在一次制作多节管段的大型干坞中，经检漏和调整好干舷的管段，应再加压载水，使之沉至坞底，待使用时再逐一浮升，拖运出坞。

8.4.2　基槽开挖

1. 基槽开挖要求

沉管隧道施工中,需在隧址处的水底沉埋管道范围内,开挖沉管基槽,沉管基槽开挖的基本要求如下:

①槽底纵坡应与管段设计纵坡相同;

②沉管基槽的断面尺寸,根据管段断面尺寸和地质条件确定(图 8 – 17)。

沉管基槽的底宽,一般比管段底每边宽 2 ~ 5 m。这个宽余量应视土质情况及基槽搁置时间与河道水流情况而定,一般不宜定得太小,以免边坡坍塌后,影响管段沉放顺利进行。开挖基槽的深度,应为管顶覆土厚度、管段高度和基础处理所需超挖深度三者之和。沉管基槽开挖边坡与土层地质条件有关,对不同的土层应采用不同的边坡。

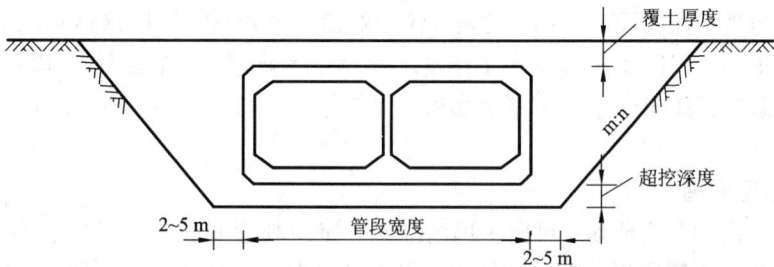

图 8 – 17　沉管基槽

表 8 – 3 所列为不同土层稳定边坡参考数值。此外,基槽留置时间长短、水流情况等因素均对基槽的稳定坡度有很大影响,不能忽视。

表 8 – 3　基槽开挖坡度

土层种类	推荐坡度	土层种类	推荐坡度
硬土层	1:0.5 ~ 1:1	紧密的细砂,软弱的砂夹黏土	1:2 ~ 1:3
砂粒、紧密的砂夹黏土	1:1 ~ 1:1.5	软黏土、淤泥	1:3 ~ 1:5
砂、砂夹黏土、较硬黏土	1:1.5 ~ 1:2	极稠软的淤泥、粉砂	1:8 ~ 1:10

2. 基槽开挖方法

（1）水中基槽开挖方法

一般可用吸泥船疏浚,用航泥驳运泥。当土层较坚硬,水深超过 20 ~ 25 m 时,可用抓斗式挖泥船配合用小型吸泥船清槽及爆破。粗挖时亦可采用链斗式挖泥船,其挖泥深度可达 19 m。对硬质土层可采用单斗挖泥船。

（2）泥质基槽开挖方法

一般分两个阶段进行,即粗挖和精挖。粗挖时挖到离管底标高 1 m 处;精挖时,应在临近管段沉放前开挖,以避免淤泥沉积,精挖层的长度只需超前 2 ~ 3 节管段长度。挖到基槽底设计标高后,应将槽底浮土和淤泥清掉。

(3)石质基槽开挖方法

首先清除岩面以上的覆盖层,然后采用水下爆破方法挖槽,最后清礁。一般水底炸礁采用钻孔爆破法,可根据岩性和产状确定炮眼直径、孔距与排距(排距相互错开)。炮眼的深度一般超过开挖面以下 0.5 m,采用电爆网路连接起爆。水底爆破要注意冲击波对来往船只和水中作业人员的安全,其安全距离应符合规定,并加强水上交通管理,设置各种临时航标以指引船只通过。

8.4.3 管段浮运

1. 航道疏浚

航道疏浚包括临时航道改线的浚挖和浮运管段线路的浚挖。临时航道疏浚必须在沉管基槽开挖以前完成,以保证施工期间河道上正常的安全运输。浮运航道是专门为管段从干坞到隧址浮运时设置的,在管段出坞拖运之前,浮运航道要疏浚好,管段浮运路线的中线应沿着河道深水河槽航行,以减少疏浚挖泥工作量。管段浮运航道必须有足够的水深,根据河床地质情况,应考虑具有 0.5 m 左右的富余水深,并使管段在低水位(平潮水位)时能安全拖运,防止管段搁浅。

2. 管段拖运出坞

管段在干坞内预制完成后,可向干坞内灌水,使预制管节逐渐浮起。在浮起过程中,利用在干坞四周预先为管段浮运布设的锚位,用地锚绳索固定在浮起的管段上,然后通过布置在干坞坞顶的绞车将管段逐节牵引出坞,以便下一批管段按期预制。

3. 管段向隧址浮运

当采用轴线干坞施工方案,且江面宽度较小时,可采用岸上的绞车拖运管段,当拖运距离较长,水面较宽时,一般宜采用拖轮拖运管段,拖轮的大小和数量可根据管段的长、宽、高度、拖拉航速及航运条件(航道形状、水深、流速等),通过力学计算分析选定,如图 8-18 所示。

4. 拖轮布置形式

①四船拖运:一种形式是将两艘拖轮并排在管段的前面领拖,另两艘拖轮并排在管段的后面反拖,并制动转向,如图 8-19(a)所示。另一种形式是前一艘主拖轮作为领拖,管段两边各用一艘拖轮帮助轮,后面一艘拖轮进行反拖并制动管段转向。

②三船拖运管段:一种形式是用两艘拖轮在前拖拉,一艘拖轮在后反拖并制动转向,如图 8-19(b)所示。另一种形式是用一艘主拖轮在前面拖拉,两艘动力较小的拖轮系靠在管段后面两侧控制导向。

图 8-18 管段浮运

5. 岸上绞车拖运和拖轮顶推管段浮运

当水面较窄时,可采用岸上设置绞车拖运,例如:浙江宁波甬江水底沉管隧道的预制沉管浮运过江时,根据江面窄水流急,并受潮水影响,采用绞车拖运"骑吊组合体"浮运过江,

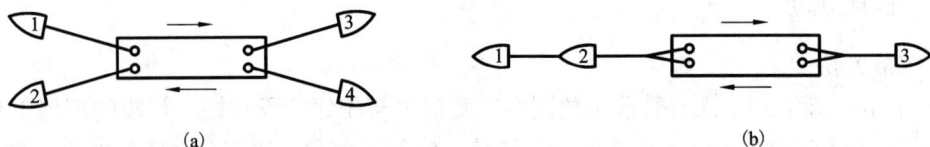

图 8 - 19　管段拖运

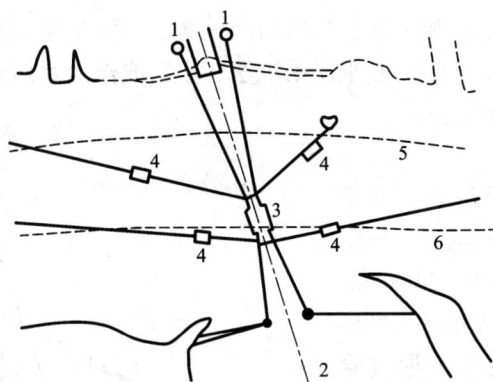

图 8 - 20　绞车拖运管段与浮箱组合体(宁波甬江沉管隧道)

1—绞车；2—干坞；3—管段与浮箱组合体；4—工作方驳；5—主航道；6—副航道南边线

如图 8 - 20 所示。又例如广州沙面至芳村珠江水底沉管隧道施工，采用绞车拖运与拖轮顶推方式，如图 8 - 21 所示。即在沉放管段接头处位置的前方，抛锚布置一艘方驳，在方驳上安置一台液压绞车作为管段的制动力，浮运时三艘拖轮顶潮协助浮运，一艘拖轮在上游作备用。施工实践证明这种方式方便可行，且施工中淤泥不会卷入已开挖好的基槽。

采用绞车拖运与拖轮顶推管段浮运时，应在临时航道设置导航系统，要选择良好的气候条件，一般要晴天、风力小于 5 级，能见度应大于 1000 m，并要加强水上交通管理以确保安全。

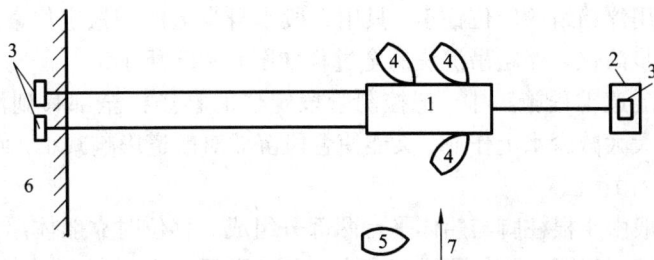

图 8 - 21　绞车拖运和拖轮顶推管段(广州珠江沉管隧道)

1—管段；2—方驳；3—液压绞车；4—顶推拖轮；5—备用拖轮；6—芳村岸；7—水流

8.4.4　管段沉放

1. 沉放方法

当管段浮运就位后，需将管段沉放到水底基槽中与相邻管段对接。管段的沉埋工作是整个沉管式水底隧道施工中比较重要的一个环节。它受到气象、河流自然条件的直接影响，还受到航道条件一定的制约。所以在沉管隧道施工中，并没有一套统一通用的管段沉埋方法。施工时须根据自然条件、航道条件、沉管本身的规模以及设备条件等，因地制宜地选用合适的沉埋方法。

目前，沉管隧道管段的沉放方法，归纳为两大类：一类是吊沉法，另一类是拉沉法。采用吊沉法的居多。吊沉法又分为：起重船吊沉法、浮箱或浮筒吊沉法、水上自升式作业平台吊沉法和船组成浮箱组杠沉法。

（1）起重船吊沉法

起重船吊沉法亦称浮吊法。采用浮吊法进行管段的沉放作业时，一般采用 2～4 艘起重能力为 1000～2000 kN 的起重船提着管段顶板预埋吊环，吊环位置应能保证每个吊力的合力通过管段中心，同时逐渐给管段压载，使管段慢慢沉放到规定位置上，如图 8－22 所示。这种方法的缺点是：占用水面较宽，对航道交通干扰较大。我国广州市黄沙至芳村水下隧道便是采用的这种方法（500 t 浮吊力的单起重船加上 2000 t 的方驳）。

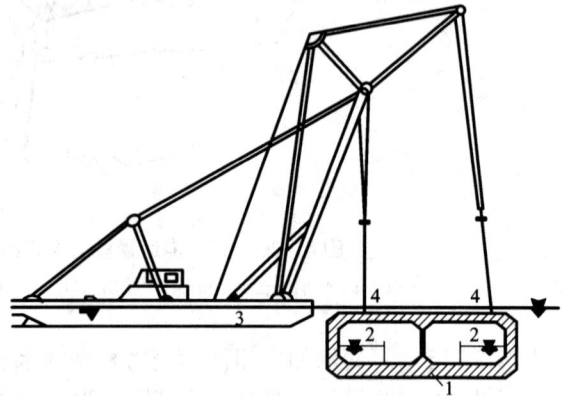

图 8－22　起重船吊沉法
1—沉管；2—压载水箱；3—起重船；4—吊点

（2）浮箱吊沉法

通常在管段顶板上方采用 4 只浮力为 1000～1500 kN 的方形浮箱（体积 10 m×10 m×4 m），直接将管段吊起（吊索起吊力要作用在各浮箱中心），四只浮箱分前后两组，每两只浮箱用钢桁架连接起来，并用四根锚索抛锚定位。起吊的卷扬机和浮箱定位卷扬机均安放在浮箱顶部。也可以不采用浮箱组的定位锚索，只用管段本身身上的 6 根定位索进行控制坐标，使水上沉放作业进一步简化。浮箱吊沉法的全过程如图 8－23 所示。

上海金山沉管隧道工程施工中，把控制管段定位的卷扬机全部移到河岸上，采用所谓"全岸控"作业，可大大减少水上作业，又能使管段沉放对航道影响减小，使指挥、操作便利。

（3）自升式平台吊沉法

自升式平台一般由 4 根柱脚与船体平台两部分组成。移位时靠船体浮移，就位后柱脚靠液压千斤顶下压至河床以下，平台沿柱脚升出水面，利用平台上的起吊设备吊起沉放管段，如图 8－24 所示。管段沉放施工完后落下平台到水面，利用平台船体的浮力拔出柱脚，浮运转移使用。自升式平台吊沉法，适用于水深或流速较大的河流或海湾沉放管段，施工时不受洪水、潮水、波浪的影响，不需要锚锭，对航道干扰小。但这种方法的缺点是：设备费用较大。

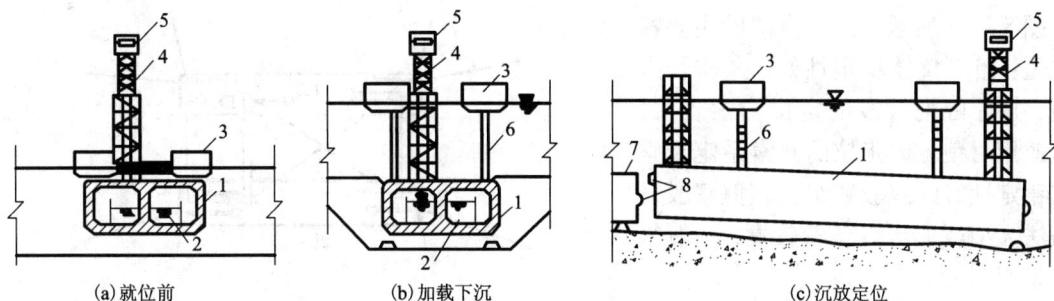

图 8-23 浮箱吊沉法

1—就位前；2—加载下沉；3—沉放定位；4—定位塔；5—指挥塔；6—定位索；7—现设管段；8—鼻式托座

（4）船组杠吊法

采用两副"杠棒"担在两组船体组成的船上，完成管段吊沉作业。所谓"杠棒"即钢桁架梁或钢板梁。每组船体可用两组浮箱或两只铁驳船组成，将两组钢梁（杠棒）两头担在两只船体上，构成一个船组，再将先后两个船组用钢桁架连接起来形成一个整体船组。船组和管段各用 6 根锚索定位（均为四边锚及前后锚），所有定位卷扬机均安设在船体上，起吊卷扬机则安设在杠棒上，吊索的吊力通过杠棒传到船体上，如图 8-25 所示。

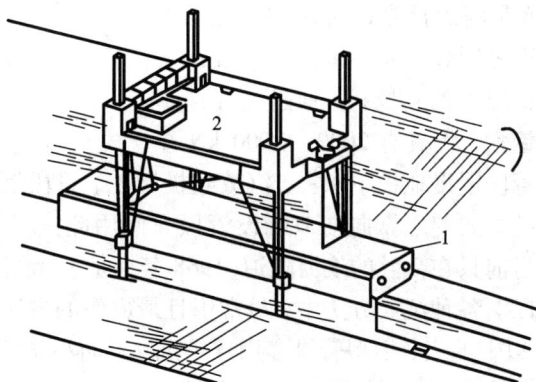

图 8-24 自升式平台吊沉法

1—沉管；2—自升式平台（SEP）

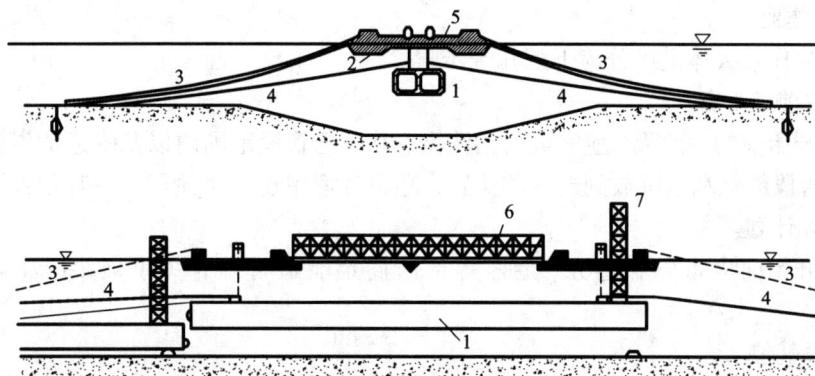

图 8-25 船组杠吊法

1—沉管；2—铁驳；3—船组定位索；4—杠棒；5—连接梁；6—定位塔

在船组杠吊法中，需要四只铁驳或浮箱，其浮力只需用 1000~2000 kN 就足够了。亦可采用两只吨位较大的铁驳（驳体长 60~85 m、宽 6~8 m、型深 2.5~3 m）代替四只小铁驳进行管段沉放作业，称为双驳杠吊法，如图8-26所示。这种方法的主要特点是：船组整体稳定性好，操作较方便，并且可把管段的定位锚索省去，而改用对角方向张拉的斜索系定于整体稳定性好的双驳船组上。但双驳杠吊法大型驳船等设备费较贵，一般很少采用。

（5）拉沉法

这种沉放方法的特点是：既不用浮吊、方驳、也不用浮筒、浮箱。管段沉埋时不靠灌注压载水来取得下沉力，而是利用预先设置在沟槽底面上的水下桩墩作为地垄，依靠安设在管顶钢桁架上的卷扬机，通过扣在地垄上的钢索，将具有 2000～3000 kN 浮

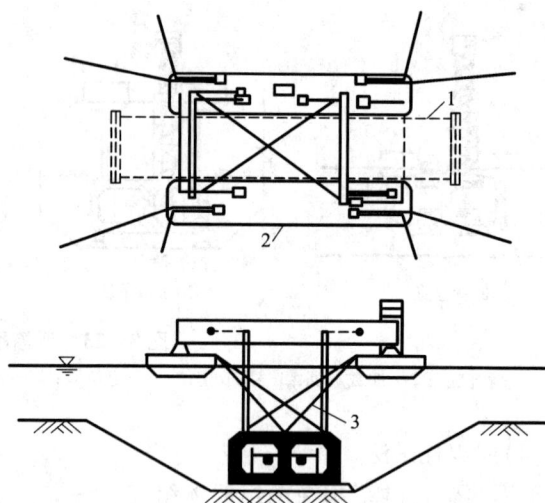

图 8-26　双驳杠吊法
1—管段；2—大型铁驳；3—定位索

力的管段慢慢地拉下水去，沉放到桩墩上，管段沉置到水底后，进行水下连接时，亦用此法以斜拉方式使之靠向前节既设管段。使用此法必须设置水底桩墩，费用较大，因此未得推广。目前只在荷兰的埃河隧道（1968 年建成）和法国的马赛港隧道（1969 年建成）中用过。

以上各种沉放方法中，最常用且最方便的方法是浮箱吊沉法和方驳吊沉法。一般顶宽在 20 m 以上的大、中型管段多用浮箱沉法，而小型管段则以采用方驳杠吊法为最佳。

2. 沉放作业主要设备

采用浮箱吊沉法与船组杠沉法等方法作业的主要机具设备有管段吊沉大型机具设备、拉合千斤顶、定位塔、地锚、超声波测距仪、倾度仪、缆索测力计、压载水容量指示器、指挥通信器具等。

3. 沉放作业

管段沉放作业大体上可分为下列几个步骤：

（1）沉放前的准备

在沉放开始前的一两天，应完成沟槽清淤工作，把管段范围内以及附近的淤泥回砂排除掉，以保证管段能顺利地沉放到规定的位置，避免沉埋中途发生搁浅，临时延长沉埋作业时间，打乱港务计划。

在沉放开始前应事先和港务、港监等部门商定航道管理有关事项，并及早通知有关方面。

（2）管段就位

在高潮平潮之前，将"背着"浮箱的管段或挟持着管段的作业船组拖运到指定位置上，并挂好地锚，校正好前后左右位置。此时管段所处位置，可距规定沉埋位置 10～20 m，但中线要与隧道轴线基本重合，误差不应大于 10 cm。管段的纵向坡度亦应调整到设计坡度。定位完毕后，可开始灌注压载水，至消除管段的全部浮力为止。

（3）管段下沉

管段下沉的全过程，一般需要 2~4 h，因此应在潮位退到低潮平潮之前 1~2 h 开始下沉。开始下沉时的水流速度，宜小于 0.15 m/s，如流速超过 0.5 m/s，就要另行采取措施。

下沉作业一般分为三个步骤，即初次下沉、靠拢下沉和着地下沉，如图 8-27 所示。

①初次下沉。

先灌注压载水至下沉力达到规定值之 50%。随即进行位置校正完毕后，再继续灌水至下沉力达到规定值

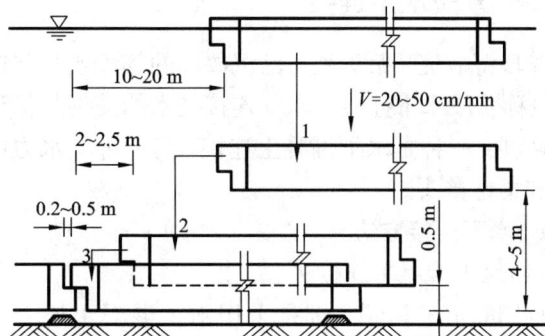

图 8-27　管段下沉作用步骤
1—初步下沉；2—靠拢下沉；3—着地下沉

之 100%。并开始按 40~50 cm/min 速度将管段下沉，直到管底离设计高程 4~5 m 为止。下沉时要随时校正管段位置。

②靠拢下沉。

先将管段向前节既设置管段方向平移，至距既设管段 2 m 左右处。然后再将管段下沉到管底离设计高程 0.5~1 m 左右，并校正好管段位置。

③着地下沉。

先将管段继续前移至距前节既设管段约 50 cm 处。矫正管段位置后，即开始着地下沉。最后 1 m 的下沉速度要慢得多，并应同时进行矫正位置。着地时先将前端搁上鼻式托座或套上卡式定位托座，然后将后端轻轻地搁置到临时支座上。搁好后，各吊点同时卸荷。先卸去 1/3 吊力，校正位置后再卸至 1/2 吊力。待再次校正位置后，卸去全部吊力，使整个管段的下沉力全部都作用在临时支座上。

前后二节管段的沉埋时间间隔，视各方配合与准备情况而定。大多数工例采用一个月周期，即一个月沉埋一节。也有的工程实例曾压缩到 1~2 周，但刚开始时，总要稍长些。

3. 水上交通管制

在进行管段沉埋作业时，为了保证施工和航运双方安全，必须采取水上交通管制措施。其中最主要的，一般是主航道的临时改道和局部水域的暂短封锁。

在沉管施工中，一部分管段进行沉埋作业时，仍应使用原航道，保持航运畅通，而于另一部分管段进行沉埋时，改用特意浚挖出来的临时航道维持通行。临时航道可与原航道同宽，亦可有所缩小改为单向交通，视河面情况而定。主航道的临时改道，几乎是每条水底沉管隧道施工的必用措施。实际上只在河道很狭窄，隧道的河中段，仅为一、二节管段长度时，才需实行真正的封航。

施工时，环绕作业区的水上交通封锁，是局部性和暂时性的，故称作局部水域的暂短封锁。这种封锁的范围，在上、下游方向一般为从隧道中轴线起，上、下游各 150~200 m。在沿隧道中轴线的前后方向，则视定位锚索的布置而定。如沉埋时采用以前惯用的前后锚，则其范围应离管段两端各 150~200 m。

8.4.5 管段水下连接

管段沉放完毕后，须与已沉放好的管段或竖井连接成一个整体。这项连接工作在水下进行，故称管段水下连接。水下连接技术的关键是保证管段接头不渗、不漏水。水下连接的方法有两种：一种是水下混凝土连接，另一种是水力压接。管段接头根据构造不同可分为刚性接头和柔性接头。

1. 水下连接方法

（1）水下混凝土连接法

早期的沉管隧道，都是采用水下混凝土连接法。采用水下混凝土连接法时，应先在接头两侧管段的端部与管段同时制作安设平堰板，待管段沉放完毕后，在前后两块平堰板左右两侧水中，安设一个圆形的钢围堰板，同时在隧道衬砌的外边，用钢檐板把隧道内外隔开，再往围堰内灌筑水下混凝土，形成管段水下的连接。

水下混凝土连接法的主要缺点是：水下作业工艺复杂，水下潜水作业工作量较大，管段接头处混凝土容易开裂漏水，故20世纪60年代末开始已很少采用此方法。目前，水下混凝土连接法仅在管段的最终接头时采用。

（2）水力压接法

自从20世纪50年代末期加拿大的迪斯隧道首创造了水力压接法之后，几乎所有的沉管隧道都改用了这种简单，可靠的水力压接法。几十年来，此法又有不少的改进，使其更加完善。

水力压接就是利用作用在管段后端上的巨大水压力使安装在管段前端面周边上的一圈橡胶垫环发生压缩变形，并构成一个水密性相当可靠的管段间接头。具体施工方法是：在管段沉放就位完毕后，先将新设管段拉向既设管段并紧靠上，这时接头胶垫产生了第一次压缩变形，并且有初步止水作用。随即将已设管段后端的封端墙与新设管段前端的封端墙之间的水（此时已与河水隔离）排走。排水之前，作用在新设管段前、后两端封端墙上的水压力是相互平衡的；排水之后，作用在前封端墙上的水压力

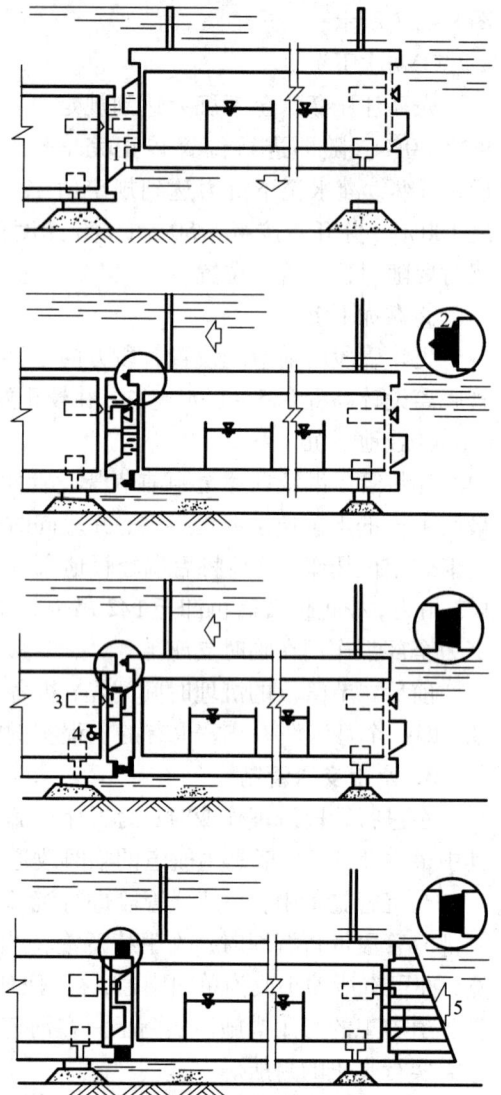

图 8-28　水力压接法
1—鼻式托座；2—接头胶垫；3—拉合千斤顶；
4—排水筏；5—水压力

变成了1个大气压的空气动力，于是作用在后封端墙上的巨大水压力就将管段推向前方，使接头胶垫产生第二次压缩变形，如图8-28所示。经二次压缩变形后的胶垫，使管段接头具

有非常可靠的水密性。

用水力压接法进行水下连接的主要工序是：对位、拉合、压接、拆除端封墙。

①对位。管段作业是按前述的工序分初步下沉、靠拢下沉和着地下沉三个阶段进行。着地下沉时须结合管段连接工作进行对位。对位的精度要求为：管段前端，水平方向 ±2 cm，垂直方向 ±1 cm；管段后端，水平方向 ±5 cm，垂直方向 ±1 cm。为了确保对位精度，管段接头多采用如图 8－29 所示的鼻式托座。

②拉合。拉合工序的任务是利用安装在管段竖壁上带有锤形拉钩的拉合千斤顶，将

图 8－29　管段托座

对好位的管段拉向前节既设管段，使胶垫的尖肋部产生初压变形和初步止水作用。

拉合作业程序为：先推出拉杆，将锤形拉钩插入刚沉放管段中的临时支架的连接部分，再旋转 90°即可固定，然后收缩拉杆，即完成拉合作业。拉合作业也可以用定位卷扬机完成。拉合作业完成后，应再次测量与调整。

③压接。拉合完成之后，可即打开已设管段后端封墙下部的排水阀，排出前后二节沉管封墙之间被胶垫所包围封闭的水。排水阀用管道与既设管段水箱连接。排水开始后不久，需立即开启安设在既设管段后端顶部的进气阀，以防端封墙受到反向的真空压力，因为一般端封墙设计时，只考虑单向的水压力。当封端墙间水位降低到接近水箱水位时，应开动排水泵助排，否则水位不能继续下降。

排水完毕后，作用在整个胶垫上的压力便等于作用在新设管段后端封墙和管段端面上的全部水压力，此压力可达数十兆牛到数百兆牛（相当于作用在胶垫上 300～400 kN/m 的压力），视水深和管段断面尺寸而定。在此水压力作用下，胶垫必然进一步压缩，从而达到完全密封。这个阶段的胶垫压缩量约为胶垫本体高度的 1/3 左右。胶垫的断面尺寸和各部分的硬度，即按此压力和压缩变形量来设计。

④拆除端封墙。压接完毕后，即可拆除管段间的端封墙，使管段与既设管段连通。因没有像盾构施工那样的出土和管片运输的频繁行车，隧道的内装工作，如浇筑压载混凝土、铺设路面、平顶、安装照明灯具等工作都可立即开始。这也是沉管隧道工期较短的一个重要原因。

水力压接法的优点是：工艺简单，施工容易；水密性切实可靠；基本上不用潜水工作；工、料费省；施工速度快。因此水力压接法得以在世界各国迅速推广应用。

2. 管段接头

管段在水下连接完毕后，还需在水下混凝土或胶垫的止水掩护下，于其内侧构筑永久性的管段接头，以便使前后两节管段连成一体。永久性管段接头的构造，应保证可靠的水密性，并具有抗御不均匀沉降和地震影响的充分能力。

管段接头的构造，主要有刚性接头和柔性接头两种。两种构造中，刚性接头以往用得较多。采用水下混凝土法连接时，只能构筑刚性接头。在水力压接法问世后，仍有许多沉管隧道仍采用刚性接头。但从 20 世纪 60 年代以后，采用柔性接头的工程实例日益增多。

（1）刚性接头

刚性接头是在水下连接完毕后，在相邻两节管段端面之间，沿隧道外壁以一圈钢筋混凝土连接起来，形成一个永久性接头，接头的构造一般应不低于管段本体结构的强度，以便抵抗轴力、剪力和弯矩。刚性接头的最大缺点是水密性不可靠，往往在隧道通车后不久，即因沉降不均匀而开裂渗漏。

自水力压接法出现后，许多隧道仍用刚性接头。但其构造已与以前的刚性接头有很大区别。水力压接法所用的胶垫，留在外圈作为接头的永久止水防线。刚性接头处于胶垫的防护之下，不再有渗漏之虞。这种刚性接头可称作"先柔后刚"

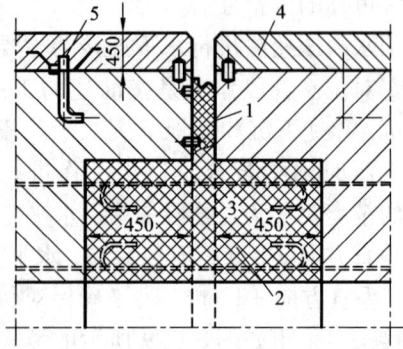

图 8 – 30　"先柔后刚"式接头
1—胶垫；2—后封混凝土；3—钢模；
4—钢筋混凝土保护层；5—锚栓

式接头，如图 8 – 30 所示。其刚性部分，一般于管段沉降基本结束之后，再以钢筋混凝土浇筑。

（2）柔性接头

这种接头主要是利用水力压接时所用的胶垫，吸收变温伸缩与地基不均匀沉降所致角位移，以消除或减少管段所受变温或沉降应力。图 8 – 31 所示为一般常用普通柔性接头的构造。

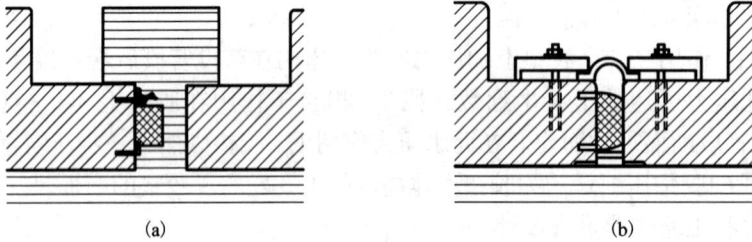

(a)　　　　　　　　　　　　　　　(b)

图 8 – 31　普通柔性接头

在地震区中的沉管隧道，宜采用柔性接头。但其构造不同于普通柔性接头。抗震柔性接头须既能适应线位移与角变形，又具有足够的抗拉压、抗剪和抗弯强度。由于这种接头所受的轴力和剪切力都很大，如以一个部件来承受轴力和剪切力，并在角变形后能防止漏水，其构造较为困难。一般由几个部件来分别应付。因此，抗震柔性接头的构造较普通柔性接头复杂，并需具备以下性能：

1）适应角变形，防止漏水

图 8 – 31 所示普通柔性接头的基本构造（胶垫加 Ω 形防水膜）可以满足要求。在接头产生角变形后，凸侧胶垫的压缩量减小，而凹侧胶垫的压缩量增加。因接头的水密性系靠胶垫的压缩量来保证，因此，凸侧胶垫的防漏最小压缩量应不小于：

①相当于水深的横向水压力作用下，开始漏水的最小压缩量；

②相当于水深的横向水压力作用下，胶垫开始发生侧移（倾倒）的最小压缩量。

2）抵抗轴向拉力

接头所受轴向拉力，一般应由专门部件来承担。这种受拉部件，应满足以下二项要求：

①既能抵抗地震时所产生的轴向拉力，又能在外力消失后回弹复原；

②接头产生张角时，既能随之延伸，又能抵抗拉力，Ω 形钢板或预应力钢索能满足上述要求，可用作抗震柔性接头的受拉部件。

3）抵抗轴向压力

接头所受轴向压力，一般可由胶垫承担，虽然作用在接头上即整环胶垫上的轴向压力很大，常为数十吨，甚至超过万吨，但分布在每延米胶垫上的压力，并不甚大。另方面胶垫的容许压力很大，在一般常见场合下，胶垫不会存在压坏的可能。当轴向压力异常巨大，非胶垫所能承受时，可在胶垫旁边设置刚性限位块来传递压力。

4）抵抗剪压力

地震时接头所受剪切力，非上述的 Ω 形钢板、预应力钢索或胶垫等所能承受，一般需另设型钢组成抗剪部件来承担。

8.4.6　沉管基础处理

由于沉管隧道在基槽开挖、管段沉放、基础处理和回填覆土后，其抗浮系数仅为 1.1 ~ 1.2，因此作用在地基上的荷载一般比开挖前要小，故沉管隧道地基一般不会产生由于土壤固结或剪切破坏所引起的沉降。其次，沉管隧道施工时是在水下开挖沟槽，没有产生流砂现象的可能，因而对各种地质条件的适应性很强。正因为如此，一般水底沉管隧道施工时不必像其他水底隧道施工那样，须在施工前进行大量的水中地质钻探工作。

但沉管隧道施工时仍须进行基础处理。因为在管段沉放前，用任何设备进行沟槽浚挖后，槽底表面总会产生一定的不平整度，使槽底表面与管段表面之间存在着许多不规则的空隙，导致地基受力不匀，引起不均匀沉降，使管段结构受到较高的局部应力以致开裂。故必须进行适当处理。其目的是使管段底面与地基之间的空隙充填密实。

基础处理亦可称作基础垫平。其处理方法大体上可归纳为三类。一类是先铺法，即在管段沉埋之前，先铺好砂、石垫层。二类是后填法，先将管段沉埋在预置在沟槽底上的临时支座上，随后再进行充填垫实。三类是桩基法，主要用于软弱地基。

此外，沉管隧道基础处理曾采用过灌砂法和灌囊法（均属后填法），灌砂法是沿管段两侧向基底灌砂，因不能使矩形管段底面中部充填密实，只适用于圆形管段。灌囊法是在管段底面系上囊袋，管段沉放后向囊袋内灌注砂浆填充，这种方法现已被压浆法取代。

1. 先铺法

先铺法基本上只有刮铺法一种。刮铺法是在管段沉放前用专用的刮铺船上的刮板在基槽底刮平铺垫材料（如粗砂或碎石或砂砾石）作为管段基础，如图 8 - 32 所示。早期的沉管隧道多用刮铺法处理基础。

刮铺法的基本工序是：

①在浚挖沟槽时先超挖 60 ~ 80 cm，并沿沟槽底面两侧打数排短桩，安设导轨以便在刮铺时控制高程和坡度；

②用抓斗或通过刮铺机的喂料管，在宽度为管段底宽加 1.5 ~ 2 m，长度为一节管段长度的范围内，投放铺垫材料。若铺垫材料为砂砾石或碎石时，其最佳粒径分别为 2.6 ~ 3.8 cm 和 15 cm。在地震区应避免用黄砂作铺垫材料；

③按导轨所规定的厚度、高程以及坡度,用刮铺机将铺垫材料刮平。刮平后垫层表面平整度为:刮砂 ±5 cm、刮石 ±20 cm;

④在管段里灌足压载水,有时再压砂石料,使其产生超载,而使垫层压紧密贴;若铺垫材料为碎石,通过管段底面上预埋的压浆孔,向垫层里压注水泥膨润土斑脱土混合砂浆。

先铺法的缺点是:需要特制的专用刮铺设备;作业时间长,干扰航道;刮铺完后需经常清除回淤土或坍坡的泥土;当管段底宽较大,超过 15 m 左右时,施工较困难。

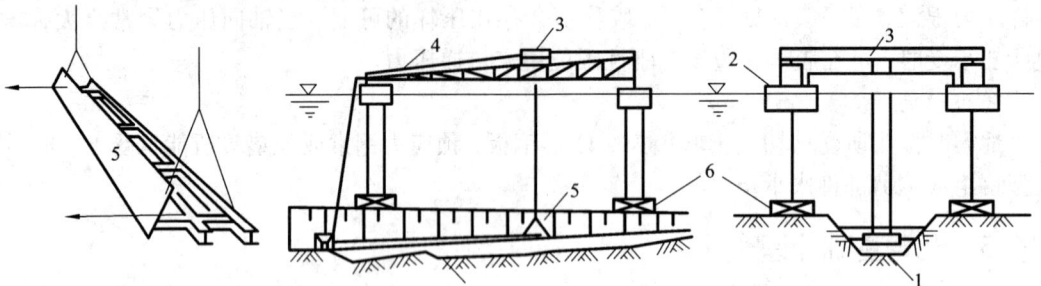

图 8 – 32　刮铺法
1—碎石垫层;2—驳船组;3—车架;4—桁架及轨道;5—刮板;6—锚块

2. 后填法

(1)后填法的基本工序

①浚挖沟槽时,先超挖 100 cm 左右;

②在沟底安设临时支座;

③管段沉埋完毕(在临时支座上搁妥)后,往管底空间回填垫料。

在后填法中,安设水底临时支座是一项比较主要的工序。然而后填法中所用临时支座,大多数是较简单的。因为即使是重达 45000 ~ 50000 t 的特大型管段,沉于水底后的重量亦不超过 400 t。所以作用到临时支座上的荷载非常轻,支座的构造可以做得小而简易。除了少数工例曾采用短桩简易墩外,多数是用道碴堆成临时支座。道碴堆的常用尺度为 7 m × 7 m × 0.5 ~ 1.0 m,搁在临时支座上的支承板通常随管段一起浇制,一起沉埋,其尺寸一般为 2 m × 2 m × 0.5 m。支承板由设在与管段底面之间的液压千斤顶实现调整定位。

(2)后填法几种主要施工方法

①喷砂法。

此法主要是从水面上用砂泵将砂、水混合料通过伸入管段底下的喷管向管底喷注,填满空隙。喷填的砂垫层厚度一般是 1 m 左右。

喷砂作业需一套专用的台架,台架顶部突出在水面上,可沿铺设在管段顶面上的轨道作纵向前后移动。在台架的外侧,悬挂着一组(三根)伸入管段底部的 L 形钢管。中间一根为喷管,直径为 100 cm,旁边二根为吸管,直径为 80 mm。作业时将砂、水混合料经喷管喷入管段底下空隙中,喷射管作扇形旋移前进。在喷砂进行的同时,经二根吸管抽吸回水。从回水的含砂量中可以测定砂垫的密实程度。喷砂时从管段的前端开始,喷到后端时,用浮吊将台架吊移到管段的另一侧,再从后端向前端喷填,如图 8 – 33 和 8 – 34 所示。

喷砂作业的施工进度约为 200 m³/h。当管段底面积为 3000 ~ 4000 m² 时,喷砂作业的实际时间仅 15~20h，大约两天便可完成。喷砂完毕后，随即松卸临时支座上的定位千斤顶，使管段的全部（包括压载物）重量压到砂垫层上去进行压密。这时产生的沉降量，一般在 5 mm 以下。通车以后的最终沉降量，一般都在 15 mm 以内。

喷砂法在清除基槽底的回淤土时十分方便，可在喷砂作业前，利用喷砂设备逆向作业系统进行。喷砂法的缺点是：喷砂台架体积庞大，占用航道影响通航；设备费用昂贵；对砂子的粒径要求较严，因而增加了喷砂法的费用。

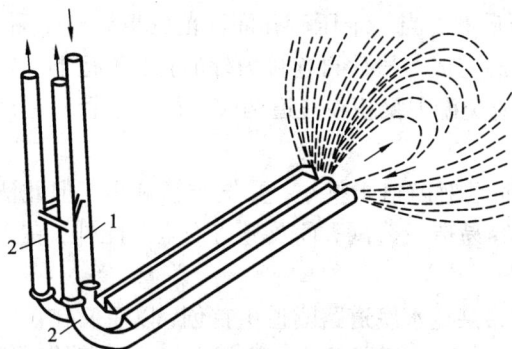

图 8-33　喷砂法原理

1—喷砂管；2—回吸管

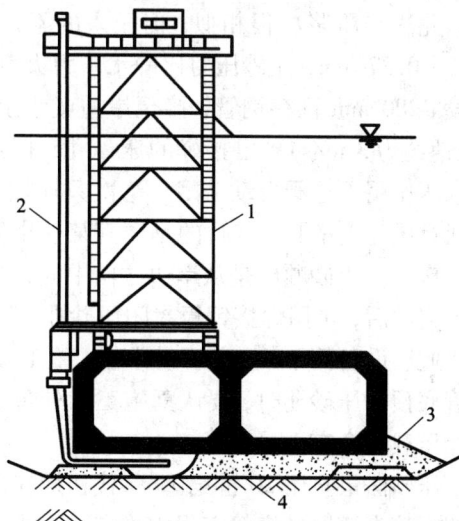

图 8-34　喷砂台架

1—喷砂台架支架；2—喷管及吸管；3—临时支撑；4—喷入砂垫

喷砂法在欧洲用得较多，适用于宽度较大的沉管隧道。德国汉堡的易北河隧道（管段宽 41.5 m），比利时的德斯凯尔特隧道（管段宽 47.85 m）等大型隧道都用此法完成基础处理。

②压浆法。

这是一种在灌囊法的基础上进一步改进和发展而来的处理方法，可省去较贵的囊袋，繁复的安装工艺、水上作业和潜水作业。

在浚挖沟槽时，也是先超挖 1 m 左右，然后摊铺一层厚 40~60 cm 的碎石，但不必刮平，只要大致整平即可。再堆设临时支座所需的道碴堆，完成后即可沉埋管段。

在管段沉埋结束后，沿着管段两侧边及后端底边抛堆砂、石封闭栏至管底以上 1 m 左右，以封闭管底周边。然后从隧道内部，用压浆设备，通过预埋在管段底板上的 φ80 mm 压浆孔，向管底空隙压注混合砂浆（图 8-35）。混合砂浆由水泥、膨润土、黄砂和缓凝剂配成。强度应低于原地基强度。压浆材料也可用低标号、高流动性的细石子混凝土。

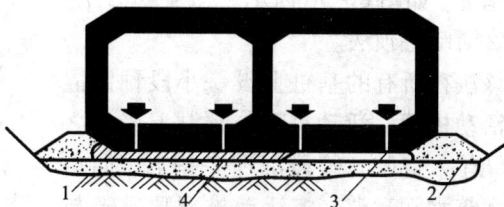

图 8-35　压浆法

1—碎石垫层；2—砂；3—石封闭栏；4—压入砂浆

压浆的压力不必太大，一般比水压大 0.1～0.2 MPa。压浆时对压力要慎加控制，以防顶起管段。

压浆法首先在日本东京港第一条航道水底道路隧道工程（1976 年建成）中试验成功，不但突破了丹麦公司在基础处理工艺上的专利（喷砂法）垄断，而且还解决了地震区的液化问题。我国宁波甬江水底隧道是第一座采用压浆基础的沉管隧道。据施工后的观测，压浆基础情况良好，这说明在软弱地基采用压浆基础是合适的。

③压砂法。

此法与压浆法很相似，但压入的不是水泥砂浆，而是砂、水混合料。所用砂的粒径为 0.15～0.27 mm，注砂压力比静水压力大 50～140 kPa。压砂法具体做法是：在管段内沿轴向铺设 ϕ200 mm 输料钢管，接至岸边或水上砂源，通过泵砂装置及吸料管将砂水混合料泵送（流速约为 3 m/s）到已接好的压砂孔，打开单向球阀，混合料压入管底空隙。停止压砂后，在水压作用下球阀自动关闭。每次只连接三个压砂孔，当一个压砂孔灌注范围填满砂子后，返回重压先前的孔，其目的是填满某些小的空隙。完成一段后再连接另外的孔，进行下一段压砂作业。压砂顺序是从岸边注向中间，这样可避免淤泥聚积在隧道两端。待整个管段基础压砂完成后，再用焊接钢板封闭压砂孔。

此法设备简单，工艺容易掌握，施工方便。而且对航道干扰小，受气候影响小。但此法在管底预留压砂孔时，要认真施工和处理，否则容易造成渗漏，危及隧道安全。此外，在砂基经压载后会有少量沉降。

压砂法最早于 20 世纪 70 年代初期在荷兰的弗莱克水底道路隧道中首创，以后又在该国的波特赖克道路隧道等工程中推广，压砂法在荷兰已取代了喷砂法。我国广州珠江沉管隧道也成功地采用压砂基础。

3. 桩基法

当沉管隧道下的地基特别软弱时，其容许承载力很小，仅作"垫平"处理是不够的。采用桩基础支撑沉管，承载力和沉降都能满足要求，抗震能力也较强，桩较短，费用较小。

沉管隧道采用水底桩基础后，由于施工中桩顶标高不可能达到齐平，为使各桩能均匀受力，必须在桩顶采取一些措施。这些措施大体有以下三种：

①水下混凝土传力法。

基桩打设好后，在桩群顶灌注水下混凝土，并在其上铺一层砂石垫层，使沉管荷载经砂石垫层和水下混凝土层均匀传递到桩基上，如图 8-36 所示。

②活动桩顶法。

该法在所有的基桩上设一小段预制混凝土活动桩顶。活动桩顶与预制混凝土之间，留有一空腔。管段沉埋完毕后，向空腔中灌筑水泥砂浆，将活动桩顶顶升至与管底密贴接触（图 8-37）。待砂浆强度达到要求后，卸除千斤顶，管段荷载便能均匀地传到桩群上。活动桩顶可用钢桩制作，在基桩顶部与活动桩顶之间，用软垫层垫实，垫

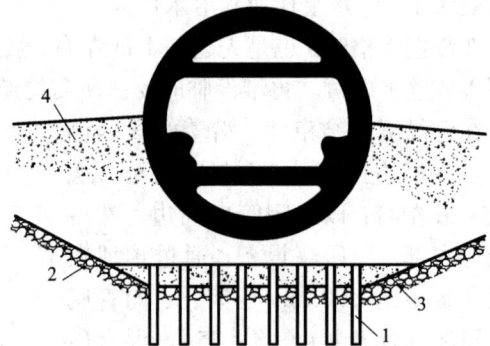

图 8-36　水下混凝土传力法

1—基桩；2—碎石；3—水下混凝土；4—砂石垫层

层厚度按预计沉降来确定。管段沉放完毕后，再于管段底部与活动桩顶之间，灌注水泥砂浆填实。

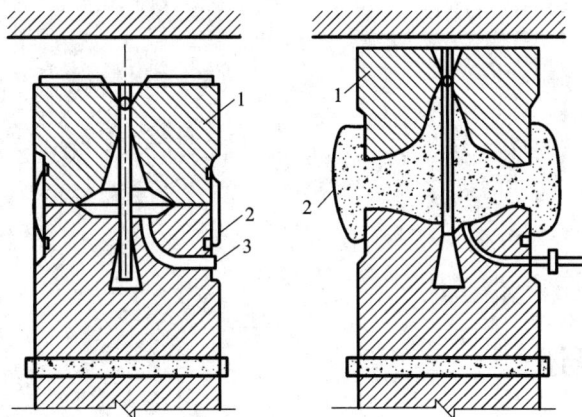

图 8-37 活动桩顶法

1—活动桩顶；2—尼龙布套；3—压浆孔

8.4.7 覆土回填

回填工作是沉管隧道施工的最终工序，回填工作包括沉管侧面回填和管顶压石回填。沉管外侧下半段，一般采用砂砾、碎石、矿渣等材料回填，上半段则可用普通土砂回填。覆土回填工作应注意以下几点：

①全面回填工作必须在相邻的管段沉放完后方能进行，采用喷砂法进行基础处理或采用临时支座时，则要等到管段基础处理完，落到基床上再回填。

②采用压注法进行基础处理时，先对管段两侧回填，但要防止过多的岩渣存落管段顶部。

③管段上、下游两侧（管段左右侧）应对称回填。

④在管段顶部和基槽的施工范围内应均匀地回填，不能在某些位置投入过量而造成航道障碍，也不得在某些地段投入不足而形成漏洞。

───────── 思考与练习 ─────────

1. 简述沉管法的主要类型及其适用条件。
2. 沉管法为什么要进行浮力设计？如何进行浮力设计？
3. 沉管隧道的主要防水措施有哪些？
4. 简述沉管隧道施工的主要工序。
5. 沉管法施工干坞有哪些类型？各有何特点？
6. 简述水力压接法的作用原理及其主要工序。
7. 简述沉管隧道基础处理的主要方法及其各自的特点。

第 9 章

顶管隧道

9.1　顶管技术概述

9.1.1　顶管施工的基本原理

　　顶管施工是借助主顶油泵等顶进设备的推力，将工具管或掘进机从工作坑中穿过沿线土层一直推到接收坑内，与此同时，将紧随其后的管道或结构依次连接并埋设到两井之间的施工方法，这是一种非开挖(trenchless)的敷设地下管道或结构的施工方法，如图 9 - 1 所示。

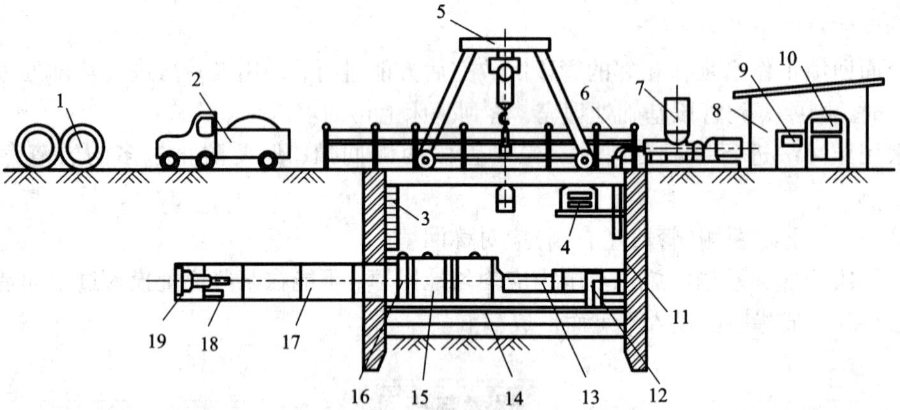

图 9 - 1　顶管施工示意

1—混凝土主管；2—运输车；3—扶梯；4—主顶油泵；5—行车；6—安全扶栏；7—润滑注浆系统；8—操纵房；
9—配电系统；10—操纵系统；11—后座；12—测量系统；13—主顶油缸；14—导轨；15—弧形顶铁；
16—环形顶铁；17—混凝土管；18—运土车；19—机头

　　从图中可以看出，顶管机的机头 19，即工具管正沿工作井出洞口顶进土层，随后紧接一段有一段的混凝土管道 17、被推顶入掘进的管线土层中，直到机头被顶出接收井后，这两井之间的混凝土管道就紧密连接，有序地敷设完成。不管工作井与接收井之间的地上地下有何障碍物，地下管道的无开挖施工敷设都能按选线要求顺利进行并埋设到位。

　　如果是长距离顶管，采取中继环接力原理，将管道分成数段，段与段之间设置中继环(图

9 - 4)，使之形成一个成环形布置的许多中继油缸组成的移动式顶推站；中继环按先后次序依次逐个启动，使管道分段顶进。这样，管道顶进长度不再受后座顶力的限制，只要增加中继环的数量，就能延长管道的顶进长度，确保其管道的长距离顶进连接到位。

顶管技术(Pipe Jacking)是从盾构法施工技术发展而来。顶管法所用的顶管机(掘进机或盾构机)和管片隧道施工法所采用的隧道盾构掘进机没有本质的不同。两种施工技术方法的区别仅在于隧道内衬构筑方法的不同，一个是整段管片顶进连接安装，另一个是组合管片不断拼接安装。

顶管技术既是一种具体的非开挖敷设地下管道的施工方法，同时它又是以顶管施工原理为基础的顶进施工技术的总称(如顶进箱形桥涵、地下通道等)。目前顶管施工随着城市建设的发展已越来越普及，应用的领域也越来越宽，如下水道、自来水管、煤气管、动力电缆、通信电缆、发电厂循环水冷却系统、地下铁道、人行通道等施工中。

9.1.2　顶管施工技术的发展

1. 现代顶管工艺的技术基础

顶管技术的发展已有 100 多年的历史。世界上第一个有据可查的关于顶管技术的记录是美国北太平洋铁路公司在 1896—1990 年间完成的早期顶管施工作业。在二战之前，美国、英国、德国和日本均发展了顶管施工技术。

进入 20 世纪六七十年代，顶管施工技术从主顶设备到配套技术都进行了较大改进，奠定了现代顶管施工技术的基础。其中最主要的技术进步表现在以下三个方面：

①研制成功带有一组各自独立的千斤顶并能控制顶进方向的掘进机(主顶机头或工具管)，可方便不同地层条件下的顶进施工。

②研制成功专门用于顶管施工的带橡胶密封环的系列混凝土管道，可供不同直径的顶管工程使用。

③研制成功中继站构造以供长距离顶管使用，并完善其中继接力技术。

2. 顶管技术在中国的发展

我国最早的顶管施工是始于 1953 年的北京，当时是在京包铁路的路基下进行的钢筋混凝土管道的顶管穿越施工。1956 年，上海首次在黄浦江堤下进行钢管顶管施工，也很成功。但最初采用的都是手掘式顶管，设备比较简陋。

1978 年，上海基础工程公司开发研制了三段双铰型工具管，即顶管机头，解决了百米顶管施工技术难题，这种工具管可根据开挖面的稳定情况适时地向冲泥舱加局部气压，而当开挖面稳定时，又可不加气压，从而改善了施工条件。这种挤压法顶管，特别适用于软黏土和淤泥质黏土地层条件，该挤压法顶管，可比普通手掘式顶管的效率提高一倍以上。

1984 年前后，北京、上海和南京等地先后引进了国外的机械式顶管设备，如上海市政公司引进了日本伊势机公司 800 mm 管径的顶管掘进机，具有双重平衡和电视遥控功能；同时也引进了一些顶管技术理论及施工管理经验，使我国的顶管技术开始跃上一个新台阶。诸如土压平衡理论、泥水平衡理论、顶管接口形式及制管新技术等对迅速改变我国顶管技术领域的落后面貌发挥了极大作用。

1988 年上海研制成功我国第一台管径为 2720 mm 多刀盘土压平衡型掘进机；1992 年，又研制成功我国第一台管径为 1440 mm 加泥式土压平衡掘进机，并形成系列，其最大管径为

3540 mm。

近 20 多年来，我国的顶管技术水平有了长足的发展，并在大直径、长距离顶进技术方面处于国际领先地位。1981 年，将内径 DN2600 mm 钢管穿越浙江甬江，单向顶进长度达 581 m。1987 年，又在上海南市区水厂过江单向顶进 1120 m，创千米顶管纪录，随后的 10 年中。又接连完成 6 项超千米的顶管工程。

尤其是 1997 年 4 月，在上海黄浦江上游引水工程的长桥支线，将 DN3500 mm 直径钢管单向顶进 1743 m。使我国在大直径、长距离的水下顶管纪录始终处于国际领先水平。

3. 矩形顶管技术在我国的发展

进入 21 世纪以来，随着我国市政建设的高速发展及地下空间的开发利用，许多地下结构的断面尺寸越建越大，同时为了提高地下空间的利用率和节约成本，往往把断面形式做成矩形。目前在国内几个大型城市，如上海、武汉和广州，采用矩形顶管法施工的地下过街通道和地铁进出站横通道也已有多处成功工程案例。其部分工程实例如表 9 - 1 所示。

表 9 - 1　我国部分矩形顶管工程实例

年份	工程名称	截面尺寸 /(m × m)	顶程 /m	顶管机	用途
1999	上海地铁 2 号线陆家嘴车站 5 号出入口人行地道顶管工程	3.8 × 3.8	62.25	组合刀盘土压平衡矩形顶管机	人行通道
2004	上海市中环线虹许路北虹路下立交工程	3.42 × 7.85	130	土压平衡式矩形隧道掘进机	下穿公路隧道
2006	上海轨道交通 6 号线浦电路站过街出入口顶管工程	6.24 × 4.36	42.7	土压平衡式矩形隧道掘进机	地铁站出入口
2008	苏州市齐门路北延下穿沪宁铁路工程	9.1 × 7.4	37	土压平衡式矩形隧道掘进机	下穿铁路隧道
2009	上海轨道交通 2 号线东延伸段张江高科站顶管工程	4 × 6	23	多刀盘土压平衡顶管机	地铁站出入口
2010	上海轨道交通 2 号线东延伸段金科路顶管工程	4.2 × 6.9	49.1	多刀盘土压平衡顶管机	地铁站出入口
2012	佛山市南海区桂城站过街通道工程	6.0 × 4.3	43.5	泥水平衡顶管机	过街通道
2012	武汉地铁 2 号线王家墩东站 IV 号出入口顶管工程	4 × 6	62.4	多刀盘土压平衡顶管机	地铁站出入口
2014	郑州市红专路下穿中州大道隧道工程	2 × 7.5 × 5.4 + 2 × 10.1 × 7.45	105	土压平衡式矩形隧道掘进机	城市快速主干道

与此同时，国内已有多家制造商研发出适合不同工程需求的矩形顶管掘进机(图 9 - 2)，该技术在施工中的不断深化研究也日趋成熟，已能基本满足矩形顶管施工的硬件要求。未来的矩形顶管技术会越来越成熟，应用范围也会越来越广泛。

图 9 – 2　矩形顶管机实例图

9.1.3　顶管施工的特点

1. 主要特点

顶管施工方法具有以下特点:

①在敷设地下管道时,不需要大挖大填土方作业,是一种非开挖施工技术,穿越能力强,施工工作面也不大,可方便在城镇中的繁华市区施工。

②是一项综合性的施工技术,从选线、定位放线、工作井和接收井设置、机头顶推、测量定位及施工组织与管理,都要求严格科学管理和有条不紊地实施其施工作业程序及精心施工,并不断克服穿越不同土层条件的各种困难,才能较好地完成敷设地下管线任务。

③具有鲜明的适用性问题。即应针对不同的土层组成及土质条件、不同的施工条件和不同的埋管设置要求,选择与之适应的顶管施工工艺,以达到事半功倍的效果。否则,将会使顶管施工难以顶进甚至导致失败。

④是一种带高科技手段的现代化地下管道施工方法,它既能不断掘进埋管,后续连接敷设管道,又能支护开挖掘进面,且受先进的激光定位系统指挥,机头的对中和上下左右转动也十分灵活,确保了管道敷设的顺利进行,并显示出埋管施工的独特优点及具备环境保护的极大优越性。

2. 与挖槽埋管相比较的优缺点

(1)主要优点

①开挖部分仅仅只有工作坑和接收坑,土方开挖量少而且安全,对交通影响小。

②在管道顶进过程中,只挖去管道断面的土,比开槽施工土方量少。

③施工作业人员比开槽埋管少。

④对施工周围环境影响小,文明施工程度高。

⑤工期比开槽埋管短,在埋土深度大的情况下比开槽埋管经济。

(2)不足之处

①曲率半径小而且多种曲线组合在一起时,施工非常困难。

②在软土层中容易发生偏差,且纠正这种偏差比较困难,管道容易产生不均匀下沉。

③推进过程中如果遇到障碍物时,障碍物的处理非常困难。

④在覆土浅的条件下显得不经济。

3. 与盾构法施工相比较的优缺点

（1）优点

①推进完毕后不需要进行衬砌作业，节省材料，同时也可缩短建设工期。

②工作坑和接收坑占用面积小，对环境影响小。

③掘进断面小，渣土处理量少。

④作业人员少。

⑤造价比盾构施工低。

⑥地面沉降小。

（2）缺点

①超长距离顶进比较困难，曲率半径变化大时施工也比较困难。

②大口径，如直径5000 mm 以上的顶管几乎不太可能。

③在转折多的复杂地质条件下施工时，工作坑和接收坑都会增加。

9.1.4 顶管施工方法分类

顶管施工的分类方法很多，而每一种分类方法是从不同侧面强调顶管施工在某一方面的特征，都有其局限性，无法概全。通常，有以下几种分类方法。

1. 按顶管管径大小划分

可分为大口径顶管、中口径顶管、小口径顶管和微型顶管四种。

①大口径顶管：一般指管径在 2000 mm 以上的顶管。这种大口径管道，施工人员可在管中自由直立和行走，属于大规格的顶管施工；个别最大管径可达 5000 mm，比小型盾构还大。大口径顶管需要大型顶管设备，管道自重大，配套的起运设备也大；面对的地层环境不同，顶进时涉及的土层比较复杂，可能在施工中遇到的干扰也大。

②中口径顶管：一般指管径在 1200～1800 mm 之间的顶管。这类中口径的管道，施工人员在管内行走要受到限制，甚至不便直立行走，只能躬腰面行。这类管径适合于多种用途管道，在顶管中占了大多数。

③小口径顶管：一般指管径在 500～1000 mm 之间的顶管。这类小口径的管道，施工人员只能在管道中爬行，甚至爬行也很困难。这类管径往往作为分支管道，其适用性也较广。

④微型顶管：一般指管径在 400 mm 以下的顶管，甚至最小管径只有 75 mm 的。这类管径也往往作为分支管道使用。

2. 按施工顶管的管节材料划分

可分为钢筋混凝土管顶管、钢管顶管、球墨铸铁管道顶管、玻璃钢管道顶管、陶土管顶管、塑料管（PVC 管）顶管和石棉水泥管道顶管等。

3. 按顶进管道轨迹的曲直划分

可分为直线顶管和曲线顶管。曲线顶管要求测量精度高，其技术难度亦大。不仅有平面曲线顶管，还有垂直向曲线顶管和 S 形的曲线顶管，基本上都可以按照工程的实际变换要求去精心实现。

4. 按顶管施工的工作井和接收井之间的距离长短划分

可分为普通顶管和长距离顶管。长距离顶管是随顶管技术不断发展而发展的。过去100 m长度左右的顶管就称为长距离顶管。随着注浆减摩技术水平的提高和设备的不断改进，100 m 已不称为长距离了。通常把一次顶进 300 m 以上长度的顶管才称为长距离顶管。

5. 按顶管前端工具管或掘进机的作业形式划分

可分为手掘式、挤压式、半机械式和机械式等作业形式。

①靠人在带刃口的工具管（或机头）内挖土的顶管作业方式称为手掘式。对于工具管（或机头）内的土是被顶进时挤进管内再做处理的作业方式称为挤压式。以上两种顶管方式在工具管（成机头）内部没有掘进机械，顶进作业方式较为简单，顶进速度也较慢。

②如果在推进管前的钢制壳体内有掘进岩土的机械，这样的顶管作业方式称为半机械式或机械式顶管。在该钢制壳体中设有反铲之类的机械手进行挖土的作业方式，称为半机械式顶管。为了稳定挖掘面，这类半机械式顶管往往需要采用降水、注浆或采用气压等辅助手段。如果在推进管前的钢制壳体内安装了一台掘进机进行挖土作业，则称为机械式顶管。它们的作业方式较复杂，但顶进速度较快。

③机械式顶管，又可按其掘进机的种类细为泥水式、泥浆式、土压式和岩石掘进机，其相应的顶管作业方式也被区分为泥水式、泥浆式、土压式和岩石式顶管。在以上四种掘进机的顶管作业中，又以泥水式和土压式使用得最为皆遍，其掘进机的结构形式也最为多样化。

9.2　顶管施工的基本组成

9.2.1　顶进设备

1. 工作坑和接收坑

工作坑是安放所有顶进设备的场所，也是顶管掘进机的始发场所。工作坑还是承受主顶油缸顶进力反作用力的构筑物。接收坑是接收掘进机的场所。通常，管道从工作坑中一节节顶进，到接收坑中把掘进机吊起以后，再把第一节管道顶出一定长度后，整个顶管工程才基本结束。有时在多段连续顶管的情况下，工作坑也可当接收坑用，但反过来则不行，因为一般情况下接收坑比工作坑小许多，顶管设备是无法安放的。

2. 顶管掘进机

顶管掘进机是顶管用的主要设备，总是安放在所顶管道的最前端。不管哪种形式，顶管掘进机的功能都是取土和确保管道顶进方向的正确性。

3. 主顶装置

主顶装置由主顶油缸、主顶油泵和操纵台及油管等四部分构成，如图 9-3 所示。主顶油缸提供管道推进的动力，它多呈对称状布置在管壁周边。在大多数情况下都成双数，且左右对称。主顶油缸的压力油由主顶油泵通过高压油管供给。常用的压力在 32～42 MPa 之间，最高的可达 50 MPa。主顶油缸的顶进和回缩是通过操纵台控制的。操纵方式有电动和手动两种，前者使用电磁阀或电液阀，后者使用手动换向阀。

4. 顶铁

顶铁有环形、弧形或马蹄形三种。环形顶铁的主要作用是把主顶油缸的顶进力较均匀地分布在所顶管子的端面上。弧形或马蹄形顶铁是为了弥补主顶油缸行程与管节长度之间的不足。弧形顶铁用于手掘式、土压平衡式等许多方式的顶管中，它的开口是向上的，便于管道内出土。而马蹄形顶铁则是倒扣在基坑导轨上的，开口方向与弧形顶铁相反。它只用于泥水

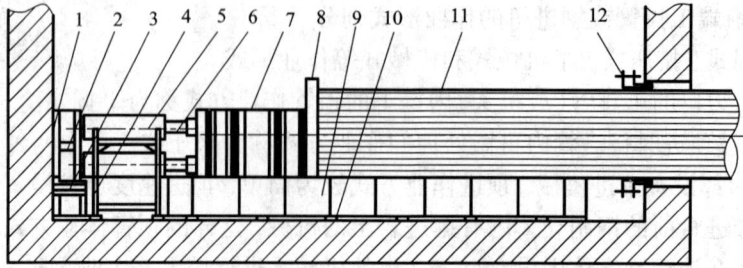

图 9-3 顶进设备布置图

1—后座；2—调整垫；3—后座支架；4—油缸支架；5—主油缸；6—刚性顶铁；
7—U 形顶铁；8—环形顶铁；9—导轨；10—预埋板；11—管道；12—穿墙止水

平衡式顶管中。

5. 基坑导轨

基坑导轨是由两根平行的箱形钢结构焊接在轨枕上制成的。它的作用主要有两点：一是使推进管在工作坑中有一个稳定的导向，并使推进管沿该导向进入土中；二是让环形、弧形顶铁工作时能有一个可靠的托架。

6. 后座墙

后座墙是把主顶油缸推力的反力传递到工作坑后部土体中去的墙体。它的构造会因工作坑的构筑方式不同而不同。在沉井工作坑中，后座墙一般就是工作井的后方井壁。在钢板桩工作坑中，必须在工作坑内的后方与钢板桩之间浇筑一座与工作坑宽度相等的厚度为 0.5~1 m 的钢筋混凝土墙，目的是使顶进力的反力能比较均匀地作用到土体中去，尽可能地使主顶油缸总顶进力的作用面积大些。有时为了防止后座墙板的损坏，在后座墙与主顶油缸之间再垫上一块厚度在 200~300 mm 之间的钢结构件，称之为后靠背，通过它把油缸的反力较均匀地传递到后座墙上。

7. 中继站

中继站亦称中继间，它是长距离顶管中不可缺少的设备。其实质是将长距离顶管分成若干段，在段与段之间设置中继接力顶进设备即中继环[图 9-4(a)]，以增大顶进长度，中继环内成环行布置若干中继油缸，中继油缸工作时，后面的管段成为后座，前面的管段被推向前方。这样可以分段克服摩擦阻力，使每段管道的顶力降低到容许顶力范围之内。常用中继环的构造如图 9-4(b)所示。

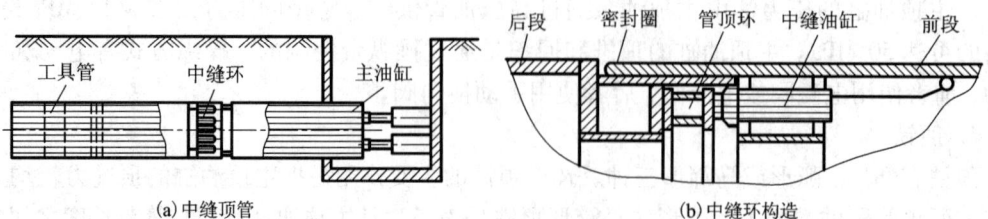

(a)中缝顶管　　　　　　　　　　　　　(b)中缝环构造

图 9-4 中继环位置及构造

9.2.2　顶进施工配套设备

1. 顶进用管

顶进用管分多管节和单管节两大类。多管节顶进管大多为钢筋混凝土管，管节长度在 2 ~ 3 m 之间。这类管都必须采用可靠的管接口，该接口必须在施工时和施工完成以后的使用过程中都不会渗漏。这种管接口形式有企口形、平接口(T 形)和 F 形接口三种。

单管节的顶进管是钢管，它的接口都是焊接成的，施工完工以后变成一根刚性较大的管子。它的优点是焊接接口不易渗漏，缺点是只能用于直线顶管，而不能用于曲线顶管。

除此之外，铸铁管、硬塑料管(PVC、PE)、玻璃钢管和复合管等也可用于顶管。

2. 输土装置

输土装置随顶进方式的不同而不同。在手掘式顶管中，大多采用手推车出土；在土压平衡式顶管中，有蓄电池拖车、砂泵等方式出土；在泥水平衡式顶管中，都采用泥浆泵和管道输送泥水。

3. 地面起吊设备

地面起吊设备最常用的是门式行车，它操作简便、工作可靠，不同口径的管子应配不同吨位的行车。它的缺点是转移过程中拆装比较困难。汽车式起重机和履带式起重机也是常用的地面起吊设备。它们的优点是转移方便、灵活。

4. 测量和校正系统

顶管过程中，每隔一定时间(一般是每顶进 1 m)应测量标高和中心线一次。发现偏差时，除及时校正外，还应每顶进一个行程后，正式测量校正一次。使用得最普遍的测量装置是经纬仪和水准仪。在机械式顶管中，大多使用激光经纬仪，即在普通经纬仪上加装一个激光发射器，激光束打在掘进机的光靶上，观察光靶上光点的位置就可判断管的偏差。

5. 注浆系统

注浆系统由拌浆、注浆和管道三部分组成。拌浆是把注浆材料兑水以后再搅拌成所需的浆液。注浆是通过注浆泵来进行的，它可以控制注浆的压力和注浆量。管道分为总管和支管，总管安装在管道内的一侧。支管则把总管内压送过来的浆液输送到每个注浆孔去。

9.2.3　施工辅助设备

1. 供电及照明系统

顶管施工中常用的供电方式有两种：在距离较短和口径较小的顶管中，一般采用直接供电。如动力电用 380 V，则由电缆直接把 380 V 电输送到掘进机的电源箱中。另一种是在口径比较大而且顶进距离又比较长的情况下，把高压电输送到掘进机后的管道中，然后由管道中的变压器进行降压，降至 380 V 的电送到掘进机的电源箱中去。高压供电的好处是损耗少，但高压供电危险性大，要做好用电安全工作和采取各种有效的防触电、漏电措施。

照明也有低压和高压两种，若管径大的，照明灯固定时一般采用 220 V 电源。

2. 通风与换气系统

通风与换气是长距离顶管中不可缺少的一环，否则可能发生缺氧或气体中毒现象。顶管中的换气应采用专用的抽风机或者鼓风机。通风管道一直通到掘进机内，把混浊的空气抽离工作井，然后让新鲜空气自然地补充。或者使用鼓风机，使工作井内空气强制流通。

9.3　常用顶管施工技术

顶管施工技术主要有挤压式、局部气压水力挖土式、泥水平衡式和多刀盘土压平衡式等几种。下面重点介绍目前常用的泥水平衡式和多刀盘土压平衡式两种顶管的施工工法。

9.3.1　泥水加压平衡顶管施工工法

1. 工法特点

泥水加压平衡顶管与其他顶管相比，具有平衡效果好、施工速度快、对土质的适应性强等特点，采用泥水加压平衡顶管工具管，施工控制得当，地表最大沉降量可小于 3 cm，每昼夜顶进速度可达 20 m 以上。它采用地面遥控操作，操作人员不必进入管道。管道轴线和标高的测量是用激光仪连续进行的，能做到及时纠偏，其顶进质量也容易控制。

2. 适用范围

泥水加压平衡顶管适用于各种黏性土和砂性土的土层中，直径 800～1200 mm 的各种口径管道。若有条件解决泥水排放问题或大量泥水分离问题，大口径管道同样适用。还适应于长距离顶管，特别是穿越地表沉降要求较高的地段可节约大量环境保护费用。所用管材可以是预制钢筋混凝土管，也可以是钢管。

3. 工艺原理

泥水加压平衡顶管机机头设有可调整推力的浮动大刀盘进行切削和支承土体。推力设定后，刀盘随土压力大小变化前后浮动，始终保持对土体的稳定支撑力使土体保持稳定。刀盘的顶推力与正面土压力保持平衡。机头密封舱中接入有一定含泥量的泥水，泥水亦保持一定的压力，一方面对切削面的地下水起平衡作用，一方面又起运走刀盘切削下来的泥土的作用。进泥泵将泥水通过旁通阀送入密封舱内，排泥泵将密封舱内的泥浆抽排至地面的泥浆池或泥水分离装置内，通过调整进泥泵和排泥泵的流量来调整密封舱的泥水压力。

刀盘上承受的土压力和舱内泥水压力均由压力表反映，机械运转情况、各种压力值、调光测量信息、纠偏油缸动作情况均通过摄像仪反映到地面操纵台的屏幕上，操作人员根据这些信息进行遥控操作。由于顶管机头操作反映正确，可及时调整操作，所以泥水平衡顶管平衡精度较高，顶进速度较快，且地表沉降量小。

4. 施工工艺与流程

泥水加压平衡顶管由主机、纠偏系统、进排泥系统、主顶系统和压浆系统等组成。主机包括切削土体的刀盘以及传动及动力机构；纠偏系统包括纠偏油缸、油泵、操纵阀和油管组成；进排泥系统由进泥泵、排泥泵、旁通阀、管路和沉淀池组成；主顶系统由主顶油缸、油泵、操纵阀及管路组成。操纵系统由操纵台、电器控制箱、液压控制箱、摄像机和通信电线组成；压浆系统由拌浆筒、储浆筒压泵和管路组成。其工艺流程如图 9-5 所示。

5. 施工要点

（1）准备工作

①地质和环境调查；

②顶管机选型；

③设置顶管工作井；

```
                          ┌──────┐
                          │ 放样 │
                          └──────┘
              ┌──────────────┼──────────────┐
              │      ┌──────────┐            │
              │      │ 设备进场 │            │
              │      └──────────┘            │
     ┌────────────────────┐        ┌──────────────────┐
     │  安装洞口止水装置   │        │  砌筑泥浆沉淀池   │
     └────────────────────┘        └──────────────────┘
              │                              │
     ┌────────────────────┐        ┌──────────────────┐
     │     安装导轨        │◄───────│ 安装进泥泵、排泥泵│
     └────────────────────┘        └──────────────────┘
              │                              │
     ┌────────────────────┐        ┌──────────────────┐
     │    安装后座墙       │        │ 安装进排泥管、旁通阀│
     └────────────────────┘        └──────────────────┘
              │                              │
     ┌────────────────────┐        ┌──────────────────────┐
     │  安装顶进油缸、油泵 │        │ 安装泥浆搅拌筒及泥浆 │
     └────────────────────┘        │ 泵(短距离顶管可不用) │
              │                     └──────────────────────┘
     ┌────────────────────┐                  │
     │    机头吊装就位     │                  │
     └────────────────────┘                  │
         │          │                        │
  ┌──────────┐ ┌──────────────┐              │
  │ 操纵台就位│ │ 安装激光测   │              │
  │          │ │ 量仪、摄像仪 │              │
  └──────────┘ └──────────────┘              │
         │          │                        │
     ┌────────────────────┐        ┌──────────────────┐
     │   接通电路、油路    │        │    接通电源       │
     └────────────────────┘        └──────────────────┘
              │             ┌──────┐          │
              └─────────────│ 试车 │──────────┘
                            └──────┘
```

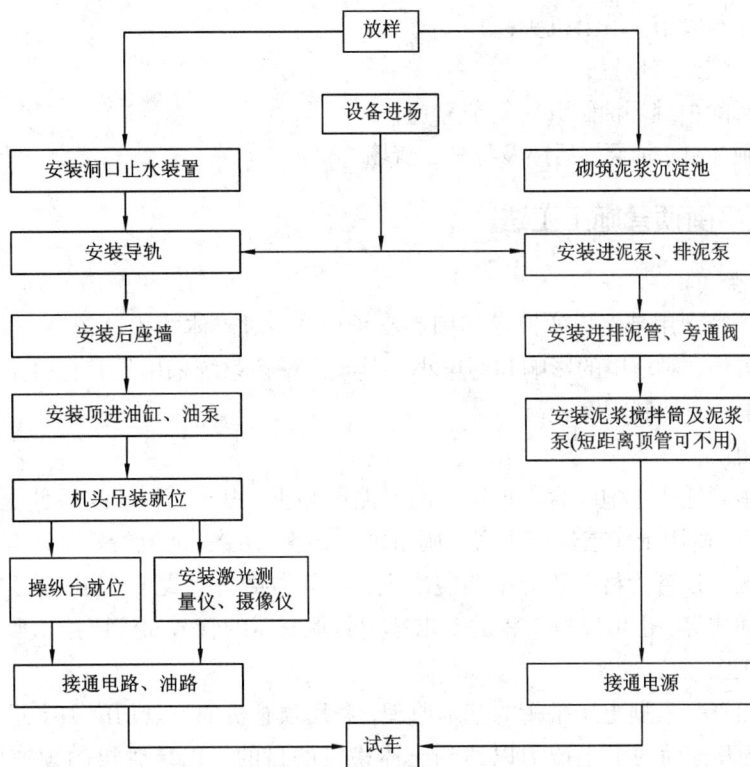

图 9 – 5　泥水式顶管施工工艺

④顶管顶力计算及承压壁后靠土体稳定性验算。

（2）顶进

①拆除洞口封门；

②推进机头，机头进入土体时开动大刀盘和进排泥泵；

③机头推进至能卸管节时停止推进，拆开动力电缆、进排泥管线，缩回推进油缸；

④将事先安放好密封环的管节吊下，对准插入就位；

⑤接上动力电缆、控制电线、摄像仪连线、进排泥管，接通压浆管路；

⑥启动顶管机、进排泥泵、压浆泵、主顶油缸，推进管节；

⑦随着管节的推进，不断观察轴线位置和各种指示仪表，纠正管道轴线方向并根据土压力大小调整顶进速度；

⑧当一节管节推进结束后，重复以上第②至第⑦继续推进；

⑨长距离顶管时，在规定位置设置中继环。

（3）顶进到位

①顶进即将到位时，放慢顶进速度门时停止顶进；

②在接收井内安放好接引导轨；

③拆除接收井洞口封门；

④将机头送入接收井，此时刀盘的进排泥泵均不运转；

⑤拆除动力电缆、进排泥管、摄像仪及连线和压浆管路等；

⑥分离机头与管节，吊出机头；

⑦将管节顶到预定位置；

⑧按次序拆除中继环油缸并将管节靠拢；

⑨拆除主顶油缸、油泵、后座及导轨，清场。

9.3.2　土压平衡顶管施工工法

1. 工法特点

土压平衡顶管利用带面板的刀盘切削和支承土体，对土体的扰动较小。采用干式排土，废弃泥土处理方便，对环境的影响和污染小。其土压平衡系统采用具有自整定功能控制的智能控制器，土压平衡控制精度较高。

2. 适用范围

土压平衡顶管适用于饱和含水地层中的淤泥质黏土、黏土、粉砂或砂性土，应用管径为1650～2400 mm。适用于穿越建筑物密集闹市区、公路、铁路、河流特殊地段等地层位移限制要求较高的地区。顶管管材一般为钢筋混凝土，管节的接头形式可选用"T"形、"F"形钢套环式和企口承插式等，也可以按工程的要求选用其他材质的管节和管口接扣形式。

3. 工艺原理

土压平衡顶管是根据土压平衡的基本原理，利用顶管机的刀盘切削和支承机内土压舱的正面土体，抵抗开挖面的水土压力以达到土体稳定的目的。以顶管机的顶速即切削量为常量，螺旋输送机转速即排土量为变量进行控制，待到土压舱内的水土压力与切削面的水土压力保持平衡，由此减少对正面土体的扰动，减小地表的沉降与隆起。

4. 施工工艺与流程

（1）施工准备

①工作井的清理、测量及轴线放样；

②安装和布置地面顶进辅助设施；

③设置与安装井口龙门吊车；

④安装主顶设备后靠背；

⑤安装与调整主顶设备导向机架、主顶千斤顶；

⑥安装与布置工作井内的工作平台、辅助设备、控制操作台；

⑦实施出洞辅助技术措施，并点降水、地基加固等；

⑧安装调试顶管机准备出洞。

（2）顶管顶进

①安放管接口扣密封环、传力衬垫；

②下吊管节，调整管口牛心，连接就位；

③电线穿管道，接通总电源、轨道、注浆管及其他管线；

④启动顶管机主机土压平衡控制器，地面注浆机头顶进往水系统机头顶进；

⑤启动螺旋输送机排土；

⑥随着管节的推进，测量轴线偏差，调整顶进速度直至一节管节推进结束；

⑦主顶千斤顶回缩就位后主顶进装置停机，关闭所有顶进设备，拆除各种电缆与管线；清理现场；

⑧重复以上步骤继续顶进。

（3）顶进到位

顶进到位后的施工流程与泥水加压平衡顶管相同。

9.4　顶管施工中的有关计算

9.4.1　工作坑的尺寸及受力分析

1. 工作坑的平面尺寸

工作坑(包括顶进工作和接收工作坑)的位置根据地形、管线设计、障碍物的种类等因素确定。工作坑的平面尺寸取决于管径和管节的长度、顶管掘进机的类型、排土的方式、操作工具以及后座墙等因素，一般按下列公式计算确定。

（1）工作坑的宽度 B （m）为：

$$B = D_1 + 2b + 2c \tag{9-1}$$

式中：D_1 为顶进管的外径，m；b 为管两侧的操作空间，根据管径大小及操作工具而定，一般取 1.2 ~ 1.6 m；c 为撑板的厚度，一般为 0.2 m。

（2）工作坑的长度 L （m）为：

$$L = L_1 + L_2 + L_3 + L_4 + L_5 + L_6 \tag{9-2}$$

式中：L_1 为管节的长度，一般为 2 m、4 m；L_2 为千斤顶的长度，一般为 0.9 ~ 1.1 m；I_3 为后座墙的厚度，为 1 m；L_4 为前一节已顶进管节留在导轨上的最小长度，通常为 0.3 ~ 0.5 m；L_5 为管尾出土所留的工作长度，用小车时为 0.6 m，用手推车时为 1.2 m；L_6 为调头顶进时的附加长度，m。

2. 后座墙的计算

后座墙在顶进过程中承受全部的阻力，故应有足够的稳定性。为了保证顶进质量和施工安全，应进行后座墙承载能力的计算。计算公式为：

$$F_c = K_r \times B_o \times H \times (h + H/2)\gamma \times K_p \tag{9-3}$$

式中：F_c 为后座墙的承载能力，kN；B_o 为后座墙的宽度，m；H 为后座墙的高度，m；h 为后座墙顶至地面的高度，m；γ 为土的容重，kN/m³；K_p 为被动土压力系数，与土的内摩擦角 φ 有关，其计算公式为：$K_p = \tan^2(45° + \varphi/2)$；$K_r$ 为后座墙的土坑系数，当埋深浅，不需打钢板桩，墙与土直接接触时，$K_r = 0.85$；当埋深较大，打入钢板桩时，$K_r = 0.9 + 5h/H$。

在一般情况下，顶管工作坑所能承受的最大顶进力应由顶进管所能承受的最大顶进力为先决条件，然后再反过来验算工作坑后座墙是否能承受最大顶进力的反作用力。如果工作坑能承受，那么就把这个最大顶进力作为总顶进力，如果不能承受，则必须以后座所能承受的最大顶进力作为总顶进力。不管采用何种顶进力作为总顶进力，一旦总顶进力确定了，在顶管施工的全过程中决不允许有超过总顶进力的情况发生。

9.4.2 顶进力的计算

1. 顶进力

顶进力的计算是顶管施工中最常用的、最基本的计算之一。顶进力为初始顶进力与各种阻力之和。计算式如下：

$$F = F_0 + [(\pi D_1 q + W)\mu' + \pi D_1 C']L \tag{9-4}$$

式中：F 为顶进力，kN；F_0 为初始顶进力，kN；D_1 为顶进管外径，m；q 为顶进管周边的均布载荷，kPa；W 为每米顶进管的重力，kN/m；μ' 为顶进管与土之间的摩擦系数（$\mu' = \tan\varphi/2$）；C' 为顶进管与土之间的黏着力，kPa；L 为顶进长度，m。

为了求出顶进管周边的均布载荷，可先求出顶进管管顶上方土的垂直载荷与地面的动载荷，然后把两者加起来作为顶进管周边的均布载荷。即：

$$q = W_e + p \tag{9-5}$$

$$W_e = (\gamma - 2c/B_e)C_e \tag{9-6}$$

$$C_e = B_e[1 - e^{-2K\mu H/B_e}]/(2K\mu) \tag{9-7}$$

$$B_e = B_t[1 + \sin(45° - \varphi/2)]/[\cos(45° - \varphi/2)] \tag{9-8}$$

$$B_t = B_e + 0.1 \tag{9-9}$$

$$p = 2p'(1 + i)/[B(\alpha + 2H\tan\theta)] \tag{9-10}$$

式中：W_e 为顶进管管顶上方土的垂直载荷，kPa；p 为地面的动载荷，kPa；γ 为土的重度，kN/m³；c 为土的内聚力，kPa；B_e 为顶进管顶土的扰动宽度，m；C_e 为土的泰沙基载荷系数；K 为土的泰沙基侧向土压系数（$K = 1$）；μ 为土的摩擦系数（$\mu = \tan\varphi$）；H 为顶进管管顶以上覆土深度，m；B_t 为挖掘的直径，m；p' 为汽车单只后轮荷载（$p' = 100$ kN）；i 为冲击系数，如表 9-2 所示；B 为车身宽度，m，一般取 2.75 m；α 为车轮接地宽度，m，一般取 0.2 m；θ 为车轮分布角度（$d = 45°$）。

表 9-2 不同覆土厚度条件下地面荷载冲击系数

H/m	$H \leqslant 1.5$	$1.5 < H < 6.5$	$H \geqslant 6.5$
i	0.5	0.65 ~ 0.1	0

2. 泥水顶管

泥水顶管的顶进力也可以采用下述方法求出。

$$F = F_0 + \pi D_1 \tau_a L \tag{9-11}$$

$$F_0 = (p_e + p_w + \Delta p)B_c^2/4 \tag{9-12}$$

$$\tau_a = C' + \sigma'\mu' \tag{9-13}$$

$$\sigma' = \alpha q + 2W/[2(D_1 - t)] \tag{9-14}$$

式中：F 为总顶进力，kN；F_0 为初始顶进力，kN；D_1 为顶进管外径，m；τ_a 为顶进管与土之间的剪切应力，kPa；L 为顶进长度，m；p_e 为挖掘面前土压力（$p_e = 150$ kPa）；p_w 为地下水压力，kPa；Δp 为附加压力（一般取 20 kPa）；C' 为顶进管与土之间的黏着力，kPa；σ' 为顶进管法向土压力，kPa；μ' 为顶进管与土的摩擦系数（$\mu' = \tan\varphi/2$）；α 为顶进管法向土压力取值范围；q 为顶进管管顶上的垂直均布载荷，kPa；W 为每米顶进管的重力，kN/m；t 为顶进管的管壁厚度，m。

在一般的泥水式所适应的土质中，根据经验 α 和 C' 的取值可参见表 9-3。

表 9-3 法向土压力与土的摩擦系数取值范围

土质及地面载荷情况	α	C'	土质及地面载荷情况	α	C'
砂性土，一般载荷情况下	0.75 ~ 1.10	0	砂砾土，较大载荷情况下	1.50 ~ 2.70	0
砂砾土，一般载荷情况下	0.75	0	黏性土，一般载荷情况下	0.50 ~ 0.80	0.2 ~ 0.7
砂性土，较大载荷情况下	1.50 ~ 2.70	0	黏性土，较大载荷情况下	0.80 ~ 1.50	0.5 ~ 1.0

有时，为了简化计算程序，也可用下述简易的公式计算出总顶进力：

$$F = F_0 + f_0 L \tag{9-15}$$

式中：F_0 为初始顶进力，kN；f_0 为每米顶进管的综合阻力，kN/m。可按下式计算：

$$f_0 = RS + Wf \tag{9-16}$$

式中：R 为综合摩擦阻力，kPa，表 9-4 所示；S 为顶进管的外周长，m；W 为每米顶进管的重力，kNm；f 为管子重力在土中的摩擦系数（$f = 0.2$）。

表 9-4 不同土质综合摩擦阻力

土质	粉砂夹砂	砂层	砂砾	黏土
R/kPa	5 ~ 10	7 ~ 16	8 ~ 20	5 ~ 30

3. 土压平衡顶管

在土压平衡顶管中，顶进力可以采用下述的方法求得。

$$F = F_0 + f_0 L \tag{9-17}$$

式中：f_0 每米顶进管与土层之间的综合摩擦阻力，kN/m。

$$f_0 = (\pi D_1 q + W)\mu' + \pi D_1 C' \tag{9-18}$$

而

$$F_0 = \pi \alpha p_e D_1 / 14 \tag{9-19}$$

式中：α 为综合系数，参见表 9-5；p_e 为土仓的压力，kPa。

表 9-5 不同土质综合系数

土质	α	土质	α	土质	α
软土	1.5	砂性土	2.0	砾石土	3.0

在不同土质条件下，p_e 的计算方法是不相同的。在渗透系数大，水和土能各自分离的砂质土条件下，土仓内压力 p_e 为：

$$p_e = p_A + p_w + \Delta p \tag{9-20}$$

式中：p_e 土仓内的压力，kPa；p_A 为顶管掘进机处土层的主动土压力，kPa；p_w 顶管掘进机所处土层的地下水压力，kPa；Δp 为给土仓的预加压力。

而

$$p_A = \gamma_t H \tan^2(45° - \varphi/2) - 2\cot(45° - \varphi/2) \tag{9-21}$$

因为是砂性土，$c = 0$，所以上式可简化为：

$$p_A = \gamma_c H \tan^2(45° - \varphi/2) \tag{9-22}$$

式中：γ_c 为土的重度，kN/m^3；H 为地面至顶管掘进机中心的高度，m；φ 为土的内摩擦角。

因为在上述条件下土砂是分为浸在地下水中和不浸在地下水中两部分，不浸在地下水部分为 H_1，浸在地下水部分为 H_2，那么：

$$H = H_1 + H_2 \tag{9-23}$$

所以，在计算土的重度时，也应分为两部分：即不浸在地下水部分的重度和浸在地下水部分的重度。显然，浸在地下水部分的重度受水的浮力的影响，故应取其浮重度 γ_t'。所以，正确的 p_A 为：

$$p_A = (\gamma_c H_1 + \gamma_t' H_2) \tan^2(45° - \varphi/2) \tag{9-24}$$

在一般情况下，土仓的预加压力 Δp 在 20 kPa，并且在实际操作过程中，土仓内土压力的变化也不应大于 20 kPa。

如果在渗透系数较小的黏性土中，水和土不容易分离开来，这时，土压内压力 p_e 为：

$$p_e = K_0 \gamma_t H \tag{9-25}$$

式中：p_e 为土仓内的土压力，kPa；K_0 为静止土压系数；γ_t 为土的重度，kN/m^3；H 为地面到顶管掘进机中心的深度，m。

上式中的 K_0 与土的性质有密切关系，在砂性土中，$K_0 = 0.25 \sim 0.33$ 的范围内变化，在黏性土中，$K_0 = 0.33 \sim 0.70$ 的范围内变化。

上述计算中，都没有考虑注入润滑浆后的减摩效果。

思考与练习

1. 简述顶管法的基本概念及应用条件。
2. 试比较顶管法和盾构法的相同点和不同点。
3. 顶管的基本组成有哪些？
4. 选择顶管法需要考虑哪些因素？

第 10 章
地下铁道的运营维护与灾害防护

10.1　地下铁道的运营维护

10.1.1　地下铁道运营维护的基本概念

地铁隧道运营维护的目的就是保证隧道良好的运营条件和结构物的使用功能，不断地延长结构物的使用寿命。在切合实际的设计、施工和运营维护条件下，隧道结构物会具有良好的承载性、耐久性和满足耐久性要求的使用寿命。如设计、施工不当或对某些潜在的因素考虑不周，就会出现劣化现象或加速劣化的发展，从而造成结构物耐久性的降低或使用寿命的缩短。

地铁工程维修管理工作的基本原则是确保地铁隧道的功能和运营环境的质量，为此应对影响隧道结构物安全性、耐久性的变异进行检查及调查，并采取适当的对策和措施。

表 10－1 列出混凝土结构寿命平均值的调查数据。简易的混凝土制品约为 20 年，桥梁、隧道约为 50 年。从现有的资料看，目前满足结构物功能要求的混凝土的耐久性可能只有 60 年左右。喷混凝土就更低些，只能满足 30 年不维修的要求。通常混凝土结构物的使用寿命，都应是 100 年。这样，提高混凝土的耐久性就成为当务之急。

表 10－1　混凝土结构寿命平均值的调查数据

结构名称	10 年	20 年	30 年	50 年	法定偿还期	100 年	＞100 年	合计
大坝	0	0	2	28	2	82	88	202
桥梁	0	8	35	134	4	52	3	236
隧道	0	2	20	122	5	74	21	244
防洪堤	3	24	51	84	8	17	12	199
公共建设	0	4	17	94	101	25	16	257

因此，不管是新建还是既有结构物，都要消除"免维修或不维修"的误解，而建立起"把劣化构件或构件的性能恢复到设计意图的使用水准以上的补修、补强"的概念。也就是说，要构筑一个把设计、施工、维修管理结合到一起的体系。这是目前各国土建工程技术的重要

发展趋势。

　　在地铁隧道中，即使结构的变异状态相同，结构物的安全性和耐久性也会有很大的差异，如衬砌表面发生开裂的情况、衬砌背后与围岩密贴和有空洞存在的情况、衬砌厚度充分和不充分的情况、开裂有无发展的情况等。因此，必须掌握隧道使用过程中发生和可能发生的各种变异(病害)现象，并推定变异发生的原因，评价结构物的损伤程度和研究是否采取相应的措施和对策，改善结构物的服务功能。这就是隧道维修管理的重要使命。从图 10 – 1 中可以清楚地看出维修管理工作的重要性。

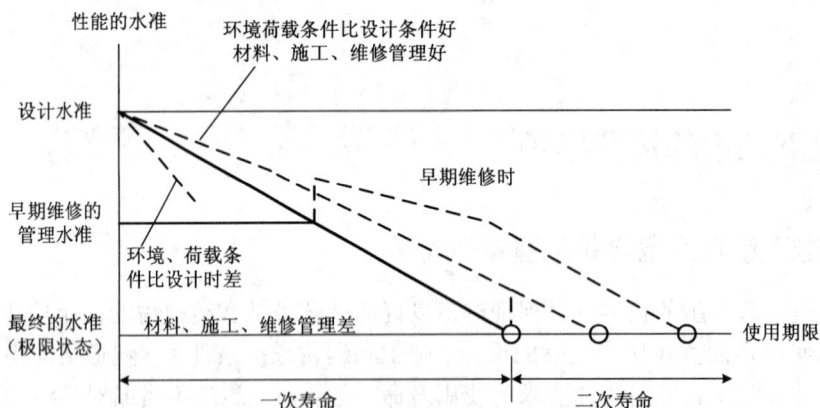

图 10 – 1　结构物劣化曲线

10.1.2　地下铁道运营维护的基本理念与基本步骤

1. 地下铁道运营维护的基本理念

　　各国对结构物采取的维修管理基本理念是：检查—发现变异—推定变异原因—明确变异后结构物的健全度—制定相应的整治措施—整治。也就是采用"早期发现—及时维护"或者说是"勤检查，早发现，少维修"的维修管理理念和模式。

　　对于地铁隧道等地下结构，其维修管理的要点为"预防为主"、"早期发现"、"及时维护"和"对症下药"。

　　预防为主：建立一个完善的检查体系，在劣化发现之前进行详细的检查，并采取必要对策不让劣化发生。

　　早期发现：地铁隧道变异的发生一般都是有前兆的，早期发现这些前兆，并作出正确的判定，及时处理可能发生的变异。

　　及时维护：发现变异，就要及时处理，这样会收到"事半功倍"的效果，拖延处理发生的变异，只会使变异继续发展，最后可能导致地铁隧道各种事故的发生。

　　对症下药：地铁隧道发生变异，就和人生病一样。因此，有人视隧道的维修管理为"隧道临床医学"，对症下药是临床医学的重要原则。地铁隧道的变异是各种各样的，整治的方法也是各种各样的。因此，必须了解变异和各种整治对策的相互对应关系，以期获得最好的治理效果。

2. 地下铁道运营维护的基本步骤

　　一般来说，地铁结构物的耐久性和耐用期限是未知的。因此在设计阶段，应规定维修管理的级别,编制在使用期间内把地铁结构物要求的性能维持在容许范围内的维修管理计划,构筑进行初次检查、劣化预测、调查、评价及判定、对策等的维修管理体制。

地铁结构物维修管理的基本步骤如图 10 - 2 所示,其具体步骤如表 10 - 2 所示。

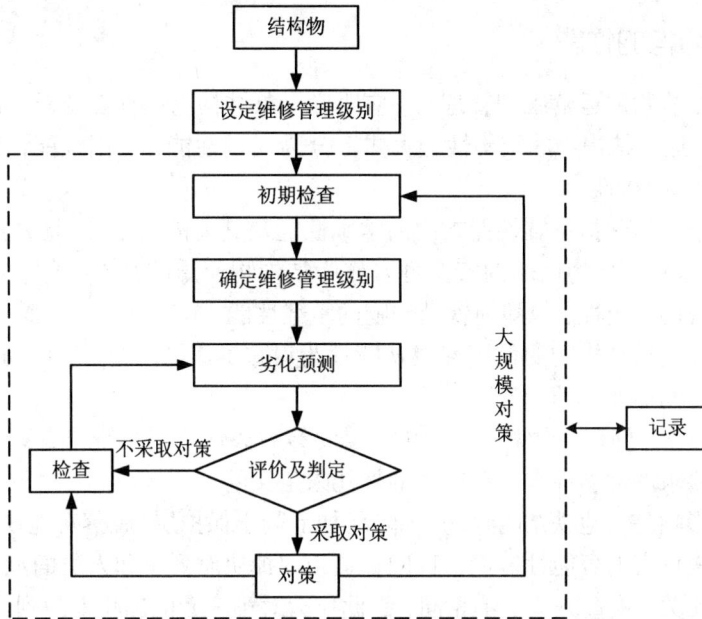

图 10 - 2　维修管理的基本步骤

表 10 - 2　运营维护管理的步骤

步骤	内容
第一步	对新建地铁在开始使用前进行初次检查,收集地铁结构物初始损伤的资料,这是实现"预防为主"的基础,也是分析地铁结构变异和整治的基础
第二步	从初次检查出来的变异中选定劣化现象,并根据地铁结构物劣化因素的外因和变异的特征进行劣化机理的推定
第三步	对检查中发现的劣化现象要进行劣化预测,推定地铁结构物的性能是否达到满足要求的水准,推定其使用期间是否要采取进一步检查和对策 劣化预测应掌握地铁结构物各部位、各构件的性能和劣化的关系,明确各种劣化对各种性能有怎样的影响
第四步	在劣化预测的同时进行预定使用期间的评价和判定 地铁结构物性能的评价,应根据检查结果,考虑劣化机理和状态,对检查时和预定使用期间完了时的劣化发展状况和性能降低采用适当方法进行评价。初次检查以后的劣化评价和判定,原则上分为基于目视检查结果的评价和判定、基于专用仪器设备检查结果的评价和判定两个阶段进行
第五步	根据初次检查、劣化预测、调查、评价及判定的结果,进行对应的设计和施工,治理结构物的变异;因地铁结构物性能降低而采取对策的场合,应考虑维修管理级别、残存使用期限、维修管理的难易等采取适当的对策 对策施工中,应采用观察、仪器量测的方法对施工中和施工后的状况进行监控,以确认对策的效果

特别是对地层压力和邻近施工扰动等外力产生的变异，施工中和施工后的监测格外重要。施工时，地铁周边的条件常常处于不稳定的状态，为了确保安全施工，必须用可靠的量测方法进行监测。施工后的一定时间内也要继续监测，以确认对策的效果；若未达到预计的效果，就要根据调查结果立即研究追加对策。

10.1.3　地铁结构的性能

在进行地铁结构物的运营维护管理时，应明确对象结构物的性能要求，这样才能对症下药。一般情况下，地铁结构物的结构性能大体上分为安全性能，使用性能，对第三者影响的性能，美观、景观，耐久性。

安全性能一般是指包括抗震性能在内的承载性能及其他的安全性（地铁结构物的倾倒和滑动等），也包括地铁结构物崩塌的安全性。作为结构物使用的基本条件，就是要保证其在整个服役期间自身的安全性，也即地铁结构物的承载性能。

使用性能是以地铁结构物的使用性或功能性为对象的，包括变形、振动、防水性等，这些性能是随服役时间而变化的。

耐久性包括安全、使用、对第三者影响、美观等耐久性能。在维修管理中，耐久性是以维持地铁结构物要求的性能在容许范围内的性能来定义的。

对第三者的影响是指地铁结构物的一部分（如混凝土保护层）脱落对地铁内的人员、设备及运营的车辆造成危害的可能性。例如区间隧道顶部掉块对列车和人员的危害等，其与结构物本身的承载力无关，检查方法也不相同，因此作为对第三者的影响专门列出。

影响地铁结构物耐久性的因素，除单独作用的情况外，一般都是复合作用的。但评价多按主要因素独立作用的情况进行，目前考虑多因素复合作用的检查评价方法还没有建立。但在受到多因素复合作用时，与单独作用的情况比，结构物的劣化速度发展快，因此其影响显著时，应采用较大的安全系数。

10.1.4　地铁隧道变异的检查和调查

地铁隧道的变异是指初次缺陷、损伤和劣化等。初次缺陷是指施工时发生的开裂和蜂窝麻面、施工缝、砂筋等。损伤是指地震和外力等造成的开裂和剥离，是在短时间内发生的，其变异不随时间而发展。劣化是指由劣化外力造成的、随着时间而发展的开裂和剥离等，与损伤有所区别。

为了尽早发现劣化、损伤、初次缺陷，确实掌握地铁结构物的服役性能，使之维持在要求水准以上，应采用适当方法进行检查和调查。检查应按地铁结构物的维修管理级别规定的检查方法、试验方法、频率等实施。发现初次缺陷、损伤的场合应立即进行处理。

检查有初次检查、初次检查以后的检查（日常检查、定期检查、详细检查、临时检查），应根据地铁结构物的重要度及劣化预测进行合适的检查。

1. 初次检查

初次检查是在地铁结构物开始使用前、使用中或实施对策后进行的检查。其目的是掌握初次缺陷、损伤、劣化的有无，同时推定劣化机理和进行劣化预测。

初次检查的目的是掌握地铁结构物性能的初始状态。从确认有无初始缺陷、损伤以及明确劣化预测的初始数据等方面来看，掌握地铁结构物性能的初始状态是极为重要的。在劣化预测中，推定可能产生劣化的机理，掌握对结构物有影响的环境条件(盐害、寒冷、温泉、城市等)及材料和设计、施工的状况也是重要的。

初次检查原则上是对整个地铁结构物实施的。初次检查可以采用比较容易实施的目视、打击声等非破坏检查方法，也可以采用取芯等方法。对于初次检查确认的初次缺陷、损伤，应进行适当处理。

2. 初次检查后的检查

初次检查后的检查包括日常检查、定期检查、详细检查及临时检查等。

(1)日常检查

日常检查是用日常巡回的方法对可能的地点进行的，以掌握劣化、损伤、初期缺陷的有无和程度为目的。

日常检查可采用比较简易的方法，如目视、摄影、录像等检查和打击检查等，掌握发生劣化的地点和状况。日常检查的项目有：地铁结构的开裂状况、剥离、剥落情况，钢材的露出状况和有无锈蚀，有无锈迹、游离石灰，有无渗漏水，异常的位移、变形，异常声音和异常振动，有无变色等。

(2)定期检查

定期检查是以掌握劣化、损伤、初次缺陷等有无为目的而实施的检查。定期检查的部位包括日常检查的部位和日常检查中难于进行的部位。一般来说，为了掌握日常检查中难于掌握的部位的劣化、损伤、初次缺陷等的状况，需要设置脚手架，必要时采用非破坏检查和取样相结合的方法。在定期检查中能够获得结构物的系列数据，对确认劣化的发展和劣化预测是有用的。定期检查也是以目视和打击声方法为主，必要时配合以取样检查。

(3)详细检查

详细检查是在初次检查、日常检查、定期检查及临时检查中认为有必要时，为了详细地掌握地铁结构物状态和产生的劣化状况而进行的检查。

详细检查应在需要详细数据的部位，即产生劣化变异的部位进行。如果这样的部位比较大，为了掌握其状况应对该范围进行均匀分配检查，以获得必要而充分的数据。劣化范围比较集中的场合，当然要取得变异部位的详细数据，但也要收集其附近的没有产生变异部分的数据，以便进行综合分析。

(4)临时检查

临时检查是在地震等天灾、火灾及车辆冲击等作用在地铁结构物上的场合进行的检查。此时检查的目的是掌握灾害后结构物受到损伤的状况，判断是否需要采取对策。

在检查中对地铁结构物的变异有以下判定和评价时，应采取合适的对策进行整治：

①结构物具有的性能，例如耐久性、安全性、使用性、对第三者的影响等，有其一及以上的降低，并超过容许限界的场合；

②即使当前没有问题，但根据劣化预测，残存使用期间中结构物性能降低会成为问题的场合；

③与最初的劣化预测有很大出入，劣化速度迅速发展，性能降低成为问题的场合。

在采取对策时，应切实掌握结构物性能降低的劣化机理，特别是进行修补或补强时选择适当的工法和材料是非常重要的。

检查项目应与地铁结构物的具体性能相对应，不同结构性能所要求的具体检查项目如表 10 - 3 所示。

表 10 – 3　检查项目的组合

检查项目		耐久性能	安全性能	使用性能		第三者影响美观、景观
				使用性	功能性	
劣化外力	荷载强度及反复荷载	○	◎		○	
	氯化物离子供给量	◎				
	干湿反复(盐害)	◎				
	温度条件(碱性集料反应、盐害)	◎				
	冻融作用	◎	△			
	水的供给	◎				
	化学作用	◎	△			
材料方面	工程记录	◎	◎		○	
	混凝土物性	◎	◎		○	
	氯化物离子供给量	◎				
	钢材腐蚀	◎	◎			
	碳化深度	◎	△			
	残存膨胀量	◎				
施工方面	保护层	◎	○		△	
	配筋状态	△	◎		△	
	内部缺陷	◎	◎			
结构方面	设计基准	○	○	◎	△	
	断面尺寸	◎	◎	◎	△	
	开裂状况(深度、宽度等)	◎	◎	○		◎
	刚性(变形量等)		◎	◎		
	振动特性	△		◎		○
	支持状态		◎	○		○
	补修、补强的经历	◎	○	○		
	路面的凹凸度		△	◎		◎
第三者的影响度	游离石灰	○		△		◎
	漏水	◎		△		◎
	混凝土浮动	◎		△		◎
	混凝土掉块	○		△		◎
	表面变色	◎		△		◎

注：○为宜考虑的项目，◎为应考虑的项目，△为视情况考虑的项目

10.2　地下铁道的灾害分类及防灾设计原则

10.2.1　地下铁道的灾害分类

地下铁道作为城市轨道交通的一部分,通常是城市最大的基础设施之一,其投资额巨大,施工周期长,环境因素复杂,风险大。建成后属于城市客运交通的大动脉,为城市生命线。其灾害破坏可以导致城市和区域经济与社会功能的瘫痪。

地下铁道在施工和运营期间可能发生的灾害大致分为两大类:自然灾害和人为灾害。自然灾害主要有洪涝、水淹、地震、雪灾、台风、泥石流、滑坡等;人为灾害主要有战争(炮弹、炸弹、核弹、生化武器)、交通事故、火灾、泄毒、化学爆炸、环境污染、工程事故(靠近地铁车站或隧道打(压)桩、开挖深大基坑、抽取地下水)和运营事故等。大的灾变往往伴随着大范围火灾、暴雨;核武器爆炸将引起火灾、放射性灾害;泥石流、滑坡、局部地表沉陷等一类地质灾害大都与不合理采石开矿有关联。

地铁大部分处在由地下车站和隧道构成的半封闭区域内,四周为围岩介质包裹,地铁对来自外部的灾害防御能力好,对来自内部的灾害防御能力差。在地下狭小空间里,人员和设备高度密集,一旦发生灾害,疏散和抢救十分困难。从世界地铁100多年的历史教训看,地铁中发生频率最高、造成损失最大的是火灾。地铁与轻轨常遇灾害及防治对策如表10－4所示。

表 10 －4　地铁与轻轨常遇灾害及防治对策

灾害分类		破坏特点	灾害成因	防护对策
自然灾害	气象灾害	暴雨,涝灾,海啸潮水倒灌淹没车站、隧道设施,冲垮高架桥墩,台风卷走高架桥、接触网、供电设备,雷电击穿通信、信号、供电系统,雪掩埋地面高架轨道设施	大气内部的动力和热力过程演变,湿带和热带气旋,海洋低气压热带风暴,对流强烈积雨云系	①有效排洪涝泵站设备;②出入口、风口汛期封堵措施;③增加高架桥系统抗风安全度
	地震灾害	强烈的垂直、水平震动,地面突兀开裂,使高架桥墩台剪坏,梁板塌垮,隧道车站开裂,渗漏水,甚至倒塌,引起次生火灾……	地球板块挤压运动	①按抗震规范设计、施工;②特殊重点部位做好基础隔震减震;③增加结构抗震安全度
	地质灾害	泥石流、滑坡毁坏掩埋地铁车站、隧道、桥梁……	干旱、风化、不合理采伐	合理采伐,绿化护坡,对危险地段长期监控

灾害分类		破坏特点	灾害成因	防护对策
人为灾害	战争灾害	炮、炸弹、核弹冲击、侵彻、爆炸、震坍地铁车站和隧道桥梁，地下设施中放毒气或其他生化武器，电子干扰通信、指挥、管理硬软件系统……	政治、经济、民族矛盾冲突激化	按人防工程要求等级设计，做好平战功能转换，预留技术储备
	运营灾害	调度指挥失误，碰撞、追尾等交通事故，设备老化引起火灾，停电，地面地下水渗漏，设备故障泄漏电……	管理、维修不合理，监控系统不完善	严格规章制度，加强管理，建立自动监测、报警系统，设置处理预案
	工程灾害	打(压)桩，深大基坑开挖，大面积抽取地下水，采石、采矿，隧道平行交叉施工，已有地铁隧道车站，高架桥开裂，坍塌，轨道倾斜弯曲……	野蛮施工，缺少监督机制	制定地铁工程施工保护技术规程，加强施工监控

　　虽然各类灾害表现形式不同，其共同的特点是空间分布的有限性、潜在性、突发性、发生灾害的时间及强度的随机性。对其发展发生的规律、机理人们还缺少充分认识，因此造成灾害无法避免。随着人们认识的提高，许多自然灾害在未来将逐步得到抑制，相反人为造成的灾害往往因失控而增长。各种自然灾害之间、人类活动与灾害之间、原生灾害、次生灾害、衍变灾害之间有关联性，有着必然的联系。灾害作用和破坏极其复杂，我国抗灾减灾经验不足，特别是地铁工程防灾方面技术相对落后，相关的研究远不适应迅速发展的城市轨道交通工程，地铁工程的灾害防护在今后相当长时间内应予以足够重视。

　　各种灾害对人员、设备、设施破坏状况如表 10 – 5 所示。

表 10 – 5　各种灾害对地铁和轻轨破坏程度

分类	灾害名称	土建工程				设备安装工程					人员
		地下车站	隧道	高架桥	轨道结构	车辆	电气	环卫	通信	信号	
自然灾害	地震	○	○	◇	□	□	○	○	○	○	◇
	洪涝	○	○	○	○	◇	○	◇	◇	◇	○
	暴风	△	△	◇	△	△	△	△	△	△	□
	雷击	○	○	○	□	□	◇	□	○	○	◇
	泥石流滑坡	○	○	◇	○	△	△	△	△	△	◇
	沼气瓦斯	○	◇	△	△	◇	○	◇	○	○	○

续表 10 − 5

分类	灾害名称	土建工程				设备安装工程					人员
		地下车站	隧道	高架桥	轨道结构	车辆	电气	环卫	通信	信号	
战争灾害	核武器	○	○	◇	○	□	○	○	◇	◇	○
	常规武器	○	○	◇	□	○	○	○	○	○	○
	生化武器	◇	△	△	△	△	△	△	△	△	◇
工程事故	火　灾	△	△	△	□	◇	◇	◇	◇	◇	○
	交通事故（碰撞追尾）	△	△	△	○	○	□	□	□	□	○
	环境扰动（打桩、基坑、降水）	○	○	○	○	△	△	△	△	△	△
	渗漏水	○	○	△	□	□	○	□	○	○	□

注：◇—产生严重破坏；○——一般性破坏；□—轻微破坏；△—基本无损坏

10.2.2　地下铁道的防灾设计原则

防灾系统是地铁运营管理的重要设施之一，应经常地维修、检查、调试，使其处于良好的状态，不能有丝毫麻痹、松懈及侥幸心理。严格执行国家、地方、行业颁发的抗震、防火、防洪、排涝、抗涝、抗风、民防和环境保护的设计施工规范和规程，吸收国外先进经验，因地制宜做好地铁与轻轨工程的防灾设计。地铁工程应建立良好的灾害预测、预报、评估及预警系统，定期对投入运营的工程进行诊断和抗灾可靠性评定，建立智能性修复系统。经常结合国内外地铁灾害进行案例分析，建立仿真模型和智能仿真，开发数字减灾防灾综合信息系统。我国地下铁道的防灾设计应遵循以下原则。

①地铁应具有针对火灾、水淹、风灾、地震、冰雪和雷击等灾害的预防措施，并应以预防火灾为主。防灾设计所采用的各种防灾措施，应确保运营期间的安全，一旦发生火灾或其他事故，应尽早发现，迅速扑灭或排除，使灾害事故造成的人员伤亡及经济损失减少到最低限度。

②地铁控制中心应具有所辖线路的防灾调度指挥功能。

③地铁车站应配备防灾设施；车辆基地应配备防灾与救援设施。车站人行道的宽度、数量及出入口的通过能力，应保证远期高峰小时客流量，在发生火灾及其他事故时，能在 6 min 内将一列车乘客、候车人员和车站工作人员疏散到地面或安全地点。

④地铁防灾设计应贯彻"预防为主，防消结合"的方针。地下铁道防灾设计能力，宜按同一时间内发生一次火灾或其他灾害考虑。

⑤地下铁道的车辆选型必须符合地下铁道防灾要求。

⑥车站站台、站厅和出入口通道的乘客疏散区内不得设置商业场所，除地铁运营、服务设备、设施外，也不得设置妨碍乘客疏散的设备、设施及其他物体。

⑦地下铁道建筑结构的防灾设计，必须采取安全可靠的防灾措施，并应设有完善的消防和事故防排烟系统，还应设置先进可靠的火灾自动报警、防灾设备的监控及防灾通信系统。

⑧当地铁开发地下商业时，商业区与站厅间应划分成不同的防火分区，防火设计应符合现行国家标准《建筑设计防火规范》(GB 50016—2014)的有关规定。

⑨地下铁道的防灾系统与城市总体防灾系统联网，成为其中的一个组成部分。随时从城市总体防灾系统获取各类灾变信息，一旦灾害发生时，迅速向总体防灾系统报告，并得到城市防灾系统领导的指示和帮助。

⑩当列车在区间发生火灾事故时，应尽早将列车牵引到车站使乘客安全疏散。也可以利用区间隧道的联络通道。将乘客转移到另一条未出现灾情的隧道，并快速安全疏散。

10.3   地下铁道的防火

10.3.1   地铁火灾的原因及特点

地铁发生火灾的原因较多，也比较复杂，可简单归结为：

①电气设备线路老化、短路引发火灾；

②乘客吸烟或携带易燃易爆的物品引发火灾；

③列车脱轨、翻车或其他机械碰撞、摩擦引发火花而导致火灾；

④地震、战争灾害引发的次生火灾；

⑤人为纵火。

地铁火灾虽然发生频率不高，但造成的危害和后果往往却是十分严重的。地铁火灾的特点主要表现在以下几个方面：

①隧道一般有坡度，火灾时会产生烟囱效应，火势发展迅猛。

②烟雾不易排出，隧道空间内能见度低。

③有害烟气积聚，致死率高。

④空间狭小，逃生救援困难。

10.3.2   防火技术要求

(1)耐火等级

地下的车站、区间、变电站等主体工程及控制中心、出入口通道、风井的耐火等级应为一级；地面出入口、风亭等附属建筑，地面车站、高架车站及高架区间的建(构)筑物，耐火等级不得低于二级。

(2)防火分区

单线地下车站站台和站厅公共区应划为一个防火分区，面积不限；工作区根据布局划分，每个防火分区的最大允许使用面积不应大于 1500 m²；换乘车站当共用一个站厅时，站厅公共区面积不得超过 5000 m²；地面以上车站站台与站厅公共区防火分区的最大允许使用面积不应大于 5000 m²；其他部位每个防火分区的最大允许使用面积不应大于 2500 m²；车辆基地、控制中心的防火分区的划分应符合现行国家标准《建筑设计防火规范》(GB 50016—2014)的规定。

(3)建筑构造及装饰装修

①地下铁道的控制中心，车站的行车值班室或车站的控制室、变电所、配电室、通信及

信号机房、通风和空调机房、消防泵房、防火剂钢瓶室等重要设备用房,应采用耐火极限不低于 3h 的隔墙和耐火极限不低于 2h 的楼板与其他部位隔开。

②地下车站公共区及设备管理用房的顶棚、墙面、地面装修材料以及垃圾箱应采用燃烧性能等级为 A 级不燃性材料;地上车站公共区的墙面、顶棚的装修材料以及垃圾箱应采用 A 级不燃性材料,地面可采用不低于 B1 级难燃性材料。设备管理区内的装修材料按现行国家标准《建筑内部装修设计防火规范》(GB 50222—2014)的有关规定执行;地上、地下车站公共区的广告灯箱、导向标志、休息椅、电话亭、售检票机等固定服务设施的材料应采用不低于 B1 级难燃性材料。装修材料不得采用塑料类等火灾时能产生大量有毒气体和烟气的制品。

③防火墙是阻止火灾蔓延的重要分隔物。管道穿越防火墙时其缝隙是防火的薄弱环节,因为管道保温材料着火蔓延造成重大火灾的例子时有发生,因此应用非燃材料,将穿越防火墙管道周围的空隙填塞密实,楼板是划分竖向防火分区的分隔物,如有管道穿越,其缝隙处也应用非燃材料填塞密实。

④防火门宜采用平开门,在关闭后能从任何一侧手动开启。疏散楼梯间或主要通道上的防火门,应采用向疏散方向开启的甲级单向弹簧门。对于人防区段,可采用各类钢筋混凝土防护密闭门代替防火门。车站设置防火墙或防火门困难时,可采用水幕保护的防火卷帘或复合式防火卷帘。防火卷帘上应当留有小门并采用两级下落式,先降至离地面 2 m 处,在确认无人员遗漏时,最后降落第二级。地下铁道与地下商场等地下建筑物相连接时,必须采取防火分隔措施。站厅与站台间的楼梯处,宜设挡烟垂幕,挡烟垂幕下缘至楼梯踏步面的垂直距离不应小于 2 m。车站间两条单线隧道之间应设联络通道,通道内宜设防火卷帘或防火门。

(4)安全疏散

①地铁车站每一个防火分区安全出入口数量不应少于 2 个,并应有一个出口直通安全区域。竖井、爬梯、电梯以及设在两侧式站台之间的过轨通道不得作为安全出口;换乘车站的换乘通道不能作为安全疏散口。供人员疏散的出入口楼梯和通道宽度应满足地铁设计规范车站建筑设计的要求。附设于地下铁道的地下商场等公共场所的安全出口门、楼梯和疏散通道的宽度应按其通过 100 人不小于 1 m 的净宽计算。地铁车站的设备、管理区及附设于地下铁道的地下商场等公共场所的安全出口门、楼梯、疏散通道的最小净宽应符合表 10 - 6 规定,疏散通道应减少曲折并能向两个方向疏散,疏散通道内不能设置阶梯、门等有碍疏散的物体等。

表 10 - 6　安全出入口、楼梯、疏散通道最小净宽

名称	安全出入口、楼梯/m	疏散通道/m	
		单面布置房间	双面布置房间
地下铁道车站、设备、管理区	1.06	1.20	1.50
地下商场等公共场所	1.50	1.50	1.80

②两条平行的单线区间隧道,当隧道连贯长度大于 600 m 时,两条隧道之间应设置联络通道,联络通道之间的距离不应大于 600 m,且联络通道内应并列设置两腔反向开启的甲级防火门,防火门应能抵挡过往列车及隧道通风系统的正压和负压。

③地下铁道应设火灾疏散指示和防灾救护设施。疏散指示灯应采用玻璃或其他非燃材料

制作的保护套，设置在有指示标志的地方，如站厅、站台、自动扶梯、自动人行道及楼梯口、人行疏散通道的拐弯处，交叉口及安全出口处，单洞区间隧道及疏散通道每隔 100 m 也应设置 1 个疏散指示灯。疏散指示标志应标明走行方向及距安全出入口距离，其高度距地面 1 ~ 1.2 m。事故照明灯应设在站厅、站台、自动扶梯、自动人行道、电梯及楼梯口，区间隧道和疏散通道内每隔 20 m 左右也应设一处。事故照明灯及指示照明灯要有单独的耐火的供电系统，应符合地铁设计规范电气工程设计规定。

(5) 消防设施

① 地下车站的站厅、站台、设备及管理用房，长度大于 20 m 的出入口通道，以及长度大于 200 m 的地下区间、体积大于 5000 m³ 的地面及高架车站应设消火栓给水系统。

② 隧道内消火栓间距应按计算确定，但单口单阀消火栓不应超过 30 m，双口双阀消火栓不应超过 50 m。地下区间隧道(单洞)内消火栓间距不应超过 50 m。人行通道内消火栓间距不应超过 30 m。车站及折返线消防栓箱内宜设火灾报警按钮，当车站设有消防泵房时，应设水泵启动按钮。地铁的车站出入口或通风亭的口部等处，应设水泵接合器，并在 40 m 范围内设置室外消防栓和消防水池。当城市管网和水压不能满足地铁隧道内消防要求时，必须设消防泵和消防水池。消防水池的有效容积应满足消防用水量的要求。消火栓系统的用水量按火灾延续时间 2 h 计算，当补水有保证时可减去火灾延续时间内连续补充的水量。

③ 对于与地下铁道同时修建的地下商场、地下可燃物品仓库，Ⅰ、Ⅱ、Ⅲ类地下汽车车库，应设置自动喷水灭火装置。地下变电所的重要设备间、车站通信及信号机房、车站控制室、控制中心的重要设备间和发电机房，宜设气体灭火装置。

④ 地下铁道车站及区间隧道内必须具备防烟、排烟系统和事故通风系统。下列场所应设置机械排烟设施：地下车站的站厅和站台；连续长度大于 300 m 的区间隧道和全封闭车道；防烟楼梯间和前室及不具备自然排烟的封闭楼梯间；同一个防火分区内的地下车站设备及管理用房的总面积超过 200 m²，或面积超过 50 m² 且经常有人停留的单个房间；最远点到车站公共区的直线距离超过 20 m 的内走道；连续长度大于 60 m 的地下通道和出入口通道。排烟系统宜与正常排风系统合用，当火灾发生时应确保正常排风系统转换为排烟系统。事故通风系统应具有下列功能：当列车阻塞在区间隧道时，应能向事故地点迎着乘客疏散方向送新风，背着乘客方向排风；区间隧道发生火灾时，应能背着乘客疏散方向排烟，迎着乘客疏散方向送新风；当车站站台发生火灾时，应能及时排烟，并防止烟气向站厅和区间隧道蔓延；当车站站厅出现火灾时，应能及时排烟，并防止烟气向出入口和站台蔓延。

⑤ 地下车站的公共区，以及设备及管理用房，应划分防烟分区，且防烟分区不得跨越防火分区。站厅与站台的公共区每个防烟分区的建筑面积不宜超过 2000 m²，设备及管理用房每个防烟分区的建筑面积不宜超过 750 m²。车站的排烟量，应按每分钟每平方米(建筑面积)为 1 m³ 计算。排烟设备容量应满足同时排除两个防烟分区的烟量。区间隧道内火灾的排烟量，按单洞区间隧道断面的排烟流速不小于 2 m/s 考虑，但排烟流速不得大于 11 m/s。列车阻塞在区间隧道时送风断面风速按同排烟流速指标计算。排风机及烟气流经的辅助设备如风阀及消声器等，应保证在 250℃ 时能连续工作 1 h。

(6) 火灾报警系统

地下铁道应设置防灾自动报警与监控系统，并分为防灾控制中心和车站防灾控制室两级控制。两级防灾控制分别具有相应监控、报警和灾害控制的功能。在车站控制室、计算机房、通信机房、信号机房、变电所、配电室、广播室、电缆间、控制中心机房、站厅、站台、售票室、储藏室、管理用房、地下折返线、停车线和车辆段的检修库、列检库、停车库和可燃物品仓库等设火灾自动报警装置。火灾自动报警系统中的信号装置和联动控制装置，应采用自动、手动及紧急机械操作三种启动方式。

10.4　地下铁道的防震

10.4.1　地震灾害与抗震设计原则

地震作用是一种随机的、反复的、短时间的动力作用。目前，人们尚不能准确预测地震时间、地震强度、涉及范围等，也不能预先防止地震或是改变其破坏性质，因而人类尚不能避免地震灾害。地震灾难的主要后果就是造成工程结构和各类建筑的破坏和倒毁，以及继之而来的水灾、火灾、瘟灾等次生灾害。地震灾害直接或间接地对社会财产和人员生命构成危害。隧道与地下工程包裹于围岩介质中，地震时随围岩一起运动，围岩的约束作用改变了结构的动力特征(如自振频率、附加质量等)，因此人们一般认为地震对地下结构的破坏和损伤程度要小于地面结构。根据 1995 年日本阪神地震震后的统计资料，地铁车站和区间隧道的主要破坏形式为：中柱及顶板开裂、坍塌，侧墙开裂等。

建筑物抗震设防的目的在于减轻建筑物地震破坏，避免人员的伤亡，减少经济损失。地震是几十年甚至上百年一遇的自然灾害。如果设计过分安全，则增加工程造价和施工难度；相反建筑物抗震安全度太低，则不能保证在地震时，避免由于建筑物倒塌而造成人民生命财产的损失。建筑抗震设计规范规定，当遭受低于本地区设防烈度的多遇地震影响时，一般不受损坏或不需修理仍可继续使用，当遭受高于本地区设防烈度的多遇地震影响时，可能损坏，经一般修理或不需修理仍可继续使用，当遭受高于本地区设防烈度的预估的罕遇地震影响时，不致倒塌或发生危及生命的严重破坏。换句话来说，"大震不倒，中震可修，小震可用"。

10.4.2　抗震设计方法

地铁的地下车站和区间隧道被围岩介质包裹，在地震波的作用下，地铁结构与围岩介质的共同作用机理非常复杂。目前，隧道和车站抗震设计一般采用拟静力法；近年来，由于强地震时地面及结构物的振动记录不断积累，动态分析方法已经在抗震设计进行了应用。

(1)拟静力设计方法

该方法假定地下或地面结构为绝对刚体，地震时它与围岩介质一起运动，而无相对位移。结构物每一部分都有一个与围岩介质相同的加速度，取其最大值用于结构抗震设计。把时刻变化着的振动应力状态假定为静止的，将地震对结构作用假设为作用于构件重心处的等效静载。该方法是在静载的基础上根据地震的等级考虑一个地震作用系数，其具体计算方法可参考相关文献。

(2)时程分析方法

该方法是将地震波直接作为历程输入，直接求解地铁结构体系在地震波作用下的时程反应，对于重要的地下结构，如地下铁道车站、控制中心、高架车站等，需采用该方法进行计算分析。具体计算分析过程中，宜按设防烈度、近震、远震和场地类别选用适当数量实际强震记录或人工模拟的加速度曲线作为结构的输入地震，并对计算结构进行统计分析。该方法用结构的强度和变形验算来取代单一的强度验算，把"小震不坏，大震不倒"的设计原则具体化、规范化。

该方法以结构在地震作用下的破坏机理的研究成果为基础，在结构抗震中充分考虑震动特性的三个要素（振动幅值、频谱和地震动持续时间）对结构的破坏作用，不再满足于目前仅考虑地震的加速度峰值和频谱特性两个要素，以单一的变形验算转变为同时考虑结构的最大弹塑变形和结构的弹塑耗能双重破坏准则，来判断结构的安全度。

10.4.3 抗震技术要求

①地下铁道作为城市交通工程应执行《建筑抗震设计规范》（GB 500111—2010）中铁路工程和铁路隧道工程抗震设计和施工规程的相关条款。

②地铁设防的烈度应按照《中国地震烈度区划图》，结合所在城市位置采用。例如北京市基本烈度 8 度，天津市和上海市烈度为 7 度，因而北京地铁应按 8 度设防，天津和上海则应按 7 度设防。

③地铁是城市生命线工程的一个组成部分，按照其重要性，一般定为乙类建筑。特殊重要的地铁与轻轨线路，经过政府批准确认为甲级建筑要采取特殊的抗震措施。

④地铁选线时，注意选择在坚硬或中等坚硬的开阔平坦、密实均匀的地段，尽量避开软弱土、液化土以及平面分布上成因、岩性、状态明显不均匀土层（如古河道、断层破碎带、暗埋的塘浜沟谷及半填半挖地基）等。严格要求避开地震时可能发生滑坡、坍塌、地陷、地裂、泥石流等扩地震断带上可能发生地表错位的部位。

⑤地铁的车站和隧道被围岩介质包裹，在地震波作用下，地下结构与围岩介质的共同作用机理非常复杂。目前，隧道和车站抗震设计一般采用静力法，应该与建筑物抗震设计规范要求一致，从静力法向反应谱和动态时程分析方法过渡，使地下工程结构抗震设计的模型、理论更趋于完善。另一方面，总结唐山地震，特别是 1995 年阪神地震对地铁车站和区间隧道破坏形式，做好局部构造处理，可达到事半功倍的效果。

⑥对于浅埋矩形框架结构的车站和隧道，宜采用现浇整体钢筋混凝土结构，避免采用装配式和部分装配式结构。特别强调侧墙板与顶板，梁板与柱节点刚度、强度及变形塑性。加强中柱与顶板、中板钢筋连接，出板 1~2 m 高度范围内加密加粗受力筋，加密箍筋，防止柱受剪而发生剪弯破坏。连续墙与顶板的连接筋进一步加强，防止连接部位松脱，楼板崩塌。可能的情况下，中柱采用劲性钢管混凝土柱代替钢筋混凝土柱。适当提高混凝土强度等级，或者使用钢纤维混凝土代替普通混凝土防止混凝土挤压破碎。

⑦对于矿山法修建的地铁结构，应加强拱部衬砌背后的回填注浆，拱墙交接处、断面变化处以及洞口位置应加强构造配筋，防止地震时断裂脱落。

⑧对于盾构法施工的区间隧道，尽可能采用错缝拼装，并加大接头榫槽深度，增强纵向整体性。接缝间用高强钢螺栓连接，保持结构的连续性。在环向和纵向接缝处设弹性密封胶垫，以适应地震中地层施加的一定的变形。在地震多发、地震烈度大的地区，盾构法区间隧道可考虑设置复合结构。

⑨车站与隧道连接段，隧道可能产生较大的不均匀沉降和剪切力，为此应有可靠的连

接，最好设抗震缝。在地震产生液化，突沉地段，隧道可能产生较大纵向弯曲，受拉一侧接缝张开，超过密封垫膨胀率时，可能引起漏水或漏泥砂，并加速整体下沉。因此要按设计，配置较大膨胀率的橡胶垫。

10.5　地下铁道的防水灾

防水灾对地下铁道工程来说，主要有两个方面：一是防止地面洪涝积水沿车站出入口、进排风口灌入地下，破坏地下设施，影响地铁运营；二是防止地表水、地下承压水沿着结构损伤裂缝和其他薄弱环节向车站和隧道内渗漏。

10.5.1　地下铁道的防洪涝积水回灌

夏季暴雨在街道沉积，如没有足够的排涝设备，当地面水位高于地铁车站入口标高或风亭、排烟、排水孔标高时，就可能大量向车站回灌。车站出入口及通风亭的门洞下沿应高出室外地面 150 ~ 450 mm。必要时设临时防水淹措施，例如在汛期做好封堵进出口水流通道的材料和施工预案。在地铁车站、区间隧道设置足够的泵房设备，一旦进水时能及时外排。位于水域下的区间隧道两端应设置电动或手动防淹门。

10.5.2　地下铁道的防渗漏

地铁结构的防水是一个长期的任务，不是施工完了就万事大吉的，随着结构使用年限的增长，出现渗漏水的现象在所难免，因此需要进行结构渗漏水的整治。

1. 堵漏方法

一般可采用堵漏胶浆防水剂堵漏，这类防水剂具有速凝、防渗的性能，并能达到一定的强度。常用的堵漏防水剂有水泥—矾类防水剂、水泥—水玻璃、水泥—防水浆、环氧煤焦油砂浆、石膏水泥和石膏矾土膨胀水泥等。目前市场上还出现了堵漏宝等新产品，其初凝时间 1 ~ 3 min，终凝 3 ~ 4 min，抗渗标号可达到 S10。

采用堵漏防水剂堵漏有显著效果，一般都可使渗漏水立即止住，并在很高的压力下不透水。堵漏的质量在很大程度上受堵漏胶浆性质的影响，故应掌握好胶浆的凝结时间。

（1）涂防水剂法

对于轻微渗水处所，当渗水点较多，或找不出渗水的具体位置时，可直接在渗水处所涂刷一层防水剂，然后用干水泥在渗水处反复搓擦。如一次堵不住渗水，可重复做几次，直至无渗水为止。

（2）直接堵漏法

这种方法适用于衬砌质量较好，且水压不大的小孔洞漏水或裂缝漏水。堵孔时，先用钢钎把渗漏孔开扩成规则的圆形，孔深约 30 mm，孔径约 10 ~ 20 mm，外口凿成喇叭形，然后用用戴橡胶手套的手捏好胶浆泥胶浆直接堵漏，待胶浆凝固后才能松手，并用拇指压实、压平。

（3）压线法

如图 10 - 3 所示，适用于渗漏较严重，漏水孔较多，裂缝较密集的部位。此法可将若干漏水点的水集中引往一处排掉。首先在渗漏处剔八字槽连通各漏水孔，或沿裂缝凿沟槽，槽的深、宽各为 20 mm 左右，然后顺沟槽底放小绳或塑料电线一根（直径依漏水量而定，一般为 2 ~ 5 mm),再用胶浆将沟槽填塞,迅速将边缘压实,然后从下端把小绳轻轻抽出,就留下了引水孔道,漏水顺绳孔流出。一般来说,将水排尽之后,应将排水孔堵死,此时,如需要作抹面防水层,除排水孔外其余部位可立即抹找平层及一、二层,然后再按下述"下管法"的要领堵孔。

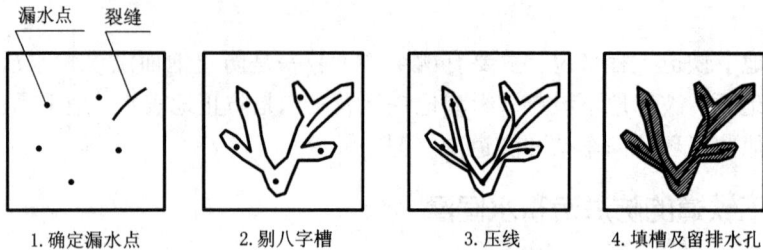

图 10 - 3 压线法示意图

（4）下管法

如图 10 - 4 所示,对于水压较大的严重漏水孔和裂缝,可采用下管法堵水。在用压线法留出的排水孔或需要堵水的孔和缝隙中,插入外径 10 ~ 20 mm 的软胶管,软胶管的端部要切成斜口,再用胶浆封闭软胶管的四周,使水自管中排出。然后,其余部位可抹找平层及一、二层。待一昼夜后,将软管拔出,再用前述"直接堵漏法"堵塞,最后抹第三、四层抹面。如水压过大,亦可在抹完第三、四层的相当时间后再拔管堵孔。

（5）止水带堵漏法

当隧道环向裂缝漏水,可以利用止水带结合加气混凝土和堵漏胶浆的方法堵漏,其步骤为,沿裂缝凿出沟槽,然后用防水剂涂堵,再抹薄砂浆层保护,放入止水带,用加气混凝土封槽,最后以堵漏胶浆堵塞两边缝口,如图 10 - 5 所示。

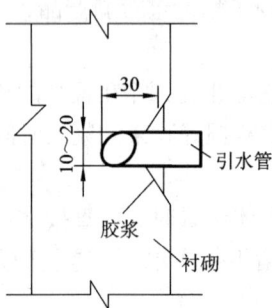

图 10 - 4 下管法示意图

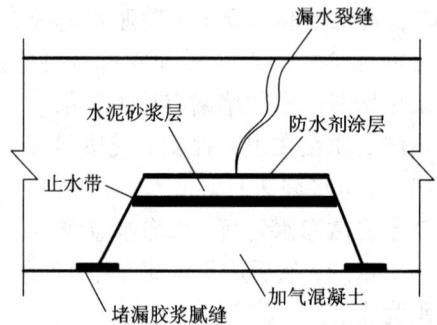

图 10 - 5 止水带堵漏示意图

2. 注浆堵漏

当注浆的主要目的是用于结构渗漏水的整治时,应该注意其特殊性,因为这时衬砌已经存在(与施工预注浆不一样),而且可能出现了裂纹、腐蚀、破损(与新建衬砌不一样),需要对其稳定状态作出基本评价,以判明衬砌是否能承受注浆压力,哪些地方和部位容易冒浆,视具体情况决定是否作衬砌加固处理后再行注浆。

施工前,应对需要压浆的衬砌地段进行详细的调查,查明漏水的位置和流量,雨季最大涌水量及其静水压力，地下水温，地层孔隙率，渗透系数等等。必要时还应作水质化学成分的分析，以判别其是否对所用的压浆材料有所影响。

为提高压浆的效果，压浆孔的位置可选在：①严重蜂窝处，可在其中心处凿孔；②裂缝交叉点，混凝土接缝有裂纹或蜂窝处；③严重渗水、漏水、冒浆处；④用小锤轻敲有空闷声处。

思考与练习

1. 简述地下铁道运营维护的基本理念及基本步骤。
2. 简述地下铁道灾害的种类，各类灾害的破坏特征及其防治原则。
3. 简述地下铁道火灾的特点及防火技术要求。
4. 简述地下铁道的抗震设计原则及基本要求。

主要参考文献

[1] 北京市规划委员会. 地下铁道设计规范(GB 50157—2013). 北京：中国建筑工业出版社, 2014

[2] 彭立敏, 刘小兵. 地下铁道. 北京：中国铁道出版社, 2006

[3] 朱永全, 宋香玉. 地下铁道(第二版). 北京：中国铁道出版社, 2012

[4] 张庆贺, 朱合华, 庄荣等. 地铁与轻轨. 北京：人民交通出版社, 2006

[5] 周晓军, 周佳媚. 城市地下铁道与轻轨交通. 成都：西南交通大学出版社, 2008

[6] 施仲衡. 地下铁道设计与施工. 西安：陕西科学技术出版社, 2002

[7] 范霆等. 铁路整体道床. 北京：中国铁道出版社, 1990

[8] 彭立敏, 王薇, 张运良. 隧道工程. 武汉：武汉大学出版社, 2014

[9] 周顺华. 城市轨道交通设备系统. 北京：人民交通出版社, 2009

[10] 袁锦根, 余志武. 混凝土结构基本设计原理(第3版). 北京：中国铁道出版社, 2012

[11] 中华人民共和国住房和城乡建设部. 混凝土结构设计规范(GB 50010), 北京：中国建筑工业出版社, 2011

[12] 刘钊, 佘搞, 周振强. 地铁工程设计与施工. 北京：人民交通出版社, 2004

[13] 穆保岗, 陶津. 地下结构工程(第2版). 南京：东南大学出版社, 2012

[14] 李相然, 岳同助. 城市地下工程实用技术. 北京：中国建材工业出版社, 2000

[15] 孙更生, 郑大同. 软土地基与地下工程. 北京：中国建筑工业出版社, 1984

[16] 马芹永. 人工冻结法的理论与施工技术. 北京：人民交通出版社, 2007

[17] 陈湘生. 地层冻结法. 北京：人民交通出版社, 2013

[18] 叶书麟等. 基础托换技术. 北京：中国铁道出版社, 1991

[19] 北京市城乡建设委员会. 地下铁道施工及验收规范(GB 50299—1999). 北京：中国计划出版社, 1999

[20] 张凤祥, 朱合华, 傅德明. 盾构隧道. 北京：人民交通出版社, 2004

[21] 周顺华. 城市轨道交通结构设计与施工. 人民交通出版社, 2011

[22] 张厚美. 盾构隧道的理论研究与施工实践. 北京：中国建筑工业出版社, 2010

[23] 何川, 张建刚, 苏宗贤. 大断面水下盾构隧道结构力学特性. 北京：科学出版社, 2010

[24] 牛清山, 陈凤英, 徐华译. 盾构法的调查、设计、施工. 北京：中国建筑工业出版社, 2008

[25] 陈韶章, 陈越. 沉管隧道设计与施工. 北京：科学出版社, 2002

[26] 陈韶章, 陈越. 沉管隧道施工手册. 北京：中国建筑工业出版社, 2014

[27] 韩选江. 大型地下顶管施工技术原理及应用. 北京：中国建筑工业出版社, 2008

[28] 颜纯文, 蒋国良, 叶建良. 非开挖敷设地下管线工程技术. 上海：上海科学技术出版社, 2005

[29] 杨其新, 王明年. 地下工程施工与管理(第2版). 成都：西南交通大学出版社, 2009

[30] 关宝树. 隧道工程维修管理要点集. 北京：人民交通出版社, 2004

[31] 住建部. 建筑设计防火规范(GB 50016—2014). 北京：中国计划出版社, 2015

[32] 建设部. 建筑灭火器配置设计规范(GB 50140—2005). 北京：中国计划出版社, 2005

[33] 薛绍祖. 地铁系统结构防水劣化与修缮. 北京：科学出版社, 2011

[34] 任泽春. 地铁火灾消防. 北京：中国建筑工业出版社, 2011

图书在版编目（CIP）数据

地下铁道/彭立敏,施成华主编. —长沙:中南大学出版社,2016.4
ISBN 978 - 7 - 5487 - 2200 - 7

Ⅰ. 地... Ⅱ. ①彭... ②施... Ⅲ. 地下铁道 - 铁路工程 - 高等学校 -
教材　Ⅳ. U231

中国版本图书馆 CIP 数据核字（2016）第 069865 号

地下铁道
DIXIA TIEDAO

彭立敏　施成华　主编

□责任编辑	刘　辉
□责任印制	易红卫
□出版发行	中南大学出版社
	社址:长沙市麓山南路　　邮编:410083
	发行科电话:0731-88876770　　传真:0731-88710482
□印　　装	长沙印通印刷有限公司

□开　　本	787×1092　1/16　□印张 19.5　□字数 491 千字
□版　　次	2016 年 4 月第 1 版　　□印次　2016 年 4 月第 1 次印刷
□书　　号	ISBN 978 - 7 - 5487 - 2200 - 7
□定　　价	45.00 元